"十三五"国家重点出版物出版规划项目

现代食品深加工技术丛书

生物技术食品安全的风险评估与管理

罗云波 著

科学出版社

北 京

内 容 简 介

本书对生物技术食品现状与发展和风险评估与管理进行了总结,对生物技术食品食用安全、环境安全、分子特征风险评估等内容进行了较为系统的阐述,对生物技术食品的公众疑虑进行了解释,对生物技术食品的风险管理及风险交流和转基因作物检测技术进行了归纳,同时对生物技术食品标准化与能力建设、世界各国对生物技术食品的态度与监管等内容进行了概述。这将为我国乃至世界生物技术食品的风险评估与管理提供一个良好的交流平台。

本书适合食品生物技术研究领域人员阅读,同时也可作为相关教学科目教材。

图书在版编目(CIP)数据

生物技术食品安全的风险评估与管理 / 罗云波著. —北京:科学出版社,2016.10

(现代食品深加工技术丛书)

"十三五"国家重点出版物出版规划项目

ISBN 978-7-03-050229-2

Ⅰ. ①生… Ⅱ. ①罗… Ⅲ. ① 生物工程–应用–食品工业–食品安全–风险评价②生物工程–应用–食品工业–食品安全–风险管理 Ⅳ. ①TS201.2 ②TS201.6

中国版本图书馆 CIP 数据核字(2016)第 250049 号

责任编辑:贾 超 李丽娇 /责任校对:王 瑞 贾娜娜
责任印制:徐晓晨 / 封面设计:东方人华

科学出版社出版
北京东黄城根北街 16 号
邮政编码:100717
http://www.sciencep.com

北京科印技术咨询服务公司 印刷
科学出版社发行 各地新华书店经销

*

2016 年 10 月第 一 版 开本:720×1000 1/16
2017 年 8 月第二次印刷 印张:25 3/4 插页:4
字数:500 000

定价:128.00 元
(如有印装质量问题,我社负责调换)

丛书编委会

丛　书　序

　　食品加工是指直接以农、林、牧、渔业产品为原料进行的谷物磨制、食用油提取、制糖、屠宰及肉类加工、水产品加工、蔬菜加工、水果加工、坚果加工等。食品深加工其实就是食品原料进一步加工，改变了食材的初始状态，例如，把肉做成罐头等。现在我国有机农业尚处于初级阶段，产品单调、初级产品多；而在发达国家，80%都是加工产品和精深加工产品。所以，这也是未来一个很好的发展方向。随着人民生活水平的提高、科学技术的不断进步，功能性的深加工食品将成为我国居民消费的热点，其需求量大、市场前景广阔。

　　改革开放 30 多年来，我国食品产业总产值以年均 10%以上的递增速度持续快速发展，已经成为国民经济中十分重要的独立产业体系，成为集农业、制造业、现代物流服务业于一体的增长最快、最具活力的国民经济支柱产业，成为我国国民经济发展极具潜力的、新的经济增长点。2012 年，我国规模以上食品工业企业 33 692 家，占同期全部工业企业的 10.1%，食品工业总产值达到 8.96 万亿元，同比增长 21.7%，占工业总产值的 9.8%。预计 2020 年食品工业总产值将突破 15 万亿元。随着社会经济的发展，食品产业在保持持续上扬势头的同时，仍将有很大的发展潜力。

　　民以食为天。食品产业是关系到国民营养与健康的民生产业。随着国民经济的发展和人民生活水平的提高，人民对食品工业提出了更高的要求，食品加工的范围和深度不断扩展，所利用的科学技术也越来越先进。现代食品已朝着方便、营养、健康、美味、实惠的方向发展，传统食品现代化、普通食品功能化是食品工业发展的大趋势。新型食品产业又是高技术产业。近些年，具有高技术、高附加值特点的食品精深加工发展尤为迅猛。国内食品加工中小企业多、技术相对落后，导致产品在市场上的竞争力弱，特组织了国内外食品加工领域的专家、教授，编著了"现代食品深加工技术丛书"。

　　本套丛书由多部专著组成。不仅包括传统的肉品深加工、稻谷深加工、水产品深加工、禽蛋深加工、乳品深加工、水果深加工、蔬菜深加工，还包含了新型食材及其副产品的深加工、功能性成分的分离提取，以及现代食品综合加工利用新技术等。

　　各部专著的作者由工作在食品加工、研究开发第一线的专家担任。所有作者都根据市场的需求，详细论述食品工程中最前沿的相关技术与理念。不求面面俱到，但求精深、透彻，将国际上前沿、先进的理论与技术实践呈现给读者，同时还附有便于读者进一步查阅信息的参考文献。每一部对于大学、科研机构的学生或研究者来说，都是重要的参考。希望能拓宽食品加工领域科研人员和企业技术人员的思路，推进食品技术创新和产品质量提升，提高我国食品的市场竞争力。

中国工程院院士

2014 年 3 月

自　序

20世纪90年代，我带领研究团队，在番茄中转入限制乙烯合成基因得到延熟耐储番茄，不过当时我的研究更多是专注于摸清乙烯的合成和调控机理。

随后，不断有科学家继续研究番茄转基因，想方设法在番茄中表达乙肝、丙肝，甚至艾滋病的病毒表面抗原重组蛋白颗粒，希望获得不用打针的转基因番茄疫苗。

我当然还在继续用番茄作实验材料，进行基因编辑方面的研究。

无疑地，转基因技术有诸多优势，当然也难免有未尽如人意之时。其中争议最大的是转基因的安全性，公说公有理，婆说婆有理，已形成两"军"对峙。在我看来，只有用风险评估的理性态度来评判，才能避免偏颇，达成共识。

因为持此理念，我便成了极端挺转派眼里反转的"帮闲"，极端反转派眼里挺转的"先锋"，两头不讨好。不过，不知我者谓我何求，知我者谓我心忧。我之平和，并非孱弱，而是习惯了摆事实讲道理。这本书除了理论论述、技术分析之外，也有不少的个案和事例分析，就是摆事实。平和理性的力量未必弱小。

至于转基因食品安全性科学知识的传播，就我而言，倍感己力之渺小，畅谈、长谈、常谈，再谈，又谈，有长叹十年之怅怅然。

我在各类媒体，各种平台，一遍又一遍地说：经过严格审批上市的转基因食品是安全的。这不仅是对科学家长期的科学研究成果的尊重，也是对政府监管的基本信赖。有些人接纳了，有些人不以为然，还有些人依旧心存疑惑。

转基因食品安全性强调的是实质等同原则，同时也遵循食品安全评价的共同法则。从逻辑上表述，就是对于某种具体的转基因食品，如果没有明显证据证明其有害，就可以认为它是安全的。对于科学家来说，是不可能证明任何食品是完全安全的。这就是一些人不放心、不敢吃、不愿吃的主要缘由。那么应该怎么办？这是我沉下心来写这本书的动力所在。自是不敢说字字珠玑，但字里行间都倾注了心血。

本书是第一次系统全面地从风险评估和管理的角度，引入应对风险的思维方法，把转基因食品安全问题掰开了、揉碎了，既和专业人士分享转基因安全的种种讨论，又让非专业人士可以在理直气壮、心平气和的科学分析中有所收获。

于大多数人来说，对转基因食品进行个案风险评估的方式，是抽象和遥远的，所以，他们很容易相信转基因食品的安全性没有得到确证这样的说法。一步步地介绍和剖析，应该可以让一直在远望和旁观，但又关注的人群能够感受到科学家的诚意，理解风险评估的实质。

本书从生物技术食品的历史和基本概念开始，把风险评估与风险管理的理念，直接引入转基因食品食用安全这个热点问题。

从转基因食品营养成分和抗营养因子的风险评估开始，深入探讨转基因食品的致敏性评价和毒理学评价的程序与方法，介绍了对不同受试物选择毒性试验的原则，引入了非期望效应分析的方法。

同时，对转基因作物带来的杂草化问题、害虫超级化问题，并没有讳疾忌医，敞开天窗说亮话，讨论转基因植物对生物多样性的可能影响，分析基因漂移及其可能导致的潜在生态风险，强调生物技术食品分子特征的风险控制和管理。

当然还谈到了转基因的公众舆论现状及各国的监管体系和态度。介绍我国在农业转基因生物安全管理上的努力和成就，中肯地指出目前在安全监督检测能力上的不足所面临的挑战。

迄今为止，世界上通过转基因安全评估的几十种转基因作物，都没有发现存在非预期效应。因为转入外源基因而导致的代谢产物变化，在经过毒性、消化特性、过敏性等严格的验证程序后，才能确认其安全性。另外，经济、政治、环境、民意等，都会影响审批的流程和结果。

不愿意看到我们这个国家因为转基因食品的争论而产生尖锐的对立，敌意与仇恨不是发展和崛起积极的情感背景，社会需要的是化解矛盾而不是激化矛盾。

　　科学代表了最高的人类理性。风险评估正是遵循这一轨迹引导着我们对未知事物的认知。当然，囿于时代和技术，它也不可能尽善尽美，但是毋庸置疑，依旧代表了当下可实施的完美。

　　不管原本是什么态度，大家都可以在风险评估和风险管理科学方法的指引下，换一个角度，平心静气地评判一个老问题，在自身不断进步的同时，推动转基因技术安全有序地不断进步。

　　本书是第一本系统论述生物技术食品安全性评价方法的专著。虽然力求内容上细致、全面、前沿，但生物发展迅速，日新月异，新技术必然导致评价方法的进步和改变。加之撰写过程中尺玉寸瑕，不足之处在所难免，渴望读者的批评能使本书得以完善。

罗云波

2016 年 5 月

前　　言

民以食为天，食以安为先。随着食品工业的快速发展，新资源食品不断涌现，以转基因食品为代表的生物技术食品的风险逐渐引起关注和热议。

风险代表着一种不确定性。与航空不是"零风险"一样，食品安全同样几乎不可能存在"零风险"，加之食品从生产到消费整个过程漫长复杂，完全消除食品风险是不可能的。但是，对生物技术食品进行科学的风险评估和管理，是有规律可循的，即是可度量的，风险是可以有效控制的。食品安全风险评估从概念的提出到现在不足三十年，理论研究和评估实践还处于起步阶段，尤其是国内外对生物技术食品的风险评估与管理的研究相对薄弱，许多问题还在探索之中。

随着经济全球化和国际食品贸易的增加，世界各国都在积极制订和修订本国的监控体系和风险管理措施。以转基因食品为代表的生物技术食品，涉及食品安全、环境安全等，同时也具有其独特的分子特征和检测技术。我国生物技术食品能力建设初见成效，但仍存在薄弱环节，面临各种挑战。公众对此技术仍存在疑虑，转基因生物技术的开发者应对此有充分的认识，避免不必要的冲突。

目前，国内还没有系统讲述生物技术食品安全的风险评估与管理的书籍。风险评估和管理在我国乃至全球解决食品安全问题中发挥了极大的作用，使得食品安全问题由末端控制逐渐向风险控制方向发展，对于新兴的生物技术食品等的风险评估控制具有指导性意义。

本书的完成首先是作者对生物技术食品安全的风险评估与管理重要性认识的一次飞跃，试图对生物技术食品安全的风险评估与管理体系有一个清晰的认识，可作为一部用于指导从事生物技术食品研究、评估和管理人员的参考书，为科学工作者从事生物技术食品风险评估的研究、教学和政府进行风险管理提供参考和借鉴，同时也向公众对生物技术食品的安全风险问题做一个全面清晰的阐述，以引导公众正确认识生物技术食品安全的"风险"。

本书共十四章。第一章和第二章对生物技术食品现状与发展和风险评估与管理进行了概述和总结；第三章和第六、七章则系统地阐述了生物技术食品风险评估的三大主要内容，即生物技术食品的食用安全风险评估（第三章）、环境安全风险评估（第六章）和分子特征风险评估（第七章）；另外，动物实验作为安全评估的重要手段和关键评估方法在第四章中进行了深入讨论和讲解，第五章则就现阶段我国食用安全评价的政策进行了充分解读；第八章对生物技术食品的公众疑虑与伦理宗教进行了解释；第九章对生物技术食品的风险管理及风险交流进行了介绍；第十章和第十一章对目前热门的生物信息学及在生物技术中的应用展开了讨论与总结，并归纳了生物技术食品的多种检测方法和检测技术；第十二章探讨了生物技术食品的标识阈值与追溯管理；最后，第十三章和第十四章对生物技术食品的标准化体系与能力建设、世界各国对生物技术食品的态度与监管等内容进行了概述。这些系统性的总结，将为我国乃至世界生物技术食品的风险评估与管理提供一个良好的交流平台。

通过本书，可以使读者对生物技术食品的概念及其中存在的风险问题有科学理性的认识，从而在日常生活中建立起正确的消费价值取向。现今世界范围内都对转基因食品安全建立了风险管理措施。我国也已制定一整套适合我国国情并且与国际接轨的法律法规技术和管理规程。希望我国在继续大力发展生物技术、积极促进生物技术商业化的基础上，更好地完善风险评估与管理，同时公众也应该对生物技术食品有更多的包容与理解，为食品生物技术更好的发展而共同努力。

罗云波

2016 年 5 月

目　　录

第一章　生物技术食品现状与发展 …………………………………………………1
　第一节　生物技术食品的基本概念和历史 ………………………………………1
　　一、生物技术食品发展历程中的大事件 ………………………………………1
　　二、生物技术食品的概念 ………………………………………………………4
　第二节　生物技术食品发展现状和展望 …………………………………………6
　　一、生物技术食品的现状及其在现代食品工业中的地位 ……………………6
　　二、公众对于生物技术食品的认识过程：不断发展，逐渐理性 ……………8
　　三、生物技术食品的发展展望 ………………………………………………12
　参考文献 …………………………………………………………………………15
第二章　风险评估与风险管理概述 ………………………………………………16
　第一节　风险分析的发展历程 …………………………………………………16
　　一、认识风险的存在 …………………………………………………………17
　　二、风险社会与风险认知 ……………………………………………………18
　　三、食品风险的存在 …………………………………………………………19
　　四、食品安全风险分析的发展 ………………………………………………20
　第二节　食品安全风险分析的基本内容 ………………………………………23
　　一、食品安全风险分析 ………………………………………………………23
　　二、食品安全风险评估 ………………………………………………………25
　　三、食品安全风险管理 ………………………………………………………27
　　四、食品安全风险交流 ………………………………………………………29
　　五、小结 ………………………………………………………………………30
　第三节　风险评估与风险管理的关系及应用 …………………………………30
　　一、风险评估与风险管理的关系 ……………………………………………31
　　二、食品安全中的风险评估与风险管理 ……………………………………33
　　三、风险评估和风险管理在生物技术食品安全管理中的应用 ……………35
　　四、展望 ………………………………………………………………………36
　参考文献 …………………………………………………………………………36
第三章　生物技术食品的食用安全风险评估 ……………………………………38
　第一节　营养学评价 ……………………………………………………………38

　　　一、营养成分的风险评估 ·· 39
　　　二、抗营养因子的风险评估 ··· 44
　　第二节　致敏性评价 ··· 46
　　　一、转基因食品致敏性评价的重点内容 ······························· 48
　　　二、转基因食品致敏性与毒性的潜在危害 ····························· 51
　　第三节　毒理学评价 ··· 52
　　　一、转基因食品的毒理学评价主要内容 ······························· 53
　　　二、转基因食品毒理学评价程序与方法 ······························· 55
　　　三、对不同受试物选择毒性试验的原则 ······························· 57
　　第四节　非期望效应分析 ·· 60
　　第五节　生物技术食品食用安全风险评估数据库 ······················· 64
　　　一、中国食物过敏原数据库 ··· 65
　　　二、药用/工业用转基因植物数据库 ···································· 66
　　参考文献 ··· 70

第四章　食用安全评价之动物实验 ·· **73**
　　第一节　大型禽畜用于转基因食品安全评价 ····························· 74
　　　一、大型禽畜用于第一代转基因食品安全评价 ······················ 74
　　　二、大型禽畜用于第二代转基因食品安全评价 ······················ 75
　　第二节　小型啮齿类动物用于转基因食品安全评价 ····················· 75
　　　一、用于第一代转基因食品安全评价 ·································· 76
　　　二、用于第二代转基因食品安全评价 ·································· 76
　　　三、用于最新类型转基因食品安全评价 ······························· 77
　　第三节　用动物实验评价转基因食品的优点、局限性和发展趋势 ········ 78
　　　一、用动物实验评价转基因食品的优点 ······························· 78
　　　二、用动物实验评价转基因食品的局限性 ···························· 78
　　　三、用动物实验评价转基因食品的发展趋势 ·························· 79
　　参考文献 ··· 80

第五章　食用安全评价之政策解读 ·· **85**
　　第一节　我国转基因植物食用安全评价与申报要求 ····················· 85
　　　一、转基因植物安全评价法律依据 ····································· 85
　　　二、转基因植物安全评价的法律规定 ·································· 86
　　　三、转基因植物食用安全评价内容 ····································· 87
　　　四、转基因植物食用安全评价阶段性要求 ···························· 87
　　第二节　转基因植物食用安全评价方法 ·································· 89
　　参考文献 ·· 107

第六章　生物技术食品的环境安全风险评估 ……………………………… **110**

第一节　转基因作物引发的杂草化问题 ……………………………… 110

一、除草剂概述 ………………………………………………… 110

二、种植抗除草剂转基因作物的利益 ………………………… 112

三、杂草化的形式 ……………………………………………… 112

四、杂草化问题产生的影响 …………………………………… 115

五、我国关于抗除草剂的转基因作物的环境安全检测 ……… 118

六、通过多种方式改善杂草化的问题 ………………………… 118

七、害虫超级化 ………………………………………………… 119

第二节　转基因植物对生物多样性的影响 ………………………… 119

一、生物多样性的概念 ………………………………………… 120

二、转基因作物对生物多样性的影响 ………………………… 120

三、我国对转基因植物环境安全中生物多样性影响的检测 … 123

四、减少对生物多样性影响的措施 …………………………… 124

第三节　基因漂移及其可能导致的潜在生态风险 ………………… 124

一、基因漂移 …………………………………………………… 125

二、基因漂移的途径及环境风险 ……………………………… 126

三、转基因植物基因漂移的风险评估 ………………………… 130

四、避免外源基因水平转移的方法 …………………………… 133

第四节　转基因植物在可持续发展中做出的贡献 ………………… 136

一、环境友好化学农药与转基因作物 ………………………… 136

二、转基因作物从以下五个方面对可持续发展做出贡献 …… 137

三、其他具有特殊职能的转基因植物 ………………………… 139

参考文献 ………………………………………………………… 142

第七章　生物技术食品的分子特征风险评估 …………………………… **146**

第一节　食品的分子特征 …………………………………………… 146

第二节　生物技术食品的分子特征 ………………………………… 152

一、生物技术产品的非期望效应 ……………………………… 152

二、生物技术产品的分子特征 ………………………………… 154

第三节　生物技术食品分子特征鉴定方法 ………………………… 155

一、侧翼序列 …………………………………………………… 155

二、分子特征鉴定技术及分类 ………………………………… 157

三、分子特征鉴定实例 ………………………………………… 162

第四节　生物技术食品分子特征风险控制和管理 ………………… 164

参考文献 ………………………………………………………… 168

第八章　生物技术食品的公众疑虑 ·· **172**

　第一节　转基因的公众舆论现状 ·· 172

　　一、谁都不是洪水猛兽 ·· 172

　　二、关于转基因的若干民意调查 ·· 174

　　三、关于转基因的主流媒体报道 ·· 176

　　四、关于转基因的网络论战 ·· 176

　　五、转基因舆论环境现状的小结 ·· 178

　　六、转基因目前热点问题梳理 ·· 178

　第二节　转基因公众疑虑的成因分析 ·· 181

　　一、掌握舆论学知识——认知、信念与态度 ·································· 181

　　二、为何线上调查和线下调查结果差别如此之大？ ·························· 182

　　三、为何网络谣言如此流传广泛？ ·· 182

　　四、科学家通过大众传媒对公众疑虑的疏导，作用为何不明显？ ·············· 184

　第三节　转基因生物技术与中国传统文化 ···································· 184

　　一、儒家思想与转基因生物技术 ·· 185

　　二、道家思想与转基因生物技术 ·· 187

　参考文献 ·· 187

第九章　生物技术食品的风险管理及风险交流 ······························ **189**

　第一节　风险管理及风险交流基本原理 ······································ 189

　　一、风险管理及风险交流的由来 ·· 190

　　二、风险管理及风险交流基本原理 ·· 192

　第二节　风险管理各要素分析 ·· 194

　　一、监管体系组成 ·· 195

　　二、领航者 ·· 196

　　三、标准与法规 ·· 198

　　四、生物技术食品研发者 ·· 200

　　五、生物技术食品安全性评价机构及检测机构 ······························ 201

　　六、国际贸易 ·· 201

　　七、生物技术食品溯源系统及数据库 ······································ 203

　　八、媒体、消费者及其他组织 ·· 204

　　九、转基因安全风险交流示例 ·· 206

　第三节　我国转基因安全风险管理系统 ······································ 209

　　一、我国对转基因技术的态度 ·· 209

　　二、我国对转基因生物及其产品安全管理的原则 ···························· 209

　　三、我国对转基因食品安全的管理 ·· 210

　　　四、我国在农业转基因生物安全管理上建立的五大体系‥‥‥‥‥‥‥ 211
　参考文献 ‥‥‥‥‥‥‥‥‥‥‥‥‥‥‥‥‥‥‥‥‥‥‥‥‥‥‥‥‥ 212
第十章　生物信息学生物技术食品中的应用 ‥‥‥‥‥‥‥‥‥‥‥‥‥ **214**
　第一节　生物信息学的概述 ‥‥‥‥‥‥‥‥‥‥‥‥‥‥‥‥‥‥‥‥ 214
　　一、生物信息学的功能 ‥‥‥‥‥‥‥‥‥‥‥‥‥‥‥‥‥‥‥‥‥ 214
　　二、生物信息学在食品生物技术领域的应用 ‥‥‥‥‥‥‥‥‥‥‥‥ 215
　第二节　现代生物技术食品开发过程中的生物信息分析 ‥‥‥‥‥‥‥‥ 216
　　一、综合性核酸序列数据库 ‥‥‥‥‥‥‥‥‥‥‥‥‥‥‥‥‥‥‥ 216
　　二、农作物类基因组数据库 ‥‥‥‥‥‥‥‥‥‥‥‥‥‥‥‥‥‥‥ 218
　　三、动物类基因组数据库 ‥‥‥‥‥‥‥‥‥‥‥‥‥‥‥‥‥‥‥‥ 220
　第三节　现代生物技术食品安全评价过程中的生物信息分析 ‥‥‥‥‥‥ 222
　　一、生物信息学分析在致敏性评价中的应用 ‥‥‥‥‥‥‥‥‥‥‥‥ 222
　　二、生物信息学分析在毒理学评价中的应用 ‥‥‥‥‥‥‥‥‥‥‥‥ 225
　　三、生物信息学分析非期望效应分析中的应用 ‥‥‥‥‥‥‥‥‥‥‥ 227
　参考文献 ‥‥‥‥‥‥‥‥‥‥‥‥‥‥‥‥‥‥‥‥‥‥‥‥‥‥‥‥‥ 230
第十一章　生物技术食品的检测方法与技术 ‥‥‥‥‥‥‥‥‥‥‥‥‥ **232**
　第一节　转基因作物快速筛查技术 ‥‥‥‥‥‥‥‥‥‥‥‥‥‥‥‥‥ 232
　　一、等温扩增检测技术 ‥‥‥‥‥‥‥‥‥‥‥‥‥‥‥‥‥‥‥‥‥ 233
　　二、试纸条快速检测方法 ‥‥‥‥‥‥‥‥‥‥‥‥‥‥‥‥‥‥‥‥ 237
　　三、可视基因芯片技术 ‥‥‥‥‥‥‥‥‥‥‥‥‥‥‥‥‥‥‥‥‥ 239
　第二节　转基因作物核酸检测技术 ‥‥‥‥‥‥‥‥‥‥‥‥‥‥‥‥‥ 240
　　一、基础检测技术研究进展 ‥‥‥‥‥‥‥‥‥‥‥‥‥‥‥‥‥‥‥ 240
　　二、标准转基因检测技术概况 ‥‥‥‥‥‥‥‥‥‥‥‥‥‥‥‥‥‥ 242
　　三、发展中的转基因作物检测技术 ‥‥‥‥‥‥‥‥‥‥‥‥‥‥‥‥ 246
　第三节　转基因蛋白检测技术 ‥‥‥‥‥‥‥‥‥‥‥‥‥‥‥‥‥‥‥ 252
　　一、基于抗原抗体互作的转基因外源蛋白检测技术 ‥‥‥‥‥‥‥‥‥ 253
　　二、基于蛋白活性的检测技术 ‥‥‥‥‥‥‥‥‥‥‥‥‥‥‥‥‥‥ 260
　　三、免疫亲和蛋白浓缩技术 ‥‥‥‥‥‥‥‥‥‥‥‥‥‥‥‥‥‥‥ 262
　第四节　转基因非期望效应检测技术 ‥‥‥‥‥‥‥‥‥‥‥‥‥‥‥‥ 265
　　一、非期望效应的靶标分析 ‥‥‥‥‥‥‥‥‥‥‥‥‥‥‥‥‥‥‥ 266
　　二、非期望效应的非靶标分析 ‥‥‥‥‥‥‥‥‥‥‥‥‥‥‥‥‥‥ 267
　　三、非期望效应的光谱学检测技术 ‥‥‥‥‥‥‥‥‥‥‥‥‥‥‥‥ 272
　第五节　转基因检测技术与标识制度 ‥‥‥‥‥‥‥‥‥‥‥‥‥‥‥‥ 273
　　一、标识制度与检测能力关系 ‥‥‥‥‥‥‥‥‥‥‥‥‥‥‥‥‥‥ 274
　　二、自愿性标识制度与检测能力 ‥‥‥‥‥‥‥‥‥‥‥‥‥‥‥‥‥ 275

三、强制标识制度与检测能力 ·· 275

四、中国的标识制度与检测能力 ·· 276

五、世界各国检测阈值的设定争议及其内在原因 ················· 276

六、小结 ·· 278

第六节　转基因检测技术面临的机遇与挑战 ·························· 278

一、转基因检测技术面临的挑战 ··· 278

二、转基因食品分析检测技术的展望与预测 ························ 279

参考文献 ·· 280

第十二章　生物技术食品的标识阈值与追溯管理 ····················· **282**

第一节　生物技术食品标识阈值技术 ···································· 282

一、生物技术食品标识阈值技术发展现状 ·························· 282

二、主要国家和地区标识制度分类及比较研究 ··················· 286

第二节　生物技术食品追溯管理体系 ···································· 297

一、溯源的基本概念 ··· 297

二、主要国家和地区转基因产品溯源模式比对 ··················· 304

第三节　转基因溯源管理的利弊分析 ···································· 318

一、转基因产品溯源管理有利于促进转基因产业发展 ·········· 318

二、转基因产品溯源管理有利于政府监管 ·························· 319

三、转基因产品溯源管理可减少贸易壁垒 ·························· 319

四、转基因产品溯源管理可增强消费者信心 ······················ 319

五、转基因产品溯源管理将增加政府、企业成本 ················· 319

六、实施转基因产品全程溯源管理目前困难 ······················ 320

参考文献 ·· 320

第十三章　生物技术食品的标准化体系与能力建设 ················· **321**

第一节　概述 ·· 321

一、生物技术食品标准化 ·· 324

二、生物技术食品安全能力建设 ··· 326

第二节　生物技术食品食用安全检测标准 ··························· 327

一、食用安全检测标准内容 ··· 327

二、国际生物技术食品标准化现状及发展趋势 ··················· 332

第三节　生物技术食品分子检测标准 ···································· 336

一、分子检测技术标准内容 ··· 336

二、国际生物技术食品分子检测标准发展现状和发展趋势 ····· 337

三、我国在食用安全检测标准方面的成果和发展趋势 ·········· 340

第四节　能力建设 ………………………………………………… 346

一、我国转基因植物食用安全检测的五大体系 …………………… 346

二、我国能力建设取得的成果和不足 …………………………… 348

三、生物技术新产品不断出现与安全监督检测能力不足所面临的
挑战 ……………………………………………………… 350

参考文献 ………………………………………………………… 351

第十四章　世界各国对生物技术食品的态度与监管 …………………… 354

第一节　世界各国对生物技术食品的态度 ………………………… 354

一、国际组织对现代生物技术食品的态度 ……………………… 354

二、世界各国对现代生物技术食品的态度 ……………………… 355

三、笔者观点 ……………………………………………… 364

第二节　世界各国对生物技术食品的监管 ………………………… 365

一、生物技术管理机构 …………………………………… 365

二、国际组织针对生物技术安全的监管体系与条例 ……………… 368

三、美国针对生物技术安全的监管体系与条例 …………………… 373

四、巴西针对生物技术安全的监管体系与条例 …………………… 376

五、欧盟针对生物技术安全的监管体系与条例 …………………… 378

六、日本针对生物技术安全的监管体系与条例 …………………… 380

七、中国针对生物技术安全的监管体系与条例 …………………… 382

参考文献 ………………………………………………………… 389

索引 ……………………………………………………………… 391

彩图

第一章 生物技术食品现状与发展

提 要

■ 生物技术食品初现于古代文明时期,随着20世纪后半叶生物技术的突飞猛进,
   生物技术食品取得长足发展。
■ 生物技术食品在食品工业中举足轻重,为传统食品产业带来新的驱动力。
■ 人类对生物技术食品的认识是动态发展的,最终将趋于理性。
■ 生物技术食品是解决粮食问题、健康问题、环境问题的重要手段。

第一节 生物技术食品的基本概念和历史

生物技术食品具有几千年的悠久历史,与人类文明发展史携手并进。早在公元前6000年,两河流域的苏美尔人和巴比伦人,就开始利用发酵来生产酒精饮料和酿醋,可以说,利用生物技术生产食品是人类在生产实践中最早发现和掌握的技术之一,其发展伴随和推动着人类社会文明从原始文明到农业文明、工业文明到信息文明的进步。在生物技术突飞猛进的20世纪,生物技术食品的内涵得到了进一步丰富。

一、生物技术食品发展历程中的大事件

公元前6000年,古埃及人和古巴比伦人都掌握了利用微生物发酵生产酒精的技术,并将此技术应用于生产实践开始酿造啤酒和果汁发酵酿醋。这是最早利用生物技术生产食品的记载。

公元前4000年,古埃及人发现发酵作用,并开始利用酵母菌发酵作坊化小规模生产松软的面包。

公元前约2000年的龙山文化时期,我国古代劳动人民已具备了酿酒、酿醋、制酱等发酵技艺。

周朝后期,我国人民已经能够熟练掌握并规模应用发酵技术生产酱油和醋。这标志着人类已经从被动利用生物技术发展到认识生物技术内部规律、主动利用并掌握其使用方法的新阶段。

　　1865 年遗传学奠基人孟德尔通过豌豆杂交实验，建立了孟德尔遗传规律学说，提出了"粒子说"，"粒子"就是"遗传因子"（factors）。可以说，这一概念是基因的最早雏形。不过这一重要发现并未能受到当时科学界的重视，直到 1900 年，孟德尔定律才由 3 位植物学家，荷兰的 Hugo Marie de Vries、德国的 Carl Erich Correns 和奥地利的 Erich von Tschermak，通过各自的工作分别予以证实，奠定了近代遗传学基础，揭开了遗传学研究新纪元。摩尔根通过研究果蝇的遗传突变，确立了染色体是基因载体，由此建立基因学说。基于在基因理论上的重大贡献，摩尔根被授予 1933 年诺贝尔生理学或医学奖，是第一个获此殊荣的遗传学家。20 世纪初，遗传育种学在这些理论的基础上渐成一家，在 60 年代获得了辉煌成就，此为第一次绿色革命，为解决人口激增造成的食物短缺做出了巨大贡献。

　　1880 年，德国微生物学家 Robert Heinrich Herman Koch 发明了微生物分离和平板纯种培养技术；1865 年，Louis Pasteur 首次实验证实发酵是微生物的生命活动引起的，并发明了巴氏杀菌法。这两位科学家共同开创了细菌学，为发酵技术的发展奠定了理论基础，发酵技术自此进入科学轨道。20 世纪 20 年代，大规模纯培养技术生产酒精、甘油、丙酮等产品，已经成为普遍的工业化生产方式。与此同时，弗莱明（Alexander Fleming）发现并分离出了具有革兰氏阴性菌抗性的青霉素，这是人类历史上第一个抗生素。到 50 年代，大规模工业发酵生产青霉素也成了寻常事，这标志着发酵工业和酶制剂工业进入蓬勃发展阶段。

　　1953 年，沃森（James Dewey Watson）和克里克（Francis Harry Compton Crick）建立了 DNA 双螺旋结构模型，揭示了遗传物质的结构特性，给整个生物学乃至整个人类社会带来了一场革命，开创了从分子水平揭示生命现象本质的新纪元。自此，人类跨过细胞水平，深入到分子水平探索生命现象。

　　图 1-1 为本书作者（左）与 DNA 双螺旋结构的发现者之一沃森的合影。

图 1-1　本书作者与沃森的合影

1965 年，法国科学家 François Jacob 和 Jacques Lucien Monod，在摩尔根基因学说和美国科学家 George Wells Beadle 提出的"一种基因产生一种酶"学说的基础上，通过对原核生物细胞代谢分子机制的研究，提出了著名的乳糖操纵子学说，开创了基因表达调控研究的先河。此外，他们还提出了信使 RNA（mRNA）的存在并准确预测了 nRNA 在转录翻译过程中传递遗传信息的生物学功能。这一学说赋予了遗传信息传递新的内涵，极大地推动了分子生物学的发展。

1964 年，美国生化学家 Robert William Holley 首次解析了酵母丙氨酸转运RNA（tRNA）的一级结构，并证实所有 tRNA 在结构上的相似性；1965 年，美国科学家 Marshall Warren Nirenberg 成功破译 DNA 密码；Har Gobind Khorana 首次合成核酸分子，人工复制了酵母基因。他们三人由于在遗传工程领域的贡献分享了 1968 年诺贝尔生理学或医学奖。这些成果都为以生物技术为基础的合成蛋白食品做好了技术准备。

20 世纪 60 年代末，斯坦福大学生物化学教授 Paul Berg 在研究猴病毒 SV40 时，将外源基因导入真核细胞，最终将来自细菌的一段 DNA 和猴病毒 SV40 的DNA 连接在一起，获得了世界第一例重组 DNA（Krimsky）。至此，人类跨入了生物技术时代新纪元，可以从生物体最基础遗传物质 DNA 着手改造生物体，从而改造整个世界。为此，Berg 获得了诺贝尔生理学或医学奖。

1972 年，加利福尼亚大学 Herbert Wayne Boyer 实验室从大肠杆菌中分离出一种新的核酸酶 EcoR I，它可以识别 DNA 序列的特定位置并对其进行切割，被切断的 DNA 又可以在 DNA 聚合酶作用下重新连接，这种新的核酸酶就是限制性内切酶。其后，科学家们又陆续发现了近百种限制性内切酶，针对 DNA 不同碱基排列序列进行切割。这种"生物刀"成了生物学家的好帮手，可以自如地对 DNA 进行有目的的操作。

1977 年，Frederick Sanger 发明了双脱氧终止法测定 DNA 分子核苷酸序列，几乎与此同时，Maxam 和 Gilbert 发明了 DNA 分子化学测序的方法。这两种同时问世的方法，是分析 DNA 序列的利器，分子生物学的研究借此又向前迈了一大步。1980 年，他们两位同时获得了诺贝尔生理学或医学奖。

1984 年，德国人 Kohler、美国人 Milstein 和丹麦人 Jerne 将单克隆抗体技术向前推进，完善了极微量蛋白质的检测技术，从而共同分享了诺贝尔生理或医学学奖。

1986 年，美国科学家 Kary Banks Mullis 发明了聚合酶链反应技术（polymerase chain reaction，PCR）；该技术能够高灵敏度特异性复制目的 DNA 核酸序列，是分子检测、基因突变、基因工程的高效操作手段，直至现在也是分子生物学、基因工程和现代分子检测中最常用的技术之一。Kary Banks Mullis 也因此于 1993 年获得了诺贝尔化学奖。

1994 年，名为 Flavr Savr 的延熟番茄品种获得美国农业部（United States Department of Agriculture，USDA）、美国食品药品管理局（Food and Drug Administration，FDA）批准进行商品化生产，这是全球首例上市的转基因食品。尽管这种番茄因为皮厚、风味差，于 1998 年黯然退市，但是此后 20 年，转基因作物的种类和目标性状数量以惊人的速度增加，生物技术食品家族热闹纷呈。

1997 年，英国 Roslin 研究所克隆羊"多莉"诞生，宣告有性繁殖框架被彻底突破，高等动物可以通过基因重组技术来繁殖。

20 世纪 70 年代，比利时科学家 Marc van Montagu 发现土壤中的细菌将其遗传物质的一部分注入植物细胞内，然后这种细胞会产生有益于这种细菌的化学物质。

1977 年，Mary Dell Chilton 首次发现土壤杆菌属 Ti 质粒 DNA 片段存在于植物冠瘿病组织中，她对农杆菌属进行了改造，删除了引起疾病的基因但保留了将 Ti 质粒自身 DNA 插入和修改植物的基因组的能力。

美国科学界 Robert Fraley 对推动植物转基因技术实际应用和产业化做出了杰出贡献。Mary Dell Chilton、Marc van Montagu、Robert Fraley 携手孟山都公司创造了通过改变 DNA 重新繁殖植物的技术。2013 年世界粮食奖被授予转基因作物的三位开发者，表彰转基因技术在提高产量和减少有害农药使用方面的贡献。

以上列举的一步又一步的进步，只是撷取了生物技术领域发展荆棘路上的一些标志性研究成果。此外，还有许多重要的研究成果夯实了现代基因工程技术发展的基础，共同筑就了现代基因工程技术的科学大厦。与此同时，细胞培养、细胞融合、现代发酵工程、现代酶工程、生物工程下游技术和现代分子检测等技术的长足发展也是现代生物技术的精彩魅力所在。可以这样表述：现代生物技术就是整合了这些技术的技术集成体系，现代生物技术食品就是这一技术集成体系的应用结晶。

二、生物技术食品的概念

生物技术食品泛指利用生物技术对原料进行加工生产得到的食品，根据生产技术的不同可以分为传统生物技术食品和现代生物技术食品两大类。传统生物技术食品主要是酿造食品和发酵食品，现代生物技术食品主要指以 DNA 重组为核心生产技术的食品。本书中生物技术食品的概念一般特指现代生物技术食品，对于生物技术食品的探讨重点放在转基因食品上。

传统生物技术食品与现代生物技术食品既有共同之处，又存在技术上的差异。现代生物技术食品是传统生物技术食品的传承和发展。食品生物技术是指现代生物技术在食品领域中的应用，是指以现代生物科学技术的研究成果为基础，结合现代工程技术方法和手段与其他相关学科的理论成果和技术方法，用全新的方法和技术手段设计和生产新型的食品和食品原料（罗云波和生吉萍，2011）。

　　例如，现代细胞工程已不再是简单的组织培养技术，而是对经过基因工程改造的组织进行培养和细胞融合，同时组织细胞培养也不再是为了得到再生的植株，而是利用现代发酵工程技术，对细胞进行批次连续培养，培养的过程类似于发酵过程，这就是动植物细胞生物反应器。同样，现代发酵工程也是建立在基因工程技术中 DNA 重组技术基础上的，通过 DNA 重组技术，获得高效表达的基因工程菌株，这些工程菌株通常表达的不再是微生物中的基因，可以是人的基因，也可以是动物的基因，还可以是植物的基因，这无疑已经超越了传统发酵工程的固有思维。在发酵工程中，利用现代分子检测技术，对发酵过程进行实时监测，不断优化发酵条件，精准调控，这对降低成本、提高产量、改善质量的意义是巨大的。其优势是传统发酵所不可比拟的。

　　由此可见，历经数千年的发展，尤其是 20 世纪 60 年代以后的迅猛发展，食品生物技术已经不再囿于传统意义上的食品生物技术，而发展成为现代生物技术的重要组成部分。食品生物技术涵盖面很广，它以分子生物学、细胞生物学、微生物学、免疫学、生理学、生物化学、生物物理学、遗传学、食品营养学等几乎所有生物学科的次级学科为支撑，同时又与生物信息学、计算机科学、电子学、化学工程、社会伦理学等非生物学科相关联，是一门多学科相互交叉渗透的综合性学科。虽然其研究的领域已涉及数十个学科，但研究内容主要集中在基因工程、细胞工程、酶工程、发酵工程、蛋白质工程、生物工程下游技术和现代分子检测技术。

　　食品生物技术不断发展的过程，也是生物技术食品范畴不断扩大的过程。传统生物技术食品基本只局限于传统的自然发酵食品，这是生物技术食品的起源，是经验基础上的实用本领，酿造酒精饮料、酿醋，以及通过发酵制作面包，都算是这一阶段的典型代表。早在石器时代后期，我国人民开始利用谷物酿酒，这也是最早的发酵食品。《孔丛子》有言："尧舜千钟。"这说明在尧时，初级果酒千钟已流行于斯时。《史记》中的仪狄造"旨酒"以献大禹，就是以粮酿酒的记载。据《周礼·天宫》记载，我国最早的酱称作醢，出现在西周，是以动物性原料为主的发酵食品，随着植物性原料的增多，出现了"酱"字，实现了从"醢"到"酱"的演变。据《天宫》《仪礼》《物原类考》等古籍所述，我国劳动人民早在西周时期已经掌握了谷物醋的酿造方法。公元前 179～前 122 年，汉朝淮南王刘安发明了豆腐，并流传至今。

　　1680 年，荷兰人列文虎克（Leeuwenhoek）制成了能放大 170～300 倍的显微镜，并率先观察到微生物——酵母菌。19 世纪 80 年代，法国科学家巴斯德首先证实发酵是由微生物引起的，并建立了微生物的纯种培养技术，从而为发酵技术的发展提供了理论和技术支撑，使发酵技术进入了科学发展的轨道。20 世纪 20 年代，大规模的纯种培养技术开始应用于工业生产化工原料（丙酮、丁醇）。到了 50 年代，随着青霉素大规模发酵生产的蓬勃发展，发酵工业和酶制剂工业大量涌现开始形成产业规模。发酵技术和酶技术不再局限于食品和生物科学领域，开始被广泛应用于医药、食品、化工、制革和农产品加工等部门。这些技术的发展和应用，极大地推动了生物技术食品的发展，从产量和质量上都取得了长足的进步；生物技术食品的范畴也扩大到了食品加工的各个领域。

　　近年来，现代生物技术领域的研究和开发取得了飞速的发展，并对生命科学的其他领域产生了革命性的影响，同时以基因工程为核心，带动了现代发酵工程、现代酶工程、现代细胞工程、蛋白质工程、分子进化工程及现代分子检测技术的发展，形成了一门具有划时代意义和战略价值的现代生物技术。现代食品生物技术制造出来的现代生物技术食品丰富多彩、日新月异，为解决食品工业发展问题提供了无限的可能。

第二节　生物技术食品发展现状和展望

一、生物技术食品的现状及其在现代食品工业中的地位

　　食品工业是国民经济主要组成部分，其发展不但和生活品质紧密相关，也是国民经济、科学技术发展水平的重要标杆。食为民之本，食品生产必须满足人民生活水平不断提高的要求。毫无疑问，新技术、新工艺、新产品和新设备的不断开发和应用，使食品产品的种类、产量和质量都有了大幅提高，现代生物技术食品的出现，对传统食品生产的工艺优化，推陈出新，提高食品质量和减少营养损失等都提供了技术支撑。

　　食品生物技术研究内容涉及食品工业的方方面面，从原料到加工，食品生物技术无处不在，以下分几部分逐一阐述生物技术食品在食品工业发展中的地位和作用。

　　利用基因工程技术改变生物遗传特性的强大本领，可以大幅度提高食品的生产效率和各种适应性，可以在尊重科学规律的前提下，最大限度地满足人类需要，创新性地设计新型食品及食品原料。这种进步可以打个简单的比方，奥运会上百米短跑的冠军，无论再怎么挑选好苗子，再怎么进行科学训练，都不可能跑过善于奔跑的羚羊，现代生物技术就能赋予食品跨界的神奇魔力。它不再是传统意义上的食品，这些食品可以是具有免疫功能调节作用的功能食品；可以是有针对性的营养强化食品；可以是既能果腹又能减肥的时尚休闲食品，等等。基因工程还

可以为发酵工程提供更优良的工程菌株，不相关的生物间可以自由转移基因；而且还可以精准地对特定生物基因组进行交换，赋予微生物细胞生产较高等生物细胞所产生化合物的能力，极大地促进食品发酵工业快速发展。可以预见，21世纪食品工业是生物技术的时代。

　　熟透的水果、谷物，以及家畜的奶，都容易发酵，使远古人类最早利用这个特点来掌握发酵技术，所以世界上许多民族都有自己源远流长的酒文化。酒成为古老而又为世界各地的人们普遍接受的饮料型食品，是通过微生物对发酵底物水果、谷物和家畜的奶发酵产生酒精的一类食品的总称。奶制品是人类饮食的主要食物，从世界范围看，发酵的奶制品占发酵食品的10%。过去人们对奶发酵的本质缺乏了解，后来人们逐渐认识到是一种称为乳酸杆菌的微生物在起作用，并且发现乳酸杆菌对乳制品具有许多好处：不仅有益于乳制品保存，还可以改善乳制品质地风味，增加乳制品营养，对肠道微生态平衡还有益，这些优点使发酵乳制品成为人们喜爱的食品。谷类发酵食品是人类很重要的食品之一，荣登主食的高位。从古罗马时代起，面包就是最主要的谷类发酵食品。面包除为身体提供所需热量和发酵过程中产生的诸多营养成分及维生素之外，也可以算是当时一种重要的食品储藏方式。蔬菜的发酵可以使蔬菜成为风味独特的泡菜，丰富了食品口味。用豆类发酵生产的酱油和用水果发酵生产的醋是我国古代劳动人民智慧的体现。这些食品不仅为人类提供能量的需求，而且对促进发酵技术的发展做出了很大的贡献，也为食物储藏保鲜做出了贡献。此外，在生产食品添加剂，如各种食用有机酸（柠檬酸）、氨基酸（赖氨酸）、维生素（维生素B_1）、调味剂（味精）等方面，食品的现代发酵工程技术发挥了重要的作用。因此，食品发酵技术不仅成为人类制造食品最重要的技术手段之一，而且在生产食品添加剂等食品生产原料方面更是其他技术无法替代的。发酵工艺在食品工业中的重要性可见一斑。

　　食品与酶的关系密切，食品生产加工过程中酶的作用无处不在。例如，已造福人类数千年的凝乳酶，用于生产奶酪；淀粉酶应用于淀粉糖类的生产；果胶酶应用于澄清果汁和啤酒，提高澄清度和储藏性；转谷氨酰胺酶广泛应用于肉制品、乳制品、植物蛋白制品、焙烤制品等，可提高溶解性、酸碱稳定性、乳化性及凝胶性，同时也可优化食品风味、口感、组织结构和改善食品营养价值；利用酶解法生产新型低聚糖，增添了可食用的、具有保健功能的糖源。随着蛋白质工程技术的发展，新型酶的开发和酶加工性能的改良都会随之有长足进步。可以预见，蛋白质工程和酶工程在食品工业中所占比例将会更大。

　　生物工程下游技术有机融入食品加工工艺，引入各路高新生物技术在食品生物工程中大显身手，也适合在功能性食品生产中，在功能因子的获得方式上得到充分应用。功能因子大多是一些不稳定物质，常规提取技术效率低、易氧化，或被酸碱破坏。而建立在现代生物技术之上的分离技术从根本上克服了这些弊端，在提取效率、纯度和活性方面都远好于传统的提取方法。因此，生物工程下游技术是现代食品工业不可缺少的部分，这将对食品生物技术和食品工业的发展起到推动作用。

1996 年，转基因作物开始大规模商业化种植时，种植国家的数量为 6 个。之后持续增加，到 2013 年已达到 27 个，其中发展中国家 19 个，发达国家 8 个。2013 年排名前十位的国家种植转基因作物的面积均超过 100 万公顷，其中 8 个为超过 100 万公顷的发展中国家，按照面积大小排列分别是：美国（7010 万公顷）、巴西（4030 万公顷）、阿根廷（2440 万公顷）、印度（1100 万公顷）、加拿大（1080 万公顷）、中国（420 万公顷）、巴拉圭（360 万公顷）、南非（290 万公顷）、巴基斯坦（280 万公顷）、乌拉圭（150 万公顷）。这为将来转基因作物的多样化持续发展打下了广泛的基础，世界人口的 60%即约 40 亿人居住在这 27 个转基因作物种植国中（农业部农业转基因生物安全管理办公室和中国农业科学院生物技术研究所，2012；罗云波和贺晓云，2014）。

据国际农业生物技术应用服务组织（International Service for the Acquisition of Agri-biotech Applications，ISAAA）统计，2013 年全球转基因作物种植面积继续增加，达到 1.752 亿公顷，发展中国家已处于领先地位。在 1996～2013 年这 18 年间从 150 万公顷增加到 1.752 亿公顷，累计种植面积首次超过 16 亿公顷。2013 年，有 1880 万农民种植转基因作物，比 2012 年增加了 150 万，其中，90%以上（1650 万）是发展中国家的小规模资源匮乏的农民。中国有 750 万农民受益于转基因作物，而印度有 730 万受益的农民。1996～2012 年的最新经济数据表明，中国农民从中获利 153 亿美元，而印度农民获利 146 亿美元。除经济收益外，种植转基因作物使得杀虫剂的喷洒数量降低了一半，因此减少了农民暴露于杀虫剂的现象，提高了他们的生活质量，环境破坏也大大减少（James，2012）。

总之，转基因产品正被广大公众所接受，并带来了巨大的经济、社会和生态效益，具有广泛的应用前景（盛耀等，2013）。

二、公众对于生物技术食品的认识过程：不断发展，逐渐理性

目前，生物技术已在以下领域的研究中得到广泛的应用：①利用生物技术对农作物进行改造，使其对病虫害产生抵抗力，从而减少农业生产中对农药的需求，据有关统计数据，我国转基因棉花减少用药 70%以上，一方面减轻了农民的负担，另一方面减少了农药对益虫的灭杀作用，保护了生态环境；②利用生物技术生产生物农药，在提高药效的同时，减少了降解的时间从而降低了对人畜的毒性；③利用生物技术改造植物，使一些植物可以富集更多的重金属，

改造盐碱地，改善我们生存的环境；④利用生物技术对微生物进行改造，使其获得降解污水和城市垃圾的能力，减少有害物质向环境的扩散；⑤利用生物技术对家畜和家禽进行改造，增强其对病害的抵抗力，从而减少抗生素的使用；⑥利用基因工程技术使家畜和家禽内源生长激素分泌增加，提高饲料的利用率，脂肪合成减少，肌肉合成增加，提高瘦肉率，可以杜绝抗生素、激素和违禁药物的使用；⑦利用基因敲除技术和基因沉默技术，可以消除一些食品中的已知过敏原，使过敏性人群可以享受这些食品；⑧利用生物技术改造植物，减少可以产生真菌毒素的微生物在植物体内的生长繁殖，从而减少农产品中真菌毒素的积累，保护人类的健康；⑨利用生物技术将一些无害的天然产物高效表达，生产绿色环保的食品保鲜剂和食品添加剂，减少人工合成的食品保鲜剂和食品添加剂的使用，既有利于人体健康，也有利于环境保护；⑩利用现代生物技术检测方法能够快速、准确地检测食品中的有害、有毒物质，可以更好地保障食品安全。因此，现代生物技术可以改善食品生产的环境、提高食品的营养、消除食品污染源，在改善和保障食品安全方面有着巨大的应用前景。

目前人们对于转基因食品安全性的担忧主要存在于对人类健康和对生态环境的影响两个方面（沈平和黄昆仑，2010）。对人类健康的影响主要涉及以下几个方面：其一是转基因食品的直接影响，包括营养成分可能改变，毒性或过敏性可能增加；其二是转基因食品的间接影响，例如，经基因工程修饰的基因片段导入后，引发预期范围外的基因突变或改变代谢途径，致使其最终产物可能出现新成分或现有成分的含量改变，这些因素都可能导致间接影响；其三是具有抗除草剂或杀虫功能的基因导入植物后，是否会像其他有害物质那样能通过食物链进入人体富集；最后是转基因食品经由胃肠道的消化吸收可能将外源基因转移至肠道微生物中，进而对人体健康造成影响（罗云波，2013a；盛耀等，2015）。

对于环境安全性的问题主要是指农业生产中转基因植物释放到田间后，是否会将基因转移到野生植物中，是否会破坏自然生态环境，扰乱原有生物系统的动态平衡，包括：①转基因生物对农业和生态系统的影响；②产生超级杂草的可能性；③转基因向非靶标生物转移的可能性；④转基因生物是否会破坏生物物种的多样性。

对转基因技术和产品安全性的争论，最早可上溯到20世纪70年代人们对DNA重组技术的安全性争论。随着转基因动、植物技术的发明，尤其是转基因植物的大面积种植，人们对转基因生物安全性的担忧逐渐集中到转基因农作物是否安全这个焦点上。国际农业生物技术应用服务组织最新年度报告显示，转基因作物的种植面积和种植国家都在不断增加，但这种增加趋势反而导致围绕着转基因作物安全问题的争论再次升温。国际上一些相关组织机构对此开展了大量工作，一些相关权威部门也就转基因农作物及其产品的安全性发表了意见和结论。联合国粮食及农业组织

（Food and Agriculture Organization of the United Nations，FAO）在 2004 年的《粮食及农业状况 2003—2004：农业生物技术》报告中就指出：迄今为止，在全世界范围内尚未发现可验证的、由食用转基因作物加工的食品而导致的有毒或有损营养的事件；同时指出：在已种植转基因作物的国家中，尚未有转基因作物造成重大健康或环境危害的可证实报道（罗云波，2013b，2013c）。

世界卫生组织（World Health Organization，WHO）在 2005 年发布的一份关于转基因食品的报告中也指出：迄今为止，转基因食品的消费尚未产生任何已知的负面健康影响，但是同时认为也应该，必须继续进行安全评估。此外，美国科学院、美国农业部、美国食品药品管理局及美国总审计局在发布有关转基因作物或食品的报告中，也都明确指出目前进行商品化生产的转基因农作物尚未发现任何生物安全性问题。

从事农作物转基因及其安全性研究的绝大多数主流科学家也认为，尚不能证实目前商品化生产的转基因农作物存在任何生物安全性问题。至今已在国际公认的学术期刊上发表的有关转基因生物安全性的研究报道中，绝大多数研究得出的结论支持转基因农作物的安全性。然而，多年来仍有个别公开报道认为转基因农作物存在食用或环境安全性问题。尽管这些报道大多在公开发表后被科学界或相关权威机构从方法或结果验证上予以否定，但这些实验结论仍被频繁引用，并对公众造成误导。特别是媒体报道的误导，对公众接受生物技术产品的心理产生了很大的负面影响，严重影响到这一高新技术的产业化进程（罗云波等，2003；罗云波，2014）。

目前依然存在一些其他的有关转基因农作物存在生物安全问题的报道，由于这些报道本身存在科学逻辑上的不完备，国际权威机构或主流科学界尚未认同。另外，有些关于转基因生物是否安全的争论则脱离了科学本身，而是与政治、国际贸易、宗教信仰等有关。转基因作物也由于这些争论在市场推广和产品上市过程中遭遇到赞成和反对两种截然不同的声音，其争论的范围和程度是以往任何技术成果在扩散过程中所未遭遇的。这场争论背后的原因是深层次的、复杂的，大致可以归纳为以下四个方面。

（一）认识原因

参与转基因作物争论的大多数人并不是分子生物学家或遗传技术方面的专家，由于缺乏必要的科学背景知识，他们对转基因作物的认识被别人的说法和媒体的观点左右，因专业知识的欠缺决定了他们对转基因作物的态度。以帝王蝶的争论为例。认识水平决定了民众对转基因作物的态度，基因知识的缺乏导致部分人对之持否定态度。2000 年 7 月，英国皇家学会、美国科学院、巴西科学院、印度科学院、墨西哥科学院、中国科学院及第三世界科学院在华盛顿公开发表白皮书，表示支持转基因作物的研究。科学家的声明表明专业生物技术人员对转基因作物的认识从本质上不同于普通民众。

（二）经济原因

在沸沸扬扬的争论中，对转基因作物持不同态度的关键莫过于经济利益上的原因。美国、加拿大政府及农场主，以及大多数发展中国家的政府都是转基因作物的坚定支持者。对各转基因种植业跨国公司来说，由于其转基因技术最为先进和成熟，种植和销售转基因作物，节约了部分用水、化肥和农药，成本大大减少，而单位面积的产量却大大增加。这样，农场主就可以获得更多的利润。对于大多数发展中国家来说，由于耕地面积持续减少、水资源严重短缺、环境恶化、人口不断增加、粮食增长幅度不大等原因，种植转基因作物一方面可以减轻民众的饥饿程度，另一方面可以减缓贫困、缓解社会矛盾。

当然，这是因为经济利益而持赞成的观点，也有因经济利益原因而持反对态度或态度不那么明确的例子。欧盟的态度比较谨慎，其态度可以用法国前国民教育和农业部长的话作为概括：在欧洲已经不知道该怎样处理自己过剩的农产品的情况下，根本没有理由为了提高产量而去冒卫生和环境方面的些微风险。从根本上说，欧盟对于转基因食品的态度，就是为了保护自己的农业利益，不让受巨额政府补贴的美国农产品冲垮其农产品市场。这种态度与他们的转基因作物培植技术大大落后于美国有关，否则，他们不会一方面反对，另一方面又暗地里加紧自己的转基因作物研究。

（三）文化原因

不同的文化背景也是影响人们对转基因作物态度的一个因素。从 1994 年首批保鲜番茄和抗除草剂的转基因棉花在美国市场上市，到今天的 50 多种转基因作物及其加工的产品在市场上出现，转基因作物及食品成了美国民众餐桌上的普通食物。吃了多年的转基因食品，美国民众并没有感到什么危险，只是近来受欧洲反转基因作物浪潮的影响，才有一小部分民众起来反对转基因作物。欧洲则不相同，它是一个受基督教影响长达千年的社会，传统宗教观念深深根植于人们的心中。基督教向来就认为：世界万事万物都是上帝创造的，上帝创造的最为合理，没有必要去改变，也不能去改变。欧洲民众身受这种宗教文化的影响，强烈反对转基因作物的研究、种植和上市。因此，从以上事例可以看出，文化是影响民众对转基因作物态度的一个强大因素。

（四）心理原因

对转基因作物持何种态度，还受心理原因的影响。在开始进口美国转基因作物的最初几年，欧洲的民众并不怎么反对转基因作物，只是在一连串的食品恐怖事件给民众造成心理阴影后，他们才强烈反对转基因作物。1996 年英国爆发了疯牛病，1998 年德国爆发了猪瘟病，1999 年比利时又发生了因养鸡饲料遭二噁英污染的毒鸡事件，这些食品恐慌事件的阴影使得公众对新食品有了条件式的反射和恐惧情绪，一系列事件的不良影响使转基因作物成了替罪羊。可以说，疯牛病等对健康和食品安全的不良影响在很大程度上左右了欧洲民众对转基因作物的态度。欧洲民众的反对浪潮也很快扩展到其他国家，并波及部分美国人。其实，他们并没能证明转基因作物确实有风险，只是对生命的绝对保护意识使他们加入反对的行列。因此，民众的恐惧心理和从众心理是反对转基因作物的又一个原因。

三、生物技术食品的发展展望

近年来，现代生物技术食品的发展主要体现在以基因重组技术为核心的转基因食品的发展进步。从转基因食品的发展阶段来看，转基因食品可以分为三代，第一代转基因食品，是以增加农作物抗性和耐储性的转基因植物源食品为主要特征，这一代的转基因食品研究起始于 20 世纪 70 年代末 80 年代初，是以转入抗除草剂基因、抗虫基因增加农作物的抗逆性及延迟成熟基因等为主要特点。抗除草剂农作物转入的基因有耐受孟山都公司生产的抗草甘膦（roundup ready）的 *CP4-EPSPS* 基因和耐受除草剂草胺膦的 *Bar*、*Pat*、*Gox* 基因。这类转基因植物源食品有玉米、棉花、油菜、甜菜、大豆等；抗虫农作物转入的基因主要有苏云金杆菌的 Bt 系列基因，包括 *CrylA6*、*Cry1Ac*、*Cry3A*、*Cry9C* 等。这类转基因植物源有玉米、棉花、番茄、马铃薯等。目前，这类基因研究的还有豇豆蛋白酶抑制剂基因 *CpT2*、马铃薯蛋白酶抑制剂基因 *Pin II*、豌豆凝集素基因 *P-lec*、雪花莲凝集素基因 *GNA*、半夏凝集素基因 *PTA* 等；延迟成熟的转基因植物源食品主要有：①利用转入反义多聚半乳糖醛酸酶（polygalacturonase，PG）基因抑制 PG 酶的产生，使新鲜果蔬能保持一定的硬度，从而延长储藏期；②转入 S-腺苷氨酸水解酶（S-adenosylmethionine hydrolase）基因，减少乙烯生物合成前体 S-腺苷蛋氨酸；③转入 1-氨基环丙烷-1-羧酸（1-amino-cyclopropane-1-carboxylic acid，ACC）脱氨酶基因，生成的酶可以脱去乙烯合成的直接前体 ACC，减少乙烯的生物合成；④转入有缺陷的 ACC 合成酶基因，通过合成有缺陷的 ACC 合成酶竞争性的抑制 ACC 的合成，减少乙烯的生物合成。这类转基因植物源食品有番茄和甜瓜。此外，还有抗病毒的植物源转基因食品，主要是转入病毒的外壳蛋白基因，干扰病毒的产生以达到抗病毒的目的。这类转基因植物源食品主要有番木瓜、西葫芦和马铃薯。

第二代转基因食品是以改善食品的品质、增加食品的营养为主要特征（刘升等，2015）。目前，转基因食品的研究正在朝这方面转移，最早的研究是在提高月桂酸、肉豆蔻和油酸的含量方面展开。商品化的转基因作物有油菜和大豆。这方面的研究已在植物、动物和微生物全面展开，并已取得了许多研究成果，有些成果显示了良好的应用前景。主要表现为：①食品中新增营养因子，如 *Science* 在 2000 年 1 月 14 日报道了瑞士公立研究所成功开发了富含维生素 A 前体的基因重组水稻，并称之为黄金大米（golden rice），这种水稻的开发成功特别有望解决许多发展中国家儿童因缺乏维生素 A 而致盲的现象；②油脂的改良，杜邦（Dupont）公司通过反义 RNA 技术抑制油酸酯脱氢酶，获得含 80%油酸的高油酸含量大豆油，卡尔京（Calgene）公司则开发出可替代氢化油制造人造奶油、酥油的含 30%硬脂酸的大豆油和芥子油；③蛋白质的改良，通过基因重组技术获得高赖氨酸转基因玉米、高面筋蛋白小麦等也取得了可喜的成果；④果蔬品质的改良，除增加果蔬的储藏期外，目前的研究已开始在提高营养品质和加工特性上展开。如转入酵母异戊烯腺嘌呤焦磷酸（isopentenyl pyrophosphate，IPP）异构酶基因的番茄，其胡萝卜素和番茄红素的含量增加了 2～3 倍，利用反义技术将马铃薯多酚氧化酶（polyphenol oxidase，PPO）基因的 *PoT32* 片段插入马铃薯中，获得抗加工褐变的转基因马铃薯。此外，还有改良糖类的转基因食品等。

第三代转基因食品是以研究增加食品中的功能因子和增加食品的免疫功能为主要特征。1990 年，Curtiss 等首次报道了植物中抗原的表达，他们使变异链球菌（*Streptococcus mutants*）表面蛋白抗原 A 在烟草中表达，把这种烟草喂给老鼠后，黏膜免疫反应导致了老鼠中 *SpaA* 基因的出现。此后，又有肝炎抗原在烟草和莴苣中、狂犬病抗原在番茄中、霍乱抗原在烟草和马铃薯中和人类细胞巨化病毒抗原在烟草中的表达成功，这些研究成果掀起了世界范围的转基因食用疫苗的研究热潮。目前的研究主要集中在：①乙肝疫苗，乙肝病毒表面抗原（HBV surface antigen，HBVsAg）是乙肝疫苗的主体成分，*HBVsAg* 基因已在番茄、马铃薯、烟草、羽扇豆和莴苣中表达，乙肝病毒表面蛋白 M 基因也在马铃薯和番茄中成功表达；②大肠杆菌肠毒素疫苗，到目前为止，在转基因植物中表达用于疫苗研究的病原基因主要是大肠杆菌热敏肠毒素 B 亚单位（*Escherichia coli* heat-labile enterotoxin B subunit，*LT-B*）基因，用 *LT-B* 基因转化的烟草和马铃薯，其外源基因均能获得表达，并有较好的免疫原性，在烟草中最高表达量为每克可溶性蛋白 5 μg，马铃薯块茎为每克可溶性蛋白 30 μg；③霍乱病毒疫苗，在马铃薯中转入霍乱弧菌毒素 B 亚单位（cholera toxin B subunit，*CTB*）基因，在块茎和叶片中 *CTB* 基因的最高表达量可达 30 μg/g；④轮状病毒疫苗，该病毒是病毒性腹泻的主要病原物，将轮状病毒表面抗原蛋白转入番木瓜等中以期获得可食用疫苗的研究正在进行；⑤诺瓦克病毒疫苗，诺瓦克病毒是引起急性肠胃炎的病毒，在用烟草和马铃薯作为受体转入诺瓦克病毒衣壳蛋白基因，已经得到了具有免疫原性的表达产物；⑥结核病疫苗，结核病是结核杆菌引起的严重呼吸道疾病，每年造成数十万人的死亡，将结核杆菌的分泌性蛋白 MPT-64 和 *ESTA* 基因转入烟草、黄瓜、番茄和胡萝卜的研究正在进行中；⑦狂犬病疫苗，狂犬病是由狂犬病毒（RV）引起的致命传染病，目前已经将 RV 糖蛋白基因转入番茄中，并得到了转基因番茄，但 RV 糖蛋白表达量还很低，如何提高表达量的研究正在进行。

基因食物疫苗与常规疫苗及其他新技术疫苗相比，具有以下独特的优势：①生产简单，转基因植物的种植不需特殊技术，更不需要复杂的工业生产设备和设施，只要有土地，就可以大规模产业化生产；②没有其他病原污染，常规疫苗及其他新技术疫苗在大规模细胞培养或繁殖过程中，很容易发生病原性或非病原性细菌、病毒等污染，特别是细胞培养过程中，真菌、衣原体等污染极其普通，而转基因植物疫苗则不存在这个问题；③可以食用，转基因植物疫苗可以通过直接食用而进行免疫，国外已在志愿者身上进行了生食转基因马铃薯的免疫试验，现正在研究转基因香蕉，但目前还未找到香蕉果实特异表达的启动子；④储存简单，不需要特殊容器分装，不需低温保存，马铃薯于 4℃ 存放 3 个月，其重组 *LT-B* 活性几乎无变化，另外运输也方便；⑤使用安全，免疫原在植物组织中，作为食物而吃进胃肠，不会引起任何负反应。

蛋白质工程与酶工程在近年来取得了较大的进展，利用蛋白质工程改善酶的稳定性和催化效率是研究的热点之一。例如，酵母磷酸丙糖异构酶在 14 位和 78 位有两个天门冬酰胺（Asn），Asn 在高温条件下容易脱氨形成天门冬氨酸，使肽链局部构象发生变化，从而使蛋白质失活。通过定点诱变技术将这两个氨基酸突变为苏氨酸和异亮氨酸，增加了酶的热稳定性和对蛋白酶的抗性，使酵母菌产生的磷酸丙糖异构酶在酿酒过程中的催化效率更高。另外酶工程在固定化、酶反应器和菌生物传感器方面的研究进展也很大，利用固定化葡萄糖异构酶生产高果糖浆是目前应用最广泛的固定化酶系统。另一个重要的应用是通过氨基酰化酶生产氨基酸，由于一些氨基酸在果蔬中的含量较少，因而需要添加适当的氨基酸到食品中以提高食品的某些氨基酸含量，使食品的营养趋于均衡。目前用化学反应得到的氨基酸是 L-型和 D-型混合的外消旋体，将这种混合体通过固定化氨基酰化酶，可以使两种氨基酸分离，将 D-型氨基酸经过再消旋作用，整个过程可以重复进行。在日本，每年有近百千克的 L-甲硫氨酸、L-苯丙氨酸、L-酪氨酸和 L-丙氨酸通过这种固定化酶进行生产。

现代生物技术食品的发展趋势主要体现在如下几个方面。

（1）基因重组操作技术将更进一步完善。高效、定位更准确基因操作技术的研究，高效表达系统的研究，定时、定位时空表达技术的研究等新技术、新方法将会推动生物技术的发展。

（2）转基因动植物将会取得重大突破。现代生物技术在农业上的广泛应用将全面展开，人类历史上新一轮的绿色革命将会出现。人类有望解除食物短缺的威胁。

（3）生命基因组计划将在许多生命领域展开，但重点集中在与人类活动密切相关的领域，如人类重大疾病、农业、食品等。后基因组学和蛋白质组学将是研究与开发的重点。

（4）蛋白质工程、酶工程、发酵工程将在基因工程的基础上得到长足的发展，它们将会把分子生物学、结构生物学、计算机技术、信息技术、现代工程技术等有机地结合起来，形成一个相互包含、相互依赖的高度综合的学科群。

（5）信息技术渗透到生物技术的领域中，形成引人注目、用途广泛的生物信息学。这将会大大促进生物技术的研究、应用和开发。

（6）食品生物技术将会伴随着现代生物技术的发展飞速向前发展，会有更多的新食品和新技术出现，这不仅可以丰富人们对食品多样化的要求，而且还将在21世纪对解决由于人口过速增长带来的食品短缺起到无法估量的作用。

因此，作为现代生物技术重要分支的食品生物技术对人类的作用可以归结为：①解决食品短缺，缓解由于人口增长带来的压力；②丰富食品种类，满足不同层次消费人群的需求；③开发新型功能性食品，保障人类健康；④生产环保型食品，保护环境；⑥开发新资源食品，拓宽人类食物来源。

参 考 文 献

刘升, 罗云波, 黄昆仑. 2015. 营养改良型转基因植物研究进展. 核农学报, 29(2): 337-343

罗云波. 2013a. 转基因作物热点问题之见解. 中国食品学报, 13(11): 1-5

罗云波. 2013b. 我们如何面对转基因(上) —— 说说转基因作物近期这点事. 中国食品, (1): 12-15

罗云波. 2013c. 我们如何面对转基因(下) —— 再说转基因那些事. 中国食品, (3): 16-21

罗云波. 2014. 转基因在我国的发展情况. 食品安全导刊, (6): 18-20

罗云波, 贺晓云, 2014. 中国转基因作物产业发展概述. 中国食品学报, 14(8): 10-15

罗云波, 黄昆仑, 京华, 等. 2003. 中国转基因食品现状分析. 中外食品工业, (7): 27-29

罗云波, 生吉萍. 2011. 食品生物技术导论. 北京: 中国农业大学出版社

农业部农业转基因生物安全管理办公室, 中国农业科学院生物技术研究所. 2012. 转基因 30 年实践. 北京: 中国农业科学技术出版社

沈平, 黄昆仑. 2010. 国际转基因生物食用安全检测及其标准化. 北京: 中国物资出版社

盛耀, 贺晓云, 祁潇哲, 等. 2015. 转基因植物食用安全评价. 保鲜与加工, (4): 1-7

盛耀, 许文涛, 罗云波. 2013. 转基因生物产业化情况. 农业生物技术学报, 21(12): 1479-1487

James C. 2012. 2011 年全球生物技术/转基因作物商业化发展态势. 中国生物工程杂志, 32(1): 1-14

第二章 风险评估与风险管理概述

提　　要

- 风险是相对的，与机会、灾难、概率、不测事件和随机性相结合，与损失和破坏相结合，同时又与导致风险的客观因素必然联系。
- 人类始终处在各种风险存在的社会中，风险认知已扎根在个体和集体的意识之中。
- 食品安全没有"零风险"。食品安全风险分析和管理使食品安全性风险方面处于可接受的水平。
- 风险的评估、管理和交流共同组成了风险分析框架，这三部分之间既相互作用又相互促进，既互为前提又互为因果。
- SPS［实施卫生与植物卫生措施协定（agreement on the application of sanitary and phytosanitary measures）］风险评估方法；食品法典委员会（Codex Alimentarius Commissiol，CAC）风险分析方法及 HACCP［危害分析与关键控制点（hazard analysis critical control point）］、GMP［良好作业规范（good manufacturing practice）］等安全卫生质量保证措施，是国际上通用食品安全风险分析方法。
- 实例证明食品安全风险分析管理有效降低了食品安全风险，对生物技术食品安全管理具有指导意义。
- 随着科学技术不断进步，人类文明程度不断提升，风险分析管理将不断发展完善。

第一节　风险分析的发展历程

在茹毛饮血的原始文明阶段，从燧人氏"钻木取火，以驱百兽"，到神农氏"构木为巢，以避群害""遍尝百草，以治百病"，继而从个体到部落、氏族的凝聚，逐渐形成了一个抵御自然风险能力不断增强的农耕帝国系统，也是人类早期对风险的认知、规避、抗御和管理。现代社会风险形式更是多样，各种天灾人祸的消息见诸于各大媒体。近年来，尤其食品安全问题更是引起世界各国的广泛关注，它不仅严重危及人类的健康和生命安全，而且还严重影响经济发展、贸易发展和社会稳定。面对食品安全不可预期的风险，人类正在积极探求可持续发展的出路，到底应该怎样应对风险亟需一个清晰的思路。

为了有助于理解风险分析的发展历程，本节主要有两个目标。首先，认识风险的客观存在，会从许多理论视角批判性地回顾风险的发展和认知历程。其次，具体认识食品安全风险的存在，从世界各国的积极举措来梳理其科学发展过程。

一、认识风险的存在

古今中外，多种风险存在，例如，自然灾害：地震、洪水、台风；人为事故：战争、车祸、盗抢；环境风险：大气污染、水体污染、土壤污染；技术风险：核辐射、电磁波等。它们种类多样，具有随机性、多方向性等特点，从而使相关的生物群体不断进行风险决策以躲避风险或尽量减少风险所带来的损失，风险一定程度上加速了的生物进化。

"风险"作为一个完整词条，没有出现在我国古籍中，但《荀子·荣辱》中以天命来表达风险的客观存在，阐述风险的根源；《增韵·琰韵》《中庸》等则开始阐述早期的风险预测、管理等相关思想（艾志强和沈元军，2013）。

完整的"风险"一词，起源于西方，最早出现在西班牙语和葡萄牙语中，一开始就带有空间的含义，意指在危险的水域中航行。后来渐渐演变成英语单词—— risk，被运用于商业和贸易中时与时间的联系变得紧密起来，再后来又逐渐发展为与人类的决策和行为后果紧密相连（周萍入，2012）。

风险的定义是讨论风险分析的起点。学术界对风险的研究始于 20 世纪 20 年代，社会科学工作者们进行了大量有关风险的实践和理论研究，但是迄今为止，对风险概念的内涵仍然没有统一的定论。

1921 年，Frank Hyneman Knight 提出"风险是经济活动的重要组成部分"。随后，技术范畴和社会范畴中的风险逐渐引起大家的注意。

1962 年，美国海洋生物学家 Rachel Carson 在其著作《寂静的春天》（*Silent Spring*）中针对化学物质对环境的污染，认为一些看似无害的行为可能对人类健康带来长期影响，首次提出了"风险"（risk）的概念。

1981 年，Robert Kaplan 从工程学角度定义了风险，认为风险是基于事件的下列三个问题：一是发生什么（what can happen），二是如何发生（how likely is it），三是结果如何（what is the result）。

1989 年，Deng Dixon 从自然科学角度定义了风险，包括：①客观上对未来可能发生的不良后果的疑虑；②对造成一定经济损失的不确定性；③实际后果与预测后果存在显著差异的可能性；④发生不幸事故的概率；⑤发生损失的可能性；⑥所有危险的集合体。

1999 年，Slovi 给了风险一个个体主义角度的定义，认为风险是由自然和物理过程共同决定的一种可量化的概率。

2001 年，Ulrich Beck 从社会科学的角度出发定义了风险，是指一种系统地处理由现代化本身引发和带来的危害与不安全的方式。

2005 年，Fischer 则从主观角度定义了风险，认为个体要受到心理因素与概率估计的共同作用从而获得对风险的认知。

从不同的角度出发，风险有不同的意义。对风险的理解也应该是相对的，因为既可以是一个正面的概念，也可以是一个负面的概念，一方面与机会、概率、不测事件和随机性相结合，另一方面与危险、损失和破坏相结合。同时，结合风险演变的历史，可以将风险概括为：风险是由于个体认知能力的有限性和未来事件发展的不确定性，基于个体的主观评估对预期结果与实际结果的偏离程度及可能性进行的估计。

二、风险社会与风险认知

在全球化发展背景下，由于人类实践所导致的全球性风险占据主导地位的社会发展阶段，在这样的社会里，各种全球性风险对人类的生存和发展存在着严重的威胁，也就是说人类正处在"风险社会"。以德国社会学家 Ulrich Beck 为代表的一批学者率先提出了"风险社会"的概念，他们指出，只有在自然和传统不再占据主导地位，而是依赖于人决定的地方，才会有风险的存在（罗大文和张洪波，2007）。科学技术的发展加速了全球化速度，也使人类社会进入风险时代，经济增长的可持续性、技术的两面性及部分科学研究的缺陷性都是造成风险的可能因素。在现代化进程中和在发达的现代社会，生产力的指数增长，财富以乘数效应积累，而风险也在以前所未知的程度释放，科学技术飞跃发展，经济全球化快速扩展，风险社会已经成为现代化社会的时代特征。人类对风险认知使一些风险处于人类可应对乃至可控制状态，从而降低或消除某种风险所带来的负面影响（陈治国，2008）。

社会风险具有随机性、可测性、危害性等特点，个体只有具备足够的信息才能准确地判断并应对风险。因此，风险是一种状态，即风险后果的随机性与人们对其关注之间所存在的必然联系；而这种不确定性也可以看作是一种思想意识状态，是一种基于已有知识和新信息的"计算"形式的产物，这是当代风险社会的一大特征，也是人们把握风险的最有利的理论途径。

另外，由于风险问题常伴随着科学决策而产生，因此，必须要对风险有一个科学的认知，并且结合国家和社会的力量以有效规避风险。在这个过程中，作为前提的"风险认知"就变得十分重要。

1960 年，Bauer 首次跳出心理学范畴将风险认知引入消费者行为学研究中，他认为，消费者的任何消费，都可能产生与其预期不一致的结果，而这种不确定性就是最初的风险认知。

1967 年，Cox 将风险认知定义为风险可能性和风险损失程度之间的函数，即购买前主观认知会产生不良后果的概率和购买失利所感知的损失程度。

1967 年，Cunningham 修改和完善了风险认知的定义，他认为不确定性和后果两部分即某个结果发生的主观可能性和一旦发生所导致的危害性，共同构成风险分析。实证分析显示，对行为决策所带来的不确定性和结果重视程度越高的消费者，其风险认知度越高。

1973 年，风险认知的理论模型和测量系统的建立使得 Bettman 进一步证实了上述结论。他也认为风险认知既包括对购买后果的不确定性的认知，也包括对购买不利所致结果的不确定性的认知。

1991 年，Murray 丰富了风险认知的概念，加入了对购买决策的利益认知和购买失利后的潜在损失认知两方面，细化了风险认知的实际利益、行为等内容的描述。

1995 年，学者们逐渐发现社会心理因素在风险认知中扮演重要的角色。一方面，人们对外界事物各种客观风险所形成的主观感受和评价构成了风险认知；另一方面，个体积累的信息和经验也会对风险认知产生多重影响。

2010 年，许多科学家认为，风险认知是对各种风险因素的主观认识和评价，是一种社会和文化意识范畴，不同社会环境及文化背景下生活的人们所具有的价值观、文化认知和历史认同，其本身就是特定的心理模式。

虽然有关风险认知的演变和观点看上去复杂而难以捉摸，其实风险认知就是对风险的态度和直觉的判断，理论与实践共同影响这种判断，其中包括对于风险的认知和判断、主观的评价与偏好、风险应对的态度和行为等。其实，风险认知已经悄然扎根在现代社会中每个个人和集体的意识之中，对于目前全球的风险因素大家都有一定的认识，包括饥荒、恐怖主义、传染病、污染等，尤其是像交通和食品这样日常生活中的风险是人们最为关注的问题。以航空为例，风险存在于违背地心引力的技术活动本质之中，尽管其风险很小，但在巧合情况和人为因素的作用下，飞机从空中坠落就可能会造成生命损失，因此搭乘飞机不可能是"零风险"，这属于科学的"风险认知"。

三、食品风险的存在

风险代表着一种不确定性，与航空不是"零风险"一样，食品安全同样几乎不可能存在"零风险"。食品从生产到消费整个过程漫长复杂，完全消除食品风险是不可能的，更何况食品安全的风险对于不同人群也存在一个相对性的问题。

欧共体条例 178/2002/EU 第 3 节第 9 条将这种"风险"界定为一种功能，即可能产生损害健康的影响,且能够描述危险转化为现实后该种影响的严重程度(郑风田,2003)。除了食品本身的风险,更惹人注目的是爆发的食品安全事件背后伴随的风险,特别是随着食品生产的工业化,新原料、新产品的采用,食品生产中污染因素的日趋复杂化,这些食品链内外源因素的变化导致了一些食品安全问题的爆发,以下以欧洲食品安全发展为例进行简述。

20世纪五十年代,欧洲食品安全问题主要集中在动物健康所导致的食品安全问题上,刚从战争创伤恢复,食品短缺是重于食品安全的首要问题,因此各国的食品生产标准不一。后续由牲畜爆发的牛结核病、流行性口蹄疫疾病等均具有一定的时代烙印,给人类带来重大灾难。

此后,到20世纪六七十年代,食品工艺更加复杂,食品工业逐步发展,从农田到餐桌必须经过比之前更多的工序,而由食品生产、加工过程中细菌等其他有害微生物的污染所导致的食品安全问题,往往最终演变为大范围的疾病发生。此外,食品工业的发展使得部分化学添加剂被批准使用于食品工业,一定程度上增加了食品安全的隐患。

到20世纪八九十年代,全球经济发展迅速,由此形成了全球贸易。此间欧盟建立了严格的食品生产、品质控制标准,维护了欧洲公民的健康安全,为后续建立完善的食品安全风险评估体系奠定了基础。

20世纪末期,随着食品安全问题对各国经济趋势影响的扩大,人们对食品安全知识的深入了解,以及食品贸易对全球贸易格局趋势的日益明显,消费者、行业精英乃至政府层面对于食品安全的问题日益关注。

新世纪之后,转基因技术日益成熟并由此派生出许多生物技术食品,公众对食品安全的关注也逐渐朝这个方向转变。

随着人类社会的发展,造成食品安全问题的环节和原因非常复杂,影响食品安全的因素越来越多,食品安全管理的难度也越来越大。与欧洲食品安全问题发展趋势类似,各国都经历了具有一定本国特色的食品安全问题。此后,政府及食品行业的管理者首先意识到有效的风险预测、评估及风险交流,是有效预防、降低食品安全风险发生的根本途径。但是,食品安全作为一个相对的概念,绝对的零风险是不可能的,因此在一定科学依据之上的保证食品的相对安全及卫生就成为食品行业的最大挑战。

四、食品安全风险分析的发展

为保证食品的卫生和质量,各国都在积极制定本国的监控体系。随着风险日益变得复杂和不可知,评估和管理风险的正式系统也更为规范。食品安全风险分析,可以确保食品的相对安全,通过采取一定的管理措施,使食品的食用安全性处于可接受水平，换句话说，食品安全风险分析是一种在科学数据的基础上监督管理食品安全的有效体系（陈晓珍，2012）。

20 世纪 50 年代初，食品的安全性评价主要以急性和慢性毒性试验为基础，提出人的每日允许摄入量（acceptable daily intake，ADI），以此制定卫生标准。

1960 年，美国国会通过 Delaney 修正案，提出了致癌物零阈值的概念，指出任何对动物有致癌作用的化学物不得加入食品。

直到 20 世纪 70 年代后期，科学家发现，如二噁英等致癌物难以在食品中避免或者无法实现零阈值，或无有效合理的替代物，零阈值演变成可接受风险的概念，以此对外源性化学物进行风险评估。

1986～1994 年乌拉圭回合多边贸易谈判，讨论了食品等产品贸易问题，与食品行业密切相关的正式协定有两个，即《实施卫生与植物卫生措施协定》（SPS 协定）和《贸易技术壁垒协定》（Agreement on Technical Barriers to Trade，TBT）（TBT 协定）。其中 SPS 协定要求各国政府必须在建立风险评估的基础上采取一定的卫生措施，从而避免潜在的贸易保护措施。

1991 年，联合国粮食及农业组织、世界卫生组织和关税及贸易总协定（General Agreement on Tariffs and Trade，GATT）联合召开了"食品标准、食品中的化学物质与食品贸易会议"，建议食品法典委员会在制定政策时采用风险评估原理。

1991 年和 1993 年举行的 CAC 第十九届和第二十届大会同意采用这一工作程序。

1994 年，第十一届执委会会议建议 FAO 和 WHO 就风险分析问题联合召开会议。

1995 年 3 月，在日内瓦世界卫生组织总部召开了 FAO/WHO 联合专家咨询会议。这次会议的召开，是国际食品安全评价领域发展的一个里程碑。会议最终形成了一份题为《风险分析在食品标准问题上的应用》的报告，将食品风险分析分为风险评估、风险管理和风险交流三个方面，同时对风险评估的方法及风险评估过程中的不确定性和变异性作了阐述。

1995 年，CAC 要求下属所有有关的食品法典分委员会对这一报告进行研究，并将风险分析的报告应用到具体的工作程序中去。

1997 年 1 月，FAO/WHO 联合专家咨询会议在罗马联合国粮食及农业组织总部召开，会议提交了《风险管理与食品安全》报告，规定了风险管理的基本框架和基本原理。

1998 年 2 月，在罗马召开的 FAO/WHO 联合专家咨询会议提交了题为《风险交流在食品标准和安全问题上的应用》的报告，对风险交流的问题和原则进行了规定，同时对进行有效风险交流的障碍和策略进行了讨论。

至此，有关食品风险原理的基本框架已经形成。WHO 和 FAO 是世界范围内食品安全工作的两个主要国际组织。这两个组织都参加 CAC 的工作。CAC 的 163 个成员国参与各分委员会的工作，如国际食品法典食品添加剂委员会（CCFA）、

FAO/WHO 食品添加剂联合专家委员会（JECFA）。这些委员会制定国际上公认的管理和评估风险的文件。JECFA 的科学家自 1956 年以来制定了关于食品中超过 700 种危害因子的每日允许摄入量（ADI）、暂定每周耐受量（provisional tolerable weekly intake，PTWI）和其他指标。JECFA 为 CCFA 提供了关于这些化学危害物的一系列标准中的适宜限量水平和建议。这些建议可被 CAC 采纳作为最大残留限量（maximun residue limit，MRL）或最大限量（maximun limit，ML），成为国际公认的保护公众健康的标准。CAC 还制定了食品中辐射危害的指南。FAO/WHO 成立了与 JECFA 类似的咨询组织，用来解决国际贸易中食品微生物危害标准有关的科学议题。因为风险评估制度实行安全风险的"事前"监测和评估，有助于解决监管部门作用滞后的问题，近几年逐渐受到世界各国家和地区的重视，相继设立食品安全风险评估的机构或中心进行食品安全相关的风险评估（表 2-1）。同时，各国食品安全立法也逐渐趋向于以预防性为主，食品安全监管以事前控制为主要手段，管理过程中重视与对象间交流，可见风险评估理论在食品安全管理体系中也发挥了关键的作用（谭德凡，2010）。

表 2-1　世界各国家/地区风险评估机构

国家/地区	机构	设立年份
美国	美国食品药品管理局（FDA）、美国国家环境保护署（Environmental Protection Agency，EPA）、美国疾病控制与预防中心（Centers for Disease Control and Prevention，CDC）等	—
加拿大	加拿大食品监督署（Canadian Food Inspection Agency，CFIA）	1997
法国*	法国食品卫生安全署（Agence Francaise de Sécurité Sanitaire des Aliments，AFSSA）	1999
英国	英国食品标准局（Food Standards Aaency，FSA）	2000
欧盟*	欧洲食品安全局（European Food Safety Authority，EFSA）	2002
德国*	德国联邦风险评估研究所（Bundesinstitut für Risikobewertung，BfR）	2002
荷兰	荷兰食品与消费者产品安全局（the Food and Consumer Product Safety Authority，VMA）	2002
日本*	日本食品安全委员会（Food Safety Commission of Japan，FSC）	2003
中国香港	香港食物安全中心（Center for Food Safety，CFS）	2006
中国内地*	国家食品安全风险评估中心（China National Center for Food Safety Risk Assessment，CFSA）	2011

*只做风险评估。

21 世纪初期，我国与美国和欧盟等国家和地区在从事食品国际贸易中引发的"食品事件"中，典型的如 2007 年发生的"中国制造"危机，特别是 2008 年的"三聚氰胺毒奶粉"事件作为分水岭，一场"哥白尼革命"式的食品安全风险监管改革在我国迅速展开。随着《中华人民共和国食品安全法》（简称《食品安全法》）《中华人民共和国食品安全法实施条例》及《食品安全风险评估管理规定》的相继实施，以及国家食品安全风险评估专家委员会与国家食品安全风险评估中心的成立，我国的食品安全风险评估制度已经初步成型。

实践证明，风险评估是控制食品安全和制定相关标准法规的有效方法，对食品污染物进行风险评估是保障食品安全的重要手段。近年来，由风险评估、风险管理和风险信息交流组成的风险分析工作，以一种结构模型出现，用于改进我们的食品管理体制，其目的是生产更为安全的食品，以减少食物传染疾病食源性疾病的数量，促进国内和国际食品贸易。此外，各界正朝着以整体性更强的方式来解决食品安全问题的方向努力。

第二节　食品安全风险分析的基本内容

在分析食品可能存在的危害以及控制危害产生的有效管理中，风险分析是目前常用的模式。风险分析方法不仅能够评估人类健康和食品安全可能的风险，制定和采取适当的风险控制措施，而且能够将风险及应对措施与利益相关者进行沟通。在食品安全卫生管理中引入风险分析方法，将有利于减少、控制和避免一定的食品危害事故的发生，实现食品安全的风险检测和应急管理。

本节对食品安全风险分析概念和基本内容进行概述，详细介绍了风险评估、风险管理和风险交流这三个组成部分，解读这种针对食品安全性问题而提出的宏观管理模式。

一、食品安全风险分析

"食品安全风险分析"是针对国际食品安全性应运而生的一种宏观管理模式，同时也是一门正在发展中的新兴学科。随着经济全球化步伐的进一步加快，世界食品贸易量也持续增长，食源性疾病也随之呈现出流行速度快、影响范围广等新特点，各国政府和有关国际组织都在采取措施，以保障食品的安全（刘桂芹，2014）。为了保证各种措施的科学性和有效性，最大限度地利用现有的食品安全管理资源，建立了一种新的国际食品安全宏观管理模式，以便在全球范围内科学地建立各种管理措施和制度，并对其实施的有效性进行评价，这便是"食品安全风险分析"。

1997 年，CAC 正式决定采用与食品安全有关的风险分析基本术语（CAC Codex Alimentarius Commission，1997）。

危害（hazard）：是指食品中潜在的将对人体健康产生不良作用的生物、化学或物理性因子。

风险（risk）：是指对人类健康或环境产生不良作用的可能性和严重性，这种不良作用是由食品中的某种危害引起的。

风险分析（risk analysis）：又称危险性分析，是指对可能存在的危害进行预测，并在此基础上采取规避或降低危害影响的措施，是由风险评估、风险管理和风险交流三个部分共同构成的一个过程。

风险评估（risk assessment）：又称危险性评估，是指对在特定条件下，风险源暴露时，对人体健康和环境产生不良作用的事件发生的可能性和严重性的评估，包括危害识别、危害描述、暴露评估和风险描述。

危害识别（hazard identification）：又称危害鉴定或危害认定，是指识别可能存在于某种或某类特定食品中的，可能对人体健康和环境产生不良作用的生物、化学或物理性因子的过程。

危害描述（hazard characterization）：是指对食品中可能存在的对人类健康和环境产生不良作用的生物、化学和物理性危害的定性和/或定量的评价。

暴露评估（exposure assessment）：是指对于通过食品的摄入和其他有关途径可能暴露于人或环境的生物、化学和物理性因子的定性或定量评估。

风险描述（risk characterization）：是指在危害识别、危害描述和暴露评估的基础上，定性或定量估计（包括伴随的不确定性和变异性）生物、化学和物理性危害在特定条件下对相关人群产生不良作用的可能性和严重性。

风险管理（risk management）：是指根据风险评估的结果，对备选政策进行权衡，并且在需要时选择和实施适当的控制措施。

风险交流（risk communication）：是指在风险评估人员、风险管理人员、生产者、消费者和其他有关团体之间就与风险有关的信息和意见进行相互交流，包括对风险评估结果的解释和执行风险管理决定的依据。

风险分析成为保证食品安全的一种新模式，贯穿于"从农田到餐桌"整个食品供应链，是目前国际公认的食品安全管理手段，同时也是一门正在发展中的新兴学科。食品安全风险分析是制定食品安全标准和解决国际食品贸易争端的依据，也为各国在食品安全领域建立合理的贸易壁垒提供了一个具体的操作模式，其目标在于保护消费者的健康和促进公平的食品贸易。食品安全风险分析是指对可能存在的危害进行预测，并在此基础上采取规避或降低危害影响的措施（张卫民等，2015）。具体来说，就是对食品安全的风险进行评估，确定食品中有害物质或微生物对人体产生危害的概率和强度，即"风险评估"；进而在风险评估的基础上根据风险程度采取相应的风险管理措施去控制或者降低风险，以维护消费者健康为首要目的，制定和实施合理的政策，有效控制食品安全风险，即"风险管理"；并且在风险评估和风险管理的全过程中保证风险相关各方保持良好的交流状态，即"风险交流"。可见，风险分析通常包括风险评估、风险管理和风险交流三部分内容，这三个部分相互促进、相互作用，互为前提、互为因果，共同形成了食品安全风险分析的框架，科学进行食品安全风险分析工作需要从这三个部分的研究入手，争取最大限度地降低风险。

需要指出的是，在进行一个风险分析的实际项目时，并非风险分析的三个部分的所有具体步骤都必须包括在内，但是某些步骤的省略必须建立在合理的前提下，而且整个风险分析的总体框架结构应当是完整的（陈君石，2009）。

二、食品安全风险评估

风险评估又称危险性评估，是指在特定条件下，风险源暴露时，对人体健康和环境产生不良作用的事件发生的可能性和严重性的评估（陈君石，2011）。风险评估是一个纯粹的专家行为，它对食品加工过程中的原料处理、加工、运输、存储、营销中可能危害人体健康的物理、化学、生物因素等产生的已知或潜在健康不良作用依据科学数据进行可能性评估。可见，评估更强调对其潜在后果或者可能的不利影响的评价，评估针对食品链每一环节和阶段进行，即对食品的全面评估；评估也是一种系统地组织科学技术信息及其不确定性信息，并选用合适的模型对资料作出判断，来回答关于健康风险的具体问题，即对食品的科学评估。

风险评估应遵循以下原则（石阶平，2010），但在实施时需要根据评估任务的性质作具体调整。

（1）风险评估应该是客观的、透明的、记录完整的和接受独立审核/查询的。

（2）尽可能地将风险评估和风险管理的功能分开。一方面要强调功能分开，另一方面也要保持风险评估者和风险管理者的密切配合和交流，使风险分析成为一个整体，而且有效。

（3）风险评估应该遵循一个有既定架构的和系统的过程，但不是一成不变的。

（4）风险评估应该基于科学信息和数据，并要考虑从生产到消费的全过程。

（5）对于风险估算中的不确定性及其来源和影响以及数据的变异性，应该清楚地记录，并向管理者解释。

（6）在合适的情况下，对风险评估的结果应进行同行评议。

（7）风险评估的结果需要基于新的科学信息而不断更新。风险评估是一个动态的过程，随着科学的发展和评估工作的进展而出现的新的信息有可能改变最初的评估结论。

风险评估的基本内容通常包括危害识别、危害特征描述、暴露评估和风险特征描述这四个部分。通常情况下，危害识别采用的是定性方法，其他三个步骤可以依据获得数据资料的多少，选择采取定性方法或者定量方法，其中定量方法更为准确也更具有说服力。

危害识别又称危害鉴定或危害认定，是指识别可能存在于某种或某类特定食品中的，可能对人体健康和环境产生不良作用的生物、化学或物理性因子的过程。危害识别是根据流行病学研究、动物试验、体外试验、结构-反应关系等科学数据确定人体在暴露于某种危害后后是否会对健康发生不良影响。也就是说，危害识别要确定人体摄入化学物质、微生物甚至寄生虫后的潜在不良作用，这种不良作用产生的可能性，以及产生这种不良作用的确定性和不确定性。危害识别的关键是获得有效的公众健康数据和对特定条件下的危害来源、频率和媒介数量的预测。在这一过程中主要需要回答"该种食品是否会产生危害""在什么条件下发生"等问题，并对相关危害的程度、水平等因素进行描述。

危害描述是指对食品中可能存在的对人类健康和环境产生不良作用的生物、化学和物理性危害的定性和/或定量的评价（陈君石，2009）。危害特征描述的关键就是要描述它的剂量-反应关系，通过数学模型预测在给定剂量下，产生不良影响的概率。目的是评价食品中有害因子引起副作用的特征、严重性和持续性，通过使用独立数据和污染物残留数据分析、统计手段、接触量及相关参数的评估等系统科学的步骤，对影响食品安全卫生质量的各种风险因子进行评估，定性或定量地描述风险特征，提出安全限值。对化学、生物或物理因素应进行计量-反应评估，通常认为在一定的剂量之下有害作用不会发生，即阈值，通常将阈值作为风险描述的最初作用点或参考作用点。对于有阈值的物质，可以由毒理学试验获得的数据外推到人，计算人体的每日允许摄入量，将暴露量与其进行比较来判断风险。对于无阈值的物质，如对于致突变、遗传毒性致癌物而言，则通过动物试验得出的置信区间下限作为风险描述的起点。现在在食品安全方面的误区就是，只要食品中的某个物质是有毒有害的那就是不能忍受的，而不讲究"量"的问题。因此，"什么样的剂量是有害的""什么样的剂量是安全的"就是危害特征描述最需要得出的结论。

暴露评估是指对于通过食品的摄入和其他有关途径可能暴露于人或环境的生物、化学和物理性因子的定性或定量评估（陈君石，2011）。它描述了风险因子进入食物链的途径，在随后的食品生产、分销和消费过程中的分布和造成危害的情况，决定人体暴露危害因子的实际或预期量。主要根据膳食调查和各种食品中特定危害因子暴露水平调查的数据进行计算，包括存在的浓度、消费模式、摄入含有特定危害因子的食品和含有较高含量特定危害因子食品的可能性等，进而得到人体对于该种危害因子的暴露量。主要是在回答"食用被污染食品的概率是多少""食用时污染物的可能数量是多少"等问题，最终获得摄入风险物质的剂量。暴露评估应该充分考虑到不同的膳食模式和潜在的高消费人群，因此每个国家必须独立做，且强化对相关数据的调查和及时更新，以作为制定标准的基础。

风险特征描述是指在危害识别、危害描述和暴露评估的基础上，定性或定量估计（包括伴随的不确定性和变异性）生物、化学和物理性危害在特定条件下对相关人群产生不良作用的可能性和严重性（石阶平，2010）。风险特征描述将人体的暴露量和安全摄入量进行对比。根据以上三方面信息估计在某种暴露条件下对特定人群的健康产生不良效应的可能性。假如暴露量超过了安全摄入量，则应采取相关措施，将已有限量标准降下来；假如暴露量低于安全摄入量，即可放心消费。无显著风险水平则是指人体即使终生暴露在此条件下，该危害物质都不会对人体产生伤害。另外，对用以进行风险评估的信息的复杂性和不确定的原因进行描述，即对风险描述中伴随的不确定性进行描述，还应包括易感人群的相关信息、最大潜在暴露情况和/或特定的生理或基因等影响。

风险评估是一个系统的、循序渐进的科学过程，其核心步骤是风险特征描述。而风险评估结果的可靠性，则在很大程度上取决于数据的数量和质量。然而，在实际工作中，往往数据不足，特别是缺少人群流行病学数据，而且不同研究报告的结果不尽一致，这就给风险评估带来许多不确定性和可变性。所以，在应用专家提供的风险评估结果时，必须了解其数据资源和评估过程。

风险评估是风险分析和风险规制的关键环节，是风险管理、风险交流的前提和基础。需要强调的是，风险评估属于独立评估，即专家在工作中不受任何政治、经济、文化、饮食习惯的影响，并不等于说专家的评估和政府没有关系。风险评估科学家的任务要来自于风险管理者，风险评估科学家也要发挥主动积极性，向风险管理者建议评估内容，两者在工作中密切相关，风险评估所得到的结果要报告给风险管理者。

从实践来看，如果政府和相关机构出现没有进行风险评估、不及时进行风险评估、不科学的风险评估等情况，都会带来严重的后果。这就要求行政机关和专家运用科学知识，正确和客观地反映食品安全风险的严重性，及时并科学地进行食品安全风险评估，它是食品安全风险管理的基础，也是科学防范食品安全风险的重要前提。

三、食品安全风险管理

风险管理是指根据风险评估的结果，对备选政策进行权衡，并且在需要时选择和实施适当的控制措施（石阶平，2010）。风险管理是一个纯政府行为，其首要目标是通过选择和实施适当的管理措施，尽可能有效地控制食品风险，从而保障公众健康。也就是说，政府接到专家的评估报告以后，会在与各利益方磋商过程中权衡各种政策方案，根据当时当地的政治、经济、文化、饮食习惯等因素来制定政府的管理措施。具体措施大到国家的法律、法规，小到标准、检验技术、进出口口岸把关等，都属于管理措施，具体包括制定最高限量，制定食品标签标准，实施公众教育计划，通过使用其他物质或者改善农业或生产规范以减少某些化学物质的使用等，通过设定食品中污染物的限量来防止疾病的发生是典型的风险管理决策的例子。

风险管理可以分为四个部分：风险评价、风险管理选择评估、执行管理决定、监控和审查。风险评价的基本内容包括确认食品安全问题、描述风险概况、就风险评估和风险管理的优先性对危害进行排序、为进行风险评估制定风险评估政策，以及风险评估结果的审议；风险管理选择评估的内容，包括确定现有的管理选项、选择最佳的管理选项包括考虑一个合适的安全标准以及最终的管理决定；执行管理决定时应把保护人体健康作为首先考虑的因素，同时可适当考虑其他因素，如经济费用、效益、技术可行性、对风险的认知程度等，进行费用-效益分析；监控和审查指的是对实施措施的有效性进行评估，以及在必要时对风险管理和评估进行审查。

食品安全风险管理的原则（刘为军等，2011）如下所述。

（1）遵循结构性方法，风险管理结构性方法的要素包括风险评价、选择评估、决策执行及监控回顾。在特定情况下，只有部分要素是风险管理活动所必需的，例如，由食品法典委员会负责标准制定，而政府负责标准及控制措施执行。

（2）保护人类健康是决策的主要目标，因此考虑人类健康是可接受风险水平的首要判定因素，而且风险水平的差异具有公正性。此外，还应考虑一些其他因素，如决策成本、利益回收、技术屏障、社会决策等，在采取措施的过程中这些因素需要被充分考虑并进行风险管理应用，且不应被武断决定，整个决策过程须公正透明。

（3）决策和活动应当透明，风险管理应当识别所有风险管理过程要素的系统程序和文件，包括决策的制定。对于所有利益相关方而言都应当遵循透明性原则。

（4）风险评估政策的制定应是风险管理的重要组成部分，在风险评估政策的制定过程中，对于有价值的指南或政策性意见的选择，特别是有可能被应用到专门的风险评估过程决策中的意见，应当与风险评估人员事先沟通，在风险评估之前作出决策。

（5）应当确保风险评估过程的科学独立性，风险管理和风险评估的职能应当相互分离，这是确保风险评估过程科学完整所必需的，并且这也有利于减少风险评估和风险管理之间的利益冲突。虽然在职能上应相互分离，但风险管理者和风险评估者应当相互合作。风险分析是一个循环反复的过程，风险管理者和风险评估者之间的相互合作在风险分析的实际工作中是非常重要的，而且是不可缺少的。

（6）应考虑风险评估结果的不确定性。在任何可能的情况下，风险评估都应包含关于风险不确定性的定量分析，而且定量分析必须采用风险管理者容易理解的形式。这样，风险决策制定才能将所有不确定性范围的信息考虑在内。如果风险评估是高度不确定性的，那么这时的风险管理决策就必须更加谨慎。

（7）应当保持与所有利益相关者进行充分的信息交流，保持与所有利益相关者的相互交流是风险管理整体过程中不可缺少的一项重要工作。风险交流不仅仅是一个信息交换的过程，其更为主要的功能是通过风险交流，使那些对于风险管理来说切实有效的信息和意见能够真正应用到管理决策之中。

（8）持续循环性，该过程应不断评估和审查风险管理决策中已经产生的所有新的资料和信息。在随后的风险管理决策应用过程中，为确保该决策效力，应定期对风险管理决策及产生的效果进行评估和审查，积累大量信息，从而完成对信息的反馈和回顾，因此监测及其他一些活动也可能是必需的。

从人体健康和食品安全的角度出发制定和选择食品安全工作的政策和管理措施，以合适的风险管理手段确保食品安全。因为不同国家饮食结构、政治、经济发展状况不一样，根据风险评估的结果，在制定管理措施时，每个国家就可能不一样。在选择风险管理手段时需要综合考虑方式和方法在该国家实际操作的可行性，应考虑经济效益、社会效益等综合因素。加强对食品安全工作的监控和审查，这样可以提高食品安全控制的有效性，提高食品安全工作的质量，确保食品安全目标的实现。

四、食品安全风险交流

风险交流是指在风险评估人员、风险管理人员、生产者、消费者和其他有关团体之间就与风险有关的信息和意见进行相互交流，包括对风险评估结果的解释和执行风险管理决定的依据（石阶平，2010）。风险交流应当与风险管理和控制的目标一致，且贯穿于风险管理的整个过程，它不仅是信息的传播，更重要的作用是把有效进行风险管理的信息纳入政府的决策过程中，同时对公众进行宣传、引导和培训，也包括管理者之间和评估者之间的交流，是具有预见性的工作。

风险交流的原则包括了解听众和观众、科学专家的参与、建立交流的专门技能、成为信息的可靠来源、分担责任、区分科学与价值判断、保证透明度，以及全面认识风险。为了确保风险管理政策能够将食源性风险减少到最低限度，在风险分析的全部过程中，相互交流都起着十分重要的作用。评估结果和管理措施都应该在第一时间，以百分之百的透明度作为风险交流的内容。

风险交流的主要目的在于：在食品安全风险分析过程中提高所有的食品供应链成员对所分析问题的认识和理解；一致、透明地制定和执行风险管理决策；为风险管理决策提供可靠的基础；提升风险分析过程中的整体效果和效率。通过公开、透明的信息交流，使各方全面了解影响食品安全危害及其变化趋势，并对该危害的风险人群的特点和规模及相关的利益等信息有所理解。

虽然风险交流是食品安全风险分析框架中的重要组成部分，但其往往是较为薄弱的环节。如果政府在此方面出现失误，不仅会造成经济损失，使政府公信力下降，还会使消费者对食品安全状况产生严重误解。改变食品安全整体形势是一个循序渐进的过程，还有许多的因素需要考虑。首先是社会环境问题，由于经济社会发展程度低，公众受教育程度低，公众素质还不高，各种社会矛盾冲突复杂。面对食品安全事件关键还是要理性看待、科学沟通。其次是舆论环境很恶劣，这是因为风险沟通的机制和有效性还没有完全建立起来。当务之急，要尽快建立有效的风险沟通机制，改变信息不对称的局面，及时引导公众对食品安全体制有一个合理的预期；要有计划地开展食品安全相关知识的宣传和教育，多做正面、理性的宣传，杜绝非理性和没有事实根据的炒作；要实行食品安全风险信息公开，保障公众的食品安全风险信息知情权，这是公众参与食品安全风险规制的前提和基础；要建立和完善食品安全风险交流参与程序，通过具体的程序设计，保障公众参与食品安全风险交流的权利，这是公众参与食品安全风险交流的关键。

五、小结

食品会受到化学物质、重金属、生物因素等污染，对人类健康和生态环境造成风险。这些风险就是变异性，通常我们认为它是捉摸不定的，但通过科学研究发现它是有规律可循的，即是可度量的。风险评估就是将这个可度量性提高到最可真实反映变异性的程度以指导政策制定和实施，从而削减风险。有效的风险交流可以扩大作为风险管理决策依据的信息量，提高参与者对相关风险问题的理解水平，建立有效的参与者网络，并且给管理者提供一个能够更好地控制风险的宽广的视野和潜能。

总之，风险评估就是以科学为依据评价危害因素风险高低的过程，强调所引入的数据、模型、假设及情景设置的科学性；风险管理是在与各利益方磋商过程中权衡各种政策方案的过程，该过程考虑风险评估和其他与保护消费者健康及促进公平贸易活动有关的因素，并在必要时选择适当的预防和控制方案，注重所作出的风险管理决策的实用性；风险交流是政策制定者、风险评估者、消费者、食品生产者、学术界等就风险、风险相关因素、风险认知等方面的信息和看法进行互动式交流，内容包括风险评估结果的解释和风险管理决定的依据，强调在风险分析全过程中的信息互动。

第三节　风险评估与风险管理的关系及应用

在西方的童话里有这样一个故事：很久很久以前，人类都还赤着双脚走路。某天，国王要到某个偏远的乡间，可是因路面崎岖且有很多碎石，使得他的脚又痛又麻。因此，他下了一道命令，要将所有道路都铺上牛皮。他认为这样可造福他的人民，让大家走路时不再因路上的石子而受刺痛之苦。可是在执行过程中大家发现，即使杀尽所有的牛，也得不到足够的皮革，更不要提这个过程中所花费的金钱和人力了。这时，一位聪明的仆人大胆向国王提出建言："国王啊！您何不只用两小片牛皮包住您的脚呢？这样您走过的每一段路都是有牛皮的了。"国王听了当下领悟，采用了这个建议也重赏了这个仆人。据说，这就是"皮鞋"的由来。碎石刺脚作为一种风险，有很多种解决方法，但是相对于用牛皮铺路这种耗时耗财耗力的解决办法，皮鞋这个建议是更加优化的，这是古代风险评估管理的一个缩影。

　　同样地，中国古语有云："常在河边走，哪有不湿鞋"。"湿鞋"作为在河边走的一个风险，是否一定会发生呢？如果将现代风险评估管理的理念纳入其中，是否也会有不一样的解决方法呢？本节主要通过实例来讲述"风险评估"与"风险管理"的关系及具体的应用，"风险评估"与"风险管理"在食品安全中的应用，以及食品安全风险评估风险管理的未来展望。

一、风险评估与风险管理的关系

　　风险评估、风险管理及风险交流在功能上相互独立，但是相互之间其至三者之间的信息交换也是各部分发挥功能所必要的。风险评估以科学为基础，风险管理则从政策方面作为着眼点，风险评估和风险管理的相对独立，保证了风险评估经过的科学性和客观性；同时风险交流就各类风险信息、意见等进行交换，既保障了最终决策的科学一致性又保证了政策实施的可行性（图2-1）。

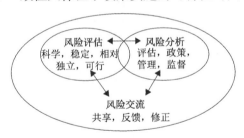

图 2-1　风险评估、风险分析与风险交流的关系示意图

　　前文提到的"常在河边走，哪有不湿鞋"，"湿鞋"是一种风险，如果将风险评估方法应用其中，也可以达到"常在河边走，可以不湿鞋"的效果，那么该如何达到这个目的呢？首先要解决5个基本问题。具体问题的解答以科学性、重要性、稳定性、相对独立性、可比性和可行性为原则。评估指标体系是否科学合理直接影响到评估的质量，因此就"湿鞋"这一风险的评估需要以材料学、概率统计学等科学理论为基础。与"湿鞋"这一风险密切相关的主要有"穿鞋的人""河边""走"三个方面，这三方面是决定是否"湿鞋"的重要因素，除此之外，人的心情等也是微小的影响因素，但是如若面面俱到则会造成分析过程的复杂性，还可能冲淡重要因素的作用。因此，研究中选取起决定性作用的因素进行评价。导致"湿鞋"这一风

险发生的环境因素和人为因素具有很大的变动性,因此要选取比较稳定的因素进行分析,如鞋的材质等。确定的导致风险的因素需要相对独立,否则相互交叉的因素会影响评价和结果,加重或削弱某一因素的作用,影响结果的准确性和科学性。评估体系的设计应该具有不同地区不同时间之间的可比性。除此之外,设计的评估指标应具有可采集性和可量化的特点,能够有效衡量或统计。每项指标都要有资料来源,可从相关部门的统计资料中获得,也可经实地调查获得。在保证以上所有原则的基础上,对"湿鞋"的风险评估需要解决的 5 个基本问题如表 2-2 所示。

表 2-2　风险评估的过程中需要解决的 5 个基本问题

序号	风险评估	常在河边走,是否会湿鞋
1	现状是什么?可能发生什么(事件)?为什么发生?	现在多少人在河边走?穿什么鞋?多少人鞋湿了?到什么程度?为什么会湿?
2	产生的后果是什么?对目标的影响有多大?	鞋湿了之后会不会影响走路?会不会影响心情?对穿鞋者或旁观者影响有多大?
3	这些后果发生的可能性有多大?	通过科学手段,得出湿鞋的概率有多大?
4	是否存在可以减轻风险后果、降低风险可能性的因素?	改变鞋的材料、质地、样式等是否可以降低湿鞋的风险?
5	风险等级是否是可容忍或可接受的?是否需要进一步应对?	公众是否能容忍湿鞋?是否需要改善现状?

在解决了 5 个基本问题之后,对"湿鞋"具有科学认识,并且针对一系列可能改变"湿鞋"的因素进行分析研究可以获得可以避免该风险的科学数据。风险评估是一个连接科学研究和政策的系统过程。风险评估的结果是预测某危害因素在特定情况下造成的风险及其不确定性,这为风险管理者提供信息支持。

在科学认识风险并找到影响风险的几个因素之后,再进行风险管理的 4 个程序(表 2-3)。

表 2-3　风险管理主要的 4 个程序

程序	风险管理	常在河边走,是否会湿鞋
风险评价	风险评价主要包括食品安全危机的甄别、建立风险预测、从风险管理的角度将食品安全问题排序、授权风险评估、风险评估结果的判读等内容	对湿鞋进行识别,建立合理预测,并对湿鞋等级及后果严重程度等进行划分
风险管理策略	风险管理策略主要包括针对风险评估的结果、评估可采用风险管理的措施、选择最佳的风险管理措施、形成风险管理决定等内容	通过对上述湿鞋评估的结果,开发出规避湿鞋的合理的措施,如穿什么样的鞋、走什么样的路、如果湿鞋了要如何处理
风险管理措施的实施	根据风险管理策略评估中关于风险管理的决定来实施风险管理	将上述制定的不湿鞋及湿鞋合理处理方式进行实施
监督和评议	邀请各利益相关方、学者和管理者经常性地对风险评价和风险管理过程及其所做出的决定进行监督和评议	在实施过程中,对经常沿河走路者、鞋商、鞋设计师等进行回访,并为达到不湿鞋的目的对措施的制定进行监督

风险管理的目标是形成一系列的标准、指南和建议，最大限度地降低风险并实现效益的最大化。风险管理必须同时考虑风险和效益，在作出风险管理决定的过程中，要平衡科学和社会因素，既要考虑科学的数据信息，又要对非技术因素做出重视。在以往多种风险评估管理中均出现过一些被传统风险评估所忽视的因素加深了主体对风险的认识，并推动了风险评估方法的完善。

当然，在管理过程中，许多风险是客观存在的，且不能完全避免或消除，风险评估的发展和结果也具有一定的不确定性，风险管理也具有一定的时效性。风险评估的可变性是因为特定人群的相关指标不同，不确定性主要是由于数据的不完整和不精确。

因此，要提高数据的质量、数据代表的范围和相互关联，以及来源的确定性。同时还要考虑数据和目标人群的相关性，使实验数据最大限度地与目标人群相契合。另外，构建完善的风险管理体系是降低风险的保障。风险管理预警系统通常包括专业的风险数据库、风险监测、风险等级预警、风险信息发布、防范措施等。

风险交流是所有的利益相关方（包括消费者、生产商、科学家、政府及各种专业和倡议性组织）就风险事件本身、风险评估和风险管理进行交流的过程。因为成功的风险管理不仅是制定适当的政策以降低风险，实现集体乃至每个个体利益的最大化，还要充分考虑其他相关标准、技术可行性、经济因素、社会条件等因素，因为风险交流非常重要。就上述"湿鞋"而言，即为鞋子制造商、穿鞋者、鞋子设计师、政府等进行信息的交流，一方面风险评估者应以通俗易懂的方式解释风险评估的数据、模型及结果。另一方面风险管理者应以风险评估的科学事实为依据，解释各种风险管理备选方案的合理性。利益相关方应交流他们的关心事宜，并审视和理解风险评估和风险管理的内容与方案。这样才既能有好的鞋，又能合适地穿上，最终实现"不湿鞋"。

从本质上讲，风险交流是一个双向过程，不但涉及风险管理成员与风险评估者之间的交流，还负责风险分析成员和外部利益他关方之间的信息共享。风险交流既可以作为风险管理的一个"对外公布信息"的过程，即风险管理部门向相关者提供及时、准确的信息。同时，决策者可以通过风险交流获取关键信息、数据和观点，这其中也包括风险评估所获取的大量的科学有效的数据，并从受到影响的利益他关方征求和反馈意见，从而可以做出充分表达利益他关方所关注问题的有效决策。但是无效甚至有偏差的风险交流往往会导致风险事件带来超出风险本身所带来的损失。

二、食品安全中的风险评估与风险管理

俗话说"民以食为天，食以安为先"。根据世界卫生组织的定义，食品安全(food

safety）是指"对食品按其用途进行制作和食用时不会使消费者健康受到损害的一种担保"。因此食品安全是一个综合概念，包括食品卫生、食品质量、食品营养等相关方面的内容，同时还具有社会、政治、经济、法律等意义。食品安全要求食品对人体造成的实际损害都应在社会可接受的范围之内，食品安全是相对的，不存在绝对的食品安全。

随着技术的进步，判定食品是否安全的标准越来越细化和综合化。随着控制食品安全能力的逐步提高。人们对食品安全的期望值也越来越高。目前风险分析和风险管理是保障食品安全的主流手段。国际上通用的食品安全风险分析管理的方法有三种：第一，SPS 的风险评估方法；第二，食品法典委员会的风险分析方法；第三，HACCP、GMP 等安全卫生质量保证措施（梁旭霞和吴永宁，2013）。

SPS 所描述的风险评估就是评价食品中存在的添加剂、污染物、毒素或致病有机体对人类、动物或植物的生命或健康产生的潜在不利影响。SPS 认为，在进行风险评估时应考虑由有关国际组织制定的风险评估技术，考虑现有的科学依据，有关的工序和生产方法，有关的检验、抽样和测试方法，有关的生态和环境条件，以及检疫或其他处理方法。

食品法典委员会根据 SPS 协定中的基本精神对风险分析不断地进行了研究和磋商，提出了一个科学的框架，将有关的术语重新进行了界定，就风险管理和风险情况交流问题继续进行咨询，还对风险交流的要素和原则进行了规定，同时对进行有效风险交流的障碍和策略进行了讨论。CAC 提出的风险分析与 SPS 的风险评估基本上是同一概念。两者的区别在于：在应用范围方面，CAC 的风险分析主要是针对食品，SPS 的风险评估覆盖范围较大，适用于所有与人类和动植物的卫生措施和检疫措施；在名词术语的使用方面，CAC 把 SPS 的风险评估改为风险分析，而 CAC 中定义的风险评估则是整个风险分析三个组成部分中的第一部分，比 SPS 协定中的风险评估概念范围窄。

HACCP 和 GMP 是一种用于食品生产过程中的预防性的食品安全性控制措施，也就是风险管理的实际应用。从 HACCP 的 7 项原则要求可知，HACCP 实际上就是一种包含风险评估和风险管理的控制程序。CAC 认为，HACCP 是迄今为止控制食源性危害的最经济、最有效的手段。GMP 规定了食品加工、运输、储藏、流通等各工序中所要求的基本条件、操作方法、管理措施和卫生控制规范。就其效果和执行方式来讲，GMP 也是一种风险管理措施。

我国食品安全评估管理大事件如下所述。

2003 年，中国农业科学院质量标准与检测技术研究所成立时设立了风险分析研究室。

2006 年颁布的《中华人民共和国农产品质量安全法》中规定对农产品质量安全的潜在危害进行风险分析和评估。

2007 年 5 月 17 日,农业部成立了国家农产品质量安全风险评估专家委员会,主要职责是研究制定农产品质量安全风险评估政策建议、规划与计划、有关规范性技术文件;组织农产品安全风险评估工作的开展。

2009 年 6 月 1 日起实施的《食品安全法》,将食品安全风险评估制度确定为食品安全管理的一项重要制度。根据《食品安全法》制定的《中华人民共和国食品安全法实施条例》要求卫生部根据情况开展食品安全风险评估工作,具体包括以下几种情形:一是为制定或者修订食品安全国家标准提供科学依据需要进行风险评估的;二是为确定监督管理的重点领域、重点品种需要进行风险评估的;三是发现新的可能危害食品安全的因素的;四是需要判断某一因素是否构成食品安全隐患的;五是国务院卫生行政部门认为需要进行风险评估的其他情形(梁旭霞和吴永宁,2013)。

风险评估与风险管理的合理应用极大地降低了生活中方方面面的风险,风险评估与风险管理在我国乃至全球解决食品安全问题中发挥了极大的作用,实施食品安全风险评估工作,有利于推动食品质量安全管理由末端控制向风险控制转变,由经验主导向科学主导转变,由感性决策向理性决策转变,由事后监管转变为事前预防,大大提升了公众对食品的消费信心,也为政府管理决策咨询提供了技术指导。

风险分析及风险管理的实施者涉及科研、政府、个体、生产企业、媒体等多方人群,即科研工作者通过建立评价模型,收集大量翔实可信的数据进行风险评估,政府在评估的基础上倾听各方意见,权衡各种影响因素,并最终提出风险管理决策,而风险交流贯穿其中,其中包括学术界、政府、消费者组织、企业、媒体等之间内部信息交流和多个组织之间的信息交流,如案例中在国际食品卫生法典委员会 2004 年会及同年 ICMSF-中国国际食品安全会议上对婴幼儿配方奶粉中阪崎肠杆菌危险性管理的议题进行的讨论。它们相互关联又相互独立,有关各方的工作有机结合,避免了部门割据造成主观片面的决策,从而在共同努力下促进食品安全管理体系的完善和发展。

三、风险评估和风险管理在生物技术食品安全管理中的应用

风险评估和风险管理在食品安全问题中的应用,极大地降低了食品安全多种风险发生的概率,对于新兴的生物技术食品等的食品安全风险评估控制具有指导性意义。生物技术是世界新技术革命的主要内容之一。基因工程作为生物技术的先导技术近年发展迅速,在农业上转基因动植物研究和开发对于解决人类面临的资源短缺、环境污染、效益衰减等问题显示出日益巨大的作用,但随之而来的各

种生态、个体健康等可能的风险也备受关注。其中，生物技术食品的问世，也将该"舌尖上的生物技术"的安全问题提上日程。生物技术食品的独特性决定了其风险评估和风险管理的特异性。但是随着科学技术的不断发展，人们科学意识的不断提升，风险评估管理涉及的方方面面也日趋完善。

四、展望

针对我国的现状，加强我国食品安全风险管理体系建设，需要食品产业链和政府监管部门及消费者多方合作，各阶段利益的分享者共同担负责任，并需要持续改善，以实现对公共健康的安全指导和全体公民福祉的最终目标。

健全食品安全管理法规体系，规范食品安全管理机制运行，建立统一的食品安全监管体系，加强食品安全风险管理的专家队伍建设，加强食品安全评估技术手段的开发和应用，完善食品安全风险监测体系，密切与相关国际组织的联系与合作，是保障食品安全的可行之策。

风险评估和风险管理，在我国乃至全球解决食品安全问题中发挥了极大的作用，使得食品安全问题由末端控制逐渐向风险控制方向发展，对于新兴的生物技术食品等的风险评估控制具有指导性意义。但随着科学技术的发展，社会因素的多样化，风险管理及风险评估也将不断进步完善，还需要更科学的研究方法来对食品安全中的风险因素进行识别和评估，风险管理措施的可行性和有效性也需要结合实际工作做进一步的深入探讨。

参 考 文 献

艾志强, 沈元军. 2013. 风险与技术风险概念界定的关系研究. 科技管理研究, 33(12): 199-202
陈君石. 2009. 风险评估在食品安全监管中的作用. 农业质量标准, (3): 4-8
陈君石. 2011. 食品安全风险评估概述. 中国食品卫生杂志, 23(1): 4-7
陈晓珍. 2012. 风险评估在食品安全管理中的应用. 科技信息, (13): 67-69
陈治国. 2008. 乌尔里希·贝克风险社会理论探析. 北京: 首都师范大学硕士学位论文
梁旭霞, 吴永宁. 2013. 按照风险分析框架构建中国食品安全管理体系. 中华预防医学杂志, 47(6): 487-490
刘桂芹. 2014. 食品安全风险监测和风险评估. 技术与市场, 21(8): 364-364
刘为军, 魏益民, 郭波莉, 等. 2011. 食品安全风险管理基本理论探析. 中国食物与营养, 17(7): 8-10
罗大文, 张洪波. 2007. 风险社会与社会公共安全. 经济与社会发展, 5(8): 15-18
石阶平. 2010. 食品安全风险评估. 北京: 人民出版社
谭德凡. 2010. 论食品安全法基本原则之风险分析原则. 河北法学, 28(6): 147-150
张卫民, 裴晓燕, 蒋定国, 等. 2015. 国家食品安全风险监测管理体系现状与发展对策探讨. 中国食品卫生杂志, 27(5): 550-552

郑风田. 2003. 从食物安全体系到食品安全体系的调整——我国食物生产体系面临战略性转变. 财经研究, 29(2): 70-75

周萍入. 2012. 公众和科学家对转基因食品风险认知的比较研究. 武汉: 华中农业大学硕士学位论文

CAC Codex Alimentarius Commission. 1997. CAC (Codex Alimentarius Commission) Joint FAO/WHO Food Standards Programme, Codex Committee on Food Hygiene. Proposed Draft Principles and Guidelines for the Conduct of Microbiological Risk Assessment, CX/FH, 97(4)

第三章　生物技术食品的食用安全风险评估

提　　要

- 食品的功能在于可以提供营养，转基因食品可以一定程度上提升食品营养功能。
- 实质等同性分析是转基因食品食用安全风险评估的主要准则。
- 食品的安全是相对的，天然食品也存在致敏性、毒性，合理认识食品的致敏性和毒性是进行安全评价的基础。
- 任何转基因食品的问世都要经过严格的安全评价，严谨严格的安全评价内容是转基因食品安全的基础保证。
- 如何进行科学的转基因食品安全评价，确保转基因食品安全，是摆在我国乃至世界各国面前重要而又紧迫的任务。
- 转基因食品安全管理的核心和基础是安全性评价。安全性评价的内容主要有毒性、致敏性、营养成分、抗营养因子、标记基因转移、非期望效应等。
- 对转基因产品的食用安全评估发展经历了从定向风险评估向现代非定向的过渡，分析方法也从传统模式逐步向新型检测过渡。转基因食品也逐步从传统单一性状产品向复合型生物技术产品转变。

第一节　营养学评价

食品的功能在于其富含丰富的营养物质，为人类提供日常所需，营养成分分析和抗营养因子分析是转基因食品安全性评价内容中的重要组成部分。对转基因食品营养成分的评价主要包括灰分、蛋白质、氨基酸、脂肪、脂肪酸、淀粉、纤维素及维生素。除此之外可根据食品种类及营养主成分，可以有偏倚地开展一些其他营养成分分析。如大豆的营养成分分析可添加异黄酮、大豆皂苷等特有成分进行成分分析。一方面，这些成分可以提供特殊的营养功能；另一方面，它们也是抗营养因子，超出一定范围后会影响其他营养成分的吸收，甚至造成中毒。因此，在评价时遵循"实质等同性原则"，考虑生物技术食品与传统亲本食品在营养方面的等同性。针对营养改良型的转基因作物，需要考虑特殊成分的含量。存在差异的成分需要考虑这一类食品的历史营养范围值。如果在范围区间内，就可以认为该食品在营养方面是安全的。如某种转基因玉米的脂肪酸含量与其亲本玉米存在显著性差异，但位于玉米已知的脂肪酸含量以内，则可认为在脂肪酸方面该转基因玉米依然是安全的。

一、营养成分的风险评估

（一）主要营养成分

主要营养成分分析包括对蛋白质、脂肪、水分、纤维素、灰分及糖类的分析。水分的变化是成分分析常见的指标，在对某一转基因大米和其对照大米进行成分分析时发现，转基因大米中的水分显著低于对照大米（$P<0.05$）。对同类型转基因马铃薯的块茎作成分分析,结果显示普通马铃薯的水分显著高于转基因马铃薯，但差别很小。加工后的食物也有类似改变，将某一低植酸玉米和其亲本对照玉米按传统方式加工成薄玉米饼后，转基因薄玉米饼中的水分（52.7%）明显高于亲本对照玉米（42.3%）（陈淑蓉和杨月欣，2003）。

蛋白质、脂肪和糖类是食物中的重要营养素，通过转基因技术改善食物中这三种营养素的质量是目前转基因发展的一个趋势。如利用蛋白质工程技术可以改变蛋白质和必需氨基酸的比例，利用糖类酶工程改善淀粉含量、直链淀粉和支链淀粉的比例及糖含量。某转基因大米的蛋白质相比于对照大米高出20%，与此相一致，该转基因大米中几乎所有的氨基酸甚至包括经常缺乏的赖氨酸都有不同程度的增加。某转基因大米中部分脂肪酸如软脂酸、亚油酸及十八碳一烯酸分别高出对照大米的15%、12%和11%。与营养改良型转基因作物相反，带有抗病虫害、抗除草剂基因修饰的转基因食品中营养成分改变较小。孟山都的某一转基因大豆在1996年批准商业化,该大豆具有耐除草剂草甘膦的性状。经过3年的田间实验，按照实质等同性原则和FDA的规定,孟山都对该转基因大豆进行了营养学安全性评价。评价内容主要包括大豆主要营养素和抗营养成分，以及转入的耐草甘膦CP4-EPSPS蛋白。样品选自10个不同区域，成分分析包括基本营养素、水分、灰分、蛋白质、脂肪、纤维素、脂肪酸、氨基酸等1400多项。在各项营养素方面，该转基因大豆与对照大豆具有实质等同性，各个指标均无明显差异。通过实质等同性评价原则，认为该转基因作物和亲本作物在营养方面是实质等同的，具有同等安全性，可安全食用（陈淑蓉和杨月欣，2003）。由于食品成分的复杂性，检测不可能做到任何一个成分，某些非常规成分发生变化也是有概率的，如1999年英国作物保护会议报道，该大豆由于木质素含量的变化，耐热性能减弱，不适合在气候炎热的地方种植。

对营养成分的分析，除了遵循"实质等同原则"，还应该把历史上或现有的栽培品种的近似营养成分进行比较。当检测发现转基因作物与其对应的非转基因亲本作物在主要营养成分上出现显著性差异时，并不能认为转基因作物加工的食品在营养方面会对人类的营养健康产生不利影响，而是需要结合文献报道或历史上已有的同种类型的食品进行比较。

（二）矿物质

食品是人类获取矿物质的主要来源，这些微量元素对于维持人类的正常生理代谢具有重要的作用。缺乏这些微量元素会带来某些生理性疾病，如缺铁会造成贫血症，缺钙会造成骨质疏松症和软骨病。矿物质营养的评价与主要营养成分评价一样，需要在遵循"实质等同性原则"的基础上，充分考虑与历史上或现在世界各国栽培品种的矿物质营养成分的比较结果。

有些转基因作物与野生型对照相比，矿物质含量会出现显著性变化，但变化不存在规律一致性。如未加工的某一转基因低植酸玉米在矿物质镁浓度上高于其对照玉米（每 100g 干物质相差值约为 8mg），但加工成面团后差异就消失了，但对照玉米的铁离子和钙离子浓度却高于转基因低植酸玉米，并且加工产物薄玉米饼中的铁钙含量也高于转基因低植酸玉米（$P < 0.05$），同样加工成燕麦粥后，转基因低植酸型玉米面团和对照面团有类似变化（陈淑蓉和杨月欣，2003）。但这些差异均是在加工过程中产生的变化，一般不列为转基因食品营养评价的主要内容。

（三）维生素

维生素是人体代谢的重要物质，维生素缺乏也会给人类带来健康隐患。如维生素 A 缺乏会导致夜盲症，严重时会使人失明。目前的转基因食品主要是谷类和油脂类食品，这些转基因食品可以提供维生素 B_1、维生素 B_2、叶酸等必需维生素。在对转基因作物进行营养学评价时需要对转基因作物的维生素进行评价，确保在维生素供给上转基因食品和传统食品具有实质等同性。对维生素的评价方法目前遵循与主要营养成分和矿物质一样的评价体系。

转基因产品中维生素含量与导入的基因有关，有的转基因作物中维生素会发生一些变化。如大豆球蛋白修饰的转基因大米中维生素 B_6 的含量要高于对照组大米（$P < 0.05$），由于维生素 B_6 具有水溶性的特性，一般不认为会对人体健康有不利影响。有的转基因产品维生素含量变化不大，如 1994 年美国食品药品管理局首次批准商业化的 Flavr Savr 延熟番茄，该番茄由 Calgene 公司研制，巧妙地利用反义 DNA 逆转了番茄中产聚半乳糖醛酸酶的基因。该转基因番茄成熟期长，果实风味也有所改变，利于新鲜番茄的运输和延长保存期。对该番茄进行营养成分分析表明该番茄的正常营养成分包括维生素 A、维生素 C、维生素 B 及镁、钙、磷等元素均没有发生改变（陈淑蓉和杨月欣，2003）。

目前已经出现了某些转基因食品专门针对增加维生素的含量为目的，如瑞士先正达公司开发的转基因大米中含有维生素 A 的前体——类胡萝卜素，这种转基因大米比传统大米中的类胡萝卜素含量增加很多，以致大米颜色由白色变成了金黄色。据世界卫生组织报告，全世界共有 1900 万孕妇和 1.9 亿儿童不同程度地患有维生素 A 缺乏症（VAD），且发展中国家每年约有 35 万儿童因缺乏维生素 A 而失明，67 万儿童因维生素 A 缺乏出现免疫力低下和继发感染而死亡。研究者设想把参与合成和储存 β-胡萝卜素的相关基因转移到水稻胚乳中，使其转化体能够合成 β-胡萝卜素并使其在胚乳中积累，目的是通过转基因技术培育出富含维生素 A 的水稻。经过 8 年的探索，1999 年 4 月研究得到的稻米胚乳呈淡黄色，被大家誉为"金大米"。通过高效液相色谱法检测到的胡萝卜素含量可达 1.6μg/g 乳胚。英国剑桥先正达种子公司于 2005 年 3 月 27 日公布成功研发出第 2 代金大米。'金大米 2 号'中胡萝卜素的含量高达 37μg/g 胚乳，高出第一代产品 23 倍之多。科学家认为，推广这种大米可以有效避免夜盲症的发生率（罗云波，2013）。

【案例 3-1】黄金大米事件

江口是湖南省衡南县的一个偏僻乡镇。2011 年 8 月 31 日，关于在此进行的一篇科研文章引起了大家的注意，也打破了以往的宁静。此篇文章称美国某研究机构在此地的某个小学进行了一场人体试验，试验选取了 72 名 6～8 岁的健康儿童，其中 24 名儿童每日进食 60g 转基因黄金大米，连续 21 天并进行了一系列检测。该研究内容及研究结果发表在第二年 8 月 1 日美国《临床营养学》杂志上。转基因、儿童、人体试验，本来敏感的字眼汇集到一起立即触动了媒体和舆论的神经。自从"国外科研机构利用中国儿童进行转基因大米人体试验"这一消息在网上爆出后，舆论哗然，群情激愤，虽然事到如今已过去多年，相关违规责任人也逐一受到处罚，但当转基因字眼出现在一些人眼帘的时候，公众对此事的惶恐还依稀存在。科研者的不道德操守着实冤枉了黄金大米这一造福发展中国家的科研成果，也体现出大众对以儿童为样本进行医学科研研究的误解。而与转基因监管相关部门在这一事件中的表现，也足以让我们对科学与监管加以反思。

当然就这个实验来说，本来是非常有意义的，因为转基因黄金大米产生的 β-胡萝卜素，是维生素 A 的前体，在人体内能转化合成人体所需的维生素 A，现在全世界有上亿的儿童维生素 A 缺乏，尤其在非洲一些发展中国家，大概有数以万计儿童因维生素 A 缺乏而失明，有相当多的儿童失明后严重的甚至导致死亡。实际上在这之前，美国已经进行过成人 β-胡萝卜素转化维生素 A 的试验，就是成人已经吃过，而且金色大米的安全性也得到了相关机构的认可，是完全没有问题的。另外，黄金大米在美国已由相关机构做过必要的安全评价，这次做的只是要验证 β-胡萝卜素在儿童体内的转化效率。这类试验用人来做是符合国际惯例的。

细观黄金大米涉事多方之每一方，在行事之初，以及东窗事发之始，都有遮遮掩掩、不光明磊落的心态。越是不透明就越令人疑惑。为了防止更大面积的质疑，就更加遮掩。于是，越疑惑就越不透明，两者恶性循环，黄金大米这桩事就快成悬疑剧了。对于湖南儿童临床试验中发生的伦理及实验设计监控不规范等问题，也是给从事转基因研究的科研人员一个警示：学术伦理和学术规范是科研人员不可逾越的红线，行政审批、伦理审查、知情同意三大程序是必须要尊重的。这是科学家的信誉和受试者的尊严问题，不容侵犯和忽视。对于此次受试儿童及监护人而言，这起事件不是一个安全事件，是知情权问题；对地方政府而言，应当大力推进转基因科普常识，扫去公众的恐慌心理。没有规矩，不成方圆，任何时候都不应该把安全性问题当成不尊重程序规范的借口（罗云波，2013）。

（四）脂肪酸

脂肪酸同淀粉和蛋白质一样，是人类从食品中获得的维持生命的基本物质，而且，脂肪酸的成分不同，对人体的健康程度影响还存在较大的差异。油酸和亚油酸，这些不饱和脂肪酸对降低人的胆固醇，维持健康的心血管系统非常重要。对于那些在研究时不以改变脂肪酸成分比例为目的的转基因食品，我们希望不要改变脂肪酸的比例和含量，因此在评价时应该遵循与主要成分和矿物质一样的评价方法。

而对于一些改变脂肪酸比例的转基因食品，在进行评价分析时需要综合地对脂肪酸的改变进行分析。如转基因高油酸大豆，是通过改变脂肪酸代谢途径上的酶类阻断了油酸进一步转化为亚油酸和亚麻酸，造成了油酸的积累，从而提高油酸含量。在对这类转基因食品进行评价时，应该考虑该类转基因油脂与现有的传统油脂产品是否存在较大差异，是否远远高出传统油脂食品油酸含量，如果远远高于传统油脂食品，长期食用该类油脂食品是否会对身体健康产生影响。如果不能用现有的科学证据证实长期食用会对人体产生影响，就需要进行相关的动物学试验来证明这种高油酸油脂对人体的健康不会产生不利的影响。

大豆油含有高浓度的不饱和脂肪酸，如亚油酸（18：2）和亚麻酸（18：3），该类脂肪酸有益于人体健康。但其不稳定的构象容易让大豆油发生氧化酸败。多不饱和脂肪酸通过碳碳双键氢化产生可以稳定存在的单不饱和脂肪（即油酸，18：1）和饱和脂肪酸（即硬脂酸，18：0）。为了减缓腐败，工业上开发了化工和酶法等生产工艺来制造氢化大豆油。但氢化过程会由于部分位置的不完全饱和导致反式脂肪酸的生成，反式脂肪酸不利于人体健康（祁潇哲等，2013）。为了杜绝反式脂肪酸的产生，杜邦公司利用转基因技术将 *FAD2-1* 基因转移到大豆中，该高油酸 DP-3Φ5423 转基因大豆中的 omega-6 的脱氢酶在转录过程中发生沉默，阻断了油酸双键增加。罗云波团队对复合性状转基因大豆（3Φ5423×40-3-2）

进行了营养学评价,该大豆是由 DP-3Φ5423 大豆和抗草甘膦大豆 40-3-2 杂交获得,因此具备抗草甘膦和高油酸双重性状。在进行研究时发现转基因大豆 3Φ5423×40-3-2 表达脂肪酸脱氢酶-2 的小 RNA 表达量超过非转基因大豆,因此,油酸含量高于亲本大豆,而亚油酸含量低于亲本大豆。该转基因高油酸大豆通过营养学测定发现与传统大豆相比主要营养成分未发生显著变化,通过 90 天亚慢性毒性试验研究发现,该转基因大豆未在营养学和毒理学方面对大鼠产生不良影响。该研究在 2012 年发表于 *Food and Chemical Toxicology* 上（Qi et al., 2012）。

（五）氨基酸

氨基酸是组成蛋白质的重要成分,对氨基酸开展评价是对转基因作物蛋白质进行的深入分析,蛋白质中各类氨基酸的组成及比例对人体营养物质的利用影响较大,有 8 种必需氨基酸对氨基酸的消化吸收非常重要,一种氨基酸的缺失甚至缺乏都会影响其他氨基酸的摄取,从而造成蛋白质营养不良。例如,食用缺乏赖氨酸的玉米会造成动物蛋白质吸收不良,因此对转基因食品进行营养安全评价时,必须考虑对氨基酸进行分析和评价。评价方法遵循与主要营养成分一样的评价方法。

改善氨基酸成分和比例是转基因作物研发的一个方向。玉米是动物性饲料的主要成分。大多数传统玉米在营养素方面存在缺陷,蛋白质和必需氨基酸赖氨酸的含量较低,因此当饲料主要成分是玉米时需要人工添加赖氨酸以满足动物营养需求。中国农业大学研究的高赖氨酸转基因玉米,就是将马铃薯中表达赖氨酸较高的基因转入玉米品系。对此类营养改良型转基因作物的营养评价,应遵循个案分析原则,对赖氨酸以外的其他氨基酸采取"实质等同性"原则,并充分考虑历史已有数据进行比较。对赖氨酸的营养评价,需要充分考虑在高赖氨酸水平下,通过动物的蛋白质营养利用率试验来评价对蛋白质的消化利用率是否会发生改变。中国农业大学研发的转基因高赖氨酸玉米转入了来自马铃薯花粉的 *sb401* 基因,获得了高赖氨酸玉米品系 Y642。罗云波教研组研究人员通过营养学分析,未发现该转基因玉米在主要营养成分方面发生变化,并选用 Sprague-Dawley（SD）大鼠作为实验动物,将 Y642 玉米和非转基因农大 108 玉米均配制成低剂量（30%）和高剂量（76%）两个浓度梯度的饲料,实验组饲喂转基因 Y642 玉米饲料,对照组饲喂相应的非转基因农大 108 玉米饲料,空白对照组饲喂普通 AIN93G 维持饲料,为期 90 天,未发现该转基因玉米对大鼠造成营养和毒理方面的不良影响。该工作由贺晓云完成,并于 2009 年发表在 *Food and Chemical Toxicology* 上（He et al., 2009）。

罗云波教研组选取了生长在两种自然环境下并转入 *Cry1Ab/Ac* 基因的水稻畸形营养学评价,样品包括种子 T01（产自安徽）、T02（产自湖北）及非转基因种子 WT01

（产自安徽）、WT02（产自湖北）。依据国家标准，AOAC、AACC 标准对 4 组种子进行了营养学评价，检测了主要营养成分、氨基酸、脂肪酸、矿物质、维生素和抗营养因子的含量，并应用双向电泳技术对上述 4 组种子的蛋白表达谱进行了分析，比较了组间蛋白表达差异并通过 MALDI-TOF/TOFMS/MS 对差异蛋白进行了蛋白质鉴定。营养学评价研究结果表明，相比非转基因水稻种子，转 *Cry1Ab/Ac* 基因的水稻种子在本实验检测的营养成分和抗营养成分含量上基本不变，具有实质等同性（王巍等，2013）。对 4 组种子进行组间蛋白表达谱比较发现，生长环境的改变（WT01 和 WT02）导致 21 个蛋白差异表达，单基因的转入（WT01 和 T01、WT02 和 T02）分别导致 20 个和 22 个蛋白差异表达，而生长环境和单基因的共同作用（T01 和 T02）导致了 23 个蛋白差异表达，说明生长环境的改变和 *Cry1Ab/Ac* 基因的转入均能引起水稻种子蛋白表达的变化。质谱鉴定发现，差异蛋白主要参与淀粉合成、糖酵解、糖异生、乙醛酸循环等生物过程，表明 *Cry1Ab/Ac* 基因的转入不会引起新蛋白或毒蛋白的产生，且 Bt 靶基因蛋白表达低于检测限（LOD）。实验在营养学评价的基础上辅助于蛋白质表达谱分析，对转入 *Cry1Ab/Ac* 基因的水稻种子进行了安全性评价，提供了一个更为全面的转基因作物安全评价方法。该研究在 2012 年发表于 *Journal of Cereal Science* 上（Cao et al.，2012b，2012c；Wang et al.，2012）。

二、抗营养因子的风险评估

食品中含有大量的营养成分，也含有较多非营养化学物质，一些物质的超标对植物乃至人类是有害的。因此对转基因食品进行非营养因子研究是安全评价的一部分。这些非营养因子常被称为抗营养因子或抗营养素。抗营养因子被认为是可以抑制或阻止代谢重要通路的物质，抗营养因子可以导致部分营养素（特别是蛋白质、矿物质和维生素）的消化利用能力减弱，降低食物的营养价值。当抗营养因子含量超过一定浓度时会产生毒性，例如，豆科作物中的凝血素类和有害氨基酸类抗营养因子，可以抑制小麦、马铃薯和芋头淀粉酶和蛋白酶的活性；存在于植物类食物中的酚类和生物碱类，叶类蔬菜中的亚硝酸盐类及动物食品毒素等。抗营养因子在经过加工处理之后就会失去毒副作用，如加热、浸泡和发芽处理。食品本身具有多样性特征，对抗营养因子的评价认为转基因食品中抗营养因子或其他天然有害物质的含量与原物种实质等同，在统一范围内即可认为是安全的（于旭华和冯定远，2003；鸥泉，2010）。抗营养因子几乎存在于所有的植物性食品中，这是植物在进化过程中形成的自我防御机制。目前，常见的植物中存在的抗营养因子包括植酸、蛋白酶抑制剂、棉酚、凝集素、芥酸、硫苷、单宁等。在营养学评价中进行抗营养因子检测时，主要根据植物的特点选择主要的抗营养因子进行检测和分析。

（一）植酸

Pfeffer 于 1872 年首次发现植酸，是维生素 B 族的一种肌醇六磷酸酯，化学名称是环己六醇磷酸酯，广泛存在于豆类、谷类和油料作物种子中。植酸可与多种二价阳离子，如 Ca^{2+}、Mg^{2+}、Fe^{2+}、Mn^{2+} 等形成不溶性的复合物，降低人体对无机盐和微量元素的生物利用率，近而导致人体和动物的金属元素营养缺乏或间接引起其他疾病。同时植酸还会影响人体和动物对蛋白质的吸收。油菜的主要抗营养素包括葡萄糖异硫氰酸盐和植酸，在有些转基因油菜中，抗营养因子的含量与对照油菜存在差别，但转基因油菜数值仍在普通油菜含量范围值内（于旭华和冯定远，2003；鸥泉，2010）。谷类中的植酸可以影响非血红素铁的吸收，随着基因技术的发展可以通过基因操纵方式减少谷类中植酸的含量。对低植酸玉米和对照玉米制作的薄玉米饼进行植酸分析时发现，每克低植酸玉米中植酸含量为3.48mg，只是对照玉米的 35%，用低植酸玉米制作的燕麦粥铁吸收率提升了 50%（陈淑蓉和杨月欣，2003）。

（二）胰蛋白酶抑制剂

胰蛋白酶抑制剂主要存在于豆类作物中，主要副作用是降低蛋白质消化率，引起哺乳动物生长发育和胰脏肿大。致病机制为胰蛋白酶抑制阻碍肠道内蛋白酶的水解作用，导致蛋白质的消化率下降，同时，胰蛋白酶抑制剂可以引起胰腺过多分泌，导致胰腺内源性氨基酸缺乏，抑制机体的生长。胰蛋白酶抑制剂的缺点就是不稳定，简单的加热即可去除。

Monsanto 公司除了对某一抗草甘膦转基因大豆 GTS 的营养成分进行安全评价，包含了对抗营养因子的分析，包括胰蛋白酶抑制剂、植酸、植物凝集素、三羟基异黄酮、黄豆苷、水苏四糖、蜜三糖等。大豆中的胰蛋白酶抑制剂不可生吃，否则毒性较大，因此在安全性评价中添加了加工处理实验。试验结果表明，转基因大豆在抗营养因子含量，加工处理后抗营养因子活性等方面与亲本大豆具有实质等同性，认为与传统大豆一样安全（陈乃用，2003）。Padgette 等对两株转基因GTS 大豆品系 40-3-2 和 61-67-1 进行了抗营养因子分析，相对于对照大豆 A5403，转基因大豆在蛋白酶抑制剂、植物凝集素、尿素酶、异黄酮等多项指标中均未发现显著性差异，几种大豆在加工产品烘烤物中的植酸、棉子糖和水苏糖含量也相同（陈淑蓉和杨月欣，2003）。

（三）棉酚

棉酚是一种萜类物质，产生于棉花多种组织（包括种子）的分泌腺体，可以引起人和单胃动物中毒，产生食欲缺乏、体重减轻、精子活力降低、呼吸困难等症状。环丙烯脂肪酸、梧桐脂肪酸和锦葵酸是所有棉花中特有的脂肪酸，环丙烯脂肪酸能够抑制硬脂酸脱饱和成为油酸，影响细胞膜的渗透能力。

（四）芥酸

芥酸是一种二十二碳一烯脂肪酸，其化学名称为顺式-13-二十二（碳）烯酸，$CH_3(CH_2)_7CHCH(CH_2)_{11}COOH$，主要存在于菜籽油、芥子油中，不存在于一般油脂中。在油菜籽油中，芥酸含量可以高达 40%以上（王江蓉，2007）。芥酸分子比普通脂肪酸分子多四个碳原子，难以消化吸收，营养价值较低，并且对营养有副作用，抑制生长，令甲状腺肥大，以引起动物心肌脂肪沉积，因而芥酸含量高低可以作为衡量该油脂质量好坏的一个指标。芥酸主要以甘油酯的形式存在于油菜籽中。

（五）硫代葡萄糖苷

硫代葡萄糖苷，简称硫苷，是一种葡萄糖的天然衍生物，广泛存在于十字花科等植物中。硫苷普遍存在于各种油菜籽中，包括白菜型、芥菜型和甘蓝型品种，且硫苷在各品种中的比例、含量差异较大。各种硫苷有同样的结构骨架，不同的侧链或官能团 R，R 基团常包括以下几类：烷基、烯羟基、烯基、甲磺酰基、芳香基、甲硫基、单酮基、亚甲磺酰基、杂环等。硫苷从营养角度分析本身无毒，但被动物摄入后，硫苷的水解酶——芥子酶会水解生成有毒的噁唑烷硫酮和异硫氰酸酯等，这些二次产物会影响家禽对碘的吸收，导致甲状腺肿大，肝腺受损，还会影响生殖系统的发育，不仅影响蛋的品质且可不同程度影响家禽的生长发育，甚至引起家禽中毒死亡（严远鑫等，2002）。

第二节　致敏性评价

转基因食品由于引入外源蛋白，其引发食物过敏的可能性是安全评价必须评价的内容之一。当转入的蛋白质是新蛋白质时，新蛋白质就有可能是潜在的食物过敏源。一个典型的例子就是某一转基因大豆引起了巴西坚果基因，结果对巴西坚果过敏的人食用此大豆后发生了严重过敏，研发此大豆的先锋公司立即终止了此项研究计划，作为转基因作物引发的致敏性可能性，该例子常被研究者引用，但实际上"巴西坚果事件"也是所发现的因过敏未被商业化的转基因案例。

食物过敏常发生在一些特殊人群，如儿童和老人，主要症状为恶心、呕吐、腹痛、腹泻等，有时仅是局部反应，严重时可见全身反应。每年全球有将近 2%的成年人和 4%～6%的儿童出现食物过敏。食物过敏主要是指存在于食品中的某些蛋白质充当抗原角色，通过抗原抗体反应产生的一系列反应。过敏原主要是一些蛋白质，这些蛋白质具有特殊的识别区，特异性地识别 T-细胞或 B-细胞，通过免疫细胞诱导人体免疫系统产生免疫球蛋白 E 抗体（IgE）。抗原一般是小于 16 个氨基酸的小肽，通常都含有 T-细胞抗原决定簇和 B-细胞抗原决定簇。抗原通过 T-细胞抗原决定簇或 B-细胞抗原决定簇与免疫细胞发生反应而引发一系列的过敏反应（刘静和陈庆森，2006）。在食物致敏性反应中还有一类是细胞介导的过敏反应，包括由于淋巴细胞组织敏感产生的迟发型食物过敏。这种过敏反应是在食用致敏性食品 8h 以后才发生，多见于婴儿。当胃黏膜受到损伤或有其他胃病情况存在时，容易发生此类型的过敏反应。食物过敏涉及各种类型的免疫反应，最常见的为 I 型过敏反应。发达国家成人中有 10%～25%的人发生过 IgE 介导的免疫反应，儿童食物过敏的发生率要高于成人，3 岁以下儿童的患病率可高达 5%～8%（贾旭东，2005）。

　　日常生活中的多种食物可引发食物过敏，食品法典委员会列出了 8 种主要的致敏性食品，这 8 种食物过敏发生率占总食品过敏发生率的 90%，8 种食品包括花生、牛奶、大豆、鸡蛋、鱼、贝壳类、小麦和树果。从理论上讲，任何蛋白质食品都可能激发过敏反应，只是其激发过敏反应的程度不同。当易感个体第 1 次接触蛋白质致敏原后，激活 IgE 抗体反应，IgE 抗体可以特异性地与肥大细胞结合，激活肥大细胞并促使其脱颗粒，肥大细胞释放出多种类型的过敏介质而产生典型的食物过敏症状。当该个体再次接触同种致敏原时就会引发过敏反应。由于这种过敏反应从食物进入体内到出现临床表现时间极为短暂，故又称为"速发型"过敏反应（贾旭东，2005）。

【案例 3-2】巴西坚果大豆

　　大豆的蛋白质含量很高，而且是优质的植物蛋白，但美中不足的是，这些大豆蛋白缺乏一些必需氨基酸，而这些必需氨基酸人体无法合成，必须从食物中摄取。美国先锋种子公司的科学家将巴西坚果中一种富含甲硫氨酸和半胱氨酸的蛋白质基因转入大豆进行品质改良，但他们发现有些人对巴西坚果产生过敏反应，并且引发过敏反应的就是该蛋白。于是他们对含有巴西坚果蛋白的转基因大豆进行了临床检验，发现之前对巴西坚果过敏的人在食用该转基因大豆后也出现了过敏反应。得出此结果后该公司立即取消了这项研究计划（张启发，2003）。

　　这件事一度被认为是转基因作物引起的食物过敏事件。虽然转基因技术的确将过敏原引入新品种中，但产品还处于研发阶段，并未上市，所以不能判定为转基因作物引发的过敏事件。我们可以从两个方面来认识这件事：一方面，转基因技术的确有可能会将一些引起食物过敏的基因转移到新品种中来；另一方面，说明对转基因植物进行过敏性安全评价可以有效地防止该事件的发生。国际上也早已列出有关于能产生过敏反应的食品及有关基因的清单，研发人员可以避开相关基因的使用。

转基因食品进入市场之前经过严格的致敏性评价，都有哪些重点内容呢？下面将一一细数致敏性评价的重点内容，保证转基因食品的安全性。

一、转基因食品致敏性评价的重点内容

（一）亲本作物和基因来源的历史

亲本作物是否含有已知过敏原以及转入的基因是否来自已知的过敏原，将决定对转基因食品进行的致敏性评价的策略。目前未有任何商业化的转基因作物选取外源的已知过敏原，对于亲本作物中含有的已知过敏原进行研究时会结合个例分析和实质等同进行致敏性评价。

（二）新引入蛋白质与已知致敏原的氨基酸序列的同源性

若基因水平未检测出过敏可能性，需要对基因产物的氨基酸序列进行比对分析，将氨基酸序列与已建立的数据库中的 198 种已知过敏原进行比较。最近已有从氨基酸序列推测蛋白质立体结构的软件。应用 FASTA 或 BLAST 可以搜索引入蛋白质和已知过敏原的同源性、结构相似性以及根据 8 种相连的氨基酸所引起的变态反应的抗原决定簇和最小结构单位进行抗原决定簇符合性的检验。核对任何 8 个或更多相邻氨基酸和已知过敏原相同的片段，鉴定出可能代表致敏性抗原决定基的短片段。当如上评价表明引入基因不存在潜在致敏时，则需进一步进行物理及化学实验检测该蛋白质对消化及加工的稳定性（陈乃用，2003；王洋，2011）。

新引入蛋白质的免疫反应性即新引入蛋白质与过敏个人血清 IgE 的免疫结合试验。如果新引入氨基酸序列中存在与已知过敏原的同源性，就要测定这个新蛋白质与来自人群血清中特定抗体的反应性，在研发过程中，如果发生同源性时，一般不会再进行下一步研究。pH 和/或消化作用：大多数过敏原具有较强抵抗性，如可以抵抗胃酸和消化酶保护蛋白以防被消化掉。对热和加工的稳定性：蛋白质一般不耐热，预热一定时间后便可失活，食物中不稳定的过敏原，经过煮熟或其他加工，发生致敏作用的概率就比较小。引入蛋白质的表达水平是重要的，一般食物过敏原占植物蛋白质总量的1%。此外，其他参数如蛋白质功能性、分子质量、糖基化水平等也是需要考虑的因素。目前，对转基因食品致敏性评价国内外尚无权威性的评价方法，都处于摸索研究阶段。在中国建立合适的转基因食品致敏性评价程序和规范也是转基因安全评价的重要内容（毛新志，2004；连丽君等，2006）。

（三）可能的致敏性（蛋白）的评价

食品中包含外源基因产生的蛋白质时，对其进行致敏性评价时应该评价任何情况下该蛋白的潜在致敏性。按照决策树要求对新表达蛋白进行致敏性评价。当外源基因来自小麦、黑麦、大麦、燕麦或相关的谷物时，应评价新表达蛋白在引发谷朊敏感性肠道疾病的可能性及其发挥作用。进行转基因作物研发时需避免从致敏食物或已知能诱导敏感个体发生谷朊敏感性肠道疾病的食品中进行基因转移，除非有材料证实被转移的基因不编码致敏源与谷朊敏感性肠道疾病有关的蛋白（玄立杰和谢英添，2010）。

安全性评价的目标是评价转基因食品是否与传统食品具有实质等同性，同样安全且营养价值不低于传统食品。然而，随着科学技术发展，新技术与新信息对最初进行的安全评价提出质疑，在进行评价时需要依据新的科学信息对安全性评价进行回顾。

引发过敏反应的过敏蛋白在分子特征上有共性，研究发现 T-细胞抗原决定簇一般分为两段 12 肽，处于分子中的 105～116 及 193～204 的氨基酸残基处，主要通过抗原的细胞表面起作用，抗原决定簇可参与 T-细胞的识别。B-细胞抗原决定簇为 7 段短肽，多数位于分子的 C 端，与 B-细胞表面结合，产生 IgE。当转基因食品存在以下情况时，发生致敏性的概率就会增加：①转入的蛋白为已知的过敏蛋白；②基因含过敏蛋白，如 Nebraska 大学证明，表达巴西坚果 2S 清蛋白的大豆有致敏性；③转入蛋白与已知过敏原的氨基酸序列在免疫学上有明显的同源性，可从 Genebank、EMBL、Swissport、PIR 等数据库查找序列同源性，但至少要有 8 个连续的氨基酸相同；④转入蛋白属某类蛋白的成员，而这类蛋白家族的某些成员是过敏原（刘静和陈庆森，2006）。

对已知过敏原进行检测是比较容易的，例如，上述转入巴西坚果的转基因大豆中，当巴西坚果的基因插入大豆，用普通测试已知过敏反应的方法，就可检测大豆中是否含有已知过敏源。如果引入的基因最后产生一种新过敏原时，现有的检测方法很难下结论说明其致敏性。例如，Aventis 公司研发的 StarLink 转基因 Bt 玉米，其基因表达的 Cry9C 杀虫蛋白就属于此类情况。一般的 Bt 杀虫蛋白如 Cry1A 在胃酸中很快被降解，虽然对害虫有毒但对人体无毒。但 Cry9C Bt 蛋白是一类耐热、比较耐酸和不能消化的蛋白，该蛋白对胰蛋白酶的半衰期为 8h，分子质量 10～70kDa，推测可能是一种糖蛋白。动物实验检测试验发现小鼠在接触 Cry9C 后，无论是采用经口灌胃还是腹腔注射都能引发 IgE 过敏反应，血液检测也发现了完整的 Cry9C 蛋白，这些性质均符合潜在过敏原的条件。不过 Cry9C 的氨基酸序列和已知过敏原没有同源性。所以在美国商业化的 StarLink 品牌的转基因 Bt 玉米只准用于饲料和酿造工业，不允许进入食品市场（陈乃用，2003）。

2000 年 9 月，美国一家独立测试公司 Genetic ID，在卡夫出售的食品中发现该 StarLink 转基因 Bt 玉米成分。随后 FDA 核实了 Genetic ID 测试公司的检测结果，并发布了对该食品的正式回收令。几个月内又被发现多种食品中检测出该 StarLink 转基因 Bt 玉米成分，Aventis 公司被勒令回收价值约合数亿美元 StarLink 玉米和产品。关于 Cry9C 蛋白可能引发过敏反应问题有多种意见，Aventis 公司曾在 2001 年向美国环保署提交了对 StarLink 转基因玉米安全性评价报告，报告中指出即使消费者食用了含有转基因 Bt 玉米成分的食品，最坏的情况也要比敏感个体产生过敏反应所需的量低几千倍。但由于关于 Cry9C 蛋白致敏性质尚无法定论，考虑到公众安全，美国环保署最后还是判定 Cry9C 蛋白存在中等可能性致敏性，判定为一种过敏原。为了避免以后再发生类似 StarLink 的事件，2001 年 EPA、美国国立卫生研究院（National Institutes of Health，NIH）和 FDA 联合召开了转基因食品致敏性测试和管理规程讨论会，会议规划制定了用于过敏检测的研究项目，用于研究发现可靠的致敏性测试方案，如要解决食品致敏性检测尚需不断地研究探索（陈乃用，2003）。

Cry1C 蛋白是一种常见的 Bt 蛋白，主要用于抵抗鳞翅目昆虫的危害。目前为止，并不确定 Cry1C 蛋白是否可能引起过敏。生物信息学分析和模拟胃液消化实验研究表明，Cry1C 蛋白不存在潜在致敏性。为了更加确定科学的评价外源蛋白潜在致敏性，除以上证据之外，有必要采用其他方法进一步确认新型蛋白质的潜在致敏性。罗云波团队的曹思硕博士检测了 Cry1C 和其他 3 种蛋白对挪威棕色大鼠（rattus norvgegicus）（BN 大鼠）的致敏性，从而确定转基因大米中 Cry1C 蛋白的潜在致敏性。将 0.1mg 的花生凝集素（peanut agglutinin，PNA）、1mg 的马铃薯酸性磷酸酶（potatoacid phosphatase，PAP）、1mg 卵白蛋白（ovalbumin，OVA）和 5mg 纯化的 Cry1C 蛋白分别溶解于 1mL 的水中，分别对雌性 BN 大鼠进行为期 42 天的灌胃，然后测定几种蛋白在 BN 大鼠中引起过敏反应的情况，主要包括各组动物产生的特异性抗体水平、细胞因子水平和组胺水平，以及嗜碱性粒细胞和肥大细胞的数量。结果发现，在最后一次灌胃 10 天后进行的大剂量刺激使得各组 BN 大鼠产生了明显的过敏反应。PNA 和 OVA 能迅速诱导动物体内特异性 IgG2a 和 IgE 抗体的产生，且组胺水平和细胞因子的表达水平都有显著升高，PAP 诱导产生低水平的特异性抗体 IgG2a 和 IgE，且都有嗜酸性粒细胞在肠道绒毛间隙的聚集。与 PNA、PAP 和 OVA 处理组相比，Cry1C 蛋白未能引起 BN 大鼠体内特异性 IgG2a 的升高（$P>0.05$）。Cry1C 处理组动物血液中细胞因子表达水平，血清特异性 IgE 水平和组胺水平，以及嗜酸性粒细胞和肥大细胞的数量均与阴性对照组动物的水平相似（$P>0.05$）。这些研究结果表明，本实验中使用的 Cry1C 蛋白没有显示出任何致敏性，因此 Cry1C 蛋白应用于水稻或其他植物中是安全的（曹思硕等，2013a）。该研究使用了多种方法来判定一种新型蛋白质的潜在致敏性，这些方法可以互相验证，并为动物致敏模型作为评价转基因食物致敏性的方法提供了参考。该研究在 2012 年发表于 *Regulatory Toxicology and Pharmacology* 上（Cao et al., 2012b）。

【案例 3-3】星联玉米事件

1996 年，阿凡迪斯公司生产"星联"抗虫转基因玉米，含有 Cry9C 抗虫蛋白，由于这种蛋白在模拟胃液中不能被消化，存在潜在过敏的可能性，因此，1998 年美国农业部仅批准"星联"玉米用于动物喂养，禁止其用于食物生产。但在 2000年，美国农业部发现在杂货店玉米食品（煎玉米卷、玉米点心中）混入了"星联"玉米，且有人声称对含有"星联"玉米的产品过敏，为此采取了回收处理措施，引发全球的回收潮，涉及 300 多种玉米产品。美国农业部不仅迫使这些食品从货架上收回，而且把去年生产的所有玉米都作为转基因玉米来处理。因为转基因玉米的价格要比常规玉米的低，因此造成种植常规玉米的农民及中间商蒙受损失，也影响到整个玉米出口量下降。2002 年 3 月，阿凡迪斯为消费者的集体诉讼支付了 900 万美元。此外，为回收市场上可能含有星联的 300 多种食品，阿凡迪斯和相关保险公司支付了约 10 亿美元。

为了证实这种转基因玉米是否真的对人体产生不良反应，美国食品药品管理局搜集了声称对含有"星联"玉米产品过敏的人的血清，对"星联"玉米中的抗虫蛋白 Cry9C 进行检测，结果这些患者血清与 Cry9C 蛋白不能发生反应；并且对部分患者进行了食物双盲试验，也就是用含有"星联"玉米和普通玉米的食品分别给患者吃，结果这些患者吃了含有高水平"星联"玉米的食物也没有发生过敏反应。这些结果说明引起这些人发生过敏反应的不是"星联"玉米中转入的 Cry9C蛋白，而是食物中的其他成分。

此外，这个产品本来只批准用于动物喂养，但是由于该公司管理不慎，将转基因玉米混入了人类食物。因此"星联"玉米本身对人体是没有不良影响的，造成这个事件的原因是公司的管理问题。由此可见监管对于安全，以及民众信赖感的重要性。

二、转基因食品致敏性与毒性的潜在危害

转基因食品的毒性或致敏性效应会引发大众对转基因食品的恐慌。例如，从巴西坚果中提取的 2S 清蛋白基因转入大豆后，产生了与巴西坚果的 2S 清蛋白分子质量及性质都非常相似的致敏性成分（许文涛等，2013a）。同时，在种植抗杀虫剂转基因作物时会使用较多的杀虫剂，杀虫剂会给环境、食物乃至水源造成污染，工人在喷洒农药时可能会患上某些与杀虫剂相关的疾病。另外通过转基因技术，如水平基因转移和重组，抗生素抗性标记基因可能会发生漂移，扩散到肠道

微生物或病原微生物中都可能会整合产生新的病原细菌和病毒，这对人类的健康存在着潜在的危害（关海宁和徐桂花，2006）。

第三节　毒理学评价

毒性物质是指那些由动物、植物和微生物产生的有毒化学物质。从化学角度看，毒性物质包含了几乎所有的化合物；从毒理学角度看，毒性物质可以对器官和生物位点产生物理和化学作用，导致机体损伤、功能紊乱及致畸、致癌，严重者可引起死亡等各种不良生理效应（温源，2004）。目前检测到的植物毒素已有1000 余种，其中大部分是生物碱、萜类、苷类、酚类、肽类等有机化合物，大部分属于植物的次生代谢产物。野百合碱、千里光碱、天芥菜碱，以及金雀儿碱、羽扁豆碱等都属于强烷化剂，有较强的肝脏毒性，严重时对人体有致癌、致畸作用。在人类植物食品中也产生大量的毒性物质和抗营养因子。如溶血剂、蛋白酶抑制剂、神经毒剂等。目前自然界共发现了四类蛋白酶抑制剂，包括金属蛋白酶抑制剂、丝氨酸蛋白酶抑制剂、酸性蛋白酶抑制剂和巯基蛋白酶抑制剂。这些抑制剂的发现被广泛应用到抗虫基因工程技术研究中。许多豆科植物生长过程中会生成较高水平的凝集素和生氰糖苷。活性的植物凝集素被食用后会引起恶心、呕吐、腹泻等症状。豆类和木薯中含有一定水平的生氰糖苷，食用未加工的豆类和木薯时能导致慢性神经疾病甚至死亡。在通过对基因序列数据库 EMBL 和蛋白质序列数据库的 Swissport 的查询，共查询出毒蛋白 1458 种。理论上分析，外源基因的插入可能会导致遗传工程体发生转移或重排，引发不可预知的变化，其中一项就是要检测插入的基因是否引起生成新的毒素或原有毒素含量发生变化。在对毒性物质进行检测时可以考虑使用 mRNA 分析技术和细胞毒性分析技术。一般情况下引入的新物质必须进行传统的毒理学研究。一般是从重组 DNA 植物中分离出该物质，或借用体外表达系统来合成该物质。无论是合成的还是分析的新物质必须在结构、功能和生化方面都与重组 DNA 植物产生的新物质具有等同性。对外源新物质进行安全性分析时应考虑其在植物可食用部分的浓度。也要考虑到其在亚人群当前膳食中的暴露和可能产生的效应。以蛋白质为例，对其潜在毒性的评价应集中于蛋白质与已知蛋白毒素和抗营养物质的氨基酸序列相似性，其对热/加工的稳定性以及对适宜、典型的胃肠模型降解的稳定性。通过检测未发现相似蛋白质的情况下可通过动物实验经口毒性试验进行验证。在按照个例处理的基础上需对引入物质的毒性经过体内和体外综合研究加以评价。此研究依赖于引入物质的功能及来源，研究内容可包括代谢测定、慢性毒性/致癌性、毒物动力学、对生殖功能的影响及致畸性。安全性评价应考虑到任何物质的潜在蓄积，如毒性代谢物、污染物或可能由于基因修饰而产生的害虫控制剂等（杨晓光，2002）。

一、转基因食品的毒理学评价主要内容

对外源基因进行评估，首先要确保已知毒素、抗营养因子的基因不被引入新品系研发中。在评价外源蛋白产物时，需要考虑新蛋白与已知蛋白毒素和抗营养因子在氨基酸序列和结构的相似性，对热/加工的稳定性，在胃肠道消化液中的稳定性。没有使用安全史的新物质分析其潜在毒性时按照个案分析的方式进行评估。依照传统毒理学评价内容，开展的研究可以包括亚慢性毒性、毒物动力学、代谢、慢性毒性、致癌性、发育毒性、繁殖试验等。

1. 新表达蛋白资料

对新表达蛋白进行毒理学评价时需要提供新表达蛋白质的分子和生化特征等信息，包括目标基因和标记基因所表达的蛋白质的分子质量、氨基酸序列、修饰、功能叙述等资料。表达产物为酶时还应提供酶活、酶活影响因素（如温度、pH、离子浓度）、底物特异性、反应产物等。提供新表达蛋白质与已知毒蛋白质和抗营养因子氨基酸序列相似性比较的资料。提供新表达蛋白质热稳定性试验资料，提供新蛋白体外模拟胃肠液蛋白消化稳定性试验资料，必要时提供加工过程（热、加工方式）对其影响的资料。若用体外表达的蛋白质作为安全性评价的试验材料，需提供体外表达蛋白质与植物中新表达蛋白质等同性分析（如分子质量、蛋白测序、免疫原性、蛋白活性等）的资料（刘信，2011）。

2. 新表达蛋白毒理学试验

当新表达蛋白质无安全食用历史，安全性资料不足时，必须时添加急性经口毒性试验，28 天喂养试验毒理学试验视该蛋白质在植物中的表达水平和人群可能摄入水平而定，必要情况下还要添加免疫毒性评价试验。如果不提供新表达蛋白质的经口急性毒性和 28 天喂养试验资料，应进行文字说明（刘信，2012）。

如由 *Cry1Ab* 和 *Cry1Ac* 基因融合而成的 *Cry1Ab/Ac* 基因，可以编码 Cry1Ab/Ac 蛋白，可以有效预防鳞翅目病虫害，该基因被广泛应用于转基因大米、棉花和玉米中用来培育抗虫类转基因作物等。已有研究证明 Cry1Ab 和 Cry1Ac 蛋白可安全食用，不会对人体产生有害影响，但 Cry1Ab/Ac 融合蛋白是一种新蛋白，需要对其进行进一步的食用安全评价。Cry1Ab/Ac 融合蛋白在植物中的表达含量较低，从转基因作物中提取该蛋白较为烦琐且含量低，可以利用大肠杆菌外源表达系统对 Cry1Ab/Ac 蛋白进行体外表达，在进行进一步的体外评价和动物试验，以评估该蛋白在人类食物或动物饲料中的安全性（许文涛等，2013b）。

许文涛等将来源于大肠杆菌和转基因大米的 Cry1Ab/Ac 蛋白的结构和功能进行比较，结果发现两者具有等同性，它们具有相同的分子质量，均无 *N*-糖基化位

点，两者均具有极高的热稳定性，100℃加热处理 60 min 后，蛋白没有降解，仍保持原有免疫反应性，两者都极易被胃肠液消化成小分子。在对 Cry1Ab/Ac 蛋白进行安全评价时发现该蛋白与已知毒素或过敏原均无相似性。在动物试验方面，选用昆明小鼠进行经口急性毒性试验，随机分成 3 组，每组 12 只，雌雄各半。实验组小鼠按照 5000 mg/kg BW 一次性灌胃 Cry1Ab/Ac 蛋白，而对照组小鼠分别依照同样剂量灌胃 BSA 和水。随后观察 14 天，发现试验组小鼠与对照组小鼠相比体重无显著性差异（$P>0.05$）。综合上述研究结果表明，Cry1Ab/Ac 蛋白对人类或动物是安全的。本研究对转基因植物中的新蛋白从毒性和致敏性两方面进行了食用安全评价，该研究体系可用来对多种转基因农作物的新蛋白进行安全评价。为 Cry1Ab/Ac 蛋白安全应用于转基因作物提供了数据支持，为转基因抗虫作物的食用安全性提供了科学依据。该文章发表在 *Food and Chemical Toxicology* 上（Xu et al., 2009）。

在植物响应和信号传导中，抗旱蛋白（dehydration-responsive elementbinding, DREB）是非常重要的转录因子。DREB 能够提高植物的抗旱性和耐盐性，这为未来研发抗逆性转基因植物提供了一个很好的选择。DREB 转录因子已被广泛使用，被转染的 *DREB* 基因植物可能会因为 DREB 蛋白的表达而具有更强的抗逆性。因此，*DREB* 基因是基因工程的有力工具，因为它们的过表达可导致大量基因上调，从而创建了一个新的方法来提高作物的产率（曹博等，2013）。到目前为止，利用基因工程手段已在几种作物中成功地表达了 *DREB* 基因，如水稻、烟草、小麦等。但关于 DREB 安全评估的报道还很少，罗云波团队对此类蛋白首次进行了安全性评价。在研究中，对转基因抗旱小麦中的 *TaDREB4* 基因（GenBank 登录号：AY781355.1）用 PCR 方法克隆，并成功构建 pET30a（+）/TaDREB4 重组质粒。通过异丙基-β-D-1-硫代半乳糖苷（IPTG）诱导融合蛋白，并通过 His PrepTMFF16/10 柱进行纯化，然后通过生物信息学分析和消化稳定性测试来评价 TaDREB4 蛋白的致敏性。基质辅助激光解析电离质谱（MALDI-TOF-MS/MS）结果表明，重组大肠杆菌（*Escherichia coli*）产生的 TaDREB4 蛋白相当于转基因生物中表达的 TaDREB4 蛋白，纯化后的 TaDREB4 蛋白最终纯度为 93.0%。生物信息学分析和消化稳定性实验表明，TaDREB4 蛋白与已知过敏原之间相似性很低，并且该蛋白质在模拟的胃肠液中 15 s 内被快速降解，说明该蛋白潜在致敏性风险较低。通过给小鼠（*Mus musculus*）口服 TaDREB4 蛋白（5000 mg/kg BW）进行急性毒性实验。结果表明，与对照组相比，实验组体重未发现显著性差异（$P<0.05$），此外，14 天后实验组小鼠未观察到有不良反应。因此小鼠急性经口最大耐受剂量>5000 mg/kg BW，上述结果表明 TaDREB4 属于实际无毒。实验结果显示，基于目前的评价水平这种蛋白对人体是安全的。研究未发现 TaDREB4 蛋白对动物和人类有不利影响，这一结果为同类蛋白在转基因生物中的安全应用提供了基础数据。该研究于 2012 年发表于 *Food and Chemical Toxicology* 上（Cao et al., 2012a）。

3. 新表达非蛋白质物质的评价

当新表达的物质为非蛋白质类化合物时，如糖类、脂肪、核酸、维生素及其他成分等，其毒理学评价可能包括毒物代谢动力学、遗传毒性、亚慢性毒性、慢性毒性/致癌性、生殖发育毒性等方面。具体需进行哪些毒理学试验，采取个案分析的原则。

4. 摄入量估算

应根据外源基因在植物可食用部分的表达量结合典型人群的食物消费量来估算人的最大摄入量。进行摄入量评估时需考虑加工过程对转基因表达物质含量的影响，并应提供表达蛋白质的测定方法。

二、转基因食品毒理学评价程序与方法

动物实验是食品安全评价最常用的方法之一，对转基因食品的毒理学评价涉及免疫毒性、神经毒性、致癌性、遗传毒性等多方面。目前，我国的转基因食品安全性评价采用的是 1983 年由卫生部颁发的《食品安全性毒理学评价程序与方法》法规，并于 1985 年、1996 年、2003 年和 2014 年进行了四次修订。

毒理学研究主要通过动物实验来完成。常用的实验动物有大小鼠、斑马鱼、猪、奶牛、鸡等。通过急性毒性试验、遗传毒性试验、慢性喂养试验等一系列的毒理学评价试验进行转基因食品毒理性评价。

2014 版的食品安全性毒理学评价程序中规定的食品安全性毒理学评价试验的内容主要有：①急性经口毒性试验；②遗传毒性试验，细菌回复突变试验、哺乳动物红细胞微核试验、哺乳动物骨髓细胞染色体畸变试验、小鼠精原细胞或精母细胞染色体畸变试验、体外哺乳类细胞 *HGPRT* 基因突变试验，体外哺乳类细胞 *TK* 基因突变试验、体外哺乳类细胞畸变试验、啮齿类动物显性致死试验、体外哺乳类细胞 DNA 损伤修复试验、果蝇伴性隐性致死试验；③28 天经口毒性试验；④90 天经口毒性试验；⑤致畸试验；⑥生殖毒性试验或生殖发育毒性试验；⑦毒物动力学试验；⑧慢性毒性试验；⑨致癌试验；⑩慢性毒性和致癌合并试验（食品安全国家标准，2014）。

【案例 3-4】靠不住的"普兹泰实验"

1998 年 8 月 10 日，苏格兰罗威特研究所的研究员普兹泰在电视节目中介绍了一项自己进行的科学试验。他用两种转入了植物凝血素的转基因马铃薯喂养大鼠，结果表明食用转基因马铃薯的老鼠出现发育迟缓、免疫系统受损等严重的毒理症状。此事一报道就引起国际轰动，绿色和平组织和地球之友等组织号称该转基因马铃薯为"杀手"马铃薯，并进行了一系列破坏活动，包括游行示

威、破坏试验地、焚烧转基因作物等。英国政府对此非常重视，随后委托皇家学会组织进行了同行评审。

由罗威特研究所和其他科研单位的科学家共同组成的评审委员会。评审委员会经过对实验方案、实验结果进行分析之后，提出了以下质疑：第一，普兹泰选择生马铃薯作为大鼠的饲料，生马铃薯含有很多自然毒素和抗营养因子，本身就容易导致问题。第二，普兹泰的实验设计中没有明确的假设，没有设置清楚的对照组，也没有采用双盲的方法取样。对试验用的大鼠仅食用富含淀粉的转基因马铃薯，未补充其他蛋白质以防止饥饿是不适当的。第三，实验样本太小，各个实验组之间的结果出现矛盾，供实验用的动物数量太少，饲喂几种不同的食物，且都不是大鼠的标准食物，欠缺统计学意义。除此之外饲养条件、统计方法等方面也存在缺陷。评审委员会最后总结道，因为普兹泰的实验有很多缺陷，所以结论不成立，需要进一步研究。一些实验室试图通过类似实验证明转基因作物的不安全性，不过都没有得到普兹泰的结果。丹麦科学家2007年用凝血素转基因大米喂养老鼠90天，没有发现任何副作用。经过此事件后Rowett研究所申明普兹泰违背了学术规范，让69岁的普兹泰退休了（施云，2013）。

这个所谓的"阴谋论"指责非常不靠谱，因为科学界对普兹泰研究的质疑不是受到政治压力的产物，而是基于其数据的准确性和实验设计是否科学。提出指责的科学家也远不限于美英两国的科学家。正如英国《独立报》著名的评论人 Steve Connor 在评论普兹泰事件时所说："科学之所以成为科学，是因为它通过了同行评议与验证。"

目前，毒理学评价试验有以下四个阶段。

第一阶段：急性毒性试验

急性毒性试验是指一次或24小时内多次染毒的试验，是毒性研究的第一步。要求采用啮齿类或非啮齿类两种动物。通常为小鼠或大鼠采用经口、吸入或经皮染毒途径。急性毒性试验主要测定半数致死量（浓度），观察急性中毒表现，经皮肤吸收能力以及对皮肤、黏膜和眼有无局部刺激作用等，以提供受试物质的急性毒性资料，确定毒作用方式、中毒反应，并为亚急性和慢性毒性试验的观察指标及剂量分组提供参考。

第二阶段：遗传毒性试验

遗传毒性试验的组合必须考虑到原核细胞和真核细胞、生殖细胞与体细胞、体内和体外试验结合的原则。根据受试物的特点和实验目的，推荐下列遗传毒性试验组合。

组合一：细菌回复突变试验；哺乳动物红细胞微核试验或哺乳动物骨髓细胞染色体畸变试验；小鼠精原细胞或精母细胞染色体畸变试验或啮齿类动物显性致死试验。

组合二：细菌回复突变试验；哺乳动物红细胞微核试验或哺乳动物骨髓细胞染色体畸变试验；体外哺乳细胞染色体畸变试验或体外哺乳类细胞 *TK* 基因突变试验。

其他备选遗传毒性试验：果蝇伴性隐性致死试验；体外哺乳类细胞 DNA 损伤修复试验；体外哺乳类细胞 *HGRPT* 基因突变试验。

第三阶段：亚慢性毒性试验

亚慢性毒性是指实验动物连续多日接触较大剂量的外来化合物所出现的中毒效应。目的在于探讨亚慢性毒性的阈剂量或阈浓度和亚慢性试验期间未观察到毒效应的剂量水平，且为慢性试验寻找接触剂量计观察指标。亚慢性毒性试验包括90 天喂养试验、繁殖试验和代谢试验。

第四阶段：慢性毒性试验

慢性毒性试验包括致癌试验。

三、对不同受试物选择毒性试验的原则

凡是属于我国首创的物质，特别是化学机构提示有潜在慢性毒性、遗传毒性或致癌性，或该受试物产量大、使用范围广、人体摄入量大，应进行系统的毒性试验，包括急性经口毒性试验、遗传毒性试验、90 天经口毒性试验、致畸试验、生殖发育毒性试验、毒物动力学试验、慢性毒性试验和致癌试验（或慢性毒性和致癌合并试验）。

凡是属于与已知的化学结构基本相同的衍生物或类似物，或在部分国家和地区有安全使用历史的物质，则可先进行急性经口毒性试验、遗传毒性试验、90 天经口毒性试验和致畸试验，根据实验结果判定是否需要进行毒物动力学试验、生殖毒性试验、慢性毒性试验和致癌试验。

凡是属于已知的或在多个国家有食用历史的物质，同时申请单位又有资料证明申报受试物的质量规格与国外产品一致，则可先进行急性经口毒性试验、遗传毒性试验和 28 天经口毒性试验，根据实验结果判断是否进行进一步的毒性试验（食品安全国家标准，2014）。

【案例 3-5】法国玉米毒性和致癌事件

2012 年 11 月，法国卡昂大学一研究小组报道了一项关于转抗除草剂基因玉米长达两年的致癌研究，研究结果表明转抗除草剂基因玉米和 R 除草剂可引起大鼠肿瘤数量和死亡率显著升高，乳腺、垂体、肝脏、肾脏都显著性受到损伤，图片中大鼠全身长满肿瘤；2013 年 1 月，中国农业大学研究人员也发表了一篇关于对转抗除草剂基因玉米的亚慢性安全评价文章，研究结果表明转基因玉米与传统玉米同样安全与营养。两篇文章投稿时间很近，研究对象相似，但结果相悖。中

国农业大学食品学院罗云波教研组研究人员同年被 *Food Chemical Toxicology* 邀稿对前一研究做出相关评论，2013 年 7 月 *Reply to letter to editor* 发表在 *Food Chemical Toxicology* 上，评论在试验周期和 R 除草剂的毒性都做了详细解答。

　　以上研究在学术界引起了轰动并遭到多国研究者的强烈质疑。实验设计不严谨，实验结果有失偏颇。此外动物数量选择、动物处理方式、饲养方法等均都受到质疑（盛耀等，2013）。法国毒理学家热拉尔·帕斯卡尔认为此项研究"毫无价值"并在《费加罗报》表示："要在两年时间内进行严肃的肿瘤学研究，需要几个至少 50 只老鼠的小组。但是（这一研究中）只有 10 只老鼠。由于实验过程中的自然死亡，得出结论所依据的样本太少。而且，实验所用的鼠群被认为容易自然罹患乳腺癌。"法国生物分子工程委员会前主席马克·费卢教授指出缺乏实验鼠的食谱信息，"除了转基因玉米，不知道它们还吃了什么东西。而且玉米中含有极易致癌的真菌毒素。有没有测试这种毒素的浓度？报告中没有提到这一点。"伊利诺伊大学食品学教授布鲁斯·沙西在《纽约时报》上批评说："这不是一份单纯的科研报告，而是一次精心策划的媒体宣传。"美国媒体披露了法国卡昂大学塞拉利尼教授公开反对转基因食品的立场，他的研究资助者是强烈反对生物技术的"基因工程独立研究与信息委员会"，以及欧尚和家乐福这两家"绿色"食品销售额领先的零售业巨头（盛耀等，2013）。

　　2013 年 11 月，文章被 *Food Chemical Toxicology* 撤稿，*Nature* 杂志对此事发表评论。法国研究工作耗时耗力，是值得尊重的，但是该研究存在诸多不足，不能作为评估转基因玉米健康风险的有效依据。此事已告一段落，留给我们的是要我们在食品安全评价方面做更多的研究工作，保证食品的安全可靠。当然，作为研究者，更应该以严谨的学术作风、认真负责的态度对待科学研究。

　　让我们细数一下该毒理学研究存在的漏洞。

　　试验设计：动物组设计上，没有基础日粮，不做任何处理的空白对照组，这是做动物试验尤其是长期试验中非常致命的一个缺陷。没有这样的对照，就不能消除环境和饲料、饮水甚至垫料等因素的干扰，也就是没有这个环境下的基础数据。其他包括非转基因饲料组都属于试验处理组。

　　动物数量：作者自己也承认，致癌试验操作规程要求每组 50 只动物，但作者根据其他试验（如细胞试验）的数据，认为选用 20 只动物（雌雄各半）就够了，并且认为已经达到了大鼠 90 天试验的动物数要求，这显然是不具有可比性的。而且认为自己增加了测量血液学指标的次数（11 次）可以弥补这种不足，这些所谓的理由毫无道理，都不能弥补动物只数不足的影响。这是由于癌症的发生本身就是一个概率性的事件，动物的自然寿命也是一个概率性的事件，与一般的中毒性事件不同。这种动物数量的设置没有达到长期喂养试验的要求，因此最后的数据没有统计学意义。"OECD 408 Repeated Dose 90-Day Oral Toxicity Study in

Rodents"是关于 90 天喂养的动物只数的要求。按照这个要求进行 3 个月试验是没有问题的。但是按照这个要求去进行长期喂养试验是不科学的。这一点作者自己也承认致癌试验应该用每组 50 只动物。他们找了各种理由来为自己选用每组 20 只动物进行辩护。但这些理由在科学上是站不住脚的。

我们在进行大鼠 3 个月喂养试验时，依据《30 天和 90 天喂养试验》（GB 15193.13—2003）和《转基因植物及其产品食用安全检测大鼠 90d 喂养试验》（NY/T 1102—2006）标准的要求，都是每组至少 20 只动物，雌雄各半。这是中长期喂养试验动物只数的要求。而对于长期喂养试验，为了排除自发肿瘤的影响，保证试验结果具有统计学意义，对动物只数的要求是非常高的，如《慢性毒性和致癌试验》（GB 15193.17—2003）对试验动物数量的要求是"每组至少 50 只，雌雄各半，雌鼠应为非经产鼠、非孕鼠。非啮齿类动物每组每一性别至少 4 只，如计划在试验期间定期剖杀时，动物数要作相应增加。当慢性毒性和致癌试验结合在一起进行时，每组动物雌雄均以 50 只以上为宜，如计划在试验期间定时剖杀，动物数要作相应增加。"

喂养时间 —— 3 个月：通常对转基因食品的安全性评价要进行 3 个月的亚慢性毒性喂养试验。这在美国、欧盟、日本等国家和地区的法规要求中，都是最长的检测期限了。我们国家也是要求进口的转基因产品都要在国内的检测机构重复一次 3 个月的喂养试验。国际上很少进行更长时间的喂养，如 1 年或 2 年的喂养试验。这是由于在长期对化学品进行安全评价的过程中积累的经验证明，与更长时间的喂养试验相比，3 个月的试验时间已经足以发现受试物的累积毒性作用。因此，食品安全性评价中通常采用 3 个月喂养试验来进行长期接触的累积效应的检测。

我们很少进行更长时间的喂养试验，如致癌试验或慢性毒性试验。这些试验对试验环境和试验设计都有严格的要求，以消除偶然误差的影响。

除此之外，针对除草剂的不良影响已有证明，也有相关部门（如 EPA）设定了最大允许存在剂量。因此，关于除草剂是否有害的结论是肯定的，不是什么新发现。作者在本研究中认为这种有害的阈值可能会更低一些，可供环保部门和农药部门来考虑。但基于试验设计中的很多重大缺陷，大大降低了本试验的科学性。其结果参考价值有限，但我们可以考虑进行类似的改进试验，以进一步确认转基因食品的安全性。

【案例 3-6】广西大学精子事件

2010 年 2 月起，一篇题为《广西抽检男生一半精液异常，传言早已种植转基因玉米》的帖子在网络上传播，引发公众对转基因作物的恐慌。文章称：广西多年食用转基因玉米，导致了大学生男性精子活力下降，严重影响生育能力。随后该文章被赋予了夸张色彩，没过多久就被人流传成：广西人吃转基因玉米，男人半数不能生育孩子。可见民众的传播和扩散流言的可怕性。该文章还要追究到2009年11月28日，广西新闻网登载了一篇名为《广西在校大学男生性健康，过半抽检男生精液不合格》的报道，医院抽检了广西19所高校中217例大学生志愿者的精液，并对其进行质量分析，结果发现56.7%的大学男生精液质量出现异常。该数据来源于广西医科大学第一附属医院男性学科主任梁季鸿及其同事的报告：《广西在校大学生性健康调查报告》。农业部农业转基因生物安全管理办公室在事件发生后表示，农业部从未批准任何一种转基因粮食种子进口到境内种植，国内也没有相关转基因粮食作物种植（邓爱华，2012）。

事实的真相又是如何呢？梁季鸿博士的学生表示网上说的并非事实，他们所做的调查研究与食用转基因玉米无关。半数男生精液异常，估计与大学生上网时间过长、久坐使阴囊局部温度升高、不健康的饮食习惯、环境因素等有关。而且，并没有任何科学证据表明转基因玉米会影响男人精子的质量与生育能力。类似的这种关于转基因的谣言不胜枚举。转基因食品同普通的食品一样存在安全问题，但是反转基因组织和大众媒体对于转基因负面效应的过度报道，更加剧了这些谣言的传播，加深了人们对于转基因食品的担忧。对于转基因食品这种新领域的食物，媒体有着进行正确科普、正确宣传的义务，在报道相关事实的时候，应做到客观、真实、全面，避免诱导性误导字眼的出现。

第四节　非期望效应分析

转基因技术采用人为的方式把新基因插入生物体基因组中，插入过程中不可避免地插入到研究者非预期的位点上，由此可能会产生一些非预期的效应，称为非期望效应（unintended effects）。非期望效应可分为可预料的非期望效应和不可预料的非期望效应，前者是指插入目的基因引起的非期望效应可以用拥有的植物学知识和有关代谢途径知识解释通的；不可预料的非期望效应指的是我们目前的技术水平还不能对其进行解释。对转基因食品的安全性评价主要评价可能对健康有不良作用的非期望效应（顾祖维，2005）。

转基因食品的安全性主要取决于引入的外来基因所编码蛋白的功能及其与人体健康的关系。外源基因的插入对原有基因表达的影响，例如，外源基因使原来未表达的基因激活进行表达，其表达产物通常情况下是有害的；下调或不表达原有营养素基因，降低受体植物的营养价值；上调原有编码毒素的基因，使毒素的生成量增多。因此，对转基因食品的安全性评价涉及以下几个方面：①受体生物体毒素的含量及种类，毒素增多会引起急性的或慢性的中毒，传统食用植物中含有少量的毒素，如植物凝集素、芥酸、黄豆毒素、番茄毒素、棉酚等，这些原有毒素在转基因食品中含量不应该增加，更不应该产生新的毒素，这属于非期望效应的一种；②插入的外源基因产生新的蛋白质可能会引起人体的过敏反应；③受体生物体的营养成分发生变化，作为人类的营养元素主要供给者，长期食用可能引起人类的营养结构失衡。这些可能的危害就是上面提到的非期望效应，我们在对转基因食品进行安全评价时需要加以检测和评价（赵艳，2003）。

　　抗性标记基因广泛应用于植物的遗传转化，可赋予转化植物抗除草剂或抗生素抗性，常与目的基因共同转化，主要目的用来区分转化体和非转化体。转基因植物研发中常用的标记基因就是抗生素抗性基因，目前对抗生素抗性基因的担心主要是担心抗性基因会转移到人或者动物体内的肠道微生物中，带有抗性基因的微生物会失去药效，从而难以控制疾病质量甚至威胁人的生命。但到目前为止还未发现动物食用带有抗生素抗性基因的转基因植物后，抗生素抗性基因转移到动物肠道内的微生物的案例。

　　为了消除这种危险的可能性，科学家们也在研究更为安全的标记基因。一种方法是转化体构建成功后将标记基因去除；另一种方法就是用非抗生素的抗性的基因作为标记基因。第一种思路需要在插入抗生素抗性基因的同时插入可以将标记基因切除的重组酶基因，该重组酶基因受目的基因表达的诱导，目的基因表达后就自动启动重组酶基因将抗生素抗性基因切除。另一个思路中涉及的安全的标记基因主要有化学解毒酶基因和糖类代谢酶基因两类。化学解毒酶基因属于负筛选系统，利用该基因可以将有毒化合物转变成无毒化合物的功能而用于转化体的筛选。带有化学解毒酶基因的转化细胞能在含有有毒化合物的培养基上生长，而非转化细胞被杀死。糖类代谢酶基因属于正筛选系统。生成的糖类分解代谢酶可以帮助细胞利用糖类作为主要碳源，能在筛选培养基上生长，而非转化细胞则会被"饿死"。已试用于植物转化的此类标记基因有木糖异构酶基因和磷酸甘露糖异构酶基因。

　　通过代谢组学研究非期望效应。罗云波研究团队中的曹思硕通过代谢组学研究转 Cry2A 基因水稻 T2A-1 的非期望效应。研究将两组 Sprague-Dawley（SD）大鼠（每组 12 只，雌雄各半），分别喂以含有 70%的转基因和非转基因大米基础日粮，饲养 90 天。每个月，每只大鼠收集一次 24h 之内排出的尿液。通过核磁共振检测大鼠的第 0 天、第 30 天、第 60 天和第 90 天的尿液代谢变化，观察转基因大米组与非转基因大米组的区别，并采用多变量分析和方差分析方法检验差异显著性。结果显示，转基因大米与非转基因大米的营养成分不存在差异显著性（$P>0.05$）。90天大鼠的饲养过程中，没有发现大鼠死亡或者毒性反应等不良影响。随大鼠日龄增加，组织代谢学的变化趋势呈现出大鼠尿液的牛磺酸和肌酐的含量在 0～30 天呈快速上升趋势，第 60 天之后的含量维持在平稳状态；但雌性组大鼠的 α-酮戊二酸除了在第 0 天时表现出较高水平，均呈较低水平。饲喂转基因与非转基因大米组大鼠在第 30 天、第 60 天和第 90 天测定的尿液柠檬酸、α-酮戊二酸和马尿酸盐均低于第 0 天的浓度，肌酐、乙酸和牛磺酸则高于第 0 天的浓度；饲喂转基因大米组大鼠 α-酮戊二酸和马尿酸盐在 3 个时间点（第 30 天、第 60 天和第 90 天）的浓度与第 0 天相比均呈降低的趋势，而饲喂非转基因组大鼠的马尿酸盐在第 30 天时的浓度略低于第 0 天时浓度，但第 60 天和第 90 天的浓度水平与其近似，非转基因组大鼠的 α-酮戊二酸浓度在此 3 个时间点的测量值与第 0 天相比均相近。上述差异被认为是由饲喂不同的饲料引起的，正式实验开始前，各组大鼠均食用 AIN93G 饲料，之后分别饲喂转基因和非转基因大米的饲料。转基因大米组与非转基因组大鼠的尿液代谢物相比，在 3 个时间点的乙酸含量均高于非转基因大米组大鼠，其余代谢物（肌酐、乙酸、柠檬酸、α-酮戊二酸和马尿酸盐）的含量与非转基因组大鼠相比均呈非时间连续性的改变，但此差异与转基因成分无关。SD 大鼠 90 天喂养实验是转基因生物食用安全性评价中的重要实验，本研究首次在 90 天喂养实验中运用核磁共振这种无损伤和动态监测的方法来检测大鼠的尿液代谢物，从而推断转基因食品对动物健康的影响。相比于传统方法，代谢组学方法操作简单且不会引起实验动物损伤。该研究是对传统的转基因食品安全性评价方法的有益补充，为转基因生物的食用安全性研究的深入开展及其机理研究提供了新的思路。该研究于 2011 年发表于 *Molecular BioSystems* 上（曹思硕等，2013c）。

抗除草剂大米被誉为近 10 年来最有意义的研究成果之一。尽管如此，抗除草剂谷物的食用安全却一直饱受社会争议。罗云波团队的许文涛副教授在传统的亚慢性毒理学实验（大鼠 90 天喂养实验）基础上，通过研究长期食用转基因大米对肠道微生物的影响。近年来对肠道微生物的研究主要采用传统的体外培养方式，但存在诸多局限。实验主要采用敏感而精准的定量 PCR 来分析肠道微生物的变化情况。实验结果显示，与长期食用高剂量非转基因大米的雄性大鼠相比，长期食用高剂量转基因大米的雄性大鼠盲肠内乳杆菌（*Lactobacillus*）的相对含量以及基因拷贝数减少，但该现象在中低剂量组中并没有体现。在长期食用转基因大米的雄性大鼠盲肠内大肠杆菌（*Escherichia coli*）的相对含量有明显提升，而产气荚膜梭菌（*Clostridiumperfringens*）的相对含量却有所降低，但该现象在中剂量组中并没有出现。以上结果表明，转基因大米对大鼠盲肠内肠道菌群的影响十分复杂。研究建立了利用实时定量 PCR 检测盲肠内乳杆菌、产气荚膜梭菌、大肠杆菌、肠球菌（*Enterococ -cus*）、双歧杆菌（*Bifiodobacterium*）等细菌拷贝数的新方法，该方法同时适用于大鼠及人类。以粪便为材料结合该方法即可建立肠道健康无损检测技术，该技术可用于转基因食品安全性评价的慢性实验，检测各时期肠道微生物生态系统的相对动态变化，为研究肠道微生物开拓了新思路，该方法可以应用到转基因产品的非期望效应检测中。该研究在 2011 年发表于 *Journal of Food*

Science 上（Yuan et al., 2011；许文涛等, 2013b）。

水稻是中国的主要粮食之一，未来传统水稻远不能满足中国的粮食供给，所以转苏云金芽孢杆菌（*Bacillus thuringiensis*，Bt）基因水稻正面临着商业化，但转基因食品可能产生的非期望效应一直是阻碍其商业化的一个重要因素。动物尿液和粪便的组成能够反映动物的健康状况和代谢水平，通过动物的尿液和粪便可进行转基因食品的非期望效应评价。该方法不同于传统评价方法需要取动物血液和器官，其采用的尿液和粪便都是废弃物，取样时可以不伤害动物。罗云波团队的曹思硕博士针对转基因食品建立了一种新的体外评价模型，即利用代谢组学和肠道菌群进行评价。研究将 4 周龄大的 SD 大鼠（*Rattus norvgegicus*）随机分为两组，每组雌雄鼠各 6 只，一组饲喂含 70% T1c-19 大米的饲料，另一组饲喂含 70%对应非转基因品种 MH63 的饲料，每月采集一次尿液、一次粪便，通过 90 天亚慢性喂养实验，观察两组 SD 大鼠的尿液和粪便变化情况。利用核磁共振检测大鼠尿液代谢组来分析尿液代谢物的变化，利用变性梯度凝胶电泳和 RT-PCR 观察粪便菌群变化。研究结果发现，大鼠尿液组成会随年龄变化，例如，牛磺酸、肌酐酸、三甲胺随年龄增大而增加，琥珀酸随年龄增大而降低。另外，雌性大鼠在 60 天和 90 天时牛磺酸浓度较低，乙酸、三甲胺、氧化三甲胺浓度更高。对转基因和非转基因组大鼠的尿液比较后发现，二甲胺、三甲胺、氧化三甲胺、柠檬酸有明显差异，但是没有时间连续性的变化。在 RT-PCR 分析粪便细菌组成的实验中，转基因组与非转基因组的梭菌属、双歧杆菌、乳酸杆菌、肠杆菌属有显著性差异，但并没有同时表现在两种性别中。而且变性梯度凝胶电泳对粪便的分析表明，转基因组与非转基因组的差异没有时间连续性。综合代谢组与肠道菌群的研究结果发现，柠檬酸、二甲胺、三甲胺、乙酸、肌酸酐和牛磺酸与肠道菌群关系密切，并与年龄相关。总之，这些差异与大鼠的年龄和性别相关，但与是否摄入转基因大米无关；摄入转基因大米组和非转基因大米组无显著性差异。本研究建立的技术模型具有无损、动态、简单、快速和廉价的优势，利用老鼠的代谢废弃物——尿液和粪便，对摄入转基因食品的动物进行动态监控，从而达到评价食品安全性的目的。该研究为转基因食品的安全评价提供了新方法。该研究在 2012 年发表于 *IUBMB Life* 上（Cao et al., 2012c；曹思硕等, 2013b）。

消化道是机体与外界相通的重要器官，每天由口而入的各种食物都需经过胃肠道的消化吸收代谢，与此同时也给胃肠道带来物理、化学和微生物的侵害。因其微生物的种类含量较多，故被称为机体第二大代谢场所，因此肠道健康可以反映机体的健康状态。对转基因生物进行肠道健康评价可以为转基因生物的安全性提供有力保证（元延芳等, 2013）。中国农业大学食品学院与营养工程学院罗云波团队 2013 年于 *Scientific Reports* 上发表了一篇关于转基因食品肠道健康评价的文章。该研究建立的技术模型可以以非选择性、无偏倚的方式筛选出宿主肠道在组织水平的生理变化或代谢水平的改变，被认为是完善定向方法的补充，可以更好地应用到转基因食品的非期望效应检测中。T2A-1 水稻是转Bt 水稻的一种，研究人员基于对转 T2A-1 水稻传统亚慢性毒理学实验（SD 大鼠 90 天喂养实验）基础上进行，采集长期食用转基因样品的大鼠粪便及胃肠道样品，对相关的肠道健康指标进行一系列检测，包括肠道微生物种群的组成成分分析、肠道渗透性改变、肠道黏膜结构变化、肠道中酶类活性测定和肠道免疫力改变等。研究结果表明，与喂养常规饲料 AIN93G 相比，实验末期大鼠肠道内容物中的菌肠球菌和乳杆菌占有较高的比例（$P<0.05$），这与饲料组成有关。但转基因组和对应的非转基因相比，不同肠道（十二指肠、空肠、回肠）中的五种菌（大肠杆菌、肠球菌、乳杆菌、双歧杆菌和产气荚膜梭菌）和总菌数量均不存在显著性差异（$P>0.05$）；对肠道内容物代谢产物分析结果表明，90 天喂养转基因大米 T2A-1，没有影响粪肠道中 SCFA 含量，对 4 种细菌酶（β-半乳糖苷酶、β-葡萄糖醛酸酶、β-葡萄糖苷酸酶和硝基还原酶）活力也无影响；对肠道渗透性分析结果中，大鼠血浆中 FITC-4000-葡聚糖和二胺氧化酶（DAO）含量无显著差异，空肠中紧密蛋白（occludin 和 ZO-1）表达含量也不存在显著性差异，T2A-1 水稻没有影响实验动物小肠渗透性。综上所述喂养转基因 T2A-1水稻 90 天未发现对 SD 大鼠肠道健康产生不良影响。转基因安全评价是目前国内乃至国际的谈论热点，转基因食品带来的非期望效应是不可预测的，利用宏基因组学及核酸技术分析转基因食品对实验动物或人类肠道健康等方面的影响来检测转基因食品通过肠道所产生的非期望效应。肠道健康的评价进一步完善了转基因生物安全评价体系。该研究在 2013 年发表于 *Scientific Reports*上（Yuan et al，2013）。

第五节　生物技术食品食用安全风险评估数据库

　　数据库是按照数据结构来组织、存储和管理数据的仓库。生物技术食品从开发到安全评价，都依赖相关的历史数据，同时又产生了新的数据。将生物技术食品的相关数据以数据库的形式存储起来，可以为生物技术食品的开发和安全评价过程中的数据查询提供极大的便利。与此同时，数据库往往还提供相关数据分析程序，支持生物信息学预测和分析功能，为实验工作的开展提供指导。在生物技术食品食用安全风险评估领域，新型食品营养素及抗营养因子数据、过敏原数据、毒理学评价结果数据、非期望效应数据等都需要以数据库的形式进行总结，但目前该方面的工作还很不完善。本节中我们将简要介绍我们在食品过敏原数据库和药用工业用蛋白安全评价数据库方面的工作。

一、中国食物过敏原数据库

　　食品中能使机体产生过敏反应的抗原分子称为食品过敏原。食品过敏原导致的主要症状包括恶心、呕吐、腹痛、腹泻等，有时也有其他的局部反应及较少见的全身反应。正如我们在本章第二节中所述，转基因生物技术在食品中引入了外源目的蛋白，这些目的蛋白若存在致敏性，将对食用者健康状况造成潜在威胁。因此在转基因产品的研发和安全评价中必须对目的蛋白进行致敏性评价，一旦发现目的蛋白具有致敏性，应立即取消相关产品的研发和上市。此外，基因的插入是否会导致食物中原有的内源过敏原含量增加，也是值得科学家关注的问题。

　　氨基酸序列相似性和蛋白结构分析等生物信息学方法是转基因食品致敏性评价的重要环节，也是后续血清学实验、动物实验的基础。现阶段国内尚缺少用于转基因食品致敏性评价的相关数据库，国外已有许多相关数据库，但以往对目标蛋白与已知过敏原的序列相似性分析往往要涉及多个国外网站，如 SDAP、IUIS Allergen Nomenclature、Allergen Database for Food Safety 等。若要进一步了解该过敏原的蛋白结构信息，则要进一步查询专业的分子生物学信息数据库如 Swissprot、PDB、Pfam 等。若要评估转基因食品中原有的过敏原含量是否变化，则需要对食品材料中原有的过敏原进行总结。相关的工作过程烦琐，并要求科研人员具备一定的生物信息学基础。为了简化转基因食品致敏性生物信息学分析的流程，我们建立了中国食物过敏原数据库，将多个数据库中关于过敏原的信息进行了整合，为科研人员提供免费的、快速的、一站式的转基因食品致敏性分析信息服务。

　　我们建立的中国食物过敏原数据库共收集到 1498 条已知过敏原的记录。原则上，本数据库每个过敏原记录都包括 9 大项目、22 个子项目的信息。但由于本数据库的过敏原记录中不同项目的信息来源于不同的外文数据库，而不同过敏原研究进展并不一致，有些过敏原只能在其中一部分数据库中找到相关信息，因此本数据库中并非所有的过敏原记录都完整地包含 9 大项目、22 个子项目的所有信息。数据库成功构建并测试使用后，在互联网上发布，域名为 http: //175.102.8.19: 8001/site/index，用户注册后，可免费访问数据库所有信息。

　　数据库分为三个主要模块："已知过敏原查询""已知过敏源查询""未知过敏原预测"。过敏原指引起过敏反应的物质，过敏源在这里指过敏原的生物来源。

　　"已知过敏原查询"模块以过敏原的英文名称或系统命名为查询对象，储存的信息包括过敏原概述、基因名称、蛋白功能、亚细胞定位、蛋白序列、蛋白结构、蛋白家族及结构域、抗原信息、文献汇总 9 个项目的信息，每个项目下包含若干个子项目的具体信息，如过敏原概述项目中包括蛋白名称、过敏原系统命名、过敏原来源、是否为食物过敏原、组织特异性等子项目信息，蛋白结构项目包括二级结构、三级结构、亚单位信息等子项目信息。

"已知过敏源查询"以食物所来源的生物体的英文名称为查询对象。储存的信息为该生物体内所有的蛋白抗原分子的列表。列表中的每一种抗原分子都可以连接到"已知过敏原查询模块"中的对应信息。

"未知过敏原预测"以蛋白序列为查询对象，可供查询者评估一段蛋白序列的潜在致敏性，这种评估以与已知过敏原的序列比对为基础，可以选择全长比对、连续 8 个氨基酸比对和 80 个氨基酸片段比对三种比对方式。

中国过敏原数据库的内容框架设计是建立在本科研团队长期对转基因食品致敏性评价及过敏原致敏机制研究的经验基础上的，内容具有很高的实用性。综合性是本数据库的一大特点，本数据库囊括了过敏原全面的抗原信息，包括过敏原的系统命名、来源、组织特异性、过敏性、过敏途径、易过敏人群、抗原表面决定簇、糖链信息等。与此同时，为了满足科研人员对过敏原深入研究的需要，本数据库提供了丰富的过敏原蛋白质结构和功能信息，包括蛋白序列、二级结构、三级结构、家族和结构域、功能、定位等。此外，本数据库还提供过敏原研究相关文献的下载链接，方便查询者了解目标过敏原的研究历史和现状。用户在本数据库对过敏原进行查询，相当于同时在 10 个国外相关数据库中进行查询，可以为用户节约大量的时间。与此同时，本数据库的建立和使用降低了对相关从业人员在致敏性评价方面的工作经验和生物信息学基础的要求，避免了因查询数据库不够全面而导致的实验设计和产品设计的缺陷。

二、药用/工业用转基因植物数据库

药用/工业用转基因植物是以植物为生物反应器生产药用/工业用原料的新型转基因生物，被称为第三代转基因产品，如利用转基因植物生产疫苗、抗体、蛋白酶等。药用/工业用转基因植物具有低投入、低风险、易于产业化生产、耐储存、高回报等优点，已经成为转基因技术的研究热点，市场前景广阔。

药用/工业用转基因植物不同于传统转基因植物，其目的是获取药用蛋白或工业原料，而非食用目的，但是其仍具有食用安全的潜在风险。药用/工业用转基因植物表达产物的毒性、致敏性以及其临床应用等信息都是考察其安全性的重要依据。构建药用/工业用转基因植物数据库将有助于政府机构制定其安全评价标准，同时为科研机构和生物技术公司研发新植物反应器提供参考，推动转基因生物的全面发展。

（一）信息收集及整理

收集了转基因植物作为生物反应器生产药用/工业用产品相关资料。例如，转基因植物生产乙肝疫苗、狂犬病疫苗、霍乱疫苗、免疫球蛋白 G 抗体、人白介素抗体、人血白蛋白、干扰素、生长因子、蛋白酶类等。资料主要来源于谷歌学术、NCBI、CNKI、FDA、USDA、EFSA 以及各个生物技术公司资源。目前本数据库收集资料 300 份左右，并将定期更新。

根据药用/工业用转基因植物的特点以及其安全评价实验，对每个转基因事件进行信息整理，统计了包括外源基因、开发团队、国家、时间、商业化进程、克隆载体、表达量、糖基化情况、毒性、致敏性、临床数据、动物实验结果、用途、安全等级、参考资料等 20 多种信息。目前共整理了近 200 个转基因事件，并将定期更新。

（二）数据库网站建设

本数据库采用互联网主流的 lamp 架构，即 CentOs5.5 32 位操作系统、Apache、PHP 及 MySQL 数据库搭建。该架构易于通过横向扩展而达到性能优化，通过配备资源来达到高可用性，同时易于开发和维护。全文检索使用 sphinx 服务器进行响应，由于索引结果会缓存到内存，查询 I/O 直接访问内存，能够满足较大访问量的需求。前端页面设计了一套采用 CSS+DIV 排版的皮肤，兼容 IE、火狐、谷歌等主流浏览器，达到各页面统一规范的效果。后端部分使用 CI 框架进行开发，该框架支持 MVC 开发模式，有效地解决了前端页面和后台数据的分离，实现代码可重用性，并简化了代码设计的耦合度。

（三）信息检索系统

本数据库针对用户不同需求设计了两种检索方式：一种是初级查询（图3-1），输入需要查询的外源蛋白、转基因植物、国家、商业化进程和时间的任意组合信息，系统将给出符合条件的所有药用/工业用转基因植物事件，如"乙型肝炎疫苗美国"（图 3-1）；另一种为高级检索（图 3-2），依次选择系统给定的外源蛋白、转基因植物、国家、商业化进程信息，系统将给出特定的药用/工业用转基因植物事件。

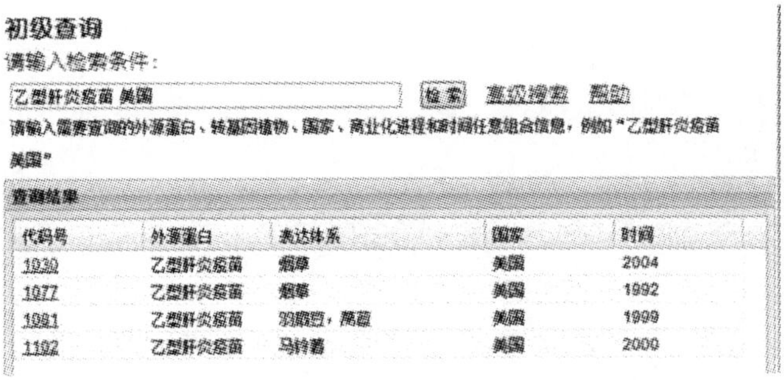

图 3-1　初级检索方式及一级查询结果

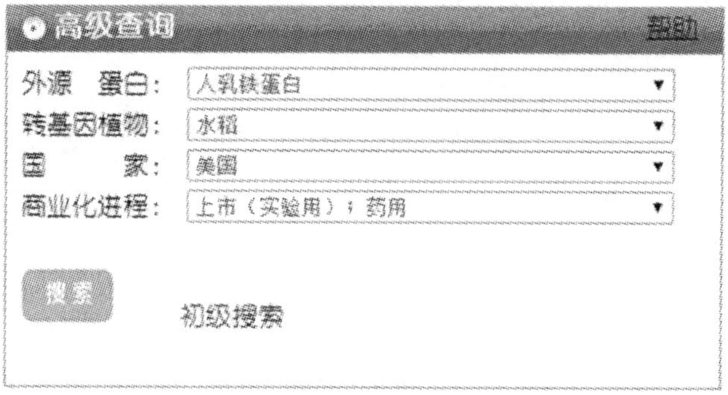

图 3-2　高级检索方式

（四）数据展示

输入查询信息，系统将给出一级查询结果（图 3-1），即符合要求的所有转基因事件。点击"代码号"超链接，进入二级查询结果，即特定转基因事件的详细信息，包括基本信息（图 3-3）、致敏性生物信息学比对结果（图 3-4）、其他相关信息和参考文献目录（图 3-5）。数据库还提供了参考文献下载链接，供用户进行深入研究。

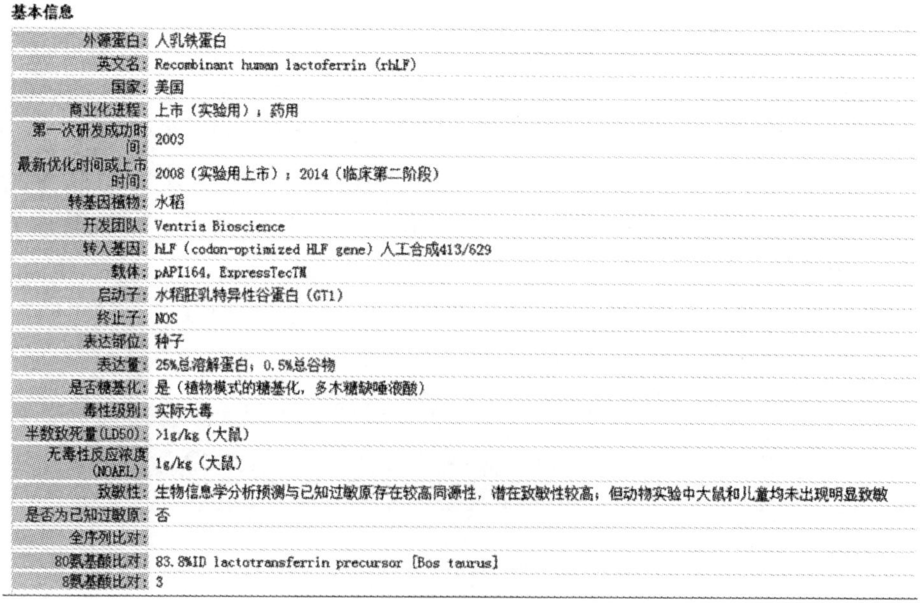

基本信息

外源蛋白	人乳铁蛋白
英文名	Recombinant human lactoferrin (rhLF)
国家	美国
商业化进程	上市（实验用）；药用
第一次研发成功时间	2003
最新优化时间或上市时间	2008（实验用上市）；2014（临床第二阶段）
转基因植物	水稻
开发团队	Ventria Bioscience
转入基因	hLF（codon-optimized HLF gene）人工合成413/629
载体	pAPI164，ExpressTecTM
启动子	水稻胚乳特异性谷蛋白（GT1）
终止子	NOS
表达部位	种子
表达量	25%总溶解蛋白；0.5%总谷物
是否糖基化	是（植物模式的糖基化，多木糖缺唾液酸）
毒性级别	实际无毒
半数致死量（LD50）	>1g/kg（大鼠）
无毒性反应浓度（NOAEL）	1g/kg（大鼠）
致敏性	生物信息学分析预测与已知过敏原存在较高同源性，潜在致敏性较高，但动物实验中大鼠和儿童均未出现明显致敏
是否为已知过敏原	否
全序列比对	
80氨基酸比对	83.8%ID lactotransferrin precursor [Bos taurus]
8氨基酸比对	3

图 3-3　二级检索结果——基本信息

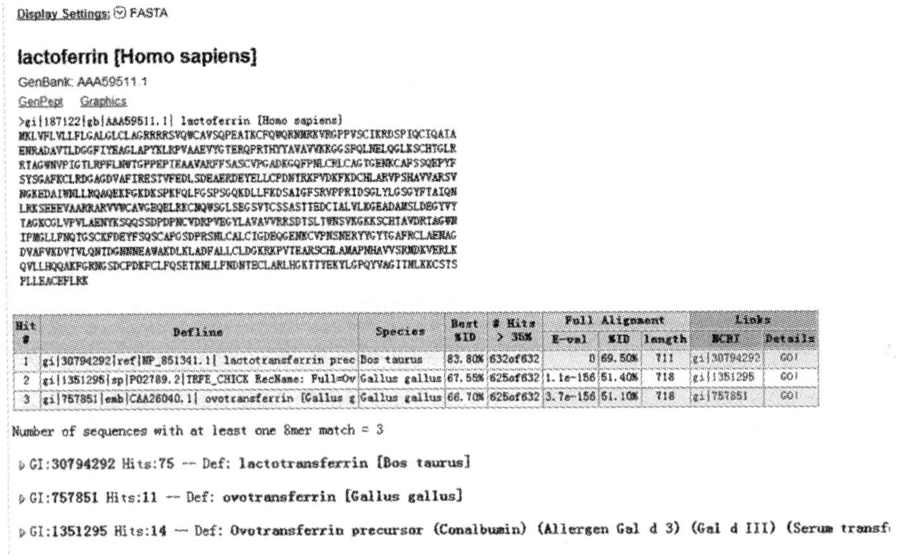

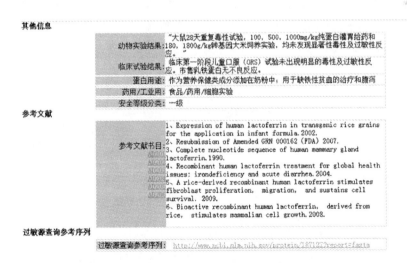

图 3-4　二级检索结果——外源蛋白致敏性生物信息学比对

图 3-5　二级检索结果——其他信息及参考文献

（五）药用/工业用转基因植物数据库特征及重要性

药用/工业用转基因植物数据库不仅为政府机构制定药用/工业用转基因植物安全评价标准提供技术支撑，还能为科研机构和生物技术公司研发药用/工业用转基因植物新品种提供信息帮助。同时，本数据库搭建的信息平台将节约转基因新品种的研发成本,为政府职能部门对药用/工业用转基因事件的审批和监管提供捷径。此外,本数据库的成功建立具有重要的科普宣传作用,满足了公众和专业人士了解药用/工业用转基因植物及其产品的研究现状和商业化情况以及安全性的知情权需求。

药用/工业用转基因植物数据库总结了近 30 年来全球转基因植物作为生物反应器生产药用/工业用产品的数据信息,包括处于研发阶段、临床试验阶段和已经上市的转基因事件。本数据库具有以下几个特点:①综合性,本数据库信息范围涉及疫苗类、抗体类、干扰素类、生长因子、蛋白酶类和其他药用/工业用产品;②专业性,本数据库针对药用/工业用转基因植物特点,整理了包括外源基因产物表达量、毒性、致敏性、临床数据(药用产品)在内的 20 多种信息;③实用性,本数据库的两种检索方式满足了不同用户需求,所有资料免费为任何用户使用,数据资料将定期进行更新;④首创性,该数据库是全球第一个全面地收录药用/工业用转基因植物的专业数据资源,具有重要作用。药用/工业用转基因植物数据库已经完成初步构建,今后将继续从以下几个方面着手,对该数据库进行优化和完善:①追踪现有数据信息,即每个转基因事件的研发进度或商业化进展;②获取最新药用/工业用转基因植物信息,及时更新数据资源;③数据库网站建设优化,即将数据库升级为中英文两种版本,同时为国内和国外用户提供服务。

参 考 文 献

陈乃用. 2003. 实质等同性原则和转基因食品的安全性评价. 工业微生物, 33(03): 44-51

陈淑蓉, 杨月欣. 2003. 转基因植物食品的营养学评价. 国外医学(卫生学分册), 30(02): 113-118

曹博, 贺晓云, 罗云波, 等. 2013. 大肠杆菌表达的抗旱蛋白 DREB4 的安全性评价. 农业生物技术学报, 21(12): 1539

曹思硕, 贺晓云, 许文涛, 等. 2013a. 对转基因水稻中 Cry1C 蛋白的潜在过敏性研究. 农业生物技术学报, (12): 1543

曹思硕, 贺晓云, 许文涛, 等. 2013b. 饲喂 SD 大鼠通过代谢组学和肠道菌群对转 Bt 基因水稻 T1c-19 的安全评价. 农业生物技术学报, (12): 1550

曹思硕, 许文涛, 罗云波, 等. 2013c. 转苏云金芽孢杆菌 (Bt) 基因水稻 (T2A-1) SD 大鼠 90 天喂养实验代谢组学研究. 农业生物技术学报, 21(12): 1538

邓爱华. 2012. 农科院生物安全性专家解读八个著名的"转基因事件". 科技潮, (06): 52-55

GB 15193.1—2014. 食品安全国家标准食品安全性毒理学评价程序

顾祖维. 2005. 转基因食品的安全性及其毒理学评价. 卫生毒理学杂志, 19(01): 9-11

关海宁, 徐桂花. 2006. 转基因食品安全评价及展望. 食品研究与开发, 27(04): 172-175

贾旭东. 2005. 转基因食品致敏性评价. 卫生毒理学杂志, (02): 159-162

连丽君, 王雷, 张可炜. 2006. 转基因食品安全性的争论与事实. 食品与药品, 8(11A): 12-16

罗云波. 2013. 我们如何面对转基因(上) —— 说说转基因作物近期这点事. 中国食品, (01): 12-15

刘静, 陈庆森. 2006. 食品过敏原研究进展及其在食品安全重要性方面的探讨. 食品科技, 31(04): 1-4

刘信. 2011. 转基因植物安全评价文献综述(一). 农业科技管理, 30(06): 43-47

刘信. 2012. 转基因植物安全评价文献综述(二). 农业科技管理, 30(01): 41-46

毛新志. 2004. "实质等同性"原则与"转基因食品"的安全性. 科学学研究, 22(06): 578-582

鸥泉. 2010. 揭开"转基因"的神秘面纱. 农业工程技术(农产品加工业), (08): 29-32

祁潇哲, 贺晓云, 罗云波, 等. 2013. 复合性状转基因大豆(3Φ5423×40-3-2) 喂养 SD 大鼠 90 天的亚慢性毒理学研究. 农业生物技术学报, 21(12): 1541

施云. 2013. 健康传播中新闻失实的原因分析——以部分转基因的新闻报道为例. 第八届中国健康传播大会优秀论文集

盛耀, 许文涛, 罗云波. 2013. 转基因生物产业化情况. 农业生物技术学报, 21(12): 1479-1487

王龑, 许文涛, 赵维薇, 等. 2013. 转 Cry1Ab/Ac 基因水稻与相应非转基因水稻种子的蛋白表达谱和营养组分分析. 农业生物技术学报, 21(12): 1549

王江蓉. 2007. 毛细管色谱法在甄别掺伪油茶籽油中的应用研究. 长沙: 湖南农业大学硕士学位论文

王洋. 2011. 转人乳铁蛋白基因牛奶粉食用安全性评价. 天津: 天津医科大学硕士学位论文

温源. 2004. 如何有效提高食品安全. 光明日报, 2004-8-2

许文涛, 曹思硕, 贺晓云, 等. 2013a. Cry1Ab/Ac 融合蛋白的安全评估. 农业生物技术学报, 21(12): 1535

许文涛, 李丽婷, 陆姣, 等. 2013b. 定量 PCR 方法检测转基因大米对大鼠盲肠微生物的影响. 农业生物技术学报, 21(12): 1548

玄立杰, 谢英添. 2010. 转基因食品安全问题及其评价体系. 安徽农业科学, (25): 14175-14177

严远鑫, 李劲峰, 郑树松, 等. 2002. Ba^{35}SO$_4$ 同位素稀释分析法高精密分析菜籽(饼)硫代葡萄糖苷总量的研究. 作物学报, 28(01): 36-41

杨晓光. 2002. 转基因食品安全评价简介. 营养与保健食品研究及科学进展学术资料汇编

元延芳, 许文涛, 贺晓云, 等. 2013. 喂养转基因 T2A-1 水稻 90 天对大鼠肠道健康的影响. 农业生物技术学报, 21(12): 1552

于旭华, 冯定远. 2003. 植酸的抗营养特性和植酸酶的应用. 中国饲料, (09): 16-18

张启发. 2003. 转基因作物: 研发、产业化、安全性与管理. 中国大学教学, (03): 35-40

赵艳. 2003. 基因枪介导转化的外源基因表达框和质粒在水稻中遗传和表达行为的比较研究. 杭州: 浙江大学博士学位论文

Cao B, He X Y, Luo Y B, et al. 2012a. Safety assessment of dehydration-responsive element-binding (DREB) 4 protein expressed in E. coli. Food and Chemical Toxicology, 50(11): 4077-4084

Cao S S, He X Y, Xu W T, et al. 2012b. Potential allergenicity research of Cry1C protein from genetically modified rice. Regulatory Toxicology Pharmacology, 63(3): 181-187

Cao S S, He X Y, Xu W T, et al. 2012c. Safety assessment of transgenic Bacillus thuringiensis rice T1c-19 in Sprague-Dawley rats from metabonomics and bacterial profile perspectives. IUBMB Life, 64(3): 242-250

He X Y, Tang M Z, Luo Y B, et al. 2009. A 90-day toxicology study of transgenic lysine-rich maize grain (Y642) in Sprague-Dawley rats. Food and Chemical Toxicology, 47(2): 425-432

Qi X, He X Y, Luo Y B, et al. 2012. Subchronic feeding study of stacked trait genetically-modified soybean (3Φ5423×40-3-2) in Sprague-Dawley rats. Food and Chemical Toxicology, 50(9): 3256-3263

Wang Y, Xu W T, Zhao W W, et al. 2012. Comparative analysis of the proteomic and nutritional composition of transgenic rice seeds with *Cry1ab/ac* genes and their non-transgenic counterparts. Journal of Cereal Science, 55: 226-233

Xu W, Cao S, He X, et al. 2009. Safety assessment of Cry1Ab/Ac fusion protein. Food and Chemical Toxicology, 47(7): 1459-1465

Yuan Y, Xu W, He X, et al. 2013. Effects of genetically modified T2A-1 rice on the GI health of rats after 90-day supplement. Scientific Reports 3: 1962

Yuan Y, Xu W, Luo Y, et al. 2011. Effects of genetically modified T2A-1 rice on faecal microflora of rats during 90 day supplementation. Journal of the Science of Food and Agriculture, 91(11): 2066-2072

第四章　食用安全评价之动物实验

提　　要

■ 转基因食品的食用安全评价是转基因产品开发中的重要环节，动物实验在转基因食品的安全性评价中占据了非常重要的位置，主要解决转基因食品在整体水平上对健康的影响。

■ 本章将实验动物按照大型禽畜和小型啮齿类进行了初步分类，综述了用不同动物实验来评价第一代和第二代转基因食品安全的研究现状，并对今后的研究进展进行了展望。

转基因作物遍布全世界，许多国家同意在实质等同性原则基础上对转基因作物进行安全评价后再将其用于食用。但是，转基因生物具有实质等同性并不意味着它是绝对安全的或者没有必要对其食用结果进行全面评价（Novak and Haslberger，2000）。例如，食用转基因植物后营养方面的问题，个体本身的变化可能不明显，但是营养摄入后累积的副作用可能是显著的，所以转基因食品成分代替传统食品成分后由食物整体引起的直接、间接、急性或累积的影响需要评价。另外，引入某基因带来的副作用，如过敏、DNA 向肠道菌群的转移（包括抗生素抗性转移）、代谢激素分泌失衡、营养的改变、产生毒素成分、转抗除草剂基因植物除草剂残留，以及所有由于重组蛋白表达而产生的非期望效应等也需要评价。

评价转基因食品的安全性实验方法主要有体外试验和体内试验。体外试验有：通过加热评估转基因生物蛋白的稳定性（Okunuki et al.，2002）；饲料加工储藏过程中转基因生物蛋白的稳定性（Guan et al.，2005）；胃、肠中酶消化后转基因生物蛋白的稳定性。研究也证实转基因 DNA 可转移到环境（Bertolla et al.，2000）或肠道细菌中。生物物理和生物化学分析中，在体外模拟了适合细胞生存的机体内环境，用来评价转基因可能对食用者组织细胞核活性带来的影响（Vlasák et al.，2003），或是评价转基因生物的可能毒性。为了评价转基因在整个生物体水平上对健康的影响，体外试验不能完全代替动物实验。体内试验主要是通过先饲喂动物转基因产品，然后通过研究实验动物身体各方面机能参数来评价转基因产品的安全性。

现在普遍认为，评估短期、长期的毒性和可能的过敏性，利用实验动物某些与人类相近似的特性，通过动物实验评价转基因生物的安全性。动物喂养是不可替代的实验步骤。本章综述了有关不同动物饲喂转基因食物的研究现状。

第一节　大型禽畜用于转基因食品安全评价

很多大型禽畜，如鸡、猪、牛、羊等都用于转基因食品安全评价。根据研究目的选择适合的大型禽畜，如猪，其亲缘关系和人很接近，器官大小也接近于人，很适合营养代谢等方面的研究；奶牛、羊等用来研究转基因食品对动物产的奶的产量成分的影响；鸡、鹌鹑等产蛋动物用来研究转基因食品对动物所产蛋的影响。在评价转基因食品对肉质影响的研究中也经常用鸡做实验动物。有学者研究某种转基因微生物在体内的定值，选择鸡作为实验动物，是因为鸡的体温和该种微生物的最适生长温度最接近。

一、大型禽畜用于第一代转基因食品安全评价

第一代转基因产品是用基因工程手段提高了产量改善了品质。例如，为了抗虫，植物中转入了抗虫蛋白；最著名的晶体蛋白 Cry 毒素，是在自然界中由土壤细菌苏云金芽孢杆菌（Bt）的某些亚种产生，这一毒素对欧洲玉米螟幼虫或某些其他鳞翅目幼虫有选择毒性。对于除草剂耐受性，转基因植物转入了高水平耐受除草剂的化学物质的细菌基因，最著名的是草甘膦，它是除草剂草甘膦的活性成分，除此之外现在也出现了其他类型的除草剂。这些基因修饰手段主要用于作物，并进行畜禽的喂养（主要是玉米和大豆）研究。许多研究的主要目的是以非转基因亲本为对照验证其与转基因作物营养是否相同。

用 Bt 玉米饲喂奶牛、猪、绵羊、鸡和鹌鹑，在动物生长率、消化率、肉质特征方面没有显著差别。同样，用 Bt 大豆饲喂鸡，鸡的体重、鸡肉得率等方面也没有显著性差异（Kan and Hartnell, 2004a, 2004b）。转基因玉米能够产生抗虫蛋白，饲喂家禽，其日常表现没有变化（Brake et al., 2005）。

用含有除草剂的玉米或大豆喂猪、反刍动物，动物表现（消化、体重、肉的成分）没有变化（Taylor et al., 2003），或者用转基因植物中既抗虫又抗除草剂的蛋白表达产物饲喂动物，对动物体重、肉质没有显著性影响（Taylor et al., 2005）。另外，当用含 Bt 和/或抗除草剂的植物饲喂奶牛或绵羊，所产奶的产量或成分没有显著性变化（Hammond et al., 2004）。

用耐草甘膦油菜、小麦（Kan and Hartnell, 2004a, 2004b）和 Bt 棉花（Mandal et al., 2004）饲喂鸡，或用耐草甘膦的大米和甜菜饲喂反刍动物和猪（Bohme et al., 2005）：所有作物都表现出与传统作物具有相同的营养。

一些研究者将转基因玉米和大豆对禽畜的影响方面的观察扩展到更多其他的参数，例如，观察动物组织器官中是否存在外源植物和/或转基因 DNA 及蛋白质（Trabalza-Marinuccia et al., 2008），在肠道内容物或粪便中是否存在（Alexander et al., 2004），在蛋或奶中是否存在。除了在转基因玉米和大豆中，也在抗除草剂饲喂绵羊（Bertheau et al., 2009）或合成橘粉糖的马铃薯饲喂猪（Lucas et al., 2007）的实验中观察转入基因的被消化情况。只是偶尔在肠道内容物或粪便中监测到转基因的 DNA 和蛋白质，表明它们完全被消化酶降解。在最近奶牛饲喂抗虫玉米的研究中表明玉米的细胞核和/或染色体 DNA 片段能够穿过牛的小肠屏障，但是没有监测到牛的血液中存在转基因的片段或蛋白质（McNaughton et al., 2008）。

二、大型禽畜用于第二代转基因食品安全评价

禽畜也被用来研究第二代转基因植物。第二代转基因食品通常是通过提高某一有益成分的含量，改善有益的营养成分或降低不良成分的含量来改善植物的营养品质。如已研制出富含高赖氨酸的转基因玉米、高油酸含量的转基因大豆等。

用富含高赖氨酸的玉米（Guthrie et al., 2004）或高油酸含量的转基因大豆饲喂鸡，从动物表现和尸检数据看，动物日常表现、肉质没有显著性改变。来源于大肠杆菌的谷氨酸脱氢酶能够提高植物对 N 元素的利用（可以提高植物营养）（Nyannor et al., 2007），来源于大肠杆菌的磷酸酶能够改善植物生长性能提高对磷元素的利用（von Wettstein et al., 2003），猪饲喂转大肠杆菌的谷氨酸脱氢酶基因的玉米及转大肠杆菌的磷酸酶基因的玉米，对动物的生长率和肉的品质没有显著性影响。耐热的大肠杆菌 β-葡聚糖能够显著提高食品的营养价值，用表达该 β-葡聚糖的基因工程大麦饲喂鸡，也没有改变其生长率和肉的品质（von Wettstein et al., 2003）。降低植物中植酸的含量，可以提高含磷化合物的利用率降低磷酸盐的分泌，分别用转高表达植酸基因的玉米（Spencer et al., 2000）、大豆（Powers et al., 2006）、大麦（Veum et al., 2007）饲喂猪，结果对动物的表现没有显著性改变。

用能够提高肉豆蔻酸和棕榈酸的转基因油菜籽（Bohme et al., 2007）或合成橘粉糖的马铃薯（Bohme et al., 2005）饲喂猪，动物表现有所下降。

第二节 小型啮齿类动物用于转基因食品安全评价

有大量实验是通过饲喂小型啮齿类动物（各种老鼠、兔子等）来研究转基因食品对健康的影响。与大型禽畜相比，用小型啮齿类动物操作相对简单，成本又

低，该类动物寿命短，易于检验。在长期的研究中大量个体在统一的标准条件下生长，易于用多种方法评价饲喂转基因食品产生的任何影响。

一、用于第一代转基因食品安全评价

一些研究表明无论转基因植物在表达抗虫蛋白（Teshima et al.，2002），还是抗除草剂性能（Chrenková et al.，2002），或是表达以上两种转基因成分的植物（Hammond et al.，2004），转基因玉米和大豆与传统亲本植物相比在饲喂动物时不仅动物表现相同，而且血液尿液组成、免疫相关参数、病理学特征均相同（Malley et al.，2007）。用表达抗虫的 α-淀粉酶抑制因子的豌豆（Palombo et al.，2000），或抗黄瓜花叶病毒的甜椒、番茄饲喂动物，动物的生长、血液成分、器官大体解剖方面都没有变化。

还有一些研究表明，饲喂转基因植物后，动物在功能和结构上有一些变化。研究表明耐草甘膦大豆能引起成年小鼠的肝脏（Chen et al.，2003）、胰脏（Malatesta et al.，2002a）、睾丸（Malatesta et al.，2002b）、胚胎（Vecchio et al.，2004）细胞形态结构和相应器官酶的活性发生变化，并且同样可以引起兔子的心脏、肾脏酶活性的改变（Cisterna et al.，2008）。另外，一项饲喂耐草甘膦大豆的长期的研究表明，饲喂老鼠转基因大豆两年，可以提高活性氧等年龄标志物的表达（Tudisco et al.，2005）。用产生抗虫蛋白的玉米饲喂断乳幼年小鼠和老年小鼠，表明十二指肠和外周免疫反应有所改变（Malatesta et al.，2008）；而且，对饲喂 Bt 玉米的三代大鼠的研究表明肝、肾在组织、生物化学方面有所变化（Finamore et al.，2008）。Bt 马铃薯（Kilic and Akay，2008）和表达植物凝聚素的马铃薯（Fares and El-Sayed，1998）在啮齿类肠道示踪中发现有变化，而马铃薯仍保持着对引起粪便酶活和消化产物的 Y 病毒的抗性（Juskiewicz et al.，2005）。

为了评价耐除草剂转基因植物的潜在风险，用大鼠和小鼠来验证某一除草剂和/或其活性成分。文献中报道的研究结果有时候也不一致。例如，用大鼠小鼠口服饲喂草甘膦，有的研究报道仅对肝脏有轻微影响，而其他报道会改变酶活性。用大鼠进行实验来研究饲喂耐草甘膦大豆可能产生的过敏反应，结果没有不良反应发生（Chang et al.，2003），而有的研究表明，耐草甘膦大豆和传统亲本大豆有相同的致敏结构，在小鼠体内诱导相似的反应（Gizzarelli et al.，2006）。另外，研究发现用 Bt 抗虫蛋白饲喂大鼠、小鼠时产生某种免疫原性，豌豆中表达的大豆 α-淀粉酶抑制因子可以引起小鼠特异性免疫反应（Prescott et al.，2005）。

二、用于第二代转基因食品安全评价

用改善营养价值的基因工程植物，如富含赖氨酸和油酸的玉米和大豆饲喂动物，没有负面的报道。大豆赖氨酸（提高主要氨基酸的含量，降低血清胆固醇的水平）表达的马铃薯，表达大豆赖氨酸的大米（He et al.，2009），产生 γ-亚油酸的油菜（El-Sanhoty et al.，2004），用大鼠、小鼠进行实验，动物的生长、血液成分、器官大体解剖方面都没有变化。

三、用于最新类型转基因食品安全评价

最近几年转基因食品又有了新发展，因为成本低、效率高，可以通过口服提高利用率，所以在生物医药领域中用转基因植物作为生物反应器生产高附加值的医用肽类和蛋白质类药物（Momma et al.，2000）。有一些通过对实验动物的研究来证明某些转基因植物有促进健康预防疾病的作用。番茄果实能够积累花青苷，花青苷与人类许多疾病的预防有关，研究证明它能显著延长癌症小鼠的寿命（Kinney，2006）。用表达白介素-12 的番茄果实饲喂患有肺结核的小鼠，能提高其抗感染的能力，降低肺部组织的损坏（Butelli et al.，2008）；而且，增加黄酮类物质含量的转基因番茄可以提高小鼠心血管的健康（Elías-López et al.，2008）。用表达抗炎症细胞因子的白介素-10 的低生物碱烟草口服饲喂患肠炎（炎症会导致一系列急慢性的肠损伤）的小鼠，会显著降低炎症部位的肿瘤坏死因子（Elías-López et al.，2008）。

转基因植物也是高效且便宜的可食用疫苗的来源，这种疫苗能够避免人类噬菌体（如病毒和朊病毒）的感染。研究表明用表达狂犬病毒糖蛋白 G 的转基因玉米口服饲喂小鼠，能有效预防狂犬病（Menassa et al.，2007），能产生大肠杆菌不耐热的全病毒，能引起疟疾；用无毒亚基的基因工程玉米饲喂幼年小鼠和老年小鼠，能够对所有受试动物产生高效率的免疫（Karaman et al.，2006）。用表达鼠疫耶尔森氏 F1-V 抗原融合蛋白的转基因番茄饲喂小鼠，其免疫原反应提高，这就为预防有毒衣原体和噬菌体病毒的疫苗提供了生产途径（Alvarez et al.，2006）。人们普遍认为人类 β-淀粉样物质是早老年痴呆症的重要组成成分，用表达 β-淀粉样物质的转基因番茄饲喂小鼠，能引起免疫反应，这样通过特异的疫苗增加了降低 β-淀粉酶的治疗方法（Youm et al.，2008）；表达人类免疫缺陷病毒一型破伤风病毒蛋白的转基因番茄能引起小鼠血清免疫反应，抑制胞外破伤风病毒活性，限制疾病的发展和蔓延（Ramírez et al.，2007）。能够表达霍乱病毒 B 亚基的转基因番茄可以使小鼠产生血清和黏膜免疫（Jiang et al.，2007）；表达诺沃克病毒衣壳蛋白的转基因番茄是流行性胃肠炎的重要药物（Zhang et al.，2006）；肠病毒 71 型的外壳蛋白能引发幼儿手足口病并引发致命的神经并发症；表达外壳蛋白的转基因番茄对该病有益（Chen et al.，2006）。研究表明用以上的转基因番茄饲喂小鼠能提高免疫原性。

第三节　用动物实验评价转基因食品的优点、
局限性和发展趋势

为了从生物整体水平评价转基因食品的安全性，目前普遍采用动物实验的方法，常用的实验动物种类很多，有猪、牛、羊等大型哺乳动物和反刍动物，鸡、鹌鹑等禽类，各种老鼠、兔子。实验动物种类也是依据不同的实验目的，结合动物本身特点选择最为敏感的动物。

一、用动物实验评价转基因食品的优点

动物实验在评价转基因食品中起着重要作用。在结构与功能方面，人和其他哺乳动物之间存在许多相似点，如消化吸收系统、代谢途径较相似，从解剖学上看，除了在体型的大小比例存在差异外，身体各系统的构成基本相似，因此，它们在生命活动中基本功能过程也是相似的。为了增加作物产量和抗逆性，增加营养成分的含量，提高防病治病功能研制开发出来了各种转基因食品。然而，任何一种新型转基因食品要应用于人类之前都要评价其安全性，以保证人类健康，并且要选择适合的动物进行安全评价实验，因此动物为人类健康做出了巨大贡献。

二、用动物实验评价转基因食品的局限性

用动物实验的方法评价转基因食品对人类健康的影响与其他健康相关研究一样存在局限，由饲喂动物得到的结果直接用于人类无疑是不够准确的，因为人和动物在代谢生理过程及生活方式上有不可预知的内在特异的差别。在不同的实验条件研究结果有时会有冲突，尤其是转基因生物产品的品质特性随着不同地区的植物或不同的食品加工方式而改变，实验动物自身也存在个体差异和不同的生长效率，这也可能使实验结果有所不同。例如，有学者研究小鼠口服饲喂草甘膦，有的研究报道其仅对肝脏有轻微影响，而其他研究则报道其会改变酶活性。用大鼠进行实验来研究饲喂耐草甘膦大豆可能产生的过敏反应，结果没有不良反应发生（Chang et al., 2003），而有的研究表明，耐草甘膦大豆和传统亲本大豆有相同的致敏结构，在小鼠体内诱导相似的反应（Gizzarelli et al., 2006）。这就需要多次重复性实验并且对实验结果进行统计分析后再得出结论，以使实验结果趋于客观。

三、用动物实验评价转基因食品的发展趋势

（一）有些方面的研究还需要进一步的实验支持

随着人们需求的增多，转基因食品种类也不断增加以满足人们的不同需求，如满足营养要求的第二代高维生素 C 含量的转基因番茄、满足观赏需求的彩色玫瑰及彩色的观赏鱼。一些方面的研究还需要进一步的实验支持。需要引起注意的是，仅有少数长期影响的研究针对弱势群体，老人和幼儿及胚胎的研究也很少。这方面研究较少的原因可能是实验成本高、时间长，但是没有理由忽视其中产生的不可预期的影响，尤其是转基因食品被不同年龄、健康状况、生活方式的人群食用后产生的不可预期的影响。许多食品如花生中的花生凝集素、鸡蛋中的卵清白蛋白等都可能引起过敏。原有食品不存在过敏成分，转入某基因后是否可能产生致敏性，这一问题值得研究。对于这一问题，需要逐一的进行体内、体外试验寻找适合的方法来评价转基因植物及其衍生物的潜在致敏性。而要将转基因成分加到人们的食物中时，要对实验进行合理设计尤其要注意对敏感人群如新生儿、儿童、老人、病患这些易感群体的影响。因此，选择适合种类的特殊发育阶段的动物进行实验是必要的。而选择实验动物时，如果是研究转基因生物对健康影响的慢性实验或观察动物的生长发育时，应选择幼龄动物；在研究转基因生物对老年人的影响时常选用老龄动物，因其机体的代谢和各种功能反应已接近老年。

目前，新型的转基因食品主要是提高营养含量，或作为药品和营养品的来源，例如，可以通过服用转乳铁蛋白基因的奶牛产的奶作为贫血患者的良好治疗方法。饲喂这样的转基因植物的研究不是简单地比较基因等同性，而是研究基因转移引起的效应。然而，即便有一些负面的或长期的影响也受到总体参数的限制。这些转基因植物产生了新的生物代谢途径，这可能增加代谢紊乱的风险，而这些风险往往观察不到。因此对这类转基因植物的评价要复杂得多，需要增加对众多代谢途径的逐一分析。今后应在转基因产品进入市场之前对其本质进行评价，尤其对于有药物辅助作用的功能性食品来说，它可能变成不利于代谢平衡的不稳定因素，因此更要选择适合的动物对其安全性进行认真评价。

（二）实验动物的种类还有待于继续丰富

随着人们需求的增多，转基因食品种类也不断增加以满足人们的不同需求，所评价的方面也在不断增多，根据实验的不同目的，需要找到更适合的实验动物，实验动物的种类还有待于继续丰富。例如，从进化的角度看，猩猩和猴子与人类最接近，在解剖学、组织器官功能、白细胞抗原及染色体带型等方面与人相似，和这方面相关的转基因产品用这些动物实验的结果来说明则很有说服力。

（三）要注意选择最适的实验动物

不是所有动物都适合进行任何动物实验，要根据动物本身特点和不同实验目的，选择适合的动物。如果研究对高胆固醇或动脉硬化有预防和治疗作用的新型转基因产品，那么用高胆固醇膳食饲喂兔、鸡、猪、狗、猴等动物造模时，均可诱发动物的高脂血症或动脉粥样硬化。但猴和猪除有动脉粥样硬化外，心脏冠状动脉前降支形成斑块、大片心肌梗死，情况与人更为相似。例如，在外科手术操作性实验中，选用猪或狗等大动物比用大鼠、小鼠在操作实感上更接近于人类。家犬是红绿色盲，不能以红绿为刺激条件进行条件反射实验；其汗腺不发达，不宜选做发汗实验；胰腺小，适宜做胰腺摘除术；胃小，易做胃导管，便于进行胃肠道生理的研究。大鼠无胆囊，不会呕吐，不能做胆功能观察或催吐实验，但狗、猫、猴等动物呕吐反应敏感，则宜选用做该类实验。家兔对体温变化十分敏感，宜选做发热、解热和检查热原的实验研究，而大鼠、小鼠体温调节不稳定，故不宜选用。一般动物可自身合成维生素 C，豚鼠则不能合成，因而可用来做维生素 C 缺乏试验。

实验动物的选择要本着选用结构简单又能反映研究指标的动物的原则。进化程度高或结构功能复杂的动物有时会给实验条件的控制和实验结果的获得带来难以预料的困难。在能反映实验指标的情况下，选用结构功能简单的动物，例如，果蝇具有生活史短（12d 左右）、饲养简便、染色体数少（只有 4 对）、唾腺染色体制作容易等诸多优点，所以是遗传学研究的绝好材料，而同样方法若以灵长类动物为实验材料，其难度是可以想象的。

另外，摄入第二代转基因植物及衍生物后的影响，以及出现的更新的新型转基因食品对人类的影响也更为复杂。对这些转基因食品的评价为了能够观察到摄入转基因食物的非期望效应，应该在动物实验基础上结合先进的技术手段和分子生物学知识（基因组学、蛋白组学、代谢组学）及功能形态学技术（如核磁共振、光学电子显微镜及相关技术）进行长期多代喂养实验。

参 考 文 献

Alexander T W, Sharma R, Deng M Y, et al. 2004. Use of quantitative real-time and conventional PCR to assess the stability of the *cp4-epsps* transgene from Roundup Ready canola in the intestinal, ruminal and fecal contents of sheep. Journal of Biotechnology, 112(3): 255-266

Alvarez M L, Pinyerd H L, Crisantes J D, et al. 2006. Plant-made subunit vaccine against pneumonic and bubonic plague is orally immunogenic in mice. Vaccine, 24(14): 2477-2490

Bertheau Y, Helbling J C, Fortabat M N, et al. 2009. Persistence of plant DNA sequences in the blood of dairy cows fed with genetically modified (Bt176) and conventional corn silage. Journal of Agricultural and Food Chemistry, 57(2): 509-516

Bertolla F, Kay E, Simonet P, et al. 2000. Potential dissemination of antibiotic resistance genes from transgenic plants to microorganisms. Infection Control and Hospital Epidemiolog, 21(6): 390-393

Brake J, Faust M, Stein J, et al. 2005. Evaluation of transgenic hybrid corn (VIP3A)in broiler chickens. Poultry Science, 84(3): 503-512

Bohme H, Aulrich K, Daenicke R, et al. 2001. Genetically modified feeds in animal nutrition. 2nd communication: Glufosinate tolerant sugar beets (roots and silage) and maize grains for ruminants and pigs. Archiv für Tierernahrung, 54(3): 197-207

Bohme H, Hommel B, Flachowsky G, et al. 2005. Nutritional assessment of silage from transgenic inulin synthesizing potatoes in pigs. Journal of Animal and Feed Sciences, 14 (1): 333-336

Bohme H, Rudloff E, Schone F, et al. 2007. Nutritional assessment of genetically modified rapeseed synthesizing high amounts of mid-chain fatty acids including production responses of growingfinishing pigs. Archives of Animal Nutrition, 61(4): 308-316

Butelli E, Titta L, Giorgio M, et al. 2008. Enrichment of tomato fruit with health-promoting anthocyanins by expression of select transcription factors. Nature Biotechnology, 26(11): 1301-1308

Chen Z L, Gu H, Li Y, et al. 2003. Safety assessment for genetically modified sweet pepper and tomato. Toxicology, 188(2): 297-307

Chrenková M, Sommer A, Ceresnáková Z, et al. 2002. Nutritional evaluation of genetically modified maize corn performed on rats. Archiv für Tierernahrung, 56(3): 229-235

Chang H S, Kim N H, Park M J, et al. 2003. The 5-enolpyruvylshikimate-3-phosphate synthase of glyphosate-tolerant soybean expressed in *Escherichia coli* shows no severe allergenicity. Molecules and Cells, 15(1): 20-26

Chen H F, Chang M H, Chiang B L, et al. 2006. Oral immunization of mice using transgenic tomato fruit expressing VP1 protein from enterovirus 71. Vaccine, 24(15): 2944-2951

Cisterna B, Flach F, Vecchio L, et al. 2008. Can a genetically-modified organism-containing diet influence embryo development: A preliminary study on preplantation mouse embryos. European Journal of Histochemistry, 52(4): 263-267

El-Sanhoty R, El-Rahman A A, Bogl K W. 2004. Quality and safety evaluation of genetically modified potatoes spunta with *CryV* gene: Compositional analysis, determination of some toxins, antinutrients compounds and feeding study in rats. Nahrung, 48(1): 13-18

Elías-López A L, Marquina B, Gutiérrez-Ortega A, et al. 2008. Transgenic tomato expressing interleukin-12 has a therapeutic effect in a murine model of progressive pulmonary tuberculosis. Clinical and Experimental Immunology, 154(1): 123-133

Fares N H, El-Sayed A K. 1998. Fine structural changes in the ileum of mice fed on delta endotoxin-treated potatoes and transgenic potatoes. Natural Toxins, 6(6): 219-233

Finamore A, Roselli M, Britti S, et al. 2008. Intestinal and peripheral immune response to MON810 maize ingestion in weaning and old mice. Journal of Agricultural and Food Chemistry, 56: 11533-11539

Gizzarelli F,Corinti B, Barletta B, et al. 2006. Evaluation of allergenicity of genetically modified soybean protein extract in a murine model of oral allergen-specific sensitization. Clinical and Experimental Allergy, 36(2): 238-248

Guan J, Spencer J L, Ma B L. 2005. The fate of the recombinant DNA in corn during composting. Journal of Environmental Science and Health Part B, 40(3): 463-473

Guthrie T A, Apgar G A, Griswold K E, et al. 2004. Nutritional value of a corn containing a glutamate dehydrogenase gene for growing pigs. Journal of Animal Science, 82(6): 1693-1698

Hammond B, Dudek R, Lemen J, et al. 2004. Results of a 13 week safety assurance study with rats fed grain from glyphosate tolerant corn. Food and Chemical Toxicology, 42(6): 1003-1014

He X Y, Tang M Z, Luo B Y, et al. 2009. A 90-day toxicology study of transgenic lysine-rich maize grain (Y642) in Sprague-Dawley rats. Food and Chemical Toxicology, 47(2): 425-432

Jiang X L, He Z M, Peng Z Q, et al. 2007. Cholera toxin B protein in transgenic tomato fruit induces systemic immune response in mice. Transgenic Research, 16(2): 169-175

Juskiewicz J, Zdunczyk Z, Fornal J. 2005. Nutritional properties of tubers of conventionally bred and transgenic lines of potato resistant to necrotic strain of Potato virus Y (PVYN). Acta Biochimica Polonica, 52(3): 725-729

Kan C A, Hartnell G F. 2004a. Evaluation of broiler performance when fed insect-protected, control, or commercial varieties of dehulled soybean meal. Poultry Science, 83(2): 2029-2038

Kan C A, Hartnell G F. 2004b. Evaluation of broiler performance when fed Roundup-Ready wheat (event MON 71800), control, and commercial wheat varieties. Poultry Science, 83(8): 1325-1334

Karaman S, Cunnick J, Wang K. 2006. Analysis of immune response in young and aged mice vaccinated with corn-derived antigen against Escherichia coli heat-labile enterotoxin. Molecular Biotechnology, 32(1): 31-42

Kilic A, Akay M T. 2008. A three generation study with genetically modified Bt corn in rats: Biochemical and histopathological investigation. Food and Chemical Toxicology, 46(3): 1164-1170

Kinney A J. 2006. Metabolic engineering in plants for human health and nutrition. Current Opinion in Biotechnology, 17(2): 130-138

Lucas D M, Taylor M L,Hartnell G F, et al. 2007. Broiler performance and carcass characteristics when fed diets containing lysine maize (LY038 or LY038 × MON 810), control or conventionalreference maize. Poultry Science, 86(10): 2152-2161

Malley L A, Everds N E, Reynolds J, et al. 2007. Subchronic feeding study of DAS-59122-7 maize grain in Sprague-Dawley rats. Food and Chemical Toxicology, 45(7): 1277-1292

Mandal A B, Elangovan A V, Shrivastav A K, et al. 2004. Comparison of broiler chicken performance when fed diets containing meals of Bollgard II hybridcotton containing Cry-X gene (Cry1Ac and Cry2Ab gene), parental line or commercial cotton. British Poultry Science, 45(5): 657-663

McNaughton J, Roberts M, Smith B, et al. 2008. Comparison of broiler performance when fed diets containing event DP-3O5423-1, nontransgenic near-isoline control, or commercial reference soybean meal, hulls and oil. Poultry Science, 87(12): 2549-2561

Malatesta M, Caporaloni C, Gavaudan S, et al. 2002a. Ultrastructural morphometrical and immunocytochemical analyses of hepatocyte nuclei from mice fed on genetically modified soybean. Cell Structure and Function, 27(4): 173-180

Malatesta M, Caporaloni C, Rossi L, et al. 2002b. Ultrastructural analysis of pancreatic acinar cells from mice fed on genetically modified soybean. Journal of Anatomy, 201(5): 409-415

Malatesta M, Boraldi F, Annovi G, et al. 2008. A long-term study on female mice fed on a genetically modified soybean: effects on liver ageing. Histochemistry and Cell Biology, 130(5): 967-977

Momma K, Hashimoto W, Yoon H J, et al. 2000. Safety assessment of rice genetically modified with soybean glycinin by feeding studies on rats. Bioscience, Biotechnology and Biochemistry, 64(9): 1881-1886

Menassa R, Du C, Yin Z Q, et al. 2007. Therapeutic effectiveness of orally administered transgenic low-alkaloid tobacco expressing human interleukin-10 in a mouse model of colitis. Plant Biotechnology Journal, 5(1): 50-59

Novak W K, Haslberger A G. 2000. Substantial equivalence of antinutrients and inherent plant toxins in genetically modified novel foods. Food and Chemical Toxicology, 38(6): 473-483

Nyannor E K D, Williams P, Bedford M R, et al. 2007. Corn expressing an *Escherichia coli*-derived phytase gene: A proof-of-concept nutritional study in pigs. Journal of Animal Science, 85: 1946-1952

Okunuki H, Teshima R, Shigeta T, et al. 2002. Increased digestibility of two products in genetically modified food (*CP4-EPSPS* and *Cry1Ab*) after preheating. Shokuhin Eiseigaku Zasshi, 43(2): 68-73

Palombo J D, DeMichele S J, Liu J W, et al. 2000. Comparison of growth and fatty acid metabolism in rats fed diets containing equal levels of γ-linolenic acid from high γ-linolenic acid canola oil or borage oil. Lipids, 35(9): 975-981

Powers W J, Fritz E R, Fehr W, et al. 2006. Total and water-soluble phosphorus excretion from swine fed low-phytate soybeans. Journal of Animal Science, 84(7): 1907-1915

Prescott V E, Campbell P M, Moore A, et al. 2005. Transgenic expression of bean α-amylase inhibitor in peas results in altered structure and immunogenicity. Journal of Agricultural and Food Chemistry, 53(23): 9023-9030

Ramírez Y J P, Tasciotti E, Gutierrez-Ortega A, et al. 2007. Fruit-specific expression of the human immunodeficiency virus type 1 *Tat* gene in tomato plants and its immunogenic potential in mice. Clinical and Vaccine Immunology, 14: 685-692

Spencer J D, Allee G L, Sauber T E. 2000. Growing-finishing performance and carcass characteristics of pigs fed normal and genetically modified low-phytate corn. Journal of Animal Science, 78(6): 1529-1536

Taylor M L, Hartnell G F, Riordan S G, et al. 2003. Comparison of broiler performance when fed diets containing grain from YieldGard Rootworm (MON863), YieldGard Plus (MON810×MON863), nontransgenic control, or commercial reference corn hybrids. Poultry Science, 82(12): 1948-1956

Taylor M L, Hartnell G, Nemeth M, et al. 2005. Comparison of broiler performance when fed diets containing corn grain with insect-protected (corn rootworm and European corn borer) and herbicide-tolerant (glyphosate) traits, control corn, or commercial reference corn-revisited. Poultry Science, 84(4): 587-593

Teshima R, Watanabe T, Okunuki H, et al. 2002. Effect of subchronic feeding of genetically modified corn (CBH351) on immune system in BN rats and B10A mice. Shokuhin Eiseigaku Zasshi, 43(5): 273-279

Trabalza M, Brandi G, Rondini C, et al. 2008. A three-year longitudinal study on the effects of a diet containing genetically modified Bt176 maize on the health status and performance of sheep. Livestock Science, 113(2): 178-190

Tudisco R, Lombardi P, Bovera F, et al. 2005. Genetically modified soya bean in rabbit feeding: detection of DNA fragments and evaluation of metabolic effects by enzymatic analysis. Animal Science, 82(02): 193-199

Veum T L, Ledoux D R, Raboy V. 2007. Low-phytate barley cultivars improve the utilization of phosphorus, calcium, nitrogen, energy, and dry matter in diets fed to young swine. Journal of Animal Science, 85(4): 961-971

Vecchio L, Cisterna B, Malatesta M, et al. 2004. Ultrastructural analysis of testes from mice fed on genetically modified soybean. European Journal of Histochemistry, 48(4): 449-453

Vlasák J, Smahel M, Pavlík A, et al. 2003. Comparison of *hCMV* immediate early and *CaMV 35S* promoters in both plant and human cells. Journal of Biotechnology, 103(3): 197-202

von Wettstein D, Mikhaylenko G, Froseth J A, et al. 2000. Improved barley broiler feed with transgenic malt containing heat-stable $(1,3-1,4)-\beta$-glucanase. Proceedings of the National Academy of Sciences of the United States of America, 97(25): 13512-13517

von Wettstein D, Warner J, Kannangara C G. 2003. Supplements of transgenic malt or grain containing $(1, 3-1, 4)-\beta$-glucanase increase the nutritive value of barley-based broiler diets to that of maize. British Poultry Science, 44(3): 438-449

Youm J W, Jeon J H, Kim H, et al. 2008. Transgenic tomatoes expressing human beta-amyloid for use as a vaccine against Alzheimer's disease. Biotechnology Letters, 30(10): 1839-1845

Zhang X R, Buehner N A, Hutson A M, et al. 2006. Tomato is a highly effective vehicle for expression and oral immunization with Norwalk virus capsid potein. Plant Biotechnology Journal, 4(4): 419-432

第五章　食用安全评价之政策解读

提　　要

- 我国实行转基因生物安全评价申报和审批制度。
- 转基因生物的安全评价依据逐步评估的原则。
- 应依据每一步骤的评审要求提交相应的安全评价材料。
- 应依据我国和国际上的相关要求进行安全评价。
- 安全评价内容主要包括营养学评价、毒理学评价和致敏性评价。
- 本章将主要介绍我国的评审要求，以及依据相关标准进行实验时的考虑事项。

第一节　我国转基因植物食用安全评价与申报要求

一、转基因植物安全评价法律依据

依据依法治国的原则，我国对转基因生物的安全管理制定了一系列的法律和规章制度。早在 1996 年，我国农业部就颁布了《农业生物基因工程安全管理实施办法》。在此基础上，2001 年，国务院颁布了《农业转基因生物安全管理条例》（以下简称《条例》），由国家法律的形式加强了对转基因食品的管理。2002年至 2006 年，由农业部出台了配合国务院《条例》的三个法规，即《农业转基因生物安全评价管理办法》《农业转基因生物标识管理办法》《农业转基因生物进口安全管理办法》和《农业转基因生物加工审批办法》，对《条例》的实施进行进一步的补充。2004 年，国家质检总局颁布了《进出境转基因产品检验检疫管理办法》，对转基因产品进出口贸易的检验检疫进行管理。此外，在 2015 年新修订的《食品安全法》中，对转基因食品的标识也提出了要求，"第六十九条生产经营转基因食品应当按照规定显著标示。"（中华人民共和国主席令第二十一号，2015）

二、转基因植物安全评价的法律规定

（一）总体要求

根据《农业转基因生物安全管理条例》（中华人民共和国国务院令第 304 号，2001）和《农业转基因生物安全评价管理办法》（中华人民共和国农业部令第 8 号，2002）的规定，我国建立农业转基因生物安全评价制度，具体评价工作由国家农业转基因生物安全委员会负责。安全评价工作以科学为依据，以个案审查为原则，实行分级分阶段管理。根据危险程度，将农业转基因生物分为尚不存在危险（Ⅰ级）、具有低度危险（Ⅱ级）、具有中度危险（Ⅲ级）、具有高度危险（Ⅳ级）四个等级；根据农业转基因生物的研发进程，将安全评价分为实验研究、中间试验、环境释放、生产性试验和申请领取安全证书五个阶段。对于安全等级为Ⅲ级和Ⅳ级的实验研究和所有安全等级的中间试验，实行报告制管理；对于环境释放、生产性试验和申请领取安全证书，实行审批制管理。凡在我国境内从事农业转基因生物研究、试验、生产、加工及进口的单位和个人，应按照《条例》的规定，根据农业转基因生物的类别和安全等级，分阶段向农业部报告或提出申请。通过国家农业转基因生物安全委员会安全评价，由农业部批准进入下一阶段或颁发农业转基因生物安全证书。

（二）《农业转基因生物安全评价管理办法》相关要求

《农业转基因生物安全评价管理办法》的附录Ⅰ是《转基因植物安全性评价》，包括转基因植物安全评价、转基因植物试验方案、转基因植物各阶段安全性评价申报要求三大部分。其中规定了对转基因植物进行安全性评价时需要考虑的基本内容，包括受体植物的安全性评价、基因操作的安全性评价、转基因植物的安全性评价、转基因植物产品的安全性评价（中华人民共和国农业部令第 8 号，2002）。此外，《农业转基因生物安全评价管理办法》的附录 Ⅴ《农业转基因生物安全评价申报书》中对农业转基因生物安全评价申报书的内容和格式等进行了相应的规定。（注：2015 年5 月，农业部对《农业转基因生物安全评价管理办法》的修订稿进行意见征集，http://www.chinalaw.gov.cn/article/cazjgg/201504/20150400398942.shtml ）

（三）《转基因植物及其产品食用安全性评价导则》（NY/T 1101—2006）相关要求

在这些法律法规的基础上，农业部进一步出台了相关公告、技术指南、标准和规范等，对具体实施过程进行指导和管理。其中，对于转基因植物的食用安全评价，于2006年制订了《转基因植物及其产品食用安全性评价导则》（NY/T 1101—2006），导则主要是依据国际食品法典委员对转基因植物的食用安全评价内容和要求，对我国的转基因植物及其产品的食用安全性评价工作提出了相应的要求,规定了基因受体植物、基因供体生物、基因操作的安全性评价,转基因植物及其产品的毒理学评价、关键成分分析和营养学评价、外源化学物蓄积性评价及抗生素抗性标记基因的耐药性评价等相关评价内容和评价指标。(农业国家标准,2006)

(四)《转基因植物安全评价指南》相关要求

2010 年 10 月,农业部发布的《转基因植物安全评价指南》(以下简称《指南》)是依据《农业转基因生物安全管理条例》和《农业转基因生物安全评价管理办法》,参考国际食品法典委员会、世界卫生组织、联合国粮食及农业组织、经济合作与发展组织(OECD)等颁布的转基因作物食用安全评价指南制定的。该《指南》是在前面几项工作的基础上,对转基因植物安全评价工作的高度综合,具有良好的指导意义,也是目前国家农业转基因生物安全委员会评价时的主要参考依据。《指南》总共分为两大部分:总体要求和阶段要求。其中,总体要求部分,又分为分子特征、遗传稳定性、环境安全、食用安全四大部分,每一部分对具体的安全评价内容和评价指标进行了详细的说明;阶段要求主要依据农业转基因生物安全评价申请的过程分为申请实验研究、申请中间试验、申请环境释放、申请生产性试验和申请安全证书五个部分,对每一部分应提供的试验数据和相关资料进行了详细的说明。(农业部农业转基因生物安全管理办公室,2010)

三、转基因植物食用安全评价内容

我国对农业转基因生物及其产品的食用安全性评价是依据 CAC 的指导原则,以实质等同性原则为基本原则,结合个案分析原则、分阶段管理原则、逐步完善原则、预防为主原则等制定的。其评价的主要内容分为四个主要部分:①农业转基因生物及其产品的基本情况,包括供体与受体生物的食用安全情况、基因操作、引入或修饰性状和特性的叙述、实际插入或删除序列的资料、目的基因与载体构建的图谱及其安全性、载体中插入区域各片段的资料、转基因方法、插入序列表达的资料等;②营养学评价,包括主要营养成分和抗营养因子的分析;③毒理学评价,包括急性毒性试验、亚慢性毒性试验等;④致敏性评价,主要依据 FAO/WHO 提出的过敏原评价决定书;⑤其他,包括农业转基因生物及其产品在加工过程中的安全性、转基因植物及其产品中外来化合物蓄积资料、非期望效应、抗生素抗性标记基因安全等。

四、转基因植物食用安全评价阶段性要求

依据《农业转基因生物安全评价管理办法》和《转基因植物安全评价指南》,

转基因植物的安全评价应该是分阶段进行的，在每一个阶段提交安全评价申请书时，应根据法律法规要求提交相应的安全评价资料，包括分子特征、遗传稳定性、食用安全和环境安全三大部分。针对每一阶段食用安全需要提交的材料，总结如下：

1. 申请中间试验

需提供：①受体植物、基因供体生物的安全性评价资料；②新表达蛋白质的分子和生化特征等信息，以及提供新表达蛋白质与已知毒蛋白质和抗营养因子氨基酸序列相似性比较的资料。

2. 申请环境释放

（1）应提供申请中间试验提供的相关资料，以及中间试验结果的总结报告。

（2）新蛋白质在植物食用和饲用部位表达含量的资料。

3. 申请生产性试验

分为两种情况：

一是转化体申请生产性试验需提供：①新表达蛋白质体外模拟胃液蛋白消化稳定性试验资料；②必要时提供全食品毒理学评价资料。

二是用取得农业转基因生物安全证书的转化体与常规品种杂交获得的衍生品系申请生产性试验，应提供已取得农业转基因生物安全证书的转化体综合评价报告及相关附件资料。

4. 申请安全证书

分为两种类型：

类型1：申请农业转基因生物安全证书（生产应用）。

1）转化体申请生产证书

（1）汇总以往各试验阶段的资料，提供环境安全和食用安全综合评价报告。

（2）提供完整的毒性、致敏性、营养成分、抗营养因子等食用安全资料。

2）取得农业转基因生物安全证书的转化体与常规品种杂交获得的衍生品系申请安全证书

申请生产性试验提供的相关资料，以及生产性试验的总结报告。

类型2：申请农业转基因生物安全证书（进口用作加工原料）。

（1）提供环境安全和食用安全综合评价报告。

（2）农业转基因生物技术检测机构出具的环境安全和食用安全检测报告，环境安全检测报告一般包括生存竞争能力、基因漂移的环境影响、对非靶标生物和生物多样性影响的评价资料等；食用安全检测报告一般包括抗营养因子分析、全食品喂养安全性（大鼠90天喂养）等。对于新性状、新类型的转基因植物的检测内容根据个案原则确定。

（3）提供完整的毒性、致敏性、营养成分、抗营养因子等食用安全资料（农业部农业转基因生物安全管理办公室，2010）。

以上是摘取了《转基因植物安全评价指南》中各个阶段对食用安全评价的要求，应注意的问题是：每一个阶段应包含上一阶段的安全评价数据，例如，中间试验时应提交新表达蛋白与已知毒蛋白质和抗营养因子氨基酸序列相似性比较的资料，在申请环境释放时，应包含以上资料。

第二节　转基因植物食用安全评价方法

由于目前国家农业转基因生物安全委员会主要依据《转基因植物安全评价指南》对转基因植物及其产品进行安全评估，在此，主要参考《转基因植物安全评价指南》（2010-10-27）对转基因植物食用安全评价内容、评价方法及相关考虑进行逐一说明。

（一）总体要求

按照个案分析的原则，评价转基因植物与非转基因植物的相对安全性。

传统非转基因对照物选择：无性繁殖的转基因植物以非转基因植物亲本为对照物；有性繁殖的转基因植物以遗传背景与转基因植物有可比性的非转基因植物为对照物。对照物与转基因植物的种植环境（时间和地点）应具有可比性。

在进行转基因生物的食用安全性评价时，首先依据的 OECD、FAO/WHO 等国际组织广泛认同的实质等同性原则，也称为比较性原则。该原则的理论基础是，具有长期食用历史的食物被认为是"安全的""可接受的"，但不意味着 100% 的"零风险"。转基因食品安全性评价的结果，只是要确保新技术生产的产品是与传统产品"同样安全的"（as safe as），而不是要确保新技术生产的产品是绝对安全的。

要进行实质等同性评价，最重要的一环就是传统对照物的选择。其中，无性繁殖的转基因植物，例如，农业实践中，马铃薯通常采用块茎进行无性繁殖，只需要以转基因操作之前的受体植物为对照物即可。而大部分农作物采用有性繁殖的方式，则需要选择遗传背景相似的对照物，理想的情况是采用同样的父本和母本杂交产生的非转基因作物。但在实际操作中，往往很少会有人为了获得同样遗传背景的对照而去专门选育合适的非转基因杂交对照，因此，至少应选择父本或者母本或者其他遗传背景相近的非转基因品系作为对照物。

植物的生长发育受到种植环境的影响很大，不同年份、不同地点种植的同一个品系，也会由于土壤、水分、光照、温度等多种环境因素的影响，而表现出截然不同的表型，尤其是对安全评价中非常重视的营养组成的评价，影响更大。因此，为了保障选取的对照具有可比性，除了遗传背景的考虑，也要重视种植环境的影响。通常的做法是在同一生长季，选取相邻的地块，同时种植转基因作物及其非转基因对照，并采取同样的施肥、灌溉、喷洒农药等农业管理措施，再在同样的成熟时间和成熟度下进行采收及后续的储运等处理。这些措施能够充分保证转基因植物及其对照物处于同样外部环境。但是，有一点应该注意，对于异花授粉的植物，应该保证有足够的物理隔离措施，如安全距离、围墙、异种植物等，尽量避免转基因植物和非转基因对照出现混杂的情况，干扰后续的检测结果。同样，在播种、采收、储运等过程中，也应该尽量分开进行，避免混杂。

（二）新表达物质毒理学评价

1. 新表达蛋白资料

提供新表达蛋白质（包括目标基因和标记基因所表达的蛋白质）的分子和生化特征等信息，包括分子质量、氨基酸序列、翻译后的修饰、功能叙述等资料。表达的产物若为酶，应提供酶活性、酶活性影响因素（如 pH、温度、离子强度）、底物特异性、反应产物等。

提供新表达蛋白质与已知毒蛋白质和抗营养因子（如蛋白酶抑制剂、植物凝集素等）氨基酸序列相似性比较的资料。

提供新表达蛋白质热稳定性试验资料，体外模拟胃液蛋白消化稳定性试验资料，必要时提供加工过程（热、加工方式）对其影响的资料。

若用体外表达的蛋白质作为安全性评价的试验材料，需提供体外表达蛋白质与植物中新表达蛋白质等同性分析（如分子质量、蛋白测序、免疫原性、蛋白活性等）的资料。

1）新表达蛋白质的基本信息

通常，转入转基因植物的外源基因的表达产物是蛋白质，如抗虫 Bt 蛋白，其本身不具有酶学生物活性，因此只需要提供相应的氨基酸序列、分子质量等即可。如果新表达物质是一种酶，如 CP4-EPSPS、PAT 等抗除草剂酶类，则需要提供酶活的相关信息。也有一些比较复杂的情况，如‘黄金大米’，引入了来自于玉米的八氢番茄红素合成酶基因（*psy*），以及欧文氏菌（*E. salicis*）的胡萝卜素脱氢酶基因，同时转入了一个筛选基因是来自于玉米的磷酸甘露糖异构酶基因（*pmi*），这些酶发挥作用的结果，是调节了水稻中的代谢途径，新增了代谢产物 β-胡萝卜素等。这时，在进行安全性评价时，不仅应考虑新表达的酶的分子信息，还应考虑新生成的各种代谢产物及中间产物的相关信息。

随着转基因技术的不断进步，新的技术不断涌现，如"基因删除技术""组织特异性表达"等。这些技术应用的目的，主要是为了解决安全性的问题，即考虑到消费者不希望在可食用部分接触到外源基因表达产物，从而生产出可食用部位（通常是籽粒）不含有新表达物质的"更加安全的转基因产品"或"绿色转基因产品"。还有一些不产生外源基因表达产物的技术，如"RNA 干扰"技术，这项技术的主要目的是降低植物本身的一些"不好的"基因表达，从而获得期望的性状。例如，美国新批准的 Innate 土豆产品，就是采用"RNA 干扰"技术，降低了土豆中 4 种功能基因的表达（表 5-1），从而减少游离天冬氨酸、多酚氧化酶和还原糖含量，而达到其预防土豆变黑和减少丙烯酰胺生成的目的。对于这一类产品，在进行安全评价时就面临着新的挑战，产品中没有产生新的表达物质，但确实产品的营养组成发生了变化。如何评价其新引入基因的安全性？个人观点，可能要从代谢组学和营养利用率等方面着手考虑。

表 5-1　Innate 土豆干扰 4 种功能基因表达

基因	特征	优势
Asn1	减少游离天冬酰胺	减少丙烯酰胺生成
Ppo5	减少多酚氧化酶	减少黑色斑点
R3	降低还原糖含量	减少丙烯酰胺生成
PhL	降低还原糖含量	减少丙烯酰胺生成

2）新表达蛋白质与已知毒蛋白和抗营养因子的氨基酸序列比较

对于新表达蛋白质与已知毒蛋白质和抗营养因子（如蛋白酶抑制剂、植物凝集素等）氨基酸序列相似性比较的方法，目前国内外还没有统一的方法和评价指标。常用做法是采用国际公共蛋白数据库如 NCBI Entrez 数据库（http://www.ncbi.nlm.nih.gov），在数据库中输入目的序列和关键词"toxin"或者"toxic"，直接进行搜索比对；或者，从 NCBI 数据库中输入关键词"toxi*"，获取相关的数据到用户 server 中，然后再在本地进行目的序列的搜索比对。目前存在的问题有两点。第一个问题是序列同源性评判的标准不统一。在生物信息学比对中，通常用 E 值作为评判标准，E 值是生物信息学比对软件的概率阈值，反映待测蛋白质氨基酸序列与比对序列的相似程度，相似程度越高，E 值越小。由于毒性生物信息学分析不像过敏性分析那样，有比较清楚的局部序列同源性指标和连续氨基酸相同的抗原决定簇指标，目前没有基于序列的、关于毒性蛋白的广泛认可的定义。对各生物技术公司的生物信息学分析选用的 E 值分析发现，各公司采用的指标不尽相同，与公共数据库中的蛋白序列比对，有的采用 10^{-5}，有的采用 0.01，有的采用 0.1。与自建毒性蛋白数据库比对，有的采用 10，有的采用 10^{-5}，因此目前没有统一的比对标准。第二个问题是目前常用的比较关键词主要是毒性相关的"toxin"或者"toxic"，而对于抗营养因子（如蛋白酶抑制剂、植物凝集素等）等，还没有充分的关注。

罗云波研究团队正在参与起草的转基因标准《转基因生物及其产品食用安全检测——外源蛋白质与毒性蛋白和抗营养因子的氨基酸序列相似性生物信息学分析方法》（未发布）对相关问题进行了探讨和完善，建议将评估标准 E 值定为 0.01，即预期每 100 个搜索中会有一个假阳性（Pearson，2000）。并且增加了抗营养因子相关的关键词的搜索比对。

3）新表达蛋白质热稳定性试验

蛋白质的毒性与过敏性与其热稳定性和消化稳定性是息息相关的。通常，如果一种蛋白质在加热过程中降解，或者由于蛋白质变性而失去其生物活性，再经过消化道中的酶（主要是胃蛋白酶）的消化降解，变成了小的肽段或者氨基酸，那么它在体内发挥其毒性或引起过敏的可能性就大大降低。因此，在进行新表达蛋白质的毒性和致敏性评价时，热稳定性和消化稳定性都是必须提供的试验资料。

热稳定性的试验主要依据我国农业部标准《转基因生物及其产品食用安全检测 蛋白质热稳定性试验》（农业部 2031 号公告-17-2013）。其主要过程是将新表达蛋白质溶液在 90℃热加工条件下加热一定时间间隔（5 min、10 min、15 min、30 min、60 min），采用蛋白质电泳检测蛋白质片段本身的降解情况，对于酶类也可采用生物活性检测方法检测其变性情况，从而判断转基因生物表达的外源蛋白质是否具有热稳定性（农业国家标准，2013）。罗云波研究团队对一系列的蛋白质进行过热稳定性的检测，包括 Bt 抗虫蛋白：Cry1Ab/Ac 蛋白（Xu et al.，2009）、Cry1C*蛋白（Cao et al.，2010）、Cry2A*蛋白（秦伟，2007）；抗除草剂蛋白：PAT 蛋白，G6 蛋白；改良营养类蛋白：LRP 高赖氨酸蛋白；抗逆蛋白：TaDREB4 蛋白（Cao et al.，2012）。结果显示，不同蛋白对热表现不同，如 G6 蛋白在加热后 10 min 时上清中完全消失；而大部分蛋白加热 60 min 时上清中仍可以检测到全部或者部分蛋白。不过热稳定性结果通常不会作为最终的评判依据，还需要结合模拟消化等其他试验进行综合评价。

4）新表达蛋白质体外模拟胃液消化稳定性试验

体外胃肠道模拟消化试验主要依据我国农业部标准《转基因生物及其产品食用安全检测模拟胃肠液外源蛋白质消化稳定性》（农业部 869 号公告-2-2007）进行。其主要过程是根据人体胃肠消化液的主要成分（蛋白酶、盐浓度等）及消化环境（pH，37℃），在体外建立模拟胃肠消化体系，将转基因生物中外源基因表达的蛋白质在该体系中进行消化，对不同消化时间（0 s、15 s、2 min、30 min、60 min）的样品进行蛋白电泳和蛋白印迹，确定该蛋白在模拟胃肠消化液中被消化的时间，推断转基因生物及其产品中外源基因表达的蛋白质在模拟人体胃肠消化过程中的稳定性（农业国家标准，2007）。同时设置易消化蛋白对照（阴性对照）和难消化蛋白对照（阳性对照），保证试验体系的正常运行。

蛋白在模拟消化的过程有可能出现多种复杂的情况，有的蛋白会直接降解，有的蛋白则会产生可见的降解片段。2001 年 FAO/WHO 专家咨询委员会明确指出：对转基因食品中的外源蛋白必须进行模拟胃液消化实验，不能被胃蛋白酶降解的蛋白质或降解片段大于 3.5 kDa 的蛋白质可能是致敏蛋白（FAO/WHO，2001）。本标准中规定蛋白及其可见降解片段在 0～15 s 内全部消化，则认为该蛋白在模拟胃/肠液中极易消化；15 s～2 min 内全部消化，为易消化；2～30 min 内全部消化，为可消化；30～60 min 内全部消化，为难消化；60 min 仍不能被全部消化，为极难消化。罗云波研究团队对一系列的蛋白质进行过热稳定性的检测，包括 Bt 抗虫蛋白：Cry1Ab/Ac 蛋白（Xu et al.，2009）、Cry1C*蛋白（Cao et al.，2010）、Cry2A*蛋白（秦伟，2007）；抗除草剂蛋白：PAT 蛋白，G6 蛋白；改良营养类蛋白：LRP 高赖氨酸蛋白；抗逆蛋白：TaDREB4 蛋白（Cao et al.，2012）。结果显示，Bt 抗虫蛋白通常在胃液中易消化，而在肠液中难消化。这也符合 Bt 抗虫蛋白发挥其杀虫功效的原理。其他蛋白则大多在胃液和肠液中均容易消化或可消化。由于模拟消化实验也是营养利用的间接证据，因此，可以说明大部分转入转基因生物中的外源蛋白均可以被机体正常代谢吸收，不会造成后续的毒性或过敏性风险。

2. 新表达蛋白毒理学试验

当新表达蛋白质无安全食用历史，安全性资料不足时，必须提供急性经口毒性资料，28 天喂养试验毒理学资料视该蛋白质在植物中的表达水平和人群可能摄入水平而定，必要时应进行免疫毒性检测评价。如果不提供新表达蛋白质的经口急性毒性和 28 天喂养试验资料，则应说明理由。

1）体外表达外源蛋白的等同性分析

外源蛋白的过敏性和毒性是安全问题的重点。要进行过敏性与毒性试验，需要进行模拟消化、热稳定性试验、动物过敏、急性毒性等试验，需要大量纯化的目的蛋白。而转基因食品中的外源蛋白表达量一般都比较低，如 Bt 蛋白通常表达量小于 0.1%，在此情况下要直接从转基因生物中提取纯化大量外源蛋白是不现实的。国际通用的做法是将外源蛋白转入生物反应器如微生物中，分析微生物表达蛋白与转基因植物或动物中表达的蛋白在分子质量、免疫原性、翻译后修饰、氨基酸序列及生物活性等方面具有等同性后，发酵表达大量的外源蛋白，用纯化的蛋白进行安全评价。因此，我国制定了《转基因生物及其产品食用安全检测　外源基因异源表达蛋白质等同性分析导则》（农业部 1485 号公告-17-2010）、《转基因生物及其产品食用安全检测　蛋白质氨基酸序列飞行时间质谱分析方法》（农业部 1782 号公告-12-2012）、《转基因生物及其产品食用安全检测　蛋白质糖基化高碘酸希夫染色试验》（农业部 2031 号公告-18-2013）等标准，用于评价采用大肠杆菌或酵母菌等体外表达体系表达的外源蛋白是否与转基因植物中表达的外源蛋白具有生物学上的等同性。通过这些生化方法分析，如果体外表达体系表达的蛋白质与转基因植物中表达的外源蛋白质具有生物学一致性，则可以将该蛋白用于后续的毒性和过敏性试验。

虽然在现有要求中一般不体现这一项要求，但是，在采用体外表达系统表达纯化的外源蛋白进行后续的安全评价时，应注意提交此部分内容。

2）通常采用限量法进行急性经口毒性试验

急性毒性试验常常是认识和研究外源化学物质的第一步，可以提供短期接触导致毒性作用的信息，初步评价毒性作用的机制，并为亚慢性毒性和慢性毒性等研究提供剂量参考和观察指标，因此是毒理学评价中的第一步也是重要的一步。蛋白类毒素对哺乳动物发挥其毒性的方式通常是急性毒性模式（Pariza and Foster，1983；Jones and Maryanski，1991；Sjoblad et al.，1992）因此，在进行新表达蛋白质的安全评价时，急性经口毒性试验是必需的。依据目前国外发表的相关文献和转基因生物公司的申报材料，以及农业部转基因生物食用安全监督检验测试中心（北京）和国家食品安全风险评估中心的实验经验，转基因生物表达的重组蛋白通常无毒或毒性很低。例如，NPTII 蛋白 LD_{50} 大于 2000 mg/kg BW （Fuchs et al.，1993）；CP4-EPSPS 蛋白 LD_{50} 大于 572 mg/kg BW（Harrisoh et al.，1996）；Cry34Ab1 与 Cry35Ab1 混合物最大灌胃量达 5000 mg/kg BW（先锋公司内部文件）；Cry1A（b）蛋白最大灌胃量达 4000 mg/kg BW（孟山都公司内部文件），中国农业大学评价的 Cry1Ab/Ac 蛋白、Cry1C 蛋白、Cry2A*蛋白、PAT 蛋白、TaDREB4 抗旱蛋白等最大无作用剂量均达到 5000 mg/kg BW（秦伟，2007；Xu et al.，2009；Cao et al.，2010；Cao et al.，2012），并且均未达到动物致死效应，通常采用限量法进行外源蛋白的经口急性毒性试验。因此，《转基因生物及其产品食用安全检测　蛋白质经口急性毒性试验》（农业部 2031 号公告-16-2013）（农业国家标准，2013）（修订稿）中主要依据食品安全国家标准《急性经口毒性试验》（GB 15193.3—2014）（食品安全国家标准，2014），对限量法和耐受剂量进行了详细描述，而对测定 LD_{50} 的 Horn 法、Korbor 法或概率单位——对数图解法等方法，建议参照国家标准（GB 15193.3—2014）进行试验。

3）急性经口毒性耐受剂量设定的依据及解释

传统的毒理学实验是为评价食品中含量极少的化合物如添加剂、污染物、杀虫剂等设计的，通过饲喂实验动物来进行评价分析，这要求以高于人类最大暴露剂量的 100 倍为安全因子。根据食品安全国家标准《急性经口毒性试验》（GB 15193.3—2014）（食品安全国家标准，2014）中的规定，如果在实验过程中出现动物死亡情况，则要计算出受试蛋白的半致死量（LD_{50}），根据 LD_{50} 可以将受试物的毒性分为极毒、剧毒、中等毒性、低毒、实际无毒、无毒六种情况。根据标准，如果蛋白的 $LD_{50} \geqslant 5000$ mg/kg BW，仍未对动物产生毒性作用，则认为这种蛋白是实际无毒。而美国 FDA 的食品安全标准中也明确表示，其耐受剂量需要做到 5000 mg/kg BW（USFDA Guidance for Industry and Other Stakeholders Toxicological Principles for the Safety Assessment of Food Ingredients, 2000）。因此，本标准中设置限量法的剂量是 5000 mg/kg BW，其 LD_{50} 也大于此剂量。标准中出于对动物伦理方面的考虑，认为 2000 mg/kg BW 为可接受的低毒剂量，但是实际上，OECD 也规定特殊情况下可以做到 5000 mg/kg BW，并且如果做到 5000 mg/kg BW 方可认为不具有急性毒性风险。因此，我国转基因标准在剂量的设定上与国际标准保持一致。

在实际操作中往往由于难以获得足够量的蛋白材料或者其他原因而减少蛋白的灌胃剂量。实际的摄入量可以与估算的人类的正常摄入量进行比较，如果达到人类正常摄入量的足够高的倍数（即安全系数），则认为该蛋白是安全的。对转基因生物外源蛋白的经口急性毒性安全系数的选择从几千倍到几亿倍，如用人类最大可能暴露量的 1000 倍或 5000 倍作为安全系数，而对 Bt 蛋白的毒性检测则高达人类可能暴露量的 5.6 亿倍。通常认为，超过 1000 倍安全系数已经属于可接受的范围，当然安全系数越高，则蛋白的安全性越高，对人类造成不良影响的可能性越低。但是，由于每种转基因生物中外源蛋白的表达量不同并且每种转基因食品的摄入量不同，以及加工和市场份额等影响因素无法预估，且到底多大的安全系数是安全的也没有一个公认的评估标准，因此，我国转基因标准中没有采用安全系数的方法对结果进行评估。但是考虑到很多蛋白可能得不到足够的量进行高剂量的灌胃，因此在本标准的实际应用中，使用者如果由于蛋白难以获得或者难以溶解等原因而使用低于设定的剂量，可自己估算所达到的人类暴露量的系数，以供政府管理机构和转基因生物安全委员会委员参考。

4）其他毒理学实验资料

虽然在《指南》中提出必要时应提供 28 天的毒理学资料，但是考虑到实际情况中，抗虫或耐除草剂蛋白在转基因植物中的表达量很低，很难获得足够的外源纯化蛋白进行相关的动物实验，因此该毒理学资料通常是无法获得的，通常也不要求提供该资料。但考虑到一些新型的转基因植物如营养改良型转基因作物或者作为生物反应器的药用工业用转基因植物可能会表达较高含量的外源蛋白质,因此我国新制定了《转基因生物及其产品食用安全检测蛋白质 7 天经口毒性试验》(未发布)适用于人每日最大摄入量大于 1 mg/kg BW 的转基因生物表达的外源目的蛋白质的补充毒理学资料。该实验通过每日一次、连续 7 天经口给予外源目的蛋白质,观察动物致死的和非致死的毒性效应,评价该外源目的蛋白质的毒性。

此外,对于表达具有特殊生理学或免疫学功能蛋白质的药用工业用转基因植物,如转人血白蛋白水稻、转人乳铁蛋白水稻等,为对其意外混入食物链进行风险评估,新表达的蛋白质则应考虑提供免疫毒理学资料。目前,还没有制定专门针对这一类转基因植物及其产品的免疫毒理学评价程序,可以参考其他药物、食品或工业品的标准进行相关的试验,如《化学品毒理学评价程序和试验方法　第44 部分:免疫毒性试验》(GBZ/T 240.44—2011)(中华人民共和国国家职业卫生标准,2011)等。

3. 新表达非蛋白质物质的评价

新表达的物质为非蛋白质,如脂肪、糖类、核酸、维生素及其他成分等,其毒理学评价可能包括毒物代谢动力学、遗传毒性、亚慢性毒性、慢性毒性/致癌性、生殖发育毒性等方面。具体需进行哪些毒理学试验,采取个案分析的原则。

新表达物质通常是转入外源基因表达出的蛋白质或酶类,但是对于改变代谢途径的转基因作物来说,则除了新表达蛋白质外,还会产生新的代谢产物,如前面提到的"黄金水稻"新表达了 β-胡萝卜素及其代谢途径中的各种中间产物,另外一个案例是 LY038 高赖氨酸玉米,该产品是将来自于谷氨酸棒状杆菌(*Corynebacterium glutamicum*)的 *cordapA* 基因转入玉米基因组中,该基因表达的二氢二吡啶二羧酸合成酶(cDHDPS)对游离氨基酸的反馈抑制不敏感,从而提高玉米籽粒中的限制性氨基酸——赖氨酸的含量,可以使猪和家禽饲料中减少使用甚至不需要再添加人工合成赖氨酸,提高了玉米饲料的营养价值。但是在提高玉米中游离赖氨酸含量的同时,也提高了其代谢产物酵母氨酸和 α-氨基脂肪酸的含量。因此,在进行食用安全评价时,除了对新表达的酶的安全性评价外,也需要考虑这些次生代谢产物的安全性(Glenn,2007)。

4. 摄入量估算

应提供外源基因表达物质在植物可食部位的表达量,根据典型人群的食物消费量,估算人群最大可能摄入水平,包括同类转基因植物总的摄入水平、摄入频率等信息。进行摄入量评估时需考虑加工过程对转基因表达物质含量的影响,并应提供表达蛋白质的测定方法。

外源基因表达物质在可食部位的表达量,通常采用 western-blot 的方法对新表达蛋白质的可食部位含量进行测定, 该表达量的数据以多代/多年份、多地点的平均数值为宜。

人群对食物的消费量数据可以参考 WHO 统计的世界上不同地区的人群对不同种类食物的消费量, *GEMS/Food Regional diets—Regional per Capita Consumption of Raw and Semi-processed Agricultural Commodities*（2003 版）（WHO, 2003）。可以依据以下公式推断外源蛋白的人群暴露量，并估算试验所达到的安全系数:

人群暴露量=(食物中外源蛋白含量×人群食物消费量)/体重

安全系数=试验剂量/人群暴露量

以某转 *Bt* 基因水稻为例:

转 *Bt* 基因水稻中外源 Bt 蛋白表达量约为 2.5 mg/kg；WHO 人群平均大米消费量最大为远东地区, 279.3 g/(人·天)。假设人体平均体重为 60 kg。其 Bt 蛋白的急性毒性实验显示该蛋白最大耐受剂量大于 5000 mg/kg BW。

Bt 蛋白人群暴露量=(2.5 mg/kg)×(0.2793 kg)/60 kg BW=0.0116 mg/kg BW

急性毒性安全系数=(5000 mg/kg BW)/(0.0116 mg/kg BW)=43(万倍)

达到此试验剂量人体应摄入的大米的量为

[(60 kg BW)×(5000 mg/kg BW)]/2.5 mg/kg=120 kg

由此可见, 外源蛋白在转基因植物中的表达量往往是比较低的, 与实际的毒理试验相比, 人类很难达到如此高的摄入量。因此, 毒理学实验的安全系数很高, 人类暴露于外源蛋白的潜在风险很小。

（三）致敏性评价

外源基因插入产生新蛋白质, 或改变代谢途径产生新蛋白质的, 应对其蛋白质的致敏性进行评价。

提供基因供体是否含有致敏原、插入基因是否编码致敏原、新蛋白质在植物食用和饲用部位表达量的资料。

提供新表达蛋白质与已知致敏原氨基酸序列的同源性分析比较资料。

提供新表达蛋白质热稳定性试验资料, 体外模拟胃液蛋白消化稳定性试验资料。

对于供体含有致敏原的, 或新蛋白质与已知致敏原具有序列同源性的, 应提供以已知致敏原为抗体的血清学试验资料。

受体植物本身含有致敏原的, 应提供致敏原成分含量分析的资料。

1）蛋白致敏性评价决策树

食物过敏是一个全世界关注的公共卫生问题，约 2% 的成年人和 6%～8% 的儿童患有食物过敏症（Sampson，1992）。因此，转基因食品中转入的外源蛋白是否具有潜在的致敏性从而增加了非过敏源食品的风险成为人们所关注的一个问题。根据 2001 年 FAO/WHO 制定的决策树 （FAO/WHO，2001），对转入转基因生物中的外源蛋白的过敏性预测与检测主要包括以下几个内容：①外源蛋白来源；②外源蛋白与已知过敏源的序列同源性分析；③特异 IgE 抗体检测试验；④定向筛选血清学试验；⑤外源蛋白的模拟胃肠道消化稳定性；⑥外源蛋白的动物模型致敏性（图 5-1）。

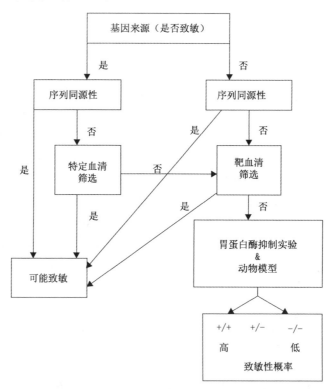

图 5-1　FAO/WHO 2001 年食品致敏性评估的树状分析步骤

数据来源：（贾旭东，2005）

首先判断外源基因是否来自于已知的致敏源，并进行氨基酸序列的相似性比较。如果发现外源蛋白和已知过敏原存在序列同源性，就可判定该外源蛋白为可能致敏原，无需进行下一步试验；如果来源于已知过敏生物的外源蛋白和已知致敏原间不存在相似序列，则需用对基因来源物种过敏患者的血清进行特异 IgE 抗体结合试验。如果特异抗体检测试验结果为阳性，就可判定该外源蛋白为可能致敏原，无需进行下一步试验；如果试验结果为阴性，则需进行定向筛选血清学试验。对于来源于非常见过敏源生物且与已知致敏原无序列相似性的外源蛋白，则应直接进行定向筛选血清学试验。定向筛选血清学试验结果为阴性的外源蛋白则需进行模拟胃肠液消化试验和动物模型试验。最后综合判断该外源蛋白的潜在致敏性的高低（吕相征和刘秀梅，2003）。

2）基因来源分析

首先需要确定外源基因的供体生物是否属于常见过敏源生物，常见的八大类致敏性食品为花生、大豆、牛奶、鸡蛋、鱼类、贝类、小麦和坚果。目前所用的抗虫基因和抗除草剂基因大部分来源于微生物，如抗虫 *Cry* 基因来自于苏云金芽孢杆菌，而 *EPSPS* 基因来源于吸水链霉菌。这些微生物广泛存在于我们生活的环境周围，并且苏云金芽孢杆菌被用作生物农药使用长达半个世纪。目前没有关于这些微生物的过敏性的报道，因此，不认为是过敏源生物。而这方面评价的典型案例是转入大豆中的巴西坚果清蛋白。由于巴西坚果本身是一种过敏源生物，因此，从该生物中获取的基因很有可能表达一种致敏原。而后续的研究也表明，该蛋白确实可以引起对巴西坚果敏感人群的过敏反应，因此该项目被终止。这也为后人继续从事转基因研究敲响了警钟，对于功能基因的获取应该关注其基因来源问题。

3）与已知过敏原序列相似性比较

生物信息学分析为预测和评估蛋白质功能提供了有力的工具，在评价新表达蛋白质过敏性时，应将新表达蛋白质与已知过敏原的序列同源性作为必要的评价指标。本试验主要参考《转基因生物及其产品食用安全检测　外源蛋白质过敏性生物信息学分析方法》（农业部 1485 号公告-18-2010）进行。该方法推荐选用国际上比较权威的专业过敏原数据库：在线致敏原数据库（The Allergen Online Database）http://www.allergenonline.com；致敏蛋白结构数据库（Structural Database of Allergenic Proteins，SDAP）http://fermi.utmb.edu/SDAP/sdap_src.html；食品安全致敏原数据库（Allergen Database for Food Safety，ADFS）http://allergen.nihs.go.jp/ADFS/。

评价依据采用 CAC 和 FAO/WHO 推荐的评估指标：①与已知致敏原的全长序列比对，采用 E 值作为评价指标，通常 $E \leqslant 0.01$ 可认为两个序列具有较高的相似性（主要用于小于 80 个氨基酸的片段分析）；②80 个氨基酸片段的序列相似性比对，将目的蛋白的每一个连续的 80 个氨基酸片段作为一个序列单位与数据库中的致敏原序列进行比对，若相似性＞35%，则认为该片段与已知致敏原具有较高的序列同源性。例如，对于 100 个氨基酸的蛋白序列来说，则有 21 段 80 个氨基酸的短序列（1-80，2-81，3-82，…，20-99，21-100）；③将目的序列与已知致敏原进行比对，如果发现完全相同的连续 8 个氨基酸，则认为该蛋白具有潜在致敏性。如果目的蛋白同时符合全长序列的同源性较高（$E \leqslant 0.01$）或 80 个氨基酸序列同源性大于 35%，并且有连续 8 个氨基酸相同的情况，则认为该蛋白具有潜在致敏风险较高。

　　当然，生物信息学分析只是一种预测，如果通过分析发现外源蛋白具有潜在的过敏性风险，则应结合体内和体外试验进行进一步的验证。

　　4）热稳定性与体外模拟消化稳定性试验

　　参见"（二）新表达物质毒理学评价"小节内容。

　　5）血清学试验

　　根据外源基因的生物信息学分析结果，如果该基因来源于已知过敏源生物或者该基因表达的蛋白与某种已知致敏蛋白具有较高的序列相似性，则选用对该已知过敏源生物或该致敏蛋白过敏的患者血清进行特异性 IgE 结合试验；如果基因并非来自于已知过敏源生物，且未发现其与某种已知致敏蛋白具有序列相似性，则应选用对与其基因来源生物同一大类的过敏源生物过敏的患者血清进行定向血清筛选试验。常用的检测方法有酶联免疫吸附试验（ELISA）、放射性变应原吸附试验（RAST）和 RAST 抑制试验。目前罗云波研究团队正在研制《转基因生物及其产品食用安全检测 外源蛋白质致敏性人体血清酶联免疫试验方法》（未发布）。该方法中，重点是过敏血清的来源和分级，建议不用血清池，每个患者的血清单独检测。采用 Phadia CAP System（Phadia，Uppsala，Sweden）检测血清的总 IgE 水平，分别针对各自特异性过敏的物质的 IgE 水平，应大于 3.5 kUA/L；或者采用 allergen specific Pharmacia UniCAP tests 检测血清 IgE 分级，应大于Ⅲ级。但是，目前血清学实验应用于安全评价的案例不是很多，主要是因为血清的来源和质量问题。我国目前通过"转基因生物新品种培育重大专项"正在广州和哈尔滨建立南北过敏人群血清库。但是，这些血清样品存在不可持续性，即使用完后很难再重新收集同样的血清，并且患者的个体差异很大，试验的重复性受到很大影响。这也是国际上普遍面临的问题。因此，目前的安全评价中，很少要求提交这方面的试验数据。

　　6）受体本身的致敏原成分含量分析

　　常见的食用农作物如大豆、油菜、玉米、水稻、小麦中都或多或少含有致敏原成分，尤其是大豆，由于富含蛋白质，属于常见的过敏食物之一。而人们对于转基因植物过敏性的担忧，其中一方面就是转基因操作是否增加了受体生物中原有的过敏原含量升高或者产生新的过敏原。因此，在安全评价中会提出此项要求。但是，目前对于生物中的过敏原研究，定性较多，定量较难，所以很难获得受体生物本身的致敏原成分含量的数据。University of Missouri-Columbia 的 Jay 团队一直致力于采用蛋白质组学技术（如双向电泳）分析油料作物中的过敏原的含量，发表了一系列的关于大豆、油菜、向日葵等油料作物蛋白质组分析的文章（Hajduch et al.，2005，2006，2007），并建立了一个油料作物蛋白质组的数据库（http://www.oilseedproteomics.missouri.edu），可以提供一些可供参考的数据。

（四）关键成分分析

提供受试物基本信息，包括名称、来源、所转基因和转基因性状、种植时间、地点和特异气候条件、储藏条件等资料。受试物应为转基因植物可食部位的初级农产品，如大豆、玉米、棉籽、水稻种子等。同一种植地点至少三批不同种植时间的样品，或三个不同种植地点的样品。

提供同一物种对照物各关键成分的天然变异阀值及文献资料等。

（1）营养素。包括蛋白质、脂肪、糖类、纤维素、矿物质、维生素等，必要时提供蛋白质中氨基酸和脂肪中饱和脂肪酸、单不饱和脂肪酸、多不饱和脂肪酸含量分析的资料。矿物质和维生素的测定应选择在该植物中具有显著营养意义或对人群营养素摄入水平贡献较大的矿物质和维生素进行测定。

（2）天然毒素及有害物质。植物中对健康可能有影响的天然存在的有害物质，根据不同植物进行不同的毒素分析，如棉籽中棉酚、油菜籽中硫代葡萄糖苷和芥酸等。

（3）抗营养因子。对营养素的吸收和利用有影响、对消化酶有抑制作用的一类物质。如大豆胰蛋白酶抑制剂、大豆凝集素、大豆寡糖等；玉米中植酸；油菜籽中单宁等。

（4）其他成分。如水分、灰分，植物中的其他固有成分。

（5）非预期成分。因转入外源基因可能产生的新成分。

1）样品要求

对于进行营养成分分析的样品来说，样品的选择非常重要。首先是样品部位，一般是转基因植物可食部位的初级农产品，如大豆、玉米、棉籽、水稻种子等。而水稻样品通常最好选用糙米，因为可以较多的保留营养物质。对于样品份数的要求，一般不少于三个年份或者三个地点。如提供三个年份的样品，则最好选择同一种植地点的样品，更具有可比性。如选择提供同一年份不同地点的试验样品，则地点的选择需具有代表性，即该作物种植的代表性生态区域，如我国玉米种植区域包括五个生态区：北方春播玉米区、黄淮海夏播玉米区、西南山地玉米区、南方丘陵玉米区、西北灌溉玉米区等；我国水稻种植区域划分为6个稻作区和16个稻作亚区，其中6个稻作区是华南双季稻稻作区、华中双单季稻稻作区、西南高原单双季稻稻作区、华北单季稻稻作区、东北早熟单季稻稻作区、西北干燥区单季稻稻作区。因此，在种植地点的选择上，应尽量选择适合本品种播种的、有代表性的不同的生态区域进行种植和样品采集。该原则也同样适用于外源蛋白表达含量的检测样品及环境安全评价试验。

2）营养成分的检测与分析

依据转基因安全评估的"实质等同性"原则（或称为比较性原则），应对转基因植物及其产品中的营养成分（包括营养元素、抗营养因子和天然毒素）与其亲本对照进行比较，这是转基因食品安全性评价的一个重要组成部分。由于各种转基因作物及其加工后产品的主要营养成分、抗营养因子与天然毒素各不相同，需要检测的项目与指标也就不能一概而论。通常，主要营养成分（包含《指南》里的其他成分）主要包括大量营养成分如蛋白质、水分、灰分、脂肪、纤维、糖类和微量营养成分如氨基酸、脂肪酸、矿物质、维生素等。其中，大量营养成分各物种变化不大，微量营养成分则可能根据物种的不同稍有不同，如水稻中几乎不含维生素 A，因此无需进行维生素 A 的检测，但总体上变化不大。而天然毒素和抗营养因子则因物种而异，差别较大。我国针对这种情况，分别制定了《转基因植物及其产品食用安全检测　抗营养素　第 1 部分：植酸、棉酚和芥酸的测定》（NY/T 1103.1—2006）、《转基因植物及其产品食用安全检测　抗营养素　第 2 部分：胰蛋白酶抑制剂的测定》（NY/T 1103.2—2006）、《转基因植物及其产品食用安全检测　抗营养素　第 3 部分：硫代葡萄糖苷的测定》（NY/T 1103.3—2006）等标准，用于检测不同种类作物中的抗营养因子。

此外，OECD 出台了一系列的作物成分手册，总结了各种作物的加工方式，并给出了不同种的作物及其加工产品的营养检测指标，提供了相应的历史数据和参考文献，2001～2015 年，共公布 19 种作物的成分共识文件，包括甜菜、马铃薯、玉米、小麦、水稻、棉花、大麦、苜蓿与其他饲料作物、蘑菇、向日葵、番茄、木薯、高粱、甘薯、木瓜、甘蔗、油菜籽、大豆、菜豆（http://www. oecd. org /env/ehs/biotrack/consensusdocumentsfortheworkonthesafetyofnovelfoodsandfeeds.htm）。同时国际生命科学学会（International Life Sciences Institute, ILSI）也建立了各种农作物的成分数据库（http://www.cropcomposition.org），为玉米、棉花和大豆三种常见的转基因受体植物的营养成分提供参考。

检测完各种成分后，就需要对转基因作物的成分进行分析，其采用的评价标准主要是前面提到的"实质等同性"的比较方法，即将转基因作物的各种成分与其非转基因同源亲本进行比较。如果二者之间没有显著性差异，则认为转基因作物与其亲本同样"安全"；如果二者有显著性差异，则认为转基因作物存在潜在的毒理与营养方面的改变，需要进行进一步的生物学评价。但是，由于遗传与环境的差异，即使是同一品种的植株间也会有差异，因此很难保证转基因作物及其亲本的各种成分均保持完全一致。这时候就要参考 OECD 与 ILSI 提供的相应作物的历史参考数据，以判断这种差异是否在正常的范围内（黄昆仑和许文涛，2009）。

（五）全食品安全性评价

大鼠 90 天喂养试验资料。必要时提供大鼠慢性毒性试验和生殖毒性试验及其他动物喂养试验资料。

1）大鼠 90 天喂养试验

传统的化学物质的安全性评价经验已经证实，与更长时间的喂养试验相比，90 天的动物喂养试验已经足够反映出受试物的毒性作用（EFSA，2008）。1996年 FAO/WHO 的专家咨询会议就提出，如果转基因产品与非转基因对照相比，存在成分上的显著差异，或者对其转基因操作存在非期望效应的忧虑，就应该进行至少 90 天的动物喂养试验（FAO/WHO，1996）。因此，90 天亚慢性毒性喂养试验是转基因食品的中长期毒性作用及非期望效应的主要评价手段。目前，我国主要依据《转基因植物及其产品食用安全检测　大鼠　90d　喂养试验》（NY/T 1102—2006）（农业国家标准，2006）。

在进行转基因全食品的动物喂养时，受试物的添加量是一个关键的指标，应注意避免出现由于饲料营养不平衡而导致的错误结论，例如，Ewen 和 Pusztai（1999）用表达 GNP 的马铃薯喂养大鼠得出转基因马铃薯引起大鼠胃肠道的异常增生和水肿等副作用，受到了广泛的批评，因为他们使用了营养缺乏的饲料，其蛋白质含量只有 6%，远远低于啮齿类动物生长发育所需要的量（Kuiper et al.，1999）。目前在进行转基因全食品喂养时的做法是采用半合成饲料，用转基因食品中的各种营养物质代替原饲料中的相应物质，从而得到一个较大添加量的营养平衡饲料，营养成分不足部分采用其他成分补充（黄昆仑和许文涛，2009）。

该试验设计中需要注意的问题是：①剂量设计：设转基因组、非转基因对照组和常规基础饲料空白对照组，转基因组和非转基因对照组至少设低、中和高三个剂量组；②在营养平衡的基础上，应以饲料中最大掺入量作为高剂量组。转基因植物及其产品与传统对照物在饲料中的比例应一致。饲料中其他各主要营养成分的比例和饲料的最终营养素含量也应一致（农业国家标准，2006）。通常，根据转基因作物的营养成分计算其在饲料中的最大添加量，但并不是添加量越大越好，还要考虑饲料的成形要求和适口性等问题。根据添加剂量、饲料用量、保留备检副样、损失样品等考虑计算常用的转基因作物的添加量和样品需求量如表 5-2 所示。

表 5-2　转基因作物大鼠 90 天喂养试验常用最大添加剂量

作物品种	添加剂量	每组饲料用量/kg	转基因产品需要量/kg	考虑副样与损失量/kg
水稻	70%，35%，17.5%	60	73.5	80
小麦	70%，35%，17.5%	60	73.5	80
				续表
作物品种	添加剂量	每组饲料用量/kg	转基因产品需要量/kg	考虑副样与损失量/kg

玉米	50%，25%，12.5%	60	52.5	60
大豆	30%，15%，7.5%	60	31.5	40
油菜	10%，5%，2.5%	60	10.5	15
棉籽	5%，2.5%，1.25%	60	5.25	10

2）其他试验

对于全食品的安全性评价一般参考大鼠 90 天喂养试验的结果，如果结果显示转基因作物与传统作物同样安全，则对于转基因食品的慢性毒性试验和生殖毒性试验一般是不做要求的。当然，也有一些产品提供了相应的安全评价数据，例如，华恢 1 号水稻提供了两年的慢性毒性试验和三代繁殖试验的安全评价资料。目前，国内也有一些单位在进行长期慢性毒性和繁殖试验等方面的研究，但是考虑到经济成本、时间成本等方面的问题，目前普遍是不需要作为必须提供的材料。如果进行相应的试验，应避免出现法国塞拉利尼实验室的大鼠两年慢性毒性试验的问题，如动物只数、每种性别应不少于 50 只。

（六）营养学评价

如果转基因植物在营养、生理作用等方面有改变的，应提供营养学评价资料。

（1）提供动物体内主要营养素的吸收利用资料。

（2）提供人群营养素摄入水平的资料及最大可能摄入水平对人群膳食模式影响评估的资料。

动物营养学评价主要是指两个方面：一是通过动物生长情况、营养指标或者动物产品的营养情况来评价转基因食品对实验动物的营养作用；二是通过动物的吸收和排泄指标来评价转基因食品中某种营养物质的生物利用率。

目前我国已经制定了蛋白质生物利用率的标准 1 项《转基因生物及其产品食用安全检测蛋白质功效比试验》（农业部 2031 号公告-15-2013）（农业国家标准，2013），该试验主要是将转基因作物和亲本对照物相比，以动物体重增加为观察指标，评价刚断乳大鼠喂养含等量蛋白质的转基因生物或产品 28 天后生长情况，根据蛋白质的摄入量和体重增加量，计算出蛋白质功效比（protein efficiency ratio，PER）；同时以酪蛋白为参考蛋白质，计算校正后被测蛋白质 PER，以受试物中蛋白质消化吸收后在体内被利用的程度来判断蛋白质的营养质量。此外，本团队正在制定其他营养素的生物利用标准 1 项《转基因生物及其产品食用安全检测　营养素大鼠表观消化率试验》（未发布），该试验通过经口给予 3～4 周大鼠转基因生物或其产品，测定某种营养素（如蛋白质、脂肪、粗纤维、氨基酸、脂肪酸、维生素 A、维生素 E、钙、磷、铁、镁、锰、硒等）的摄入量和排出量，检测大鼠对转基因生物或其产品中该营养素的吸收利用情况，计算该营养素的表观消化率，评价转基因生物或其产品中该营养素的生物利用情况。

人群膳食摄入的资料可参考 WHO 的区域食物摄入量表，也可以根据本国或者本地区的人群的膳食摄入数据进行估算。

（七）生产加工对安全性影响的评价

应提供与非转基因对照物相比，生产加工、储存过程是否可改变转基因植物产品特性的资料，包括加工过程对转入 DNA 和蛋白质的降解、消除、变性等影响的资料，如油的提取和精炼、微生物发酵、转基因植物产品的加工、储藏等对植物中表达蛋白含量的影响。

通常情况下，转基因产品的生产加工、储存等过程，与非转基因对照物没有差别，因此此部分内容主要是说明常规的加工过程中，转入 DNA 和蛋白质与其他基因和蛋白质的变化一致，转基因特性不会影响到这些操作。也有一些研究是针对不同加工产品中外源基因或蛋白质的降解情况的研究的，如转基因大豆外源基因在储藏、发酵、加工过程中的变化规律研究（王媛，2005；蒋亦武，2011；吴洪洪，2011；周兴虎，2011），这些研究可供申请者参考，这方面的数据很少作为强制提供的材料。但是对于一些特殊的产品，情况可能有所不同，如高油酸大豆，其目的就是避免后续的油脂氢化操作，从而减少反式脂肪酸的生成，对于这一类针对加工特性进行改变的转基因作物来说，应重点介绍生产加工过程的变化，及其可能对安全性的影响。

（八）按个案分析的原则需要进行的其他安全性评价

对关键成分有明显改变的转基因植物，需提供其改变对食用安全性和营养学评价资料。

现有的抗虫和耐除草剂类转基因作物通常在营养成分上变化不大，遵循"实质等同性"原则，而对关键成分有明显改变的作物主要是通过改变代谢途径达到某种目的性状的作物，通常是指营养改良型作物，如"黄金水稻"、高赖氨酸玉米、高油酸大豆等。此外，改变农艺性状或加工性状的作物，也有可能改变营养组成，如抗旱玉米、耐盐碱水稻、高支链淀粉的土豆等。还有一类作物，需要特别注意的是药用工业用的转基因作物，如转人血白蛋白水稻、转人乳铁蛋白水稻、耐高温 α-淀粉酶玉米、植酸酶玉米，由于转入一些特殊的蛋白或者酶类，这一类作物的某些代谢途径也可能发生了变化。对于这些改变了代谢途径从而改变了作物的关键营养成分的作物，需要提供额外的食用安全和营养学评价资料。

总结转基因生物食用安全评价技术标准如表 5-3 所示。

表 5-3　农业转基因生物食用安全评价技术标准

评价指标	评价技术与方法标准
总体要求	转基因植物安全评价指南（2010） 转基因植物及其产品食用安全性评价导则 NY/T 1101—2006
营养学	转基因植物及其产品食用安全检测　抗营养素　第 1 部分：植酸、棉酚和芥酸的测定 NY/T 1103.1—2006
	转基因植物及其产品食用安全检测　抗营养素　第 2 部分：胰蛋白酶抑制剂的测定 NY/T 1103.2—2006
	转基因植物及其产品食用安全检测　抗营养素　第 3 部分：硫代葡萄糖苷的测定 NY/T 1103.3—2006
	转基因生物及其产品食用安全检测　蛋白质功效比试验 农业部 2031 号公告-15-2013
	转基因生物及其产品食用安全检测　营养素大鼠表观消化率试验 农业部 2406 号公告-6-2016
毒理学	转基因植物及其产品食用安全检测　大鼠 90d 喂养试验 NY/T 1102—2006
	转基因生物及其产品食用安全检测　蛋白质经口急性毒性试验 农业部 2031 号公告-16-2013
	转基因生物及其产品食用安全检测　蛋白质 7 天经口毒性试验 农业部 2406 号公告-4-2016
过敏性	转基因生物及其产品食用安全检测　模拟胃肠液外源蛋白质消化稳定性试验法 农业部 869 号公告-2-2007
	转基因生物及其产品食用安全检测　外源蛋白质过敏性生物信息学分析方法 农业部 1485 号公告-18-2010
	转基因生物及其产品食用安全检测　挪威棕色大鼠致敏性试验方法 农业部 1782 号公告-13-2012
	转基因生物及其产品食用安全检测　蛋白质热稳定性试验 农业部 2031 号公告-17-2013
	转基因生物及其产品食用安全检测　外源蛋白质致敏性人血清酶联免疫试验 农业部 2406 号公告-5-2016
蛋白等同性	转基因生物及其产品食用安全检测　外源基因异源表达蛋白质等同性分析导则 农业部 1485 号公告-17-2010
	转基因生物及其产品食用安全检测　蛋白质氨基酸序列飞行时间质谱分析方法 农业部 1782 号公告-12-2012
	转基因生物及其产品食用安全检测　蛋白质糖基化高碘酸希夫染色试验 农业部 2031 号公告-18-2013

（九）结语

我国农业转基因生物的安全评价采取逐步评估的原则，并对每一个阶段需要进行的安全评价进行了详细的规定。对于食用安全评价，主要包括了关键成分分析、新表达蛋白的毒性及全食品毒性评价、致敏性评价、营养学评价、加工过程的影响等。目前，我国已经基本建立了食用安全评价的法律法规体系和技术标准体系，可以依照相关标准和要求进行每个部分的试验，基本上保证我国转基因生物的安全评价依法有序进行。但是，目前国内获得农业部资质认定的第三方转基因食用安全检测机构只有两家，分别是位于中国农业大学的农业部转基因生物食用安全监督检验测试中心（北京）和位于天津疾病预防控制中心的农业部转基因生物食用安全监督检验测试中心（天津），专业技术力量比较薄弱，仍需加强这方面的建设。此外，我们也应该意识到，转基因生物的安全评价是一个动态发展的过程，转基因技术日新月异，新型的转基因产品层出不穷，现有的安全评价体系需要不断进行审视和完善，融入新的生物技术观念和手段，为充分保障生物技术产品的安全做出更大贡献。

参 考 文 献

黄昆仑, 许文涛. 2009. 转基因食品安全评价与检测技术. 北京: 科学出版社

贾旭东. 2005. 转基因食品致敏性评价. 毒理学杂志, 19(2): 159-162

蒋亦武. 2011. 转基因大豆发酵制品在发酵过程中内、外源基因变化规律的研究. 南京: 南京农业大学硕士学位论文

吕相征, 刘秀梅. 2003. 转基因食品的致敏性评估. 中国食品卫生杂志, 15(3): 238-244

农业部农业转基因生物安全管理办公室. 2010. 转基因植物安全评价指南. http://www.moa.gov.cn/ztzl/zjyqwgz/sbzn/201202/t20120203_2474485.htm

农业国家标准. 转基因生物及其产品食用安全检测 蛋白质功效比试验, 农业部 2031 号公告-15-2013. http://www.moa.gov.cn/zwllm/tzgg/gg/201312/t20131220_3719618.htm

农业国家标准. 转基因生物及其产品食用安全检测 蛋白质经口急性毒性试验, 农业部 2031 号公告-16-2013. http://www.moa.gov.cn/zwllm/tzgg/gg/201312/t20131220_3719618.htm

农业国家标准. 转基因生物及其产品食用安全检测 蛋白质热稳定性试验, 农业部 2031 号公告-17-2013. http://www.moa.gov.cn/zwllm/tzgg/gg/201312/t20131220_3719618.htm

农业国家标准. 转基因植物及其产品食用安全检测大鼠 90d 喂养试验, NY/T 1102—2006. http://www.moa.gov.cn/zwllm/nybz/200803/t20080321_1028654.htm

农业国家标准. 转基因生物及其产品食用安全检测 模拟胃肠液外源蛋白质消化稳定性, 农业部 869 号公告-2-2007. http://www.moa.gov.cn/zwllm/tzgg/gg/200706/t20070619_837364.htm

农业国家标准. 转基因植物及其产品食用安全性评价导则, NY/T 1101—2006. http://www.moa.gov.cn/zwllm/nybz/200803/t20080321_1028654.htm

秦伟. 2007. 转基因水稻外源抗虫蛋白Cry2A原核表达纯化及其致敏性研究. 北京: 中国农业大学硕士学位论文

食品安全国家标准. 急性经口毒性试验, GB 15193.3—2014. http://www.nhfpc.gov.cn/sps/s3593/201412/d9a9f04bc35f42ecac0600e0360f8c89.shtml

王媛. 2005. 转基因大豆内、外源基因在食品加工过程中变化规律的研究. 北京: 中国农业大学硕士学位论文

吴洪洪. 2011. 转基因 Roundup Ready 大豆外源 CP4-EPSPS 蛋白及内外源基因在食品加工过程中的降解变化规律. 南京: 南京农业大学硕士学位论文

中华人民共和国国家职业卫生标准. 化学品毒理学评价程序和试验方法 第 44 部分: 免疫毒性
　　试验, GBZ/T 240.44—2011

中华人民共和国国务院令第 304 号. 2001. 农业转基因生物安全管理条例, http: //www.
　　gov.cn/gongbao/content/2001/content_60893.htm

中华人民共和国农业部令第 8 号. 2002. 农业转基因生物安全评价管理办法, http: //www.
　　moa.gov.cn/zwllm/tzgg/bl/200310/t20031009_123826.htm

中华人民共和国主席令第二十一号. 2015. 中华人民共和国食品安全法, http://www.gov.
　　cn/zhengce/2015-04/25/content_2853643.htm

周兴虎. 2011. 转基因大豆在贮藏和加工过程中外源 epsps 成分变化规律的研究. 南京: 南京农
　　业大学硕士学位论文

Cao B, He X, Luo Y, et al. 2012. Safety assessment of the Dehydration responsive element binding
　　(DREB) protein 4 expressed in E.coli. Food and Chemical Toxicology, 50(11): 4077-4084

Cao S, He X, Xu W, et al. 2010. Safety assessment of *Cry1C* protein from genetically modified rice
　　according to the national standards of PR China for a new food resource. Regulatory Toxicology
　　and Pharmacology, 58:474-481

EFSA. 2008. Safety and nutritional assessment of GM plants and derived food and feed: The role of
　　animal feeding trials. Report of the EFSA GMO Panel Working Group on Animal Feeding Trials.
　　Food and Chemical Toxicology, 46: S2-S70

Ewen S W B, Pusztal A. 1999. Effect of diets containing genetically modified potatoes expressing
　　Galanthus nivalis lectin on rat small intestine. Lancet, 354(9187): 1353-1354

FAO/WHO. 1996. Biotechnology and food safety. Report of a joint FAO/WHO consultation. FAO
　　Food and Nutrition Paper 61. Food and Agriculture Organization of the United Nations, Rome,
　　Italy. Available from: http://www.fao.org/es/esn/gm/biotec-e.htm

FAO/WHO. 2001. Joint FAO/WHO Expert Consultation on Foods Derived from Biotechnology—
　　Evaluation of Allergenicity of Genetically Modified Foods, Rome, Italy, 22-25: 1-27

Fuchs R L, Ream J E, Hammond B E, et al. 1993. Safety assessment of neomycin phosphotransferase
　　Ⅱ (NPT Ⅱ) protein. Bio/Technology, 11(13): 1543-1547

Glenn K C. 2007. Nutritional and safety assessments of foods and feeds nutritionally improved
　　through biotechnology: lysine maize as a case study. Journal of Aoac International, 90(5):
　　1470-1479

Hajduch M, Casteel J E, Hurrelmeyer K E, et al. 2006. Proteomic analysis of seed filling in Brassica
　　napus: developmental characterization of metabolic isozymes using high-resolution two
　　dimensional gel electrophoresis. Plant Physiology, 141(1), 32-46

Hajduch M, Casteel J E, Tang S, et al. 2007. Proteomic analysis of near isogenic sunflower varieties
　　differing in seed oil traits. Journal of Proteome Research, 6(8), 3232-3241

Hajduch M, Ganapathy A, Stein J W, et al. 2005. A systematic proteomic study of seed-filling in
　　soybean: establishment of high-resolution two dimensional reference maps, expression profiles,
　　and an interactive proteome database. Plant Physiology, 137(4), 1397-1419

Harrisoh L A, Bailey M R, Naylor M W. 1996. The expressed protein in glyphosate-tolerant soybean,
　　5-enolypyruvylshikimate-3-phosphate synthase from *Agrobacterium* sp. strain CP4, is rapidly

digested in vitro and is not toxic to acutely gavaged mice. The Journal of Nutrition, 126(3): 728-740

Jones D D, Maryanski J H. 1991. Safety considerations in the evaluation of transgenic plants for human foods. In: Levin M A, Strauss H S. Risk Assessment in Genetic Engineering. New York: McGraw-Hill, 64-82

Kuiper H A, Noteborn H P J M, Peijinenburg A A C M. 1999. Adequacy of method for testing the safety of genetically modified foods. Lancet, 354(9187): 1315-1316

OECD GUIDELINE FOR TESTING OF CHEMICALS. Acute Oral Toxicity-Acute Toxic Class Method. (No.423, 17th December 2001)

OECD GUIDELINE FOR TESTING OF CHEMICALS. Acute Oral Toxicity-Fixed Dose Procedure. (No.420, 17th December 2001)

OECD GUIDELINE FOR TESTING OF CHEMICALS. Acute Oral Toxicity-Up-and-Down Procedure. (No.425, 17th December 2001)

Pariza M W, Foster E M. 1983. Determining the safety of enzymes used in food processing. Journal of Food Protection, 46(5): 453-468

Pearson W R. 2000. Flexible sequence similarity searching with the FASTA3 program package. Methods in Molecular Biology, 132: 185-219

Sampson H A. 1992. Food hypersensitivity: manifestation, diagnosis, and natural history. Food Technology, 46(5): 141-145

Sjoblad R D, McClintock J T, Engler R. 1992. Toxicological considerations for protein components of biological pesticide products. Regulatory Toxicology and Pharmacology, 15(1): 3-9

USFDA. Guidance for Industry and Other Stakeholders Toxicological Principles for the Safety Assessment of Food Ingredients. Redbook 2000. Chapter Ⅳ. Guidelines for Toxicity Tests Ⅳ C 2. Acute Oral Toxicity Tests

WHO. 2003. GEMS/Food regional diets: regional per capita consumption of raw and semi-processed agricultural commodities. Printed by the WHO Document Production Services, Geneva, Switzerland

Xu W, Cao S, He X, et al. 2009. Safety assessment of Cry1Ab/Ac fusion protein. Food and Chemical Toxicology, 47(7): 1459-1465

第六章　生物技术食品的环境安全风险评估

提　　要

- 环境变化是绝对的，不变是相对的，需要提高环境友好耕作技术、生物育种技术来引导环境与人的和谐相处。
- 环境安全引起国际、国内高度重视，我国修订了最新的环境保护法。
- 零风险是不存在的，传统育种与新技术育种同样存在风险，需要积极解决环境问题。
- 生物技术食品可能会带来潜在风险，但更重要的是趋利避害，利用其优势为人类带来益处。
- 转基因植物环境安全带来的关键命题：①对于转基因植物商业化种植可能带来的生态影响进行科学的评价；②利用研究成果制定科学有效的风险监管措施。

第一节　转基因作物引发的杂草化问题

听到"超级杂草"，不少人认为这是一个耸人听闻的词语，既有"超级"二字，是不是意味着这种杂草很难对付，很难消灭。仔细一想，我们日常生活中的"超级"并不少，"超级市场"——产品种类丰富；"超级女声"——很有才华，表演炫酷；电影中的"超人"——全民英雄，这些"超级"都给我们的生活带来了色彩，丰富了我们的世界，那为何听到"超级杂草"又会恐慌呢？超级杂草具有一种抗压能力，即抵抗某种农药，使得自己在该农药的暴露下仍然能存活，这便是它的超级所在。那么它到底给农作物、农业带来了哪些变化？与此同时，人们对转基因作物引发的超级害虫的关注度也提高了。

一、除草剂概述

杂草同其他植物相比，能适应人工生境并在人工生境中不断繁衍其种族，对栽培作物的生产造成危害。杂草的生存竞争能力、繁殖能力及可塑性较强，能适应不同生境繁衍。"超级杂草"其实是一个形象的比喻，所谓的"超级"是指由于使用单一农药而使得杂草对该种农药产生抗性，能够抵挡该农药的杀灭作用。因为这些杂草的竞争者都被消灭了，所以杂草就拥有了更多的生存空间和营养。转基因植物是如何引发"超级杂草"的问题？首先，目前研发出的转基因作物主要是抗除草剂和抗虫两大类，抵抗的除草剂又主要是草甘膦、草铵膦、莠去津、溴苯腈、2，4-D、咪唑啉酮和磺酰脲类。在抗除草剂转基因作物中，抗草甘膦、抗草丁膦的作物历来占据主要地位。其次，农民施用草甘膦、草丁膦除草剂喷洒农田，为的是消除杂草，保留栽培的转基因植物。但是长时间施用同种除草剂后，一些植物会对该除草剂产生抗性，所以杂草就越长越多了。

草甘膦作为广泛使用的除草剂，其作用靶标酶是 5-烯醇丙酮酸莽草酸-3-磷酸合酶（5-enolpyruvyl-shiki-mate-3-phosphate synthase，EPSPS），该酶在植物和细菌体内芳香族氨基酸的生物合成过程中起关键作用，可以催化磷酸烯醇丙酮酸（PEP）和莽草酸-3-磷酸（shikimate-3-phosphate）合成 5-烯醇丙酮酸莽草酸-3-磷酸（5-enolpyruvyl-shiki-mate-3-phosphate，EPSP），最终合成芳香族氨基酸色氨酸、酪氨酸和苯丙氨酸。草甘膦是磷酸烯醇丙酮酸的类似物，它能够阻断芳香族氨基酸的生物合成，扰乱生物体氮代谢而使植物死亡。抗草甘膦作物为什么能够对草甘膦产生抗性呢？可能的机制有以下三方面：第一，给植物转入了靶酶基因，靶酶 EPSPS 过量表达，从而使作物草甘膦产生抗性；第二，转入了经过修饰的或突变的靶酶基因，使得 EPSPS 对草甘膦的亲和力减弱；第三，插入了降解草甘膦的基因，如氧化酶基因、磷酸转移酶基因等，使植物能将草甘膦代谢为无毒化合物。

【案例 6-1】全球抗虫、耐除草剂转基因作物

根据国际农业生物技术应用服务组织出具的报告，耐除草剂大豆 GTS-40-3-2 是经国家和地区获批最多的作物（24 个国家＋欧盟 27 国的 51 次批准），抗虫玉米 MON810 是第二多获批的植物（23 个国家＋欧盟 27 国的 49 次批准），耐除草剂玉米 NK603 获得 49 次批准（22 个国家＋欧盟 27 国），抗虫玉米 Bt11 获得 45 次批准（21 个国家＋欧盟 27 国），抗虫玉米 TC1507 获得 45 次批准（20 个国家＋欧盟 27 国），抗除草剂玉米 GA21 获得 41 次批准（19 个国家＋欧盟 27 国），抗除草剂大豆 A2704-12 获得 37 次批准（19 个国家＋欧盟 27 国），抗虫玉米 MON89034 获得 36 次批准（19 个国家＋欧盟 27 国），抗虫棉花 MON531 获得 36 次批准（17 个国家＋欧盟 27 国），抗除草剂与抗虫 MON88017 获得 35 次批准（19 个国家＋欧盟 27 国），以及抗虫棉花 MON1445 获得 34 次批准（15 个国家＋欧盟 27 国）（Clive Jame，Global Status of Commercialized Biotech/GM Crops：2013）。

近年来，复合性状转基因作物的发展蒸蒸日上，如兼抗草甘膦、草铵膦、抗虫为一体的品种。

二、种植抗除草剂转基因作物的利益

有些人对抗除草剂转基因作物有一些误会，在此一并澄清。首先，在抗除草剂转基因作物出现以前，除草剂已经应用于传统作物，所以不能将除草剂的使用归咎于转基因作物。其次，杂草防治本就是农业生产中的重要环节，播种后通常要喷洒除草剂。对于未除去的杂草，再进行茎叶处理。耐除草剂转基因作物目前主要以抗草甘膦和草铵膦为主，此种转基因作物可以降低除草成本、提高除草效果、减少化学除草剂对人的危害。美国种植耐草甘膦的大豆，比常规方法每公顷除草剂用量减少 9%～39%；而加拿大种植耐草铵膦的作物也降低了除草剂用量（强胜等，2010）。从应用情况看，转基因作物减少了除草剂的施用量。同时，在转基因抗（耐）除草剂作物大面积种植以前，毒性较大的二苯醚类除草剂，芳氧苯氧基丙酸类和环己烯酮类除草剂等大量使用；而在转基因抗（耐）除草剂作物大面积种植之后，除草剂主要以低毒性的草甘膦为主，此外，处理土壤的除草剂如酰胺类（包括乙草胺、甲草胺、异丙甲草胺等），二硝基苯胺类（如氟乐灵、除草通等）的需求量也同时减少。低毒性的草甘膦和草铵膦降低了环境安全风险和食用安全风险。例如，草甘膦不具有任何致突变性、致畸性及发育毒性，比传统除草剂的毒性低 100 多倍（罗云波，2013）。草甘膦和草铵膦对环境的影响也较小，它们在土壤中能够迅速降解，从而降低了除草剂流入地表水中的危险，几乎无水污染的潜在危险。抗除草剂作物有助于采用保护性耕作，自从使用耐除草剂大豆以来，美国的无耕作大豆耕种面积已经提高了 35%。阿根廷也有类似的情况。保土耕作技术的推广降低了能耗和农机投资，减少了表面土壤流失，提高了水的利用率，并且提高了土壤中有机质的含量。种植转基因抗（耐）除草剂作物可以采用窄行间距种植，大豆的行间距从 76 cm 缩小到 33 cm 或更小。密植使作物的顶冠更快地闭合，改善或提高作物与杂草的竞争力，从而达到增产的目的。国外，目前的农业均是集约化大规模的现代农业，农业活动专业化、机械化程度很高，并遵循严格的技术规范，不像中国以家庭为单位的小型分散农业，各家各户的农民可以随心所欲地进行农业活动。因此，在国外几乎没有擅自加大剂量或滥用除草剂的可能性（罗云波，2013）。

三、杂草化的形式

1998 年，加拿大 Alberta 的转基因油菜田里发现了同时抗草甘膦、草铵膦和咪唑啉酮类 3 种除草剂的油菜（*Brassica napus*）自生苗，其中抗草甘膦和草铵膦的特性明确来自转基因油菜，而抗咪唑啉酮类除草剂的特性来自传统育种培育的抗性油菜（张化霜，2011）。1999 年，加拿大 Saskatchewan 种植抗除草剂转基因油菜地相邻的小麦地中也发现了抗除草剂转基因油菜自生苗。2010 年 8 月 *Nature*

News 报道了第一次在美国非耕作土地上发现了抗草甘膦和草铵膦的油菜。转基因植物释放到环境后，主要有三种杂草化的形式。

1）转基因植物本身变成杂草

植物杂草化是指原来自然分布的或人工种植的植物，在新的环境自然繁殖，自身转变为杂草的过程。转基因植物通常有抗虫、抗病、抗除草剂等特性，从而有更强的适应性，与非转基因植株相比，它们拥有更强的生存能力和繁殖能力，有更高的入侵性，从而更容易占据其他植物的栖息地，进而破坏自然种群平衡，影响生物的多样性，造成严重的生态问题。有些植物本身就具有很强的杂草特性，如水稻、土豆、小麦、甘蔗、油菜、苜蓿等，将抗性基因转入这类植物中，使这些植物具有了更高的杂草化概率。以这些植物作为转化受体所获得的转基因作物由于具备了更强的生存能力，释放到环境中后，更容易变为杂草，破坏自然界植物的多样性。

2）野生近缘种成草害

转基因植物可能将自己的"优势基因"扩散到新生态区域中的野生近缘种中，使野生种的生存能力提高。野生种繁殖能力加强，造成更严重的草害，引起不同程度的生态风险。例如，抗旱、耐盐碱的转基因植物将该基因释放到干旱、盐碱地区；抗寒、耐低温及早熟的转基因植物释放到高海拔地区；抗虫、抗病的转基因植物将该种基因释放到虫害多发区。

转基因植物带着自己的优势基因进入新的环境后，给原本植物造成压力，影响该生态系统中的物质、能量流动，改变生态环境，最终对生态系统造成损伤。

3）近缘种杂草抗性增强

转基因植物可能将自己的抗性基因传递到杂草中，使杂草性增强。在使用除草剂数年后，于1986年首次发现杂草 *KochiaScoparia* 和 *LactucaSerriola* 产生了抗磺酰脲类的活性，并引发了极为严重的草害。Thomas Mikkelsen 等将包含抗除草剂基因的转基因油菜种植在一个近缘的杂草种 *Brassica campestris* 的田边，研究发现，42%的第二代新生植物耐受除草剂（林文和林华军，2003）。

【案例6-2】转基因作物是否易引发杂草

一部分学者认为转基因植物引发的杂草是一个严重的问题，但也有研究表明，转基因作物带来的杂草化概率很低。

人类几千年对作物改良的结果表明：作物的改良程度越高，其对自然环境的适应力就越弱，就越依赖于人类为其创造的条件。所以优良的农作物品种，很难与野生种竞争，更难以成为繁殖不止的杂草。2006年，周军英等研究发现，在种子萌发及幼苗生长阶段，转基因抗草甘膦大豆对温度、水分及盐分胁迫的抗性比我国传统栽培大豆'苏豆3号'弱,说明转抗草甘膦基因大豆在环境中的竞争性及入侵性并没有增强,并且杂草化的概率很小(周军英等,2006)。宋小玲研究了抗草甘膦大豆在南京地区的杂草化潜力因子,发现转基因大豆的生存竞争能力和繁育能力明显低于当地常规品种(宋小玲等,2006),抗草甘膦转基因大豆品系在中国南京地区环境条件下演化为杂草的可能性较小,其作为加工原料进口后演化为杂草的生态风险小。但是也有证据表明农作物的基因会向杂草转移。转基因作物杂草化有可能来源于性状的改变,如种子休眠期、萌发率、对有害生物和逆境的耐受性、生存与繁殖能力的改变。目前并没有一致的结论说明转基因作物自身能否杂草化,所以应该对转基因植物的释放进行客观的评价和严格的监测,尽可能将转基因植物杂草化的风险降到最低程度。

【案例6-3】加拿大"转基因油菜超级杂草"事件

1995年,加拿大首次商业化种植转基因油菜。种植后不到三年,一些田块出现一些自生油菜植株,用三种除草剂都消灭不了(对三种除草剂具有抗性)。这些油菜植株被称为"超级杂草"。抗三种除草剂的油菜自生苗不但用三种除草剂杀不死,而且它们还会通过花粉流,污染其他品种,导致事态扩大。自生油菜的产生是收获油菜时,油菜籽不慎落入土壤,来年条件适当时,又重新萌发长出油菜。2001年2月,在英国《自然》杂志上发表的一份关于加拿大转基因油菜产生超级杂草的报告引起了全球关注。

加拿大确实出现了抵抗三种除草剂的转基因油菜自生苗,但称之为"超级杂草"却不合适。因为这种转基因油菜并没有人们想象的那么严重和可怕,它们脱离人的看管很难在自然界生存,而且喷施另一种除草剂 2,4-二氯苯氧乙酸(2,4-D)后即被全部杀死。所以它们并不是无法控制的"超级杂草"。

转基因作物由于高度驯化,在无人看管的情况下,很难在自然界生存,演变成猖獗杂草的可能性远远小于人类的想象力。英国帝国理工大学 Michael 等用玉米、甜菜、油菜和土豆的普通品种,与转基因品种混合种植,观察它们在无人照料条件下的自然生长情况。试验连续进行了 10 年,在英格兰和威尔士等 12 个不同气候特征的地点进行。结果发现,所有玉米、甜菜和油菜的品种不管是转基因还是非转基因都在 4 年内全部死亡,只有一块地里的土豆坚持生长了 10 年,而且存活下来的是非转基因土豆。试验中种植的转基因作物不能很好地生长,更不用说向周围扩张。有人担心转基因作物在与周围植物杂交时,会把抗除草剂基因散播出去。但也有人认为,如果转基因植物并没有更强的生存竞争能力,就不会产生"超级杂草"的问题。当然,这一试验并不能保证所有转基因作物都不会产生"超级杂草"。

实际上,野草也是生态多样性中的一部分。如果野草的生物多样性减少,生态系统中食物链遭到破坏,其他生物的多样性也会减少。生态系统里各个物种相互制约、相互影响，生态系统中任何一个要素的变化都可能对整个生态系统的稳定和平衡产生不同程度的影响，从而对生态环境和生物多样性有不同程度的伤害，其负面效应是不容忽视的（毛新志和冯巍，2006）。

由于转基因作物商品化的历史较短，人们并不明确了解转基因作物大量释放的风险，尤其是对生态环境的长期影响。所以，科学家有必要对转基因植物可能引起的生态风险进行全面、长期的跟踪评价。

四、杂草化问题产生的影响

目前有学者认为抗除草剂转基因植物的大规模种植一定会对自然环境带来直接的和间接的影响，但具体哪些影响，我们并不清楚。以下列出了可能的影响。

（一）杂草群落改变

杂草群落发生改变主要有三方面原因。

（1）使用的除草剂发生改变。抗除草剂转基因作物田中使用的除草剂大多残留期短，因此在除草剂应用后，杂草并不能得到控制，导致杂草种群发生变化。其次，如果在同一地区常年种植同一种转基因作物，又只使用同种除草剂，就会诱导抗性杂草的产生。目前全世界已有170多种杂草对多种除草剂产生了不同程度的抗性。即使对于不容易产生抗药性的草甘膦，迄今也有报道称瑞士黑麦草（*Lolium rigidum* Gaud.）、一年生黑麦草（*Lolium multiflorum* L.）、小飞蓬 [*Conyza canadensis* (L.) Cronq.]、牛筋草 [*Eleusine indica* (L.) Gaertn.]、长叶车前（*Plantago lanceolata* L.）、豚草（*Ambrosia artemisiifolia* L.）、香丝草（*Conyza bonariensis* L.）、普通水麻 Common waterhemp（*Amaranthus tuberculatus*）8 种杂草对草甘膦产生了抗药性。在我国已经发现了抗草甘膦的野芥菜、小飞蓬。耐草甘膦转基因作物的大量种植，势必引起草甘膦的大量使用，加速抗草甘膦杂草的生长。

（2）耕作方式变化。种植转基因作物之前，为了更好地防除杂草，常采用深耕或多次翻耕，种植了抗除草剂转基因作物以后，多采用免耕或浅耕的方式种植作物，所以引起了杂草群落的变化（强胜等，2010）。

（3）杂草种子库改变。抗除草剂转基因作物和农田中杂草近缘种发生杂交，形成具有抗性的杂交种，抗性作物溢流出的种子也可能改变杂草种子库的组成。这些变化将给农田杂草管理带来新的挑战。

（二）农药使用增加

当杂草对除草剂产生抗性后，农民为了除杂草会增加除草剂的使用量；增加的除草剂又使得杂草对除草剂的耐受性增加，形成恶性循环。这不但加速了抗性杂草的发展，也对环境造成污染。

【案例 6-4】美国有机中心报告

2009 年，美国有机中心发布一篇名为《美国转基因作物对农药使用的影响——第一个 13 年》的报告。报告称在过去 13 年，比起非耐除草剂和抗虫的植物，转基因作物增加了三亿多磅（1 磅≈0.4536kg）农药的使用。耐除草剂的作物在过去 13 年，增加了三亿八千多万磅除草剂的使用。耐除草剂大豆增加了三亿五千多万磅除草剂的使用。近年来转基因作物的大田里除草剂的使用显著增加。耐除草剂作物的除草剂使用量从 2007 年到 2008 年增加了31.4%。报告称出现这种情况的两个主要原因是：①抗草甘膦杂草的出现及快速传播；②抗除草剂大豆、玉米、棉花的广泛应用增加了草甘膦除草剂的使用，过度使用草甘膦引起杂草的流行。应用于传统大豆的除草剂的量从 1996年每英亩（1 英亩≈4046.8564m^2）1.19 磅的有效成分降低到 2008 年每英亩0.49 磅的有效成分。应用于抗除草剂大豆的除草剂的量从 1996 年每英亩 0.89磅的有效成分降低到 2008 年每英亩 1.65 磅的有效成分。

先不看以上的数字，首先这篇报告出自于美国有机中心。有机中心当然是提倡有机食品，一切纯天然，不使用任何化学农药，当然更不能进行生物技术改造。所以可想而知其立场必定是反对转基因作物的种植。一个有自己立场的机构，说话不免有失偏颇。

如果再细看这篇报告的措辞，该报告对农药的使用量进行统计，农药包括除草剂、杀虫剂、杀真菌剂，报告只计算了前两种并一再提到草甘膦除草剂的使用量增多，似乎说明人们已经中毒很深。实际上，早在 1982 年，就有文章对草甘膦的毒性进行研究，小鼠 LD_{50} 4380 mg/kg（雄），4300 mg/kg（雌）。大鼠连续灌胃三个月，最大无作用剂量为 30 mg/kg。大鼠经皮试验不吸收，对大鼠、家兔皮肤黏膜无刺激作用，小鼠无致畸，大鼠无突变。1993 年，美国环境保护署也对草甘膦的使用、对人体健康的影响、环境影响作出了说明（EPA, Prevention, Pesticides And Toxic Substances, in EPA-738-F-93-011, U. S. E. P. Agency, Editor 1993）。草甘膦作为一种全球广泛使用的除草剂，毒性很低。相关研究表明：草甘膦不在动物体内蓄积。对鱼和水生生物毒性较低，对蜜蜂和鸟类无毒害，对天敌及有益生物较安全（窦建瑞等，2013）。根据试验，最大无作用剂量最低值每千克体重 100mg（大鼠两年慢性喂养试验），除以 100 倍安全系数，得出人的每日允许摄入量为每千克体重 1 mg（窦建瑞等，2013；Bonny，2016）。毒性试验结果认为草甘膦是一种低毒的物质，在毒性分类中被分为第三级（最高为一级，最低为四级）。截至 2008 年，玉米、棉花、大豆传统除草剂的使用为草甘膦的 1.85 倍、1.02 倍、1/3。根据除草剂的 LD_{50}，可以算出传统除草剂毒性是草甘膦毒性的 1.4～28.8 倍，所以草甘膦使用的增多比起传统除草剂的高毒性来说危害是很低的。另外，转基因作物的种植面积持续增加，使用的除草剂必然也会增加。

当然，近年来随着草甘膦等除草剂的广泛应用，也有许多关于草甘膦的毒理学研究认为，一定剂量的草甘膦可能会导致动物的遗传、生殖、发育等方面的潜在风险，WHO 下属国际癌症研究所，在 11 个国家的 17 位专家审阅了"所有一切"公开可获取的、同行审阅的文献和政府报告后，在 2015 年 3 月 20 日宣布，"有充足证据"表明，草甘膦在实验动物中是致癌物；另有"有限的证据"表明，草甘膦对人类可能致癌（Bonny，2016），但这仍然仅仅是一种可能的相关性。如果看看 WHO 近期宣布加工肉制品为一类致癌物质，就没有必要对 WHO 对草甘膦的这一推测性结论大惊小怪了。

考虑到任何化学物质都是有风险的，一般都是通过安全限量来保证其安全性。国际食品法典委员会是制定国际食品标准政府间组织。2005 年，联合国粮食及农业组织和世界卫生组织专家开展了最近一次草甘膦残留限量评估，经过国际食品法典委员会审议后，发布了干大豆籽粒中草甘膦残留限量为 20 mg（残留限量单位为每千克体重草甘膦剂量，下同）（陶波，2011），全球膳食评估结果认为，这个限量不会对公众健康造成危害。

美国、欧盟、日本等主要农产品贸易国家和地区都将草甘膦限量标准设定为 20 mg（陶波，2011）。中国已经制定该除草剂在稻谷、小麦等作物中的限量，但尚未制定其在大豆中的残留限量。国家质检总局及出入境检验检疫机构已将大豆草甘膦残留列为安全卫生监控项目，来控制草甘膦残留带来的风险，并规定从美国（进口大豆主要来源国）进口的大豆草甘膦残留限量为 20 mg。从抽样检测监控数据分析，大部分批次进口大豆未检出草甘膦，少部分虽有检出，但均低于中国小麦草甘膦限量标准（6 mg）。

全球最大的转基因抗草甘膦作物的开发商孟山都公司在回应所谓草甘膦带来的可能风险时声称，国际癌症研究机构的结论不会影响草甘膦的标识、现有的相关法规政策或者产品使用。但美国环保署的态度是尊重 WHO 发布的风险提示，准备要求执行草甘膦抗性杂草管理计划，以帮助解决杂草对该化学品抗性的迅速扩张。

但是从科学的角度看，下一步广泛收集暴露人群资料，结合实验室研究、应用监测和流行病学调查，更全面地完成草甘膦的毒性测试、暴露人群资料分析，制订使用标准与安全控制措施，对人类健康是具有重要意义的。

不是只有转基因植物才会产生抗性，传统植物在长期喷洒单一除草剂的情况下也会产生抗性。建议使用以下方式避免杂草丛生。一种是运用轮作，即每季种植不同的作物，使用不同的耕作技术，打破有害植物和昆虫的循环。另一种常常被忽视的方式是一块地喷多种除草剂。农民不应该年复一年地只用草甘膦，而应该将多种除草剂混合使用，这样杂草种群就会面临作用模式截然不同的除草剂，从而难以产生抗药性。如果玉米和大豆种植者每三年只用一次草甘膦的话，很可能就不会产生杂草抗药性的问题了。

五、我国关于抗除草剂的转基因作物的环境安全检测

通常，转基因生物的环境风险评价包含以下几个关键步骤：①危害性的确定；②产生危害性概率的确定；③产生危害性的效应评价；④风险的确定和评价。在设计转基因的生物安全环境风险评价体系和实施方案时，最为关键的环节是对转基因生物对环境可能产生的负面效应进行评价。

一般通过以下程序和方法评价与转基因耐除草剂作物相关的"杂草化"风险：①了解转基因作物的亲本植物及其野生近缘种是否具有杂草特性，如果具有杂草特性，其演变成杂草的可能性增大；②评估转基因植物和相应非转基因对照植物的生存竞争力，如生长发育和繁殖能力、传播方式和传播能力、休眠期及生态适应性等；③评价转基因植物与其野生近缘种杂交后代的适合度；④监测转基因耐除草剂作物田中杂草的抗药性发展进程（李云河等，2012）。

我国于 2007 年发布国标《转基因植物及其产品环境安全检测抗除草剂玉米》，其中第一部分，即除草剂耐受性的检测内容规定了转基因抗除草剂玉米对除草剂耐受性的检测方法。隔离措施分为空间隔离或时间隔离。空间隔离指试验地四周有 200 m 以上非玉米为隔离带，若试验区域周边有玉米制种田，则隔离带应在 300 m 以上。时间隔离指转基因抗除草剂玉米田周围 200 m 范围内与其他玉米错期播种，使花期隔离，夏玉米错期在 30 天以上，春玉米错期在 40 天以上。经过设计、播种、管理、调查、记录，计算并比较不同处理的转基因抗除草剂玉米、对应的非转基因玉米在出苗率、成苗率和受害率方面的差异，判别转基因抗除草剂玉米对除草剂的耐受水平。2013 年，我国发布国标《转基因植物及其产品环境安全检测耐除草剂大豆》。

六、通过多种方式改善杂草化的问题

虽然目前研究发现，当前商业化利用的转基因作物演化成杂草的可能性与其非转基因亲本作物并无差别，但是即便这样，也不能排除出现杂草化的风险。如果疏于治理，目标除草剂和抗该类除草剂的转基因作物或许不能达到农业上的目的。通过多种方式预防、改善杂草化问题就成了当下之必须。

1）加强对转基因植物杂草化问题的理论研究

目前，世界各国对转基因植物杂草化的研究明显不足，包括转基因产业发展迅猛的美国。美国农业部在生物技术风险评估上的资金投入也只占其生物技术研究经费的 1%（程焉平，2002）。理论研究是实践研究的基础，决策层应该加大对

转基因植物杂草化风险的理论研究力度，从理论上更深入地弄清问题的关键所在。

2）多种除草剂搭配使用

为了延缓转基因耐除草剂作物田间杂草抗药性的发展，可以多种除草剂搭配使用，避免长期使用单一的除草剂。施用单一除草剂容易使杂草的抗性增加。

3）加强研发复合性状转基因作物

可研发含有多个耐除草剂基因的转基因作物，抵抗多种除草剂。避免农民在大田里过度施用只能针对单一抗性的转基因作物的除草剂。

4）加强杂草监测

加强转基因耐除草剂作物田的杂草抗性监测工作，做到早发现、早治理。

七、害虫超级化

近年来，除了"超级杂草"之外，又出现了"超级害虫"，所谓的"超级害虫"是指对长期应用的化学农药产生抗性的害虫。有人说转基因抗虫棉已无法抵抗产生免疫力的害虫，认为转基因抗虫棉破坏了生态平衡。其实无论在哪里，只要长时间使用同一种化学农药，一段时间后，害虫都会对该种农药产生抗性。可以通过改变化学农药或作物品种等措施解决。

措施一：庇护所策略。在转基因抗虫作物周围种植一些传统作物，作为敏感昆虫的庇护所。例如，我国转基因棉田周围种植了传统玉米、花生等作为天然庇护所。

措施二：转入其他种类杀虫蛋白。当害虫对一种蛋白产生抗性后，种植人员可以再转入其他杀虫蛋白。一般情况下，一种害虫很难对几种杀虫蛋白同时产生抗性。所以具备多种抗虫蛋白的转基因植物是研究的趋势。

措施三：避免种植杀虫蛋白量太低的转基因作物。转基因作物杀虫蛋白量过低会引发害虫抗性的产生。我国法规规定，对低剂量、低表达的转基因作物不予发放安全证书。

措施四：大面积监测。定期在棉田里采集棉铃虫，检测抗性基因，一旦发现抗药害虫，应及时采取措施。

第二节　转基因植物对生物多样性的影响

不知从什么时候起，世界上的生物多样性就一直在减少。人口持续增加，耕地面积持续扩大，对自然生态系统及生物物种产生了威胁，草原退缩、土地沙漠化，生态环境越来越恶劣。人类无节制地破坏生态系统，为了眼前利益不顾子孙后代。环境污染加剧，进而导致生态系统退化。从农业诞生以来，生物多样性减少，就已成定局，这压根不是因为人类培育出的生物比自然培育出的生物强，而是因为它们有人类的技术作为保护伞。目前，生态学家等正在筹划如何尽可能地保护生物多样性。如果人类突然消失，那么人类培育出的绝大多数作物，无论是否为转基因，它们都很可能会在自然竞争中失败。因为，它们生活在人类精心呵护下。培育转基因生物，并非为了让它们打败自然界中的其他同类，而是为了人类的利益服务，可能某些时候恰好也有助于增强它们的竞争力，如抗旱抗盐碱能力的提高，可以使它们在以前不能生长的地方存活。转基因对生物多样性的影响是一个极具争议的话题，学术界目前对此还没有统一的认识。

一、生物多样性的概念

生物多样性是指一定范围内多种活的有机体（动物、植物、微生物）有规律地结合所构成稳定的生态综合体。生物多样性的三个主要层次是物种多样性、基因多样性（或称遗传多样性）和生态系统多样性（黄聪秀，2011）。

物种多样性常用物种丰富度来表示，指一定面积内种的总数目。

生物种群内和种群间的变异造成了基因多样性。每一个物种包含若干种群，这些种群由于突变等原因，在遗传上有所差异。这些遗传差别使得一部分种群在特定环境中更加成功地繁殖和适应该环境。除了同一个物种的不同种群遗传特征有差异，同一种群也会因为基因突变，存在基因多样性。种群内突变的基因可能会使一部分生物更能忍受不利的环境，并把它们的基因传递给后代。基因多样性，是生物种群适应不同环境、抵抗逆境的利器。环境选择了基因，基因多样性推动了生物的进化。

生态系统多样性既指生态系统之间的多样性，也指一个生态系统内的多样性。生态系统之间的多样性指各地区有不同的生态环境；一个生态系统内的多样性指这个生态系统内的群落由不同的种组成。它们有多种结构关系，以及多样的作用与功能。

简而言之，生物多样性最直观的体现便是物种多样性，它是生物多样性的核心。每一个物种都是基因多样性的载体，基因多样性是生物多样性的内在形式；生态系统多样性是生物多样性的外在形式，保护生物的多样性，最有效的形式是保护生态系统的多样性。

二、转基因作物对生物多样性的影响

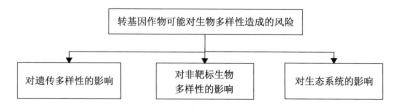

（一）转基因作物对遗传多样性的影响

基因多样性使粮食种类多样、稳定，种植转基因植物使基因多样性减少，供人类选择的食品种类减少。转基因植物的普及，可能使为数不多的几家大型生物技术公司控制和垄断了种子和生物技术市场。例如，孟山都几乎垄断了转基因大豆市场。全球90%的抗虫棉和抗虫玉米品种中，所含的抗虫基因，都来自于孟山都的专利（杨宝新，2004）。因为转基因作物品种比传统品种产量高、品质优的特性而受农民青睐。种植传统品种的人越来越少，导致物种多样性减少。例如，美国和阿根廷的转基因大豆在全球广泛种植，传统大豆越来越少，大豆品种单一化，基因多样性减少，同时栽培品种越来越少，已不能承受病虫害等灾害的袭击。

但也有人认为，种植转基因植物可以保护作物遗传多样性。转基因生物技术对于植物遗传资源保护有不可忽视的作用，能更有效地进行异地种子库的建立，对作物遗传资源进行更好地管理与跟踪。分子遗传技术在精确鉴定植物材料是否抗病方面有很大作用，进而关乎材料的收集和储藏。

（二）转基因作物对非靶标生物多样性的影响

无论传统作物还是转基因作物都会对生态产生影响，关键点是转基因作物的生态影响是否与传统作物有显著性差异。目前，对非靶标生物及生物多样性影响的研究主要集中在抗虫转基因水稻上，尤其是抗虫转基因水稻对稻田节肢动物的影响。转基因作物对天敌和非靶标害虫取食与产卵行为、生长发育与繁殖及种群动态等的影响都需要进行系统的研究。以抗虫Bt作物为例，转基因作物对非靶标生物多样性的影响包括以下两个方面。

1. 对非靶标生物的直接影响

对非靶标生物的影响主要指在种植抗某种虫的转基因作物的大田里，该种害虫数量下降导致其他害虫数量上升。有研究评估了 *Bt* 基因水稻对非靶标生物的生态影响，结果发现 *Bt* 转基因水稻并没有造成田间非靶标类群同翅目害虫的增加，甚至对这类害虫有一定的驱避作用，对稻田优势种群蜘蛛及节肢动物群落基本上没有明显的负面影响（陈睿和苏军，2006）。Bt 水稻与化学杀虫剂对稻田节肢动物群落影响的比较研究，从功能团优势度、功能团内的科组成及其优势度、功能团个体数量、群落主要参数及群落结构相异性等方面阐明了 Bt 水稻对稻田节肢动物群落基本无明显的负效应；Bt 水稻对稻田节肢动物群落的影响明显弱于化学杀虫剂。现有的研究结果均显示：在稻田生态系统中不同抗虫转基因水稻对非靶标生物无明显负面影响，相反却提高了稻田生态系统的稳定性。主要原因是抗虫转基因水稻的种植大幅减少了农药的使用量，促进稻田生物种类增多，生物多样性提高了（陈睿和苏军，2006）。

2. 通过食物链对非靶生物间接影响

当抗虫转基因作物使目标害虫死亡，捕食该害虫的生物因食物减少，也会受到影响。苏芸金芽孢杆菌中针对鳞翅目昆虫的 Cry 蛋白对非靶标生物无直接毒性，均为间接影响。间接影响包括有利的和有害的，研究 Bt 棉花和 Bt 玉米中的 Bt 蛋白在土壤中的残留时间，发现 Bt 作物土壤中 Bt 杀虫蛋白的半衰期为 10～30 天，其降解程度主要取决于生物因素和土壤类型。黏土颗粒可结合 Bt，使 Bt 不可逆失活，结合的 Bt 不再被其他作物吸收和积累（贾士荣，2004）。

【案例 6-5】美国大斑蝶纷纷死亡

1999 年，Losey 等在 *Nature* 上发表了一篇通讯，引起了轩然大波。用加 Bt 玉米花粉、加普通玉米花粉及不加玉米花粉的马利筋叶片分别饲喂大斑蝶幼虫，结果显示喂饲加有 Bt 玉米花粉组的幼虫第二天死亡 10% 以上，4 天后死亡 44%，而对照全部存活。另外，种植传统作物时，只能在作物种子萌发前喷洒一次除草剂，而种植抗除草剂作物后，就可在作物生长期多次喷洒除草剂，随着多次除草剂的喷洒，马利筋大量减少。因为马利筋是大斑蝶唯一的食物，所以大斑蝶的生存也受到威胁。

因为大斑蝶具有美丽的外貌，所以深受美国人民的喜爱。该文章一发表，立即引发了 Bt 玉米环境风险的争论。其实，这在意料之中，因为 Bt 玉米中的杀虫蛋白 Cry1A 的靶标是鳞翅目害虫，"斑蝶"属鳞翅目昆虫，所以会受到 Bt 蛋白的影响。但 *Science* 和 *Nature* 杂志认为，这并不反映真实的田间情况，所以拒绝发表该文章，只在 *Nature* 杂志上以简讯登出。

Richard 等发现在实验室中，将 Bt 玉米花粉直接撒在马利筋叶片上或者把带 *Bt* 基因玉米花粉的花丝放在马利筋叶片上，大斑蝶幼虫食用后生长发育和体重增加都受到显著影响，但认为在田间 Bt 玉米花粉对大斑蝶幼虫没有急性毒性作用（李有斌等，2006）。因为大部分杂种玉米花粉中 Bt 蛋白的表达量很低，在田间达不到急性毒性值，另外，玉米散粉期与大斑蝶幼虫发生期很少重叠。所以 Bt 玉米杂种的花粉对大斑蝶种群的影响微乎其微。其实，斑蝶减少是因为过度使用农药，以及墨西哥生态环境的破坏，因此实验室结果与田间结果是存在差异的。

大家对"斑蝶事件"的讨论主要围绕着转基因作物是否影响了非靶标生物的生存状况，实质是生物多样性是否受到转基因作物种植的影响。Bt 蛋白针对的是某一类昆虫如鳞翅目昆虫，而不是专一性地针对某一种昆虫，因此对同一类昆虫可能产生影响。

另外，也有学者比较了田间转基因植物对生物多样性产生的影响。高素红等在田间试验林，调查比较研究了转双抗虫基因 741 杨不同抗虫株系节肢动物群落的垂直结构和组成，他们发现转基因植株和土壤节肢动物亚群落对抗虫基因的灵敏性较高，其优于对照组 741 杨。高抗虫 741 杨植株亚群落结构比较合理；中等抗虫株系的土壤节肢动物群落比较好；转双抗虫基因 741 杨的表层和灌草层节肢动物群落多样性、均匀度指数高，优势集中性指数低，稳定性较强。结果表明，转双抗虫基因 741 杨对节肢动物群落垂直结构具有有正面作用（高素红等，2005）。

　　转基因植物能增加种植面积，市场产品的前提是其安全性。科学技术的发展速度与规模都应该在一定的限度内，否则，无限制的发展技术会给人类带来负面影响。对于转基因植物的研究，各国都有责任保证其安全、健康、有序地发展。中国也要在发展转基因植物的同时保护本国传统资源，降低转基因植物带来的生态风险。

（三）转基因作物对生态系统包括土壤生物群落的影响

　　转基因作物的生态安全性评价是一项必要而艰巨的工作，将转基因作物释放到环境中会引发对许多问题的思考，例如，是否会对其他野生植物造成伤害，是否会破坏生态平衡，是否会改变物种间的竞争关系和生物多样性等。生态系统作为一个整体，每一个环节都关乎整个系统。转基因植物可能会对土壤中的微生物、昆虫、软体动物等产生负面效应，进而对土壤环境的生态平衡产生长远的影响。例如，当科研人员在一些沼泽地、盐碱地、热带雨林等不适合农业种植的区域引入耐盐碱、耐高温、耐高湿、抗病虫害基因的农作物，会干扰原来生活在这里的生物，从而造成物种减少、退化乃至灭绝，破坏了当地的生态系统。另外，转基因作物的外源基因及其表达产物也可通过根系分泌物或作物残茬进入土壤生态系统，可能改变土壤的生物多样性及生物类群结构。在评价转基因植物对环境的影响时，EPA 认为其对土壤生物多样性的影响是一个重要的组成部分。美国环保局的报告指出，转基因植物对土壤生态系统生物多样性的问题上仍需提供更多的资料，需进一步调查研究。特别是有关植物根系表达 Bt 蛋白水平的研究，如果其表达量高于正常表达量，就要进一步确定其对土壤生态系统生物多样性的影响（聂呈荣等，2003）。

三、我国对转基因植物环境安全中生物多样性影响的检测

　　目前，我国出台了有关转基因大豆、转基因玉米、转基因油菜的环境安全检测技术规范，其中第三部分是对生物多样性影响的检测。该部分规定了转基因大豆、玉米、油菜对生物多样性的检测方法。转基因大豆需检测对大豆田节肢动物的影响；对大豆主要病害的影响；对大豆根瘤菌的影响。转基因玉米需检测对玉米田节肢动物多样性的影响；转基因抗虫玉米对靶标害虫（亚洲玉米螟）的抗虫作用；转基因抗虫玉米对其他主要鳞翅目非靶标害虫的抗虫作用；对玉米病害的影响。转基因油菜需检测对油菜病害的影响；对油菜田节肢动物多样性的影响。另外，农业部还发布了针对耐除草剂大豆、抗虫水稻、抗病水稻、抗虫玉米、抗

除草剂玉米、抗虫棉花的转基因植物及其产品环境安全检测的国家标准。

四、减少对生物多样性影响的措施

为了减少对生物多样性的影响，可以采取以下措施。

（一）保存种子

因为大多数转基因性状，如抗虫、抗病、抗除草剂等肉眼不可见，所以无法识别转基因种子与非转基因种子是否混杂。对转基因与非转基因生物品种应当分开管理，合理布局，避免相互交叉污染。我国应当完善并严格管理农作物种质资源库，为保护生物多样性做到未雨绸缪。

（二）利用物种多样性指数评价生物多样性

经常使用的物种多样性指数主要是 Shannon-Wiener 指数和 Simpson 指数。生态系统水平多样性的评价难度较大，主要是因为生态系统本身结构复杂，又没有明确的边界。但是，如果用一系列的标准来定义生态系统，其数量和分布还是可以测定的，也有人从种间关系或营养结构的角度构造生态系统多样性指数。遗传多样性的测度更加困难，形态上判定的遗传多样性如作物或家养动物的品种可以参照物种水平的方法测度，而染色体、蛋白质和 DNA 水平的遗传多样性目前还没有确定很好的测度公式或指标。综上所述，我们通常用物种多样性指数来评价生物多样性。

（三）保护生物多样性的 DNA 条形码技术

DNA 条形码是近年兴起的一种分子鉴定新技术。该技术已经成功应用于生物入侵种监测、群落历史演变、海洋浮游动物种快速鉴定、种群遗传学、营养关系研究、生物地理学等方面。该技术对于新物种的发现和生物多样性的保护极为有利，能快速筛查及准确鉴定有害生物及入侵种，并可形成统一鉴定标准，构建数据库平台，全球共享数据，更加有效地保护生物多样性。DNA 条形码技术利用较短的基因保守序列进行种的鉴定，可以在更大范围应用于生态保护研究。DNA 条形码序列能够区分近缘种，使生物多样性分析更加细致全面。

第三节　基因漂移及其可能导致的潜在生态风险

肺炎曾是 20 世纪初造成美国人死亡的头号疾病（庚镇城，2003）。英国细菌学家 Frederick Griffith 曾经花费了很长的时间对肺炎链球菌进行系统地研究，其中部分菌株致病力很强，主要引起肺炎，是细菌性肺炎的主要病原菌，另外还可引起败血症、脑膜炎等（陈静，2009）。1928 年，Griffith 发现了一个有趣的现象，将非致死性肺炎链球菌与加热杀死的致死性肺炎链球菌一起注射到小鼠体内时，小鼠不但死亡，而且从小鼠血液中检出了活的致死性肺炎链球菌。这个实验说明加热杀死的致死性肺炎链球菌中的某物质在该菌死后仍然保持着活力，而且转移到了活的非致死性肺炎链球菌中，使之转变成病原性的致死性肺炎链球菌，在小鼠体内继续繁殖，致使小鼠患上败血症而死亡。1944 年，Avery 等在离体的条件下完成了转化过程，精确地证明了 Grifith 发现的转化因子就是 DNA，也就是死去的细菌分解出的 DNA 片段，通过水平转移整合到非致死性肺炎链球菌中，并能稳定地传代。这实际上是发现最早的基因水平转移现象，那么在转基因作物中是否也会发生这种遗传物质转移的现象呢？

一、基因漂移

转基因生物技术的快速发展显著促进了全球转基因作物的发展和产业化，为解决世界粮食保障问题提供了新的机会。然而，转基因作物的大规模环境释放和商品化生产可能会导致环境生物安全问题的发生，处理不好将影响转基因作物的进一步研究和发展。其中，转基因作物与其他栽培品种或者野生近缘种（杂草）之间发生的基因漂移现象成为了商业生产和环境释放相关生态风险的主要问题之一。

基因漂移也被称为基因流、基因流散或者基因漂流，是指某一个生物群体的遗传物质通过媒介转移到另一个生物群体中的自然过程（卢宝荣，2011）。不仅仅是转基因作物，世界上大多数的农作物，经常会与其他栽培品种或者野生杂草之间发生基因漂移，这是物种演变的自然过程。理论上有两种基因漂移的方式，即基因的垂直漂移（vertical gene flow）和水平转移（horizontal gene transfer）（蒲德强，2013）。

基因的垂直漂移通常是指发生于亲缘关系非常接近或者同一物种的不同群体之间的基因交换（魏庆信和郑新民，2012）。而基因水平转移的频率极低，通常指基因在亲缘关系很远的物种之间进行交换和移动，在细菌演变过程中发挥重大作用，在某些单细胞真核生物中也相当常见，它打破了亲缘关系的界限，使基因能够在不同的物种之间进行交换。在寄生、共生、病原体、附生植物、内生植物和嫁接等频繁发生密切接触的状态下会促进两个物种之间基因水平转移的发生。除了这些直接的基因转移途径，还可能通过载体作为桥梁进行基因交换：花粉、真菌、细菌、病毒、类病毒、质粒、转座子和昆虫（Richardson and Palmer，2007）。但是，在多细胞真核生物，尤其是植物体中的基因水平转移的发生通路，目前尚未研究清楚。关于转基因作物的基因水平转移的讨论更多依赖于理论，而非实践，因为尽管此过程在生物演变的进程中意义非常重大，但是在强制实验之外并没有发生转基因的基因转移现象。

二、基因漂移的途径及环境风险

基因垂直漂移有不同的类型，根据导致其漂移的媒介不同，可以将其分为花粉介导、种子介导及无性繁殖器官介导的基因漂移（Lu，2008）。花粉介导的基因漂移是指通过花粉传播（俗称串粉）或有性杂交的方式导致同一群体或不同群体中个体之间的遗传物质产生交换；而种子或无性繁殖器官介导的基因漂移是指在基因漂移过程中并不涉及有性杂交，而是通过种子或者无性繁殖器官的扩散和传播，使不同群体中个体之间的遗传物质发生交换（表6-1）。

表6-1　通过不同途径基因漂移的类型及其特点（Lu，2008）

基因漂移类型	发生率	通过供体和受体融合影响	影响基因漂移的因素
花粉介导	常见	是	受体和供体花粉粒的远交率，供体和受体的花粉竞争，授粉媒介（如风、动物）和气候条件
种子介导	常见	否	种子传播媒介（如风、水、动物和人），有时气候条件也有所影响
无性繁殖介导	罕见	否	无性繁殖器官传播途径（风、水、动物和人）

随着在农业领域中转基因植物的不断开发与利用，通过基因工程合成的外源基因对生态影响引起了广泛关注，因为这些基因可能在环境中被复制和传播，带来了潜在的生态影响。这种生态影响将会根据转基因漂移对象的不同而有较大差异，这些影响主要包括以下几个方面。

（1）向非转基因作物的逃逸。外源基因从转基因作物向非转基因作物逃逸，往往会使非转基因作物种子中混杂了含转基因的种子，导致种子纯度的下降，种子的混杂可能引起地区之间或国家之间的贸易问题，甚至是法律和经济方面的争端（卢宝荣，2011）；另外，如果这些混杂于传统品种中的种子用于留种和繁殖，可能会影响传统品种种质资源的遗传完整性。

（2）向野生近缘种（包括杂草类型）逃逸。通过花粉介导的外源基因转移到亲缘野生型群体中，可能会通过转基因作物和野生近缘种的进一步杂交和基因渗入传播继续生存和繁殖。如果转入的基因在野生型植物中像在转基因作物中一样进行表达，则该转入的基因可能会改变野生型植物的某一特性（如抗虫和耐除草剂），导致不良后果。如果转入的基因改变了野生近缘种的适应度和动力学特性，野生种群的转基因渗入可能会引起该种群的区域性灭绝（野生近缘种的适应度降低的情况），或者使野生近缘种更加具有入侵性和竞争力（野生近缘种的适应度增加的情况）。由于经过遗传修饰的转基因可能会改变作物与野生近缘种杂种各世代的生态适合度和入侵能力，导致这些含转基因杂种世代的扩散，从而带来杂草问题和其他生态影响；同时，大规模的转基因漂移还可能通过遗传同化作用、湮没效应、选择性剔除效应等，影响野生群体的遗传完整性和遗传多样性，甚至在严重的情况下导致野生种群的局部绝灭。

（3）向动物及人类漂移。公众普遍担忧由于转基因植物的田间释放，导致其与非靶标生物的相互影响会带来生态和人类健康的风险。因为人们通常将细菌编码的抗生素抗性基因，作为转基因作物的选择性标记基因。许多研究表明，细菌能够对多种抗生素均产生相应的抗性，人们所担心的是，如果转基因植物中的抗生素抗性标记基因转移到细菌中，那么该基因将通过微生物循环进入食物链，影响动物或人类肠道中的微生物，从而影响抗生素的疗效。因此，评价转基因植物向环境微生物发生非预期的基因水平转移概率是非常重要的。

在分析转基因植物的 DNA 时，脊椎动物的消化系统引起了很大的关注，因为在消化过程中，转基因植物的 DNA 作为重组基因的载体可能会释放到肠腔中。像其他由食物释放的 DNA 一样，重组基因可能会被宿主细胞吸收，运输到其他组织，也许会与丰富多样化的肠道微生物群发生相互作用。但是，目前尚无研究证明转基因食物向宿主细胞或者肠道微生物发生过基因水平转移的现象，且外源DNA 消化的过程暗示这个过程是极不可能发生的。与脊椎动物不同，昆虫的消化系统并没有被具体详细地研究。但是，重组基因向昆虫肠道微生物的转移是与生态环境高度相关的，因为昆虫中的微生物被认为是地球上生物多样性的最大宝库之一。许多关于供体细菌和固有肠道微生物的研究表明昆虫肠道会通过细菌接合促进细菌群之间的基因漂移。但是，肠道微生物对游离 DNA 的摄取和重组还没有被证明。这个基因转移机制是最有可能由植物到微生物发生基因漂移的机制，但并不是唯一的机制。例如，蜜蜂需要采集花粉，因此蜜蜂是与转基因植物亲密接触的物种。Mohr 和 Tebbe（2007）在开花的转基因油菜田中进行了转基因油菜花粉向 *Apis mellifera*（honeybee）、*Bombus terrestris*（bumblebee）和 *Osmia bicornis*（red mason bee）三种不同类型蜜蜂肠道微生物发生基因水平转移的概率和生态风险研究。该实验中选取的油菜转入了 *pat* 抗草铵膦基因。实验人员分离了 96 个菌株，发现 40%的菌株对 1 mmol/L 草铵膦产生抗性，11%对 10 mmol/L 的草铵膦产生抗性。所有的系统组都发现有抗性表型，但是没有一个抗性表型的基因组携带重组的 *pat* 基因，之所以出现普遍的草铵膦抗性，有可能与非特异性的氨基酸氧化酶使 *Rhodococcus* sp.或者 *Pseudomonas paucimobilis* 等细菌能够利用氨基作为氮源有关，除此之外，还可能与酶或者膜运输等的相关过程有关。由于这片地区的作物自然抗草铵膦的性能较高，对于该片地区进行基因水平转移的检测阈值相对不敏感。来自不同系统组的抗草铵膦细菌的发生率表明，转入基因并不会显著增加细菌的草铵膦抗性。

（4）对土壤微生物等的影响。外源基因不仅可以通过重组、复制、转导、转化、转位等途径在微生物之间相互转移，而且在作物与微生物之间也会自然发生。例如，大豆、花生等豆科植物能够与其根内的根瘤菌发生结合形成肿瘤，进行生物固氮，供植物生长发育之用；转基因作物中的外源基因（如 Bt 杀虫结晶蛋白基因、蛋白酶抑制剂基因、抗生素基因等）可通过根系分泌物或残枝落叶残留在土壤中，使土壤中的微生物种类、数量及土壤理化性质发生变化（王忠华和周美园，2002）。

抗生素抗性基因作为转基因植物的选择标记物被广泛使用，然而问题是这些抗性基因可能会转移到土壤中的土著微生物。已知自然环境中的一些细菌可以自发地从外界获取遗传物质，这一过程称为自然转化。由自然转化介导的植物与细菌之间基因水平转移是存在可能性的。一些细菌会根据其基因组的散在序列优先吸收它们自己的同源 DNA。例如，*Bacillus subtilis* 和 *Acinetobacter calcoaceticus* 则会吸收独立于它们自身序列的 DNA 片段，即同可以吸收与其序列相关的 DNA 一样，细菌的细胞质也可以吸收非同源 DNA，如植物的 DNA。为了保持在细菌中的稳定性，细胞质中的 DNA 需要与复制起点联系，如通过整合到染色体或者质粒中。传统意义上，将基因整合到受体细菌的基因组中是依赖于序列的同源性。植物基因组与细菌基因组之间缺乏同源性，因此植物与微生物之间的基因水平转移存在着强大的基因障碍。如果在转基因植物中插入的细菌 DNA 可以利用原核侧翼序列在质粒中被克隆和持续繁殖，则与细菌 DNA 同源的序列将存在于转基因植物中，而且原核生物的调节序列和蛋白编码序列也会在转基因植物中表达。Shen 和 Huang（1986）报道称 *Escherichia coli* 所需要的同源重组最短同源序列长度是 20 个碱基对，说明很短的同源序列就可以调控基因重组。序列同源性、质粒挽救、非常规重组和重组突变体等都是影响受体细菌转入外界 DNA 的因素。自然转化的对象可以是任何物种来源的 DNA，因此转基因植物 DNA 片段通过自然转化进入某些土壤微生物的可能性是不能被排除的。检测转基因 DNA 到土壤细菌的基因水平转移有三种方法：①长期追溯法，对特征性的细菌和植物基因比较，进行长期追溯；②短期追溯法，根据来自田间试验/土壤中的假定转化子进行初始表型筛选，转基因植物具有选择标记基因，进行短期追溯；③实验室方法，根据优化实验室条件使基因转移到所培养的土壤细菌中。以往的研究表明释放入土壤的染色体 DNA 只有在有限的一段时间里能够被 *A.calcoaceticus* 所利用，而且 *A.calcoaceticus* 无法在土壤里保持稳定的感受态。*A.calcoaceticus* 可以用染色体和质粒 DNA 转化，最重要的是能够吸收同源和异源的 DNA。Nielsen 等（1997）用第三种方法评估了转基因植物向土壤细菌 *A.calcoaceticus* BD413 通过自然转化发生基因水平转移的可能性，检测了两种植物 DNA 和不同形态的质粒 DNA 向细菌的转移频率。实验结果表明，是否为该细菌同源的 DNA 明显影响转化频率；在菌体中没有检测到与转基因植物 DNA 相关的转化子，即 *A.calcoaceticus* 并没有吸收非同源转基因植物的 DNA 到达一个可以检测到的水平。

【案例 6-6】外源基因漂移到非转基因植物（张富丽等，2011）

以抗虫转基因水稻华恢 1 号为研究对象，种植于地块中央，并在其四周随机等宽种植 6 种非转基因水稻。水稻成熟后，按不同距离收集 F1 代非转基因水稻种子，进行 PCR 转基因杂种鉴定。发现外源 *Bt* 基因向 P13381 和春江 063 水稻的平均漂移频率皆为零。而抗虫转基因水稻华恢 1 号与非转基因水稻合系 22-2、天香、明恢 63、P1157 几个品种之间发生了不同程度的转基因漂移，平均漂移频率最高为 0.875%，并且漂移频率随着距离加大而逐渐降低，在距离转基因水稻 7 m 以外的所有采样点平均转基因漂移频率均为零。

水稻是一种很重要的粮食作物，在解决全球粮食安全问题中占有极其重要的地位。目前已经培育出多种转基因水稻品种，以提高产量和优化性状，因此转基因水稻的大规模环境释放和商品化生产已成为必然趋势。作为全球第六大转基因作物种植国，我国在转基因水稻的研究上已取得快速发展，培育成了含有抗虫基因（如 *Bt* 基因）、抗病基因（*Xa21*）、抗除草剂基因（*bar*）等不同种类的转基因水稻品系。该实验初步估计抗虫转基因水稻对农业生态环境的潜在风险。结果表明抗虫水稻华恢 1 号的外源基因具有一定的逃逸风险，但漂移频率非常低。Song 等（2004）的研究结果同样证明了相似的结论，即随着与花粉源空间距离的不断增加，空气中的花粉密度迅速衰减。试验中，非转基因和转基因植株间的最短距离仅为 20 cm，在这种极端条件下的转基因漂移频率低于 1%，如果在通常田间栽培情况下发生基因漂移的概率会更低。此外，通过田间合理布局进行物理隔离、保持合适的距离、错开花期或者科学安排农时等方式，能够有效控制转基因水稻外源基因漂移和降低因转基因逃逸带来的生态风险。

【案例 6-7】外源基因转移到动物体内

刘斌等（2014）研究转基因豆粕对崂山奶山羊生长性能、肌肉营养成分和组织器官中外源基因转移的影响时，发现食用转基因和非转基因豆粕的奶山羊平均日采食量、平均日增重和料重比均无显著差异；奶山羊肌肉的粗蛋白质、粗脂肪、粗灰分、干物质、钙、磷含量亦均无显著差异；采用实时定量 PCR 法检测奶山羊肌肉、肾脏、肝脏、脾脏、胰腺、胸腺、心脏、肺、皱胃、小肠组织的外源基因，均未检测出转基因片段。

外源基因可能会在动物体内发生水平转移并残留，成为其进入人类食物链的最可能途径，从而影响动物的正常生长发育（殷瑞娟等，2013）。周联高等（2009）

的研究表明,转基因稻谷及所转录表达的外源蛋白未在肉仔鸡体内及粪便中检出。刘金(2012)用转 *bar* 基因稻谷进行 80 天小鼠的饲养实验,在小鼠的肝脏、肾脏、脾脏和小肠中均未检测到 *bar* 基因片段及其表达的蛋白。本案例研究证明转基因豆粕对崂山奶山羊生长性能和肌肉品质均无显著性影响,并且转基因豆粕的外源基因没有转移到奶山羊的肌肉及各组织器官中,与上述报道一致。

【案例6-8】外源基因转移到微生物中

转基因油菜、黑芥菜、甜豌豆中的抗生素基因可以通过转基因植株的根系分泌物转移到一种能与植物共生的黑曲霉微生物中(张铃等,2011)。

Hoffmann 等(1994)在实验中,有时会观察到真菌长满植物并杀死植物,因此在植物表面产生大量无性孢子。真菌释放的果胶酶和纤维素酶可能会引起植物包括细胞壁和 DNA 的降解。这些裂解过程释放的 DNA 可能会成为黑曲霉转化的底物。研究虽然证明了植物能够通过土壤将基因转移至黑曲霉。但是,自然栖息地的效率和发生率,以及该基因转移机制尚不清楚,故需进一步研究。转基因植物必须先进行土壤微生态方面的研究,才能进入田间释放和商业化应用(张晶,2006)。但是目前人们对这方面的研究较为肤浅,研究方法和手段也相对落后。随着人们安全性意识的不断加强,必将加快对土壤微生态研究的投入和开发,使转基因植物朝有利于人类生存与发展的方向前进。我国是一个人口众多、自然资源相对匮乏的农业大国,虽然在转基因水稻、棉花、番茄等的研究方面已达到国际领先水平,但对转基因作物的生态环境效应(包括根系分泌物对土壤微生态的影响)的研究开发却很少,希望今后能引起有关政府和科研部门的重视,使我国的转基因作物朝着有利于可持续农业的健康方向发展。

三、转基因植物基因漂移的风险评估

风险可定义为:预计在未来将产生危害或危险的可能性。人们常常将"风险"和"危险"两个概念相混淆,准确地讲,风险和危险(或危害)的意义是不一样的,风险只是危险将产生的一种可能性,或对可能产生危险概率的一种预测。因此,风险的变量单位是百分数(%),在极端的情况下,当完全没有任何危险的可能性,则风险为零(0%),而当危险必然发生,则风险为百分之百(100%)。但是,这种极端的情况是几乎不存在的,在大多数情况下,风险的可能是 0%~100%。对于转基因植物的环境生物安全而言,生态或环境风险为转基因植物大规模释放,以及商品化生产过程中可能对环境带来的危害性。而风险评估指的是有益于确定风险是否可能发生,以及对产生风险的程度进行严格评判的操作或实施程序。环境风险评估的目的是为了确定环境风险是否可能发生，风险的程度如何，并采取措施将其发生的可能性降至最低。风险的评估有定性和定量评价两类，风险的定量评估非常重要，结果也比较精确，对转基因作物的基因漂移进行量化，以及尝试制定控制或者减少基因漂移的策略是很有必要的。进行风险评估时，应当考虑到以新方法引进基因可能带来的生态效应，且需要获得有关危险性或者危害性的确切资料，如转基因对环境的毒性水平等量化指标。然而，影响基因漂移的因素包括交配系统、授粉方式、种子传播方式、作物生长环境的特征等，很难对其进行评估，导致对基因漂移的量化是不容易的。因此，环境生物安全的风险评估非常具有挑战性，而其中危害性和危险性的定量评估和确定是环境风险评价的关键所在。

对转基因逃逸及其潜在生态风险的科学评价应包括三个重要环节：①检测转基因的逃逸频率（风险评估包括花粉漂移、基因漂移等田间实验）；②检测转基因逃逸后的表达和遗传规律（评判基因水平转移的方法有进化树分析法、碱基组成分析法、选择压力分析法、内含子分析法、特殊序列分析法、核苷酸组成偏向性分析法等几种方法，或用几种方法联合起来综合评判）；③确定逃逸后的转基因对野生近缘种群体适合度的影响及其进化潜力。通常，对自然选择没有优势的转基因（如品质和口味改善），其带来的环境生态风险应该非常小；而具有自然选择优势的转基因（如抗生物和非生物胁迫）可能会带来较大的环境风险。因此，在对转基因可能产生的环境风险进行评价和分析时，应该严格地按照个案分析的原则，才能切合实际，避免盲目性。其中利用转基因识别技术及运用种子和花粉传播的知识对转基因植物的基因漂移进行评估是非常重要的。

（一）转基因作物的生物学特征

作物的授粉机制是影响基因漂移的重要因素。相对于风媒传粉异交的作物（如玉米），来自自花授粉的花粉介导的基因逃逸异交概率非常低，如大豆。如果转基因作物有任何的杂草特性，评估时需要考虑决定植物侵入性的因素，如可能侵占的栖息地和种子传播的生态学。评估转基因作物向近缘杂草基因漂移的可能性时，需要知道该野生种距离转基因作物栖息地是否很近，或者在该片栖息地中是否会出现培育品种的自生植物，以及了解任何相关品种杂草的生态学信息。

（二）任何相关野生种群的分布

转基因植物会释放到周围区域的植物群，可以通过植物区系、标本集、划分结构和植物调查来确定可能的植物群。如果该项研究鉴别出近来属于侵入性引进的相关品种，那么该植物品种在特定区域的历史特征将会成为相关的补充信息。相关的品种可以提供与转基因作物关系较远的植物的遗传桥梁，因此需要全面地调查来鉴别分类群中可能的有害杂草。英国根据花期油菜的颜色特征（可见光波段的鲜艳黄色）使用卫星图来大范围识别栽培型油菜（*Brassica napus*）和野生近缘种（*Brassica rapa*）的分布（Elliott et al.，2004）。

（三）生物多样性中心

将转基因作物引入该作物或者相关品种的生物多样性中心可能会导致更多监管部门的审查。Engels 等（2006）提及转基因作物环境的生物多样性中心时，建议应保护作物生物多样性中心的遗传资源，尤其是中美洲和墨西哥。根据对墨西哥玉米品种的转基因初步监测时所得出的结果，提出了应防止转基因植物在生物多样性中心释放，并同时提出了预防方法，其中一个方法是使用雄性不育。Raven（2005）解释了墨西哥的转基因玉米并没有对当地品种构成威胁，并且发现玉米和野生近缘种的自发杂交。另外，Münster 和 Wieczorek（2007）认为，虽然有些地方不一定是生物多样性中心，如一些孤立的栖息地（岛屿等），但也应该由监管者给予特殊考虑。

（四）相关品种的亲和性

相关品种与相同作物品种的生殖亲和或不亲和的证明对于评估基因漂移概率非常重要。试验中首先需要收集信息，这类试验需要在完成识别最可能暴露在转基因作物花粉环境下的工作之后才开始进行。亲和性的测定需要在受控条件下进行实验，这与田间试验是不同的，试验需要在优化施肥条件下进行。结合与野生种群的接近度、开花时间重叠、试验杂交的繁殖力和亲和性的信息，将会给出杂交概率的指示。

（五）转基因植物的生殖生物学

测量不定根、生存的土壤、开花数量和时间、花粉生存能力和寿命、种子数量、种子休眠和萌发将提供可能会影响有性或者无性繁殖力的形态学或者生理学改变的信息。Ramsay（2005）关于可能会偏好昆虫或风授粉的某些适应性和性状的报告，可以作为衡量转基因植物特性的指南。

（六）生存能力

转基因植物生存能力的测定，即与非转基因亲本品种相比，对转基因植物繁殖体（如种子、块茎、茎段、根块）存活情况是否良好进行测定。尤其在欧盟地区，至今仍争论转基因作物的栽培，以及阈值水平和共存问题。转基因作物的生存力和适应度需要通过其保留和存活信息来测定。如果该作物的种子是能够长期休眠的，那么需要数年时间来收集实验数据以确定该作物的生存力。

四、避免外源基因水平转移的方法

作物转基因发展的潜力如此之大，因而不应该禁止转基因技术的使用。为了将由转基因逃逸产生不良环境后果的概率降到最低，研究者提出了许多策略和方法，包括物理方法和生物方法。

（一）物理隔离

距离隔离属于物理隔离中的一种主要方式，在农业生产中为了保证种子纯度而经常使用该方式以防止作物串粉。转基因作物释放时，采用距离隔离的方法可以在某种程度上阻断转基因通过花粉进行漂移。有关这方面的研究，国外已在一些作物上取得了一定的成果。在这些研究中，转基因通过传粉在空间上漂移的程度是由不同方向不同距离上转基因花粉与非转基因作物杂交的频率来确定的，该频率随着距离的增加而降低。例如，在 Scheffler 等（1993）的转基因油菜释放试验中，相距 12 m 处的杂交频率为 0.02%，而在 47 m 处，10^7 粒非转基因油菜种子中只有 33 粒携带转基因。Bae 等（2013）用转基因大米 Hwangkembyeo（含有 β-胡萝卜素增强基因和 bar 基因）及其非转基因亲本研究二者的异交率，发现绝大多数基因漂移都发生在 1 m 之内，而且通常是在 30 cm 内发生，90 cm 以外的区域很少发生基因漂移。风向和距离是决定大米异交的最主要因素。

对于同一转基因作物，不同试验所估测的隔离距离有很大差异。这种明显差异，除了统计学上的原因外，还可能与周围植被的类型、密度、开花期及气候条件等因素有关。还有研究表明，隔离距离与转基因作物的释放面积有较大关系。在 Scheffler 等（1993）的试验中，转基因油菜的释放面积较小，仅为 75 m²，因而 47 m 处的转基因传播频率只有 0.000 33%；而在他们的另一试验中，释放面积扩大到了 400 m²，相距 200 m 处的传播频率仍有 0.0156%，400 m 处为 0.0038%（Scheffler et al.，1995）。Timmons 等（1995）在进行较大规模（面积达 10 hm²）的转基因油菜释放试验时，测得 360m 处的花粉密度只降到释放地边缘花粉密度的 10%，在 1.5 km 处，仍计数到每立方米 22 粒的花粉。

除了距离隔离以外，根据特定的转基因作物，还可选择其他方法，如转基因植物的去雄、移去与作物有亲和性的种类、调整播种时间使转基因作物及其亲和性物种的花期不遇，以及在周围种植同种的非转基因作物以作为隔离区等。需要注意的是，上述方法均只适合于转基因作物的小规模田间释放试验，而对于大面积商品化生产，采用物理隔离来防止转基因通过花粉的扩散是不切实际的，也是不可能的，此时就必须考虑采取下面的几个对策。

（二）雄性不育

基因漂移主要是通过花粉传播和受精的方式而实现的，所以雄性不育品种的培育成为阻止转基因逃逸的一种直接有效的方法，尤其适用于既能有性繁殖又能无性繁殖的一类作物（如马铃薯）（高晓蓉，2007）。雄性不育可以通过敲除在花粉发育过程中起关键作用的基因以阻止其表达，或者使花粉组织特异性的主要代谢基因保持沉默，以及通过花粉特异性重组酶将花粉中转入的基因切除来避免转基因漂移等方法实现。例如，转入绒毡层特异性启动子引导下的 *barnase* 或 *Rnase T1* 基因，破坏花粉囊发育，阻止花粉形成，得到雄性不育的转基因植株。然而这种方法并不是万无一失的，如果转基因作物作为其野生近缘种花粉的受体，产生的杂种种子与其亲本回交也会造成转基因的逃逸，但这类转基因作物的释放依旧能大大降低其生态风险性。此外，干扰与种子形成和萌芽过程相关的基因则可实现种子不育，如已由孟山都公司获得专利的终止子技术通过外环境刺激（如用抗生素浸泡）启动重组酶活力，将核糖体抑制蛋白基因中一段内含子去除，解除其表达抑制，最终破坏种子组织导致不育（黎昊雁和王玮，2003）。将控制闭花受精或者孤雌生殖的基因导入植物中，改变其生殖表型，也能达到基因约束的目的（黎昊雁和王玮，2003）。

（三）转基因遗传调控

在自然界，无论是杂草间还是杂草和作物之间都存在着激烈的竞争，所以即使是温和的不利性状也会使植物的杂草化受到极大的限制。转基因遗传调控（transgenetic mitigation，TM）是指利用遗传工程技术调控转基因对杂草的选择有利性。Gressel（1999）介绍了一种防止超级杂草产生的新策略（图 6-1），其基本原理是在一个串联构建体中，让对作物是中性或有利而对杂草有害的 *TM* 基因（*TM1*，*TM2*）（如防止种子散落和降低种子二次休眠等）位于目的基因（如抗除草剂基因）的两侧。若这种转基因花粉与近缘杂草受精，产生的后代虽具有抗除草剂的目的基因，但同时获得的 *TM* 基因会产生有害的总效应，使其难以发展成为"超级杂草"（孙婷婷和胡宝忠，2007）。即使两个 *TM* 基因中的一个在杂交后代中消失，剩下的另一个 *TM* 基因仍会起调控作用。采用转基因遗传调控策略也不能完全避免"超级杂草"的出现。因为转基因遗传调控技术本身也存在某种风险，即 *TM* 性状和转基因性状的相互分离，以及 *TM* 性状的突变失活。因此，我们应该关心的是转基因遗传调控策略能使"超级杂草"产生的风险降到多低的程度，而不是追求完全避免。

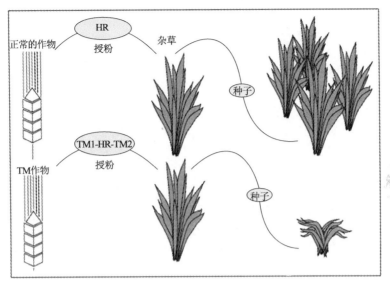

图 6-1　TM 技术的运用

在极少的情况下，转基因花粉会与相关的杂草接触并使它授粉，因此后代会具有"超级杂草"的特点。如果使用了 TM 技术，具有抗除草剂的基因会以串联结构位于 *TM* 基因的侧方，且 *TM* 基因对该作物是有利的或者是中性的，但对杂草是有害的。用这样的花粉使相关的杂草授粉，会产生具有抗除草剂抗性的后代，但其适应性却大大低于其亲本。

（四）可恢复式功能阻断法的应用

Kuvshinov 等（2001）提出一个新颖的从分子水平上彻底阻断转基因的逃逸技术，可有效避免转基因作物中外来基因转移，称为"可恢复式功能阻断法"（recoverable block of function，RBF），如图 6-2 所示。他们在所欲植入的外来基因序列前面添加了一个恢复序列和一个阻断序列，实际植入作物体内的基因便包含了阻断、恢复与外来基因三段序列。阻断序列能阻断宿主植物的某项分子或者生理机能，导致作物死亡或改变该作物的表现型，使其丧失有性繁殖的能力。恢复序列则能使被阻断的生理机能恢复正常。恢复序列的功能需借由外力（如化学或物理的刺激）来启动，在自然状态下并不会被启动。故此在自然状态下，基因改造作物和其近缘植物的杂交后代，只要阻断序列便会死亡或无法繁殖，因由此法所欲成的基因改造作物，其必须在化学或物理刺激的外力调控下，才能存活繁衍。研究表明，导入 RBF 结构的转基因烟草在种子成熟期以 40℃热激处理后，收获的种子全部可以正常发芽。

图 6-2　可恢复性阻遏结构（RBF）及其串联目的基因示意图

第四节　转基因植物在可持续发展中做出的贡献

地球正处在困境中，水污染、酸雨、全球变暖、热带雨林和野生动植物栖息地的破坏、生物资源濒临灭绝等是目前全球面临的重大问题。这些都是人类自酿的恶果。当下，必须积极行动起来，应对这些严峻的挑战。因此需要做许多事情来延缓或阻止环境破坏的发生，如绿化造林、垃圾分类、珍爱野生动物等。随着基因工程的发展，转基因植物得到了快速发展，利用基因工程手段已培育出许多具有利用价值的转基因植物，能够在保护环境的前提条件下，满足当代人们对食物来源、生物燃料/材料的需求；还能在环保领域发挥特殊职能作用，为环境保护开辟更有效的途径。由此可见，虽然转基因作物可能会给环境带来基因漂移等风险，但是其作为以现代生物技术为核心的农业技术革命，在社会、经济和环境的可持续发展道路上发挥重要的作用。

一、环境友好化学农药与转基因作物

可持续发展是指在保护环境的条件下既满足当代人的需求，又不损害后代人的需求的发展模式。尽管可持续这个术语被使用了几个世纪，但是其蕴含的环境与社会活动的独特关系是 1962 年由 Rachel Carson 在《寂静的春天》一书中被推广开来的。自此以后，环境、经济与发展之间的关系变得非常重要。可持续发展的概念成为了国际、国家甚至是地方制定各种政策的基本原则。

目前，人口、粮食、环境仍然是进入 21 世纪后摆在人类面前的突出问题（胡笑形，2003）。世界人口不断增加，但耕地面积不断减少。事实上，世界许多人仍然处于极度贫穷，营养、健康和教育资源匮乏的处境。公众普遍认为如果世界继续走可持续发展道路，将面临若干严峻的挑战，如果不进一步破坏自然生态系统，将没有余地扩增现有的农业规模。为了迎接这些挑战，避免更严重的社会损失和环境退化，人类可能更需要一些富有成效的选择方案和工具。农作物生物技术似乎提供了这样的工具，并且已经开始发挥作用，很可能会继续为可持续发展做贡献。为了未来必须维持生物多样性和可耕土地，必须保护遗传多样性来维护生态系统的弹性力。利用较少的投入生产更多的粮食，尽一切努力使风险最小化。转基因作物可以促进国际目标及和可持续发展相关目标的实现。农业可持续发展不再是可选的，而是强制性的。

　　未来几十年间解决人口与粮食的矛盾仍是我国的首要任务，并以化肥、农药和先进的种植技术作为主要的解决手段。目前在使用农药的情况下，全球每年仍有35%的农作物损失，若不用农药，损失则高达70%。根据联合国粮食及农业组织的调查，全世界每年被病虫害夺去的谷物量为预计收成量的20%～40%，经济损失达1200亿美元，因此在可见的未来，农药仍然是解决人类生存问题不可缺少的物资要素。但随着人类对生存环境的保护意识不断增强，农药对环境造成的不利影响已受到广泛关注，甚至已影响、限制了农药的发展和改进工作。因此，我国急需用环境友好的农药取代高毒、不安全的农药。环境友好的化学农药是指超高效、低毒（或无毒）、低残留，对环境无污染的化学农药。

　　转基因技术是利用先进的生物工程技术发展起来的高科技手段，运用在作物的培育上不仅能够改良作物的性状、提高作物的产量和抗性，而且可以减少农药的使用量。虽说转基因作物在一定程度上"冲击"了化学农药，但是它的发展和应用也离不开化学农药，特别是一些转基因耐除草剂作物的大面积种植，直接影响了一些选择性除草剂的市场。最典型的事例是耐草甘膦大豆、玉米、棉花和木薯的大面积推广，极大地刺激了草甘膦的发展。尽管目前对转基因作物的风险还存在许多争论，但是更多的舆论和实践证明，转基因作物的推广不失为解决全球粮食问题的重要举措之一。

二、转基因作物从以下五个方面对可持续发展做出贡献

（一）促进粮食、饲料和纤维安全及自足（James，2012）

　　以1996～2012年种植转基因作物的经济收益来看，在这17年间，转基因作物在全球范围内共产生约1169亿美元的农业经济收益，其中58%的收益是由于减少了生产成本，包括更少的耕犁、农药喷洒及劳动力；而剩余的42%收益来源于3.77亿吨可观的产量收益。2012年的总收益为187亿美元，其中83%来源于产量增加（相当于4700万吨），17%是由于降低了生产成本。

（二）保护生物多样性（James，2012）

　　转基因作物能够在目前15亿公顷的可耕土地上获得更高的生产率,防止砍伐森林，保护生物多样性。发展中国家每年都在大量流失富有生物多样性的热带雨林,流失面积在1300万公顷左右。如果在1996～2012年转基因作物没有产出3.77亿吨额外的产量收益，那么将需要增加1.23亿公顷土地种植传统作物以获得等量的粮食产量。而这增加的1.23亿公顷耕地中，一部分将极有可能通过耕作生态脆弱的贫瘠土地（不适合作物生产的耕地）和砍伐富有生物多样性的热带雨林来实

现，生物多样性也会因此遭到破坏。

（三）有利于减轻贫困和饥饿（James，2012）

到目前为止，中国、印度、巴基斯坦、缅甸、玻利维亚、布基纳法索、南非等发展中国家有超过 1650 万资源贫乏的小农户因为种植转基因棉花而获得了更多收入，并且这一贡献在转基因作物商业化第二个十年中的最后两年还将继续增强。

（四）减少农业的环境影响（James，2012）

转基因作物能够节约矿物燃料，降低农药使用量，通过不耕作或少耕作土地减少 CO_2 排放，通过使用耐除草剂转基因作物实现免耕、保持水土等。1996～2012年，农药活性成分（a.i）累计减少了 4.97 亿千克，少用了 8.7%的农药。根据环境影响系数（EIQ）的测量，这相当于少用了 18.5%具有相关环境影响的农药。EIQ 测量为综合型测量，基于各种对单个活性成分的净环境影响做出贡献的因素。仅 2012 年一年，就减少了 3600 万千克 a.i（相当于少用了 8%的农药）及 23.6%的 EIQ。

水资源利用效率的提高将对全球水资源保护和利用产生主要影响。目前全球70%的淡水被用于农业，这在未来显然不能承受，因为到 2050 年世界人口将增长30%，从而超过 90 亿。首个具有抗旱性状的转基因玉米杂交品种于 2013 年在美国开始商业化，并且首个热带抗旱转基因玉米预计将于 2017 年之前在撒哈拉以南非洲地区开始商业化。抗旱性状作物将对世界范围内的种植体系的可持续性产生重大影响，尤其是对于干旱情况比发达国家更为普遍和严重的发展中国家而言。

（五）有助于减缓气候变化及减少温室气体（James，2012）

首先，不同的转基因作物品种可以通过减少使用矿物燃料、杀虫剂或者除草剂，永久性地减少 CO_2 的排放。2012 年预计减少了 21 亿千克 CO_2 排放，相当于路上行驶汽车减少了 94 万辆。其次，种植转基因作物属于保护性耕作（由耐除草剂转基因作物带来的少耕或免耕），使得 2012 年的额外土壤碳吸收相当于减少了246.1 亿千克的 CO_2 或 1090 万辆上路行驶的汽车。因此在 2012 年，通过吸收方式，永久性和额外减少了共计 267 亿千克的 CO_2，相当于减少了 1180 万辆上路行驶的汽车。随着气候变化带来的挑战，预计干旱、洪涝及气温变化灾害将更加频繁且更加严重，因此，有必要加快作物改良项目，开发能很好地适应更快气候条件变化的品种和杂交品种。目前几种农业生物技术包括组织培养、诊断法、基因组学、分子标记辅助选择（MAS）和转基因，可以用于加速育种和帮助缓解气候变化影响。

三、其他具有特殊职能的转基因植物

（一）能够降低害虫交配率的转基因植物

将转基因植物种植在需要保护的粮食作物周边，这种转基因植物可以释放一种吸引雄蛾的信息素，扰乱破坏害虫的化学性信号交流能力，或者使它们集中在另一片理想区域进行交配，是综合害虫管理系统的一部分（Macek et al., 2008）。通过这个方法，无论是转基因技术本身还是转基因产品都不太可能进入人类的食物链，降低了与转基因植物相关的健康风险，且使非靶标昆虫不受到影响。值得注意的是，被保护的粮食作物并不需要转基因。转基因植物合成和释放信息素到环境中的目的并不是为了破坏整个害虫的数量，而是限制它们在一块受保护的作物田间进行有效的交配来减少该地的害虫数量。研究报道，通过在番茄中插入能够产生雌蛾性信息素的编码 acyl-CoA-dalta[11]-（Z）-去饱和酶（来自粉纹夜蛾）的基因，能够生产出具有害虫性信息素的番茄。检测该转基因番茄的脂肪酸含量，可以发现前体物质的存在，能够经过番茄植物体普遍存在的酶来进一步转化成乙醇。该实验是使转基因植物产生可监测到的蛾子性信息素的第一个例子，为现有的综合病虫害管理方法提供了新的思路。

植物与雌性蛾子竞争时，释放特定的昆虫信息素来吸引相同种类的雄性蛾子，降低了蛾子之间的交配效率，导致蛾子数量的减少（图 6-3）。这种方法不能完全使害虫消失，却可以减少蛾子对植物的伤害以保护植物。

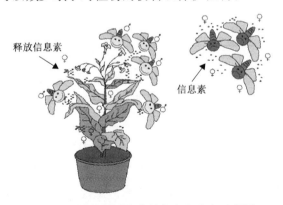

释放信息素

信息素

图 6-3　转基因植物降低害虫交配率示意图

（二）能够清除污染（重金属和持久性有机污染物）的转基因植物

植物是能够利用太阳能和二氧化碳作为能量来源和碳源的自养生物，依赖根系来吸收水分和其他营养，如来自土壤和地下水的氮和矿物质。与此同时，植物还可以吸收各种自然和人为有毒化合物。植物中的污染物降解酶可能来源于自然

防御系统，对抗各种由竞争生物，包括微生物、昆虫和其他植物释放的化感物质。第一个开发出来的清除土壤重金属的技术，已经被证明能够高效处理有机污染物，包括氯化物溶剂、多环芳烃、炸药等。此外，植物修复还包括酶促降解的过程，使污染物无毒化。但是植物对有毒化合物的过低的清除速率，以及潜在的积累限制了植物修复的应用，通过植物自身对有机污染物的降解通常是缓慢的，还可能导致有毒物质积累后继续释放到环境中。与其他净化技术相比，植物修复具有许多优点，如较低的维护费用、环境干扰少等，还有其他效应如碳固定和生物燃料生产（Dietz and Schnoor，2001；Doty et al.，2007）。事实上，没有显著的解毒作用，化合物和有毒代谢物会积累在植物体内，且最终返回土壤或者挥发到大气中（van Aken，2008）。植物通常利用和哺乳动物类似的通路和酶，即"绿色肝脏"概念。可是，作为自养生物，植物实际上不用有机化合物进行能量和碳代谢。因此，植物通常缺少使有机分子完全矿化的降解酶，可能导致有毒代谢物的积累。因此，通过遗传转化开发提高植物的生物降解，如开发转基因作物的策略。通常情况下，转基因植物会通过高表达或者引进其他生物如细菌和哺乳动物的基因，呈现新的或者经过改进的表型。作为异养生物，细菌或者哺乳动物具有能够实现有机分子完全矿化的酶。细菌或者哺乳动物的降解酶因此可以被用来补充植物的代谢功能。如将 hphC 细菌酶转入烟草，可以打开多氯联苯的多苯环，达到高效降解持久性有机污染物的目的。

（三）能够生产乙醇的转基因植物

随着人口增长和经济发展，世界能源需求不断增加。可是，目前主要的能源——化石燃料的供应非常有限，与温室气体排放有关的环境恶化，以及政府对开发新能源替代化石燃料的政策，使得人们对生产生物燃料的兴趣显著增加。如果能够找到替代能源，尤其是用于交通运输目的的能源，将会得到政府大规模的投资以支持生物能源产业。美国、欧盟和一些其他国家与地区，包括发展中国家，都鼓励再生能源的开发来加强能源安全，减轻由于温室气体排放导致的负面影响。因此，需要我们考虑环境和经济的可持续发展，以农业生物质资源来补充化石燃料资源。生物能源在实现替代以石油为基础的交通运输燃料，减少长期的二氧化碳排放的方面扮演很重要的角色。生物能源指的是来自于生物的可用于热、电、燃料及它们的副产品的再生能源。在现代生物能源中，乙醇、生物柴油、沼气是三大主要生物能源。乙醇和生物柴油可用于运输燃料，也是化工行业的重要的初级产品。因此，乙醇生产在将石油经济体转变为生物能源可持续环境友好型经济体的过程中发挥着重要的作用。

目前，玉米是美国两种主要生物燃料之一，是世界上继大豆之后的第二大生物技术作物。如今大多数正在进行的玉米基因工程在研究与转化和再生相关的基因型，而与农业无关。玉米中嗜酸耐热型微生物 *Acidothermus cellulolyticus* 的 1,4-*β*-葡萄糖内切酶的催化区的表达（Biswas et al.，2006），证明了玉米完全可以被用作纤维素降解酶的生物工厂。淀粉是由两个葡萄糖聚合物组成，即直链淀粉和支链淀粉。支链淀粉的葡萄糖单元由 *α*-1,4-糖苷键线性方式连接而成；支链淀粉则存在支链，5%的葡萄糖单元由 *α*-1,6-糖苷键连接（Torney et al.，2007）。普通的玉米淀粉通常包含有 20%～30%的直链淀粉和 70%～80%的支链淀粉组成。玉米的净能量效应，主要是由其淀粉成分用作生物乙醇的生产，基因工程可以增加玉米的生物乙醇产量。玉米有两个关键部分可以转换成生物乙醇：谷粒（主要由淀粉组成）和玉米秸（主要有木质素和纤维素成分组成）。为了将它们有效转化为可发酵的糖来进行乙醇生产，探索了基因工程的方法。一个策略是改变淀粉或者木质纤维素的特征和性质来使其更容易被转化成所需要的产品。另一个方法是将生物质转化酶引入植物中，来更有效地帮助转化过程，如今产自玉米的乙醇几乎都是来自淀粉。尽管来源于玉米秸的木质纤维素原料可以转化成生物乙醇，但是转化过程中两个主要的限制因素是运输成本和生物质的处理。其中一个解决办法是在生物质转化为生物乙醇的过程中，使植物细胞产生微生物的纤维素酶，易于转化为可发酵的糖。瑞士先正达种子公司研制的转基因玉米 Event3272 含有微生物 *α*-淀粉酶基因，该酶能够迅速地将淀粉分解为糖，从而生产乙醇，提高生物燃料的生产效率。

【案例 6-9】生产工业用淀粉的土豆

转基因土豆 Amflora 由德国化学生物公司 BASF 开发，主要专注于其淀粉的特质。这种土豆缺少直链淀粉，主要含支链淀粉（＞98%）。可用于生产工业用淀粉，副产品可用于生产畜牧饲料，节约原材料、能源、水和其他化学辅料。2010 年 3 月 2 日，欧盟委员会宣布，批准欧盟国家种植转基因土豆 Amflora（王晓郡，2010）。

转基因土豆是科学家通过基因技术根据需要改变土豆的基因以得到人们所需要的土豆类型。有只含支链淀粉的土豆、乙肝疫苗的土豆及烹调后会有甜味的转基因土豆。与美国相比，欧盟委员会出于对食品安全的考虑，长期以来对转基因农作物持审慎态度，禁止大范围推广种植，导致转基因农作物在欧盟国家基本处于试验室研究和分析阶段。不过，欧盟委员会认为 Amflora 转基因土豆并不会危害人类的健康或生存环境。这一决定被认为是欧盟委员会转变对转基因农作物的立场，具有特殊的意义。然而，这些优点并不能消除欧洲人对转基因食品的疑虑，如转基因食品对健康和环境的风险，认为转基因作物将危害生物多样性，降低植物对病虫害的天然免疫力等。目前，转基因技术是现代生物技术的核心技术，确实带来了解决粮食、环境和能源问题的希望，但也需要各国在转基因安全监控领域严格把关。

【案例6-10】转基因高燃料油植物（赵晨等，2006）

目前，主要燃料油植物种子的含油量为20%～45%，应用传统育种方法培育出的品种未能使含油量达到更高的理想水平。现代生物技术为油料植物的改良提供了新的手段，在转基因油料植物的种子中，单一脂肪酸成分可能高达90%。生物柴油是由C18为主要成分的甘油酯分解获得，因此，可以通过转基因技术手段来提高植物种子油中这一类单一的脂肪酸含量，大大提高燃料油植物的品质，进而提高生物柴油的质量。

能源短缺和环境污染已成为当今人类社会面临的巨大挑战。为了经济和环境的可持续发展，许多国家的政府部门正积极开发可再生植物能源。植物能源既没有核能的危险性，也没有风能、地热能和潮汐能的局限性。几乎不受地区限制，不需要长途运输，可利用荒山、荒坡及非耕地种植，不与农业争地，实现能源、经济、生态综合效益并举多赢（杨泠，2008）。燃料油植物是一种可更新的能源资源，具有再生性，一次种植，多年收益的特点。生物柴油是一种用植物油生产的柴油，具有长链脂肪酸的单烷基酯。促进能源消费结构从单一化向多元化转变，成为目前国际上开发新能源的大趋势，应用和推广生物柴油正是现阶段解决能源替代问题的较佳手段。

参 考 文 献

陈静. 2009. 儿童社区获得性肺炎的病原体年龄与季节分布特点分析. 郑州: 郑州大学硕士学位论文

陈睿, 苏军. 2006. 转基因水稻环境安全研究进展. 福建农业学报, 21(4): 384-388

程焉平. 2002. 转基因植物杂草化问题及其对策. 吉林农业科学, 27(4): 51-56

窦建瑞, 钱晓勤, 毛一扬, 等. 2013. 草甘膦对人体的毒性研究进展. 江苏预防医学, 24(6): 43-45

高素红, 毛富玲, 王江柱, 等, 2005. 转双抗虫基因741杨节肢动物群落生态安全性评价——转基因741杨对节肢动物群落空间结构的影响. 河北农业大学学报, 28(3): 77-80

高晓蓉. 2007. 无载体无标记转植酸酶基因大豆的获得. 大连: 大连理工大学博士学位论文

庚镇城. 2003. 确立DNA双螺旋结构模型过程的启示——纪念华生, 克里克的论文发表50周年. 科技导报, 21(0307): 19-24

胡笑形. 2003. 21世纪全球植物保护的主体农药——环境友好化学农药. 科技导报, 21(0301): 43-45

黄聪秀. 2011. 生物多样性保护之法制完善. 生态安全与环境风险防范法治建设——2011年全国环境资源法学研讨会(年会)论文集(第三册)

贾士荣. 2004. 转基因作物的环境风险分析研究进展. 中国农业科学, 37(2): 175-187

黎昊雁, 王玮. 2003. 新一代转基因植物研究进展. 中国生物工程杂志, 23(6): 22-26

李有斌, 安黎哲, 张雷, 等. 2006.转基因植物释放的潜在生态学效应. 地球科学进展, 21(6): 641-647

李云河, 彭于发, 李香菊, 等. 2012. 转基因耐除草剂作物的环境风险及管理. 植物学报, 47(3): 197-208

林文, 林华军. 2003.基因产品的安全性与对策. 福建稻麦科技, 21(3): 11-13

刘斌, 秦志华, 黄娟, 等. 2014. 转基因豆粕对崂山奶山羊生长性能, 肌肉营养成分及组织器官中外源基因转移的影响. 动物营养学报, 26(4): 1028-1033

刘金. 2012. 转 *Bar* 基因抗除草剂稻谷对小鼠的安全性评价. 长沙: 湖南师范大学博士学位论文

卢宝荣. 2011. 转基因玉米花粉引起的环境生物安全忧虑. 科学, 63(4): 36-38

罗云波.2013. 罗云波答疑抗除草剂转基因安全性. 基因农业网, 2013-08-14

毛新志, 冯巍. 2006. 转基因生物对生物多样性的影响. 科学学研究, 24(1): 22-25

聂呈荣, 王建武, 骆世明. 2003. 转基因植物对农业生物多样性的影响. 应用生态学报, 14(8): 1369-1373

蒲德强. 2103.访花昆虫及其对水稻基因漂移的影响研究. 杭州: 浙江大学博士学位论文

强胜, 宋小玲, 戴伟民. 2010. 抗除草剂转基因作物面临的机遇与挑战及其发展策略. 农业生物技术学报, 18(1): 114-125

宋小玲, 强胜, 彭于发. 2009.抗草甘膦转基因大豆（ *Glycine mac*(L.)Merri) 杂草性评价的试验实例. 中国农业科学, 42(1): 145-153

孙婷婷, 胡宝忠. 2007. 转基因植物及其安全性研究进展. 黑龙江农业科学, (2): 72-74

陶波. 2011. 关于大豆中草甘膦残留限量标准情况. 中国农业科学院生物技术研究所, 9(18): http://bri.caas.net.cn/news/in_01.aspx?id=745

王晓郡. 2010. 欧盟批准种植转基因土豆. http: //news. xinhuanet. com/tech/2010-03/03/content_13087931. htm[2010-03-03]

王忠华, 周美园. 2002. 转基因植物根系分泌物对土壤微生态的影响. 应用生态学报, 13(3): 373-375

魏庆信, 郑新民. 2012. 转基因家畜安全性的解决方案. 湖北农业科学, 51(24): 21-24

杨宝新. 2004. 抗虫棉推广与应用的现状及对策研究. 北京: 中国农业大学博士学位论文

杨泠. 2008. 我国石油植物的开发与利用分析. 长春: 东北师范大学硕士学位论文

殷瑞娟, 张敏红, 石俭省. 2013. 转基因水稻作为动物饲粮的安全性评价. 动物营养学报, 25(4): 715-719

张富丽, 佟洪金, 刘勇, 等. 2011. 无标记基因抗虫水稻外源基因向常规栽培水稻漂移研究. 西南农业学报, 24(5): 1733-1737

张化霜. 2011. 抗除草剂植物的基因工程研究现状. 世界农药, 33(5): 28-30

张晶. 2006. 转基因棉花对根际土壤微生物影响的研究.石河子: 石河子大学硕士学位论文

张铃, 杨川毓, 郭莺, 等.2011. 抗花叶病转基因甘蔗安全性评价. 中国糖料, (3): 50-54

赵晨, 付玉杰, 祖元刚, 等. 2006. 研究开发燃料油植物生产生物柴油的几个策略. 植物学通报, 23(3): 312-319

周军英, 王长永, 续卫利. 2006. 温度、水分和盐度对转基因耐草甘膦大豆种子萌发和幼苗生长的影响. 生态与农村环境学报, 22(2): 26-30

周联高, 刘巧泉, 张昌泉, 等. 2009. 转基因稻谷外源蛋白在肉仔鸡体内的安全评价. 饲料工业, 30(9): 58-60

James C. 2012. 2013 年全球生物技术/转基因作物商业化发展态势. 中国生物工程杂志, 32(1): 1-14

Avery O T, Macleod C M, McCarty M. 1944. Studies on the chemical nature of the substance inducing transformation of pneumococcal types induction of transformation by a desoxyribonucleic acid fraction isolated from pneumococcus type Ⅲ. The Journal of Experimental Medicine, 79(2): 137-158

Biswas G C G, Ransom C, Sticklen M. 2006. Expression of biologically active *Acidothermus cellulolyticus* endoglucanase in transgenic maize plants. Plant Science, 171(5): 617-623

Bonny S. 2016. Genetically modified herbicide-tolerant crops, weeds, and herbicides: overview and impact. Environmental Management, 57(1): 31-48

Dietz A C, Schnoor J L. 2001. Advances in phytoremediation. Environmental Health Perspectives, 109(Suppl 1): 163-168

Doty S L, Andrew James C, Moore A L, et al. 2007. Enhanced phytoremediation of volatile environmental pollutants with transgenic trees. Proceedings of the National Academy of Sciences, 104(43): 16816-16821

Elliott L J , Mason D C, Wilkinson M J, et al. 2004. Methodological insights: the role of satellite image-processing for national-scale estimates of gene flow from genetically modified crops: rapeseed in the UK as a model. Journal of Applied Ecology, 41(6): 1174-1184

Engels J M M, Ebert A, Thormann I, et al. 2006. Centres of crop diversity and/or origin, genetically modified crops and implications for plant genetic resources conservation. Genetic Resources and Crop Evolution, 53(8): 1675-1688

Gressel J. 1999. Tandem constructs: preventing the rise of superweeds. Trends in Biotechnology, 17(9): 361-366

Griffith F. 1928. The significance of pneumococcal types. Journal of Hygiene, 27(2): 113-159

Hoffmann T, Golz C, Schieder O. 1994. Foreign DNA sequences are received by a wild-type strain of Aspergillusniger after co-culture with transgenic higher plants. Current Genetics, 27(1): 70-76

Hynnkyuny B, Moemoe O, Jieun J, et al. 2013. Evaluation of gene flow from GM to non-GM rice. The Korean Society of Breeding Science, 1(2): 162-170

Kuvshinov V, Koivu K, Kanerva A, et al. 2001. Molecular control of transgene escape from genetically modified plants. Plant Science, 160(3): 517-522

Lu B R. 2008.Transgene escape from GM crops and potential biosafety consequences: an environmental perspective. International Centre for Genetic Engineering and Biotechnology (ICGEB), Collection of Biosafety Reviews, 4: 66-141

Macek T, Kotrba P, Svatos A, et al. 2008. Novel roles for genetically modified plants in environmental protection. Trends in Biotechnology, 26(3): 146-152

Mohr K I, Tebbe C C. 2007. Field study results on the probability and risk of a horizontal gene transfer from transgenic herbicide-resistant oilseed rape pollen to gut bacteria of bees. Applied Microbiology and Biotechnology, 75(3): 573-582

Münster P, Wieczorek A M. 2007. Potential gene flow from agricultural crops to native plant relatives in the Hawaiian Islands. Agriculture, Ecosystems and Environment, 119(1): 1-10

Nielsen K M, Gebhard F, Smalla K, et al. 1997. Evaluation of possible horizontal gene transfer from transgenic plants to the soil bacterium *Acinetobacter calcoaceticus* BD413. Theoretical and Applied Genetics, 95(5-6): 815-821

Ramsay G. 2005. Pollen dispersal vectored by wind or insects. Gene Flow from GM Plants, 41-77

Raven P H. 2005. Transgenes in Mexican maize: desirability or inevitability? Proceedings of the National Academy of Sciences of the United States of America, 102(37): 13003-13004

Richardson A O, Palmer J D. 2007. Horizontal gene transfer in plants. Journal of Experimental Botany, 58(1): 1-9

Scheffler J A, Parkinson R, Dale P J. 1993. Frequency and distance of pollen dispersal from transgenic oilseed rape (*Brassica napus*). Transgenic Research, 2(6): 356-364

Scheffler J A, Parkinson R, Dale P J. 1995. Evaluating the effectiveness of isolation distances for field plots of oilseed rape (*Brassica napus*) using a herbicide-resistance transgene as a selectable marker. Plant Breeding, 114(4): 317-321

Shen P, Huang H V. 1986.Homologous recombination in *Escherichia coli*: dependence on substrate length and homology. Genetics, 112(3): 441-457

Song Z, Lu B R, Chen J. 2004. Pollen flow of cultivated rice measured under experimental conditions. Biodiversity and Conservation, 13(3): 579-590

Timmons A M, O′Brien E T, Charters Y M, et al. 1995. Assessing the risks of wind pollination from fields of genetically modified *Brassica napus* ssp. *oleifera*. Euphytica, 85(1-3): 417-423

Torney F, Moeller L, Scarpa A, et al. 2007. Genetic engineering approaches to improve bioethanol production from maize. Current Opinion in Biotechnology, 18(3): 193-199

Van Aken B. 2008.Transgenic plants for phytoremediation: helping nature to clean up environmental pollution. Trends in Biotechnology, 26(5): 225-227

第七章 生物技术食品的分子特征风险评估

提　要

■ 任何事物都有其独一无二的特征，鉴别此特征可以使其从其他众多事物中区分开来。随着科技的进步和发展，现在识别物品特征的手段越来越先进。除了物品自身"携带"的特征外，为了方便管理和识别，还可以人为地给物品加上外在的、简易的标识特征，如条形码。条形码是由一组粗细不同、黑白相间的线条和线条下 13 位阿拉伯数字组成的图形。这些条与空、粗与细的排列是有一定规则的。条形码也称国际物品编码，它是一种表示商品信息的数字代码转换成由一组平行线构成的特殊符号，通过条形码扫描器即可对事物的信息进行读取。条形码的使用使商品流通、图书管理、邮政管理等更加容易和便捷，不同的条形码代表了不同的事物（诚实，1994）。在我们的日常生活中，这样的例子比比皆是，例如，近两年出现的二维码，个人身份证、指纹和 DNA 遗传物质等区分了世界上 70 多亿人。对于农作物和食品也一样，通过开发和鉴定食品的特征信息，不仅有利于政府对农产品市场流通的监督，也有利于各个国家对农产品进出口贸易风险的管理，同时防止掺假造假行为给消费者带来的损失。

第一节　食品的分子特征

食品具有其自身的特征，如特殊物理、化学、生物等方面的性质和指标（夏文水，2007）。随着生活水平的提高，在居住小区附近超市就可以购买到全世界各地的食品。水稻是我国重要的主食之一，泰国香米（商业名称为茉莉花大米）因为米质光亮细腻，色泽晶莹剔透，煮熟之后饭粒完整，粒粒分明，柔软爽滑，香味扑鼻，以及富含高纤维、维生素 B、维生素 B_2、糖、蛋白质及丰富的矿物质等营养元素的特点，备受我国消费者的喜爱（钟思梵，

2009）。但是，经过市场调查，我国市场销售的泰国香米存在造假掺假现象，因为消费者根本无法在外观上直接区分泰国香米与其他大米，从而上当受骗（胡培松等，2006）。

通常，在一般食品检测中，通过对食品的物理特征和化学特征检验即可满足卫生检验和质量监督的检测需求（刘娅和赵国华，2002；李军生等，2005；海铮和王俊，2006），但是对于理化性质接近、来源不明确的食品来说，依赖理化特征进行检测的准确性不高。随着分子生物学的迅猛发展，以核酸为检验对象的分子水平检测具有非常高的可靠性和准确性（Xu et al.，2008；商颖等，2011），从而得到广泛的应用。

核酸是许多核苷酸聚合成的生物大分子化合物，是生命的最基本物质之一，广泛存在于所有动植物细胞、微生物体内，生物体内的核酸常与蛋白质结合形成核蛋白。不同的核酸，其化学组成、核苷酸排列顺序等也不同。核酸大分子可分为两类：脱氧核糖核酸（DNA）和核糖核酸（RNA），在蛋白质的复制和合成中起着储存和传递遗传信息的作用。核酸不仅是基本的遗传物质，而且在蛋白质的生物合成上也占有重要位置，因而在生长、遗传、变异等一系列重大生命现象中起决定性的作用（章有章等，2005）。

对于生物而言，即便是同一物种的不同个体，其遗传物质也是不同的，利用此原理，1984年，英国莱斯特大学遗传学家 Jefferys 及其合作者建立了"DNA指纹"技术，用于进行个体的区分（庞立等，2009）。DNA 指纹指具有单个生物体特异的 DNA 多态性，其个体辨别能力足以与手指指纹相媲美，因而得名；该方法可以用来辨别个人和亲子鉴定，同人体核 DNA 的酶切片段杂交，获得了由多个位点上的等位基因组成的长度不等的杂交带图纹，这种图纹极少有两个人完全相同，故称为"DNA指纹"（程甜甜，2014）。

Hielm 等（1999）首次采用该技术对 68 株肉毒梭菌和 5 种相关的梭菌属菌种进行了鉴定和分型，以考察该技术对引发中毒的肉毒梭菌的鉴定和分型能力。他们先后试验了 13 种限制性内切酶对提取的 DNA 进行酶切，最终选择以 *Eco*R I（图 7-1）和 *Hind* III 的酶切方案进行鉴定和分型。这两种酶切方案及指纹技术均显示出了良好的鉴定和分型效果，可以很好地区分蛋白分解型和非蛋白分解型的肉毒梭菌菌株，被推荐为肉毒梭菌种属鉴定的优选方法。这种特殊的核酸水平信息，为更多利用生物分子特征进行的检测奠定了良好的基础。

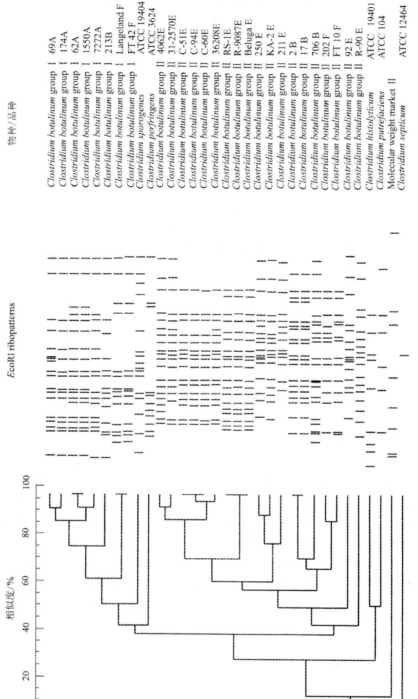

物种/品种

Clostridium botulinum group I 69A
Clostridium botulinum group I 174A
Clostridium botulinum group I 62A
Clostridium botulinum group I 1550A
Clostridium botulinum group I 7272A
Clostridium botulinum group I 213B
Clostridium botulinum group I Langeland F
Clostridium botulinum group I FT 42 F
Clostridium sporogenes ATCC 19404
Clostridium perfringens ATCC 3624
Clostridium botulinum group II 4062E
Clostridium botulinum group II 31-2570E
Clostridium botulinum group II C-51E
Clostridium botulinum group II C-94E
Clostridium botulinum group II C-60E
Clostridium botulinum group II 36208E
Clostridium botulinum group II RS-1E
Clostridium botulinum group II R-9087E
Clostridium botulinum group II Beluga E
Clostridium botulinum group II 250 E
Clostridium botulinum group II KA-2 E
Clostridium botulinum group II 211 E
Clostridium botulinum group II 2 B
Clostridium botulinum group II 17B
Clostridium botulinum group II 706 B
Clostridium botulinum group II 202 F
Clostridium botulinum group II FT 10 F
Clostridium botulinum group II 92 E
Clostridium botulinum group II R-90 E
Clostridium histolyticum ATCC 19401
Clostridium putrefaciens ATCC 104
Molecular weight market II
Clostridium septicum ATCC 12464

EcoRI ribopatterns

相似度/%

图 7-1　肉毒梭菌 EcoR I 酶切的 Ribotyping 指纹图谱的聚类分析

【案例 7-1】区分泰国香米与其他种类大米（徐颖等，2011）

　　泰国制定了茉莉香米标准 B. E. 2544，对香米品种进行了严格的界定，并制定了一系列检测方法，主要包括物理和化学分析方法。但是，由于《泰国茉莉香米标准》在检测技术上无法分辨'巴吞米'等非香米品种），使得以巴吞米掺杂的香米都能通过 92%香米纯度的检验，并获得 "Thai Hom Mali" 的绿色泰国茉莉香米标志，致使市场上用廉价的'巴吞米'掺杂的香米依然大行其道。

　　在口岸局，对泰国香米品种纯度的鉴定方法主要是感官鉴定和水煮试验，但实际结果显示，不同检测单位的检测结果差异较大，原因是感官鉴定法具有较大的主观性，水煮法同样无法准确辨别香米和'巴吞米'，结果重复性较差，且主观性和经验占主导作用，使检测结果不准确。

　　由于不同生物的 DNA 遗传物质不同，天然的食品或初加工、深加工食品都会保留其原材料的 DNA 遗传信息，尽管食品的掺假会产生相似或相同的物理、化学性质，但是 DNA 遗传物质是不会 "说谎" 的，因此，通过对生物的特征遗传物质 DNA 进行检测，即可对食品进行鉴别。

　　研究人员选择了多个样品，包括泰国茉莉香米法定品种 KDML105 和 RD15、具有代表性的非茉莉香米品种'巴吞米'、KDML35、RD11 及普通的泰国白米品种如 SUPHAN60、泰国白米 17 号和与茉莉香米形态有较大差异的中国粳米品种，提取每一个样品的基因组 DNA,通过分子生物学技术分别对以上样品进行基因水平的检测，确定只有在泰国茉莉香米品种基因组中存在，其他品种都不含有的基因，从而在分子水平区分泰国茉莉香米与其他品种。

　　案例中提到 "只有在泰国茉莉香米品种基因组中存在，其他品种都不含有的基因"，此 "基因" 即可定义为泰国茉莉香米品种的分子特征。根据生物遗传物质的流动方向，DNA、mRNA、蛋白质、代谢物等分子水平上一切可以代表某一生物的特征，都可以称为分子特征。由于每一个物种所携带的遗传信息都是不同的，即便再近源的物种，遗传信息也会有差异，因此可以看出所有生物和食品都有代表自己 "身份" 的分子特征。

　　基于同样的原理，生物独特的分子特征除可以对农产品进行品种区分之外，还具有非常广泛的用途，如法医亲子鉴定、传统种子及动物的分子特征鉴定和产权保护等。为了使读者更加深入地理解生物的分子特征，见案例 7-2、案例 7-3 和案例 7-4。

【案例 7-2】亲子鉴定

　　基于 DNA 的亲子鉴定不仅为现代法医学奠定基础，而且在动植物育种方面，具有广泛应用。

　　亲子鉴定工作随着时代的前进而发展，进而不断完善与规范。从原始的滴血验亲到现代的 DNA 鉴定，无不显现科技进步的踪影。DNA 鉴定也经历了诸多技术的历程，这些技术在不同的年代都发挥了各自的作用。目前，我国多数亲子鉴定实验室采用常染色体 STR 分型技术做亲子关系鉴定的检验工作，有条件的实验室还辅以 Y 染色体 STR、X 染色体 STR 和 mtDNA 检测技术加以印证。少部分实验室采用 HLA 及红细胞抗原系统检验（霍振义等，2004）。判定亲生关系的理论依据是孟德尔遗传的分离律。按照这一规律，在配子细胞形成时，成对的等位基因彼此分离，分别进入各自的配子细胞。精、卵细胞受精形成子代，孩子的两个基因组一个来自母亲，一个来自父亲；因此同对的等位基因也就是一个来自母亲，一个来自父亲（李练兵等，2009）。

　　在植物育种方面，已有利用 RAPD 技术对茶树进行亲子鉴定的报道，包括对自然杂交和人工授粉的品种进行鉴定。对自然杂交后代亲本的鉴定，如'丰绿''茗绿'亲本的鉴定，'开炉'双亲的鉴定及对'晚绿'品种杂交亲本的鉴定等。人工授粉的茶树杂交组合进行 RAPD 分析，以验证 RAPD 分子标记技术在茶树杂交亲本鉴定中的作用及探讨随机扩增多态 DNA 片段在亲本及 F1 代单株中的分布，可以为茶树杂交育种后代的早期选择探讨新的方法（罗军武和李家贤，2002）。

　　在现代动物育种中，由于要利用各种亲属的表型信息，准确地系谱记录是十分重要的。不准确的系谱记录很可能导致育种中遗传进展的降低。因此对家畜特别是种公畜的系谱确证就显得更为重要。然而在有些情况下用传统的亲子鉴定方法，对一些具有极高育种价值的种公畜，当其为同胞或父子关系时，要想达到较高的准确率是比较难的；随着 DNA 微卫星标记研究的深入，开始将其引入家畜系谱鉴定（吴继法和吴登俊，2001）。

　　根据已知的母子关系进行基因型对比，确定孩子基因中可能来自父亲的基因，并确定此基因的特征。观察父亲的基因型，确定父亲基因的"分子特征"，通过比对二者之间的特征基因即可进行结果分析和判断。

　　另外，植物新品种作为农业科技的重要载体，是最重要的农业生产资料。在农业发展过程中始终具有重要的地位，由于植物新品种可控性较差。容易在试验、示范或生产过程中被他人通过各种手段获取，并很快被繁殖推广应用。致使植物新品种极易被复制、滥用和假冒，这大大地损害了育种者的合法权益。为了激发育种者培育新品种的积极性和创造性，保护育种者的权益，促进中国农业科技事业的发展，必须对农业植物新品种实施保护，因此，植物品种鉴定技术也迅速发展（吴承春和唐仁华，2004）。

【案例 7-3】植物品种鉴定

　　分子生物学的发展使品种纯度检验进入到基因水平。品种间形态、生化及

DNA 分子标记上的区别，归根到底是品种间在基因序列及表达上的区别。品种的真实性鉴定，实质上是鉴定品种的基因型。分子鉴定是以品种 DNA 片段作为检测对象，采用电泳方法检测基因组 DNA 结构与组成，通过分析 DNA 水平上的差异来检验品种纯度，有很高的准确性、稳定性和可重复性，因而可以鉴定品种的真实性和纯度。

分子标记指纹图谱技术是根据每个品种的 DNA 组成，用可见条码式的谱带图谱进行检测的一种方法。它提供的证据是新品种的基因型，是稳定的 DNA 带谱，不受外界条件影响，并可通过计算机进行系统管理。相对于形态学标记，DNA 标记具有简便、迅速等优点，因而是鉴定和判别植物新品种的新手段（王春喜，2007）。

张超良等（1998）利用筛选出来分子标记指纹图谱可以区分 12 个玉米骨干自交系（502-196、黄早四、掖 478、Mo17、H21、掖 107、488、文黄 31413、丹 340、掖 515、U8112 和 502）；同时找到了文黄 31413、掖 488、U8112、Mo17 和 H21 五个自交系的特异分子标记，可以在 5～6 h 内快速鉴定自交系。

每个生物个体均各自在生理生化甚至在 DNA 水平上存在特异性的差异，这些差异称为分子"指纹"，也就是生物个体的分子特征。指纹图谱技术不但具备个体品种鉴定技术的基本要求，即环境稳定性、品种间变异的可识别性、最小的品种内变异及实验结果的可靠性，而且具有简便、快速的优点，故一经出现，便得到广泛的重视（黄进勇，2009）。在玉米研究中心的实验室，研究人员从各种玉米种子中取样，提取 DNA，对关键的基因片段进行扩增后，将其放入先进的 DNA 分析仪进行检测，信息自动发送到玉米 DNA 指纹库中进行对比，如果这种品种是库内已存品种，就会被系统自动报出。这就好比把玉米品种的关键性基因标记编成二维码，一"扫"就能验明正身。

【案例 7-4】橙汁成分及掺假鉴定

近些年，果汁及果汁饮料因具有较好的天然风味和较高的营养价值而深受广大消费者的喜爱。然而，全球果汁产量受加工能力、产品品质等多种因素制约，特别是水果原料还受自然条件、病虫害等因素的影响，致使国内外市场上很多橙汁在不同程度上存在掺假问题。

目前，果汁鉴伪包括以下三种方法：一是感官判别法，通过对果汁的色（颜色、色度、光泽、透明状）、香（挥发性物质）、味（风味、口感）、形（质感等）来鉴别；二是理化法，通过常规理化法和新型理化检测技术对可溶性固形物、总糖、总酸等常规物质及果汁中的特定成分，如无机元素、还原糖、有机酸、氨基酸及其他成分进行检测；三是分子生物学技术，以 DNA 水平为基础，采用常规 PCR、实时荧光 PCR、变性高效液相色谱分析等技术来鉴别。然而常规的感官判别和理化法容易受到人为因素、原料品种、产地、收获季节、原料环境、加工条件、储运包装方式等诸多因素的影响，因而其应用空间受到限制。

现代生物技术以其简便、准确、快速的特点，从基因水平分析食品原料和产品的特性及来源。刘伟红等（2012）以橙和橙汁为研究对象，首先收集、比对橙与其他生物的 DNA 序列，筛选出橙所特有的基因——UDP-葡糖基转移酶蛋白 UGT，作为橙的内标准基因。为了验证此基因的特异性，还挑选了苹果、桃、梨、草莓、葡萄、番茄、猕猴桃等进行特异性检测，确定该基因只在橙的基因组中出现。

利用此特异性基因，挑选某几款市售的橙汁及橙汁饮料进行橙成分的检测。提取市售橙汁及橙汁饮料的 DNA，并利用 UGT 引物对提取的 DNA 进行 PCR 扩增检测，检测结果发现所挑选的橙汁 DNA 均可对 *UGT* 基因产生特异性扩增，说明这些果汁中均含有橙成分，该方法可应用于果汁中橙成分的检测。

内标准基因（endogenous reference gene）是指具有植物物种专一性且拷贝数恒定、不显示等位基因变化的保守 DNA 序列。通过确定内标准基因的拷贝数，可用其对同一基因组中某一基因进行定量分析和验证 PCR 扩增体系中是否存在抑制剂。基于其物种特异性，内标准基因常常作为植物的分子特征，用于食品成分及掺假使杂的判定（张丽等，2009）。

第二节　生物技术食品的分子特征

生物技术食品是利用现代分子生物技术，将某些生物的基因转移到其他物种中，改造生物遗传物质，使其在性状、风味口感、营养品质等方面向人们所需要的目标转变得到的食品。随着科学研究，生物技术食品的安全性受到极大的关注，因此对生物技术食品的监管检测和风险评估的要求当然更为严格。

一、生物技术产品的非期望效应

通过插入特定的 DNA 序列，从而达到给生物添加一种新的特异性状的目的称为期望效应，在某些情况下，不一定种瓜得瓜种豆得豆，有可能会造成生物获得目标性状以外的额外性状，也可能导致现有性状的丢失或改变，这就称为非期望效应，或者非预期效应。非预期效应发生的潜在可能性不是体外核酸技术的专利，事实上，这是一种普遍的固有现象，在传统育种过程中也可能发生。非预期效应对生物健康和食用安全性可能是有害的，也可能是有益的或中性的。非期望效应可发生在外源 DNA 序列插入基因组时，也可能发生在重组 DNA 生物的后期遗传育种过程中。因此，在对其进行安全性评价时应该包括相关数据信息，以减少生物技术食品对人类健康产生非预期不利影响的可能。表 7-1 列举了一些转基因作物在表型和组分上发生的非期望效应（李欣等，2005）。

表 7-1　转基因作物在表型和组分上发生的非期望效应

寄主植物	特性	非期望效应
马铃薯	表达蔗糖-6-果糖基转移酶	块茎组织代谢紊乱、韧皮部糖类转运受损
小麦	表达磷脂酰丝氨酸合成酶	坏腐
大豆	表达草甘膦（EPSPS）抗性	高土温下（45℃）茎秆开裂，产量下降 40% 以上，正常土温下（20℃）木质素含量高达 20%
小麦	表达葡萄糖氧化酶	产生植物毒素
水稻	表达大豆球蛋白	维生素 B_6 增加 50%
马铃薯	表达大豆球蛋白	龙葵碱含量增加 16%～88%
马铃薯	表达酵母转化酶	龙葵碱含量降低 37%～48%
油菜	超量表达八氢番茄红素合成酶	维生素 E、叶绿素、脂肪酸和八氢番茄红素的代谢发生变化
水稻	表达类胡萝卜素生物合成途径	形成其他类胡萝卜素衍生物（β-胡萝卜素、叶黄素、玉米黄质）

　　外源 DNA 片段随机插入生物基因组产生的非期望效应可能干扰基因表达，引起基因沉默或激活沉默基因，如引起某种有用基因沉默，导致某种营养成分减少，或者激发某种抗营养因子水平增加等。非期望效应也可能导致新的代谢物形成或代谢物模式改变（黄昆仑和贺晓云，2011），例如，酶的高水平表达可能会诱发次级生化效应或改变代谢途径的调节，从而影响代谢水平。

　　基因修饰导致的非期望效应可分为可预测和不可预测两类。根据插入宿主基因组的位置、数量、插入片段的基因序列、代谢关系网络等信息，许多非期望效应在一定程度上是可以预测的。随着生物基因组，特别是植物基因组信息量的不断增加，以及运用高专一性的 DNA 重组技术引入遗传物质的发展，对非期望效应的预测将有可能变得越来越容易。使用分子生物学和生化技术还可以从转录和翻译水平上对可能产生非期望效应的潜在变化进行分析。

【案例 7-5】转基因番茄研发中非期望效应的研究

　　在研发转基因生物的过程中，非期望效应的研究是非常重要的一项内容。无论是哪一种原因引起的转基因作物细胞成分的改变，插入基因及其产物都可能对宿主细胞的代谢产生很大影响。因为激活基因的蛋白质产物可能导致非预期效应并产生有潜在毒性的产物，调节代谢会造成有害物的累积。例如，重组酵母菌和马铃薯中就有关于代谢调节引发有害化合物积累的报道。

在番茄中表达反义酸性蔗糖酶基因可以改变番茄果实中的可溶性糖成分，使蔗糖浓度增加，己糖的浓度降低。但非预期的结果是蔗糖浓度高的番茄果实明显小于对照组约30%，并且变小的果实乙烯生成速率增加。因此，转基因作物在上市前，必须对由插入基因可能引起的非预期和非目标结果的代谢紊乱给予足够的重视（张焕春等，2012）。

从这个案例可以知道，在生物技术产品，特别是生物技术食品批准进入市场之前，明确所有分子特征信息，尤其是外源插入目的基因的序列、所表达的蛋白性质、致敏性及功能等信息都是必需的。

"巴西坚果事件"也是一个著名的关于转基因作物非期望效应的案例，该事件曾被说成是转基因大豆引起的食物过敏，这显然不准确。但我们可以从两个方面来看待这件事：一方面，转基因技术有可能将一些造成食物过敏的基因转移到农作物中来，因此需要防止；另一方面，也说明对转基因植物的安全管理能有效地防止转基因食品成为过敏源。事实上，国际上早已有关于能产生过敏反应的食品及有关基因的清单（张启发，2003）。研究人员在研究转基因作物时，首先不会采用这些过敏性食物的基因。对转基因作物制造的新蛋白质，会对其化学成分和结构与已知的500多种过敏原做比较，如果具有一定的相似性，也会被放弃。因此，生物技术产品的非期望效应的检测至关重要，否则会给消费者，特别是易过敏人群的健康带来威胁（张梅和姜磊，2002）。

二、生物技术产品的分子特征

由于生物技术食品是将外源DNA转入某种基因组DNA中，改造后的生物与原始亲本生物的遗传背景除了外源插入DNA外是完全相同的。如果仍然依靠原始宿主生物的分子特征对改造后的生物或食品进行检测，是无法区分生物技术生物与其亲本的，因此必须寻找生物技术食品独特的分子特征。

为了更好地理解基因修饰对生物技术食品组成和安全性造成的影响，应该对基因修饰的分子特性等进行全面描述，即生物技术食品的分子特征。分子特征是监管部门评估和批准转基因作物的一个关键因素，为转基因作物安全性评价和检测提供参考信息，其主要内容包括以下几方面。

（1）插入DNA的特性及描述：①所有外源基因组分的特征，包括标记基因、调节基因及其他影响DNA功能的因素；②DNA片段的大小和特性；③在最终载体和重组DNA序列中的插入位置和方向；④功能。

（2）插入位点的数目。

（3）插入基因在每一个插入位点的相关信息，包括插入基因及周围区域的拷贝数和序列数据，以鉴别插入序列所表达的任何一种物质，此外，提供转录子和表达产物分析等其他信息，将有助于发现食品中存在的任何新物质。

（4）对插入 DNA 内部及邻近基因组区域产生的可读框进行鉴定、表达产物信息、遗传稳定性、过敏性等（FAO/WHO，2003）。

为了准确地检测生物技术食品，同时防止非预期效应的产生，生物技术食品的分子特征必须明确，而且生物技术食品的分子特征信息包含的内容要大大多于普通食品的分子特征。

第三节　生物技术食品分子特征鉴定方法

分子特征是转基因作物及食品中外源基因插入受体基因的全部信息，主要包括外源基因的特异序列、插入位点、插入数量及外源插入基因两侧的侧翼序列等。这些信息为生物技术产品及食品的分类和安全评价提供基础数据支持，可以说是整个分析检测技术的基础，不仅对后续现场快速检测和精准定量检测意义重大，而且也与组学分析技术关系密切，换言之，分子特征既是生物技术产品的检测对象，也是生物技术食品的分析对象，对于科研工作者和政府相关部门的重要性自然不言而喻（王晨光等，2014）。

一、侧翼序列

侧翼序列（Flanking Sequence）是指位于基因组中某一特定位点两侧的核苷酸序列，是生物技术食品分子特征的重要指标之一（瞿勇等，2010）。以转基因玉米 LY038 的外源基因插入结构图（Shang et al.，2014）为例，如图 7-2 所示，外源插入载体与原始玉米基因组的连接区域为侧翼序列，分为左侧翼序列和右侧翼序列。

图 7-2　转基因玉米 LY038 外源插入基因结构图

生物技术产品的 PCR 检测是对其外源插入片段进行选择性扩增。针对外源插入核酸片段不同位置和元件进行 PCR 扩增，其特异性及检测范围有很大的区别。根据扩增目标基因的位置不同，PCR 检测策略可以分为四种：筛选 PCR 检测（Screening PCR）、基因特异性 PCR 检测（Gene-Specific PCR）、构建特异性 PCR 检测（Construct-Specific）和转化事件特异性 PCR 检测（Event-Specific PCR）

（Holst-Jensen et al.，2003；Adugna and Mesfin，2008）。筛选 PCR 是针对转基因作物常见的启动子（*CaMV35S*、*NOS*、*FMV* 等），终止子（*NOS*、*E9*、*35S*、*pinII* 等）和标记基因（*NptII*、*gus*、*Hpt*、*Pat*、*aad* 等）为特异性扩增片段进行的检测。但是这种方法特异性极低，无法对转基因品系进行鉴定，所以一般用于前期的筛选工作（朱鹏宇等，2013）。

　　基因特异性 PCR 方法是指针对目的基因进行的检测。目的基因绝大部分来源于天然，经过基因工程修饰，如修改序列或者密码子，从而得到期望的效果。但是这种方法不能区分具有相同性状的不同转基因品系，所以建立在基因特异性 PCR 的检测方法还需要用另外的检测方法来辅助。

　　构建特异性 PCR 的目的片段是外源基因中外源目的基因与启动子或者终止子的连接区域。这种检测方法具有相对较高的特异性，目前应用较广。但是由于转基因作物在生产过程中可能会由于不同拷贝数的外源片段插入而产生不同的转基因品系，用此检测方法无法区分这种转基因作物的差异。

　　转化事件特异性 PCR 检测是通过检测外源插入载体与受体基因组的连接区序列实现的。由于转化过程中外源基因插入具有随机性，对每一个转基因作物品系，外源插入载体与受体基因组的连接区序列都不相同，因此称为不同转化事件的生物技术产品。外源基因的插入位点，也就是侧翼序列，是不同转化事件产品的唯一性特征，并且连接区序列是单拷贝的，因此基于生物技术产品之间侧翼序列的不同而建立的转化事件特异性 PCR 可以准确判断生物技术产品是来自哪个转化事件。在众多生物技术产品检测策略中，转化事件特异性 PCR 检测体现出最高的精确度和可靠性，并逐步地被国际检测标准和国际各检测实验室所采用（杨坤等，2010）。

【案件 7-6】Bt10 玉米与 Bt11 玉米的事件（苏志明，2006）

　　美国在 1996 年核准种植转基因玉米 Bt11，并批准可供人畜食用，它由 Syngenta 公司开发具有抗虫与抗除草剂的能力，但是 Bt10 玉米并没有被批准使用。2004 年 12 月，Syngenta 公司向美国政府报告，2001～2004 年期间，有四个州的农民误种了 15 000 公顷的 Bt10 玉米。

　　2005 年 3 月 22 日，*Nature* 杂志披露了使用 Bt10 玉米种子事件，报道之后美国政府开始调查，Syngenta 公司公开承认了自己的错误，并说明现存的部分种子已经销毁，其余种子已隔离并准备销毁。据该公司称，Bt10 与 Bt11 只是基因插入的位置不同而已，其余都是一样的，没有任何安全问题。

　　2005 年 3 月 24 日，欧盟声称，已在 23 日接到美国政府的通告。日本与韩国政府声称要对美国进口的玉米是否含有 Bt10 进行检测。

　　2005 年 3 月 31 日，*Nature* 杂志报道 Bt10 与 Bt11 不一样的地方在于 Bt10

还含有抗 ampicillin（氨苄西林）的筛选基因。Syngenta 公司承认了这一点，但宣称该基因在植物内已不具有活性。并且也承认 Bt10 在法国与西班牙进行了田间试验，同时专业的检测公司 March Genetic ID 公司宣布可以提供检测 Bt10 的 PCR 方法。

2005 年 4 月 3 号，欧盟执行委员会要求美国当局作出解释，为什么有上千吨被禁止的转基因玉米进入欧盟。欧盟消费者保护局局长谴责跨国生物技术公司 Syngenta 公司不该让此事发生。欧盟要求 Syngenta 公司与美国大使馆提供全部的信息，并称 Syngenta 公司未提供任何检测方法。

2005 年 4 月 8 号，Syngenta 公司声称已与美国农业部进行了协调，要为此事件支付 375 000 美元的罚金。

在生物技术产品的检测中，如果只进行筛选 PCR、基因特异性 PCR 或构建特异性 PCR 检测，是不能区分 Bt10 和 Bt11 的，而且即便外源基因一样，插入位点不同也是属于不同转化事件的生物技术产品，因此转化事件特异性的侧翼序列是非常重要的生物技术产品分子特征，也是区分不同生物技术产品的重要指标，对生物技术产品的市场监督和进出口管理具有重要作用。

二、分子特征鉴定技术及分类

生物技术产品的转化事件特异性检测方法可以对产品品系进行精确分类，是对生物技术产品进行事件追踪和溯源最好的手段，该方法的关键是获得生物技术产品的侧翼序列。目前，已经发展了许多基于 PCR 技术的侧翼序列分离方法（也称基因组步移技术），如反向 PCR、接头 PCR（Cassette PCR）、热不对称交错 PCR（Thermal Asymmetric Interlaced PCR，TAIL-PCR）和随机引物 PCR（Random Primer PCR）、T-Linker PCR、Restriction Site Extension PCR、Two-Step Gene Walking PCR 等。

反向 PCR 是最早的基因组步移技术，于 1988 年由 Ochman 和 Triglia 发明（Ochman et al.，1988），方法原理如图 7-3 所示。该方法利用反向互补的特异性引物来扩增未知序列，由于引物的扩增方向与普通 PCR 的方向相反，因此命名为反向 PCR。

先用限制性内切酶切反向 PCR 扩增的模板 DNA，得到带有黏性末端的 DNA 片段，然后在 T4 连接酶作用下，DNA 片段自连成环状，利用特异性引物对环状 DNA 进行 PCR 扩增，得到的 PCR 产物就含有未知序列，最后将 PCR 产物测序就可得到中间未知序列。随后研究者在利用 IPCR 分离侧翼序列的同时，也不断改进此项技术，建立了 Long Range-Inverse PCR（LM-IPCR）和 Bridged Inverted PCR 等（Benkel and Fong，1996；Kohda and Taira，2000）。

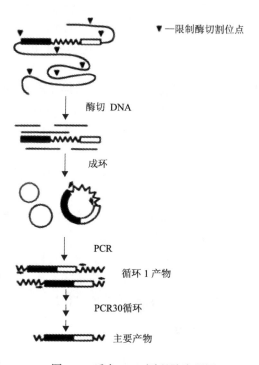

▼—限制酶切割位点

图 7-3　反向 PCR 原理及流程图

接头连接 PCR 是由 Rosenthal 等于 1990 年发明（Rosenthal and Jones，1990），其原理如图 7-4 所示。接头连接 PCR 与反向 PCR 一样，首先都需要利用限制性内切酶对基因组进行酶切。由于酶切片段产生了黏性末端，在连接酶的作用下，酶切片段的两端可以与由寡核酸组成接头发生连接。将一条引物设计在序列已知的区域，并在 5′端标记生物素，在 PCR 反应过程中发生特异性结合并进行单引物延伸，形成含有生物素标记的单链 DNA，利用亲和链霉素包被的磁珠分离生物素标记的核酸单链。将分离的单链继续作为模板，以设计在接头序列的引物和特异性引物再进行 PCR 扩增，最终的产物便含有已知序列的旁侧序列，通过 PCR 产物直接测序即可获得侧翼序列。

在对接头连接 PCR 进行不断地改进和创新后，许多新的基因组步移技术逐步发展起来，如 Template-Blocking PCR、Vectorette PCR、Straight-Walk Ligation-Mediated Genome Walking、A-T Linker PCR、Loop-Linker PCR 等（Riley et al.，1990；Tsuchiya et al.，2009；Bae and Sohn，2010；Trinh et al.，2012）。以上基因组步移技术相对于传统的接头连接 PCR 而言，创新点主要集中对接头结构的改进，包括利用氨基基团、磷酸基因对接头进行修饰，将酶切片段 5′端去磷酸化或用 ddNTP 修饰等，这些改进的主要目的是提高接头与酶切片段之间的连接率，防止接头之间和酶切片段的自连和延伸。

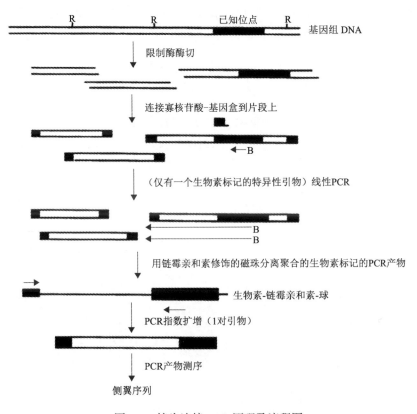

图 7-4 接头连接 PCR 原理及流程图

热不对称交错 PCR 是 Liu 等于 1995 年发明的（罗丽娟和施季森，2003），该方法是在热不对称 PCR 的基础上发展起来的，其原理如图 7-5 所示。

TAIL-PCR 以基因组 DNA 作为模板，不需要进行酶切步骤，根据已知序列设计 3 条退火温度较高的嵌套特异性引物和 1 条较短且 T_m 值较低的简并引物，通过三轮热不对称的温度循环反应来进行 PCR 扩增以获得已知序列的侧翼序列。第一轮 PCR 反应是由 5 次高特异性反应、1 次低特异性反应和 12 次热不对称的大循环构成。5 次高特异性反应中，特异性引物与已知序列退火结合并延伸，提高目的序列的浓度；1 个低特异性的反应使简并引物结合到较多的目的序列上；随后进行 12 次热不对称循环。经过第一轮 PCR 反应，得到如图 7-5 所示的 3 种浓度不同、类型不同的产物（特异性产物 I 型、非特异产物 II 型和 III 型）。将第一轮 PCR 产物进行稀释作为第二轮 PCR 反应的模板，以嵌套巢式特异性引物和简并引物进行扩增，通过 10 次热不对称的大循环，使特异性产物（I 型）被选择性的扩增，而非特异产物（Ⅱ型和Ⅲ型）被压制到极低的含量。第三轮 PCR 反应与第二轮反应相似，依旧采用巢式特异性引物和简并引物进行扩增，通过多个热不对称循环，大大提高特异性产物的含量。

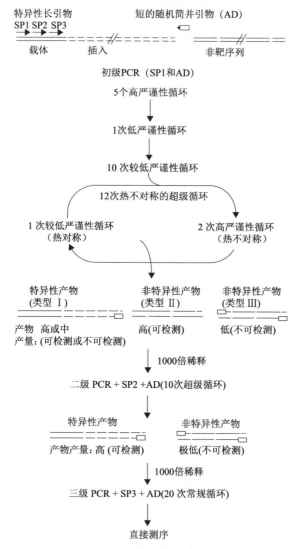

图 7-5　热不对称交错 PCR（TAIL-PCR）原理

　　在分子生物学研究领域中，利用 TAIL-PCR 技术分离出的 DNA 序列可以用于图位克隆、遗传图谱绘制的探针，也可用于直接测序。由于简并引物的随机性，在特异性引物下游可以发生退火结合的位点有限，对于个别的侧翼序列，即使使用不同的简并引物也难以扩增到阳性结果，因此，整个 TAIL-PCR 反应条件的设置要求比较精细，需要一系列连续的反应才可能获得特异性产物。

半随机引物 PCR 是由 Ge 等在传统的随机引物 PCR 基础上建立的（Ge and Charon，1997），原理如图 7-6 所示。该方法保留了原来的巢式特异性引物和随机引物。在第一轮 PCR 反应时，利用特异性引物和随机引物进行扩增，除了目的产物之外，还有由随机引物扩增得到的非特异产物。然后将 PCR 产物克隆到 pGEM-T 载体中，利用巢式特异性引物和设计在载体序列上的引物作为第二轮 PCR 反应的引物。对于非特异性产物来说，由于没有特异性引物的结合位点，扩增无法进行；而对于特异性产物，在较为严格的 PCR 反应条件下可以进行正常扩增，进而获得含有侧翼序列的 PCR 产物。

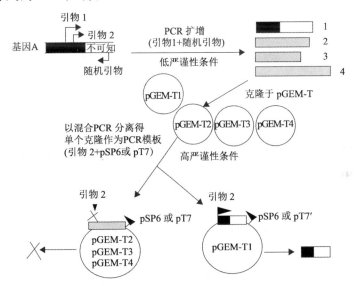

图 7-6 半随机引物 PCR（Semi-Random PCR）原理

通过将第二轮 PCR 反应的引物设计在克隆的载体序列上，提高了方法的特异性，一定程度上消除了由随机引物而产生的非特异性扩增。在此基础上，利用随机引物建立的基因组步移技术有 Site Finding-PCR、Two-Step Gene Walking 技术等（Tan et al.，2005；Pilhofer et al.，2007），这些方法已经成功应用于拟南芥 T-DNA 插入位点鉴定、不同突柄杆菌属中 btub 基因插入情况验证等，此类基因组步移技术被证明是一种有效的染色体步移方法。

目前，已经建立了许多基于 PCR 方法的基因组步移技术，如上所述，根据是否依赖限制性内切酶而主要分为两大类。第一类基因组步移技术需要首先利用限制性内切酶对基因组 DNA 进行酶切，这类方法主要包括反向 PCR 和接头 PCR。反向 PCR 由于其成功率取决于限制性内切酶的酶切效率和酶切片段的连接率，因此通常较低。接头 PCR 包括 Template-Blocking PCR、Vectorette PCR、Straight-Walk Ligation-Mediated Genome Walking PCR、A-T Linker PCR、Loop-Linker PCR、Single-Specific-Primer PCR（Shyamala and Ames，1989）、RCA-GIP（Tsaftaris et al.，2010）等，这些技术通过改进传统接头来提高方法的特异性，如使酶切片段 5′去磷酸化，利用 ddNTP 抑制接头之间的自连，利用氨基、磷酸基团等修饰接头，抑制接头的延伸、提高接头与 DNA 片段的连接率。

　　第二类基因组步移技术不需要限制性内切酶对基因组酶切，主要包括以引物为基础（TAIL-PCR、Site-Finding PCR 等）和以延伸为基础（Semi-Random Primer PCR、Two-Step Gene Walking PCR 等）的技术。

三、分子特征鉴定实例

　　随着科学和技术的发展，转基因作物分子特征鉴定的方法越来越多，效率越来越高，原理也越来越直观，下面列举了近几年较新颖的两个技术原理及其应用。

【案例 7-7】A-T 连接接头 PCR 方法获得转基因水稻侧翼序列（Trinh et al.，2012）

　　A-T 连接接头 PCR 是本研究团队于 2012 年开发的基因组步移技术，原理如图 7-7 所示，该技术包括 5 个步骤：①使用限制性内切酶消化基因组 DNA；②将已消化的基因组在 *Taq* DNA 聚合酶作用下添加 A；③将已加 A 的产物跟 T 接头进行连接；④第一轮巢式 PCR 扩增；⑤第二轮巢式 PCR 扩增。

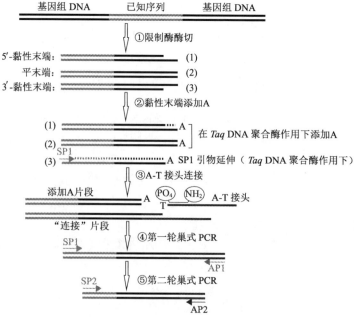

图 7-7　A-T 接头连接 PCR 原理图（后附彩图）

选择限制性内切酶 *Alu* I、*Apa* I、*Hind* III 消化转基因水稻 T1C-19 基因组。纯化后的酶切基因组利用 *Taq* DNA 聚合酶在经过酶切片段的 3′端添加 A。经修饰的酶切产物与 T 修饰接头在 T4 DNA 连接酶作用下连接，再利用设计的巢式引物扩增未知序列。经过两轮扩增，将第二轮 PCR 产物在 1.5%琼脂糖凝胶电泳检测得出三条比较精细的条带，如图 7-8 所示。

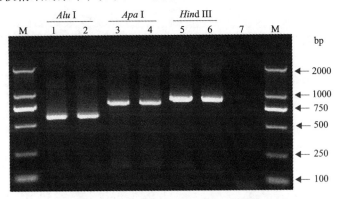

图 7-8　A-T 接头连接 PCR 扩增结果图

泳道 1-2、3-4 和 5-6 分别为被 *Alu* I、*Apa* I 和 *Hind* III 内切酶消化的转基因水稻 T1C-19 基因组扩增产物；
7 为空白对照；M 为 DL 2000 分子质量标准

将获得的扩增条带进行胶回收并且直接测序。被 *Alu*I、*Apa*I 和 *Hind*III 内切酶消化的转基因水稻 T1C-19 扩增产物，在测序后分别获得 650 bp、854 bp 和 938 bp 序列，其中 373 bp、577 bp 和 661 bp 是水稻基因组。另外通过 NCBI blast 比对得知转基因水稻 T1C-19 的外源基因插入在水稻第十一号染色体。

【案例 7-8】随机片段破碎基因组步移技术获得转基因玉米侧翼序列(Xu et al., 2013)

罗云波研究团队在 2013 年建立了片段破碎基因组步移技术（Randomly Broken Fragment PCR with 5′end-directed Adaptor for Genome Walking，RBF-PCR），原理如图 7-9 所示。采用超声波对基因组 DNA 进行随机破碎，破碎后的 DNA 片段不是平末端，无法直接与 5′定向接头连接，因此需对片段化后的 DNA 进行平末端和 3′端加 A 修饰。经过修饰的片段在 DNA 连接酶的作用下，与 5′定向接头连接。而后，由在已知序列区域设计的一系列特异性引物作为半巢式引物，接头引物作为固定引物，以连接产物为模板进行半巢式 PCR 来获得未知的侧翼序列。将 PCR 产物切胶回收，通过克隆测序、序列拼接和比对，获得准确的侧翼序列信息。

通过模拟实验，确定基因组超声波片段化最佳条件，优化实验步骤并进行可行性验证。将巢式引物分别设计在转基因玉米 LY038 的左右边界区域，进行两轮半巢式 PCR 反应, 胶回收 PCR 产物, 而后将产物分别连接到 pGEM-T Easy 载体上, 并转入大肠杆菌 DH5α 感受态细胞中。通过蓝白斑筛选, 取菌液进行直接测序, 经过序列拼接获得转基因玉米 LY038 侧翼序列。

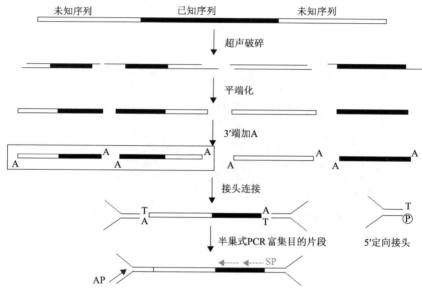

图 7-9　随机片段破碎基因组步移技术原理 (后附彩图)

这个技术开发的 5′定向接头有效提高 PCR 扩增特异性, 使方法具有广阔的应用范围, 克服前人方法特异性不高、成功率较低等缺点。通过一次试验流程, 获得转基因玉米 LY038 588 bp 左侧翼序列和 364 bp 右侧翼序列, 适于单拷贝数或低拷贝数外源基因插入转基因作物分子特征鉴定。

第四节　生物技术食品分子特征风险控制和管理

作为当代生物技术产物的转基因作物及其产品, 改变了传统的育种方式, 使人类可以更容易地控制生物性状, 以满足人类对粮食、土地等的不同要求。但同时, 转基因技术的应用也改变了生物进化的进程, 对环境、人类和动物的健康造成了现实和潜在的威胁, 带来了人们对其风险的关注和安全性的疑惑。尽管目前尚没有足够确信的证据表明转基因作物对环境和人类健康有影响, 但一些研究所揭示的转基因植物在研究和释放阶段可能出现的风险, 已经引起人们的广泛关注和争论。生物技术风险是指由于生物技术本身, 或其应用所带来的危害的可能性和后果。由于生物技术的特点, 生物技术风险存在于生物技术的研究、实验、环境释放和商品生产、销售、使用等各个环节中，而生物技术风险分析与管理自始至终都要加以考虑。生物技术的风险主要包括：安全风险，如健康风险、环境风险等；社会风险，如社会政治风险、经济风险、法律风险、文化风险、伦理风险等（杨君，2010）。

按照是否需要通过组织培养、再生植株，常规的转基因生物遗传转化方法通常可分成两大类：第一类需要通过组织培养再生植株，常用的方法有农杆菌介导转化法、基因枪法；第二类不需要通过组织培养，比较成熟的主要有花粉管通道法，花粉管通道法是中国科学家提出的。除了以上提到的 3 种方法外，还有核显微注射法、精子介导法、核移植转基因法、体细胞核移植法、电穿孔法等。目前，农杆菌介导转化法、基因枪法是常用的转化方法。

对于农杆菌等介导转化的转基因作物，外源基因通常是单拷贝插入（方卫国等，2002），通常利用普通基因组步移技术结合 Southern 杂交就可以解决分子特征鉴定。而对于基因枪转化法转基因作物来说，在基因枪粒子轰击过程中，外源基因被打成长度不等的基因片段随机插入整合到受体基因组中，分子特征的鉴定通常较为困难而且复杂，例如，利用 Southern 杂交可能检测不到破碎的基因片段，导致拷贝数的信息不准确（Mieog et al.，2013）或插入位点信息获取不全面等，从而使这类转基因作物具有潜在的非期望效应。

因此，生物技术产品分子特征风险评估，就是采用分子生物学方法，力求全面揭示非农杆菌等遗传转化技术带来的多拷贝插入分子特征，为转基因生物非期望效应的预测和食用安全性评价提供基础分析数据。对于非期望效应的预测，由于外源基因的引入直接导致插入位置所在基因表达的消失，以及导致其他相关物质（初级、次级代谢产物等）的产生等，都是分子特征风险评估的重要内容。

以转基因作物为例，我国将转基因植物的新品种培育阶段分为六个阶段：实验研究阶段、中间试验阶段、环境释放阶段、生产性试验阶段、申请安全证书与商业化生产阶段。其中研究阶段一般包括基因克隆、载体构建、遗传转化、分子鉴定等技术环节。在确认遗传稳定、效果确凿后，才有申请田间试验的资格。

为了有效地做风险评估和管理，针对某些生物种类建立了相应的分子特征标识库。对于微生物，特别是食源性致病菌，根据细菌种属和致病基因分型建立了致病菌分子特征标识库，给致病菌的检测提供数据支持，并给风险管理带来极大便利。类似的数据库还有国家水稻数据中心（http://www.ricedata.cn/index.htm）、大肠杆菌基因和代谢百科全书（EcoCyc，Encyclopedia of *E.coli* genes and metabolism）、HIV 序列数据库（HIV sequence database）等。同样，对于转基因生物来说，建立以分子特征为对象的分子标识数据库，有助于高效、安全地对生物技术产品进行管理，进而达到有效控制可能风险的目的。

近年来，国内外政府和研究机构对转基因作物风险研究越来越重视，但由于转基因作物存在科学上的不确定性和复杂性，尚存在一些问题。对转基因技术本质及其影响了解和控制能力还相当有限，对大规模种植转基因作物所能带来的潜在风险了解和经验不足，对转基因暴露的后果和可能产生的非预期效应难以预见。因此，转基因作物的风险评估与管理就迫在眉睫（郭斌等，2010）。

【案例 7-9】2013 年深圳转基因玉米 MIR162 退货事件（http://www.js.xinhuanet.com/2014-05/15/c_1110693382.htm）

国家质检总局发布数据显示，自 2013 年 10 月深圳口岸从一船进口美国玉米检出未经我国农业部批准的 MIR162 转基因成分后，截至 2014 年 4 月 21 日，全国出入境检验检疫机构共在 112.4 万吨进口美国玉米及其制品中检出 MIR162 转基因成分，对这 112.4 万吨进口玉米及其制品，口岸检验检疫机构均依法做出了退运处理。

MIR162 是由先正达公司开发的抗鳞翅目昆虫的转基因玉米，该品系是通过 DNA 重组技术，将一种来自苏云金芽孢杆菌的抗鳞翅类昆虫的特异性抗虫基因 *vip3A* 导入玉米基因组中。目前 MIR162 玉米已经在美国、阿根廷和巴西获得了种植批准，并通过了加拿大食品检疫局（CFIA）的安全性审批，而中国农业部并未批准引进此品系转基因玉米。

2010 年 3 月，MIR162 转基因玉米的生产商首次向我国提出了转基因玉米 MIR162 的材料入境申请，在我国境内开展环境安全和食用安全的检测，之后又多次提交，但相关材料和实验数据不完整，并存在问题。据农业部有关人士介绍，2013 年 11 月，该公司又一次提交了安全证书的申请，目前有关单位正在进行评审过程。

中国工程院院士、玉米遗传育种学家戴景瑞在接受《经济参考报》记者采访时表示，国外转基因产品进入中国必须要通过国家农业转基因生物安全委员会的审批之后才能考虑进口，如果没有经过这个程序，擅自通过外贸手段进口都是违法行为。而委员会将对转基因产品进行一系列的实验，一般情况时间至少要半年左右。

国家质检总局表示，目前进口转基因玉米首先需从农业部申请加工原料用转基因产品进口安全许可证书等。根据我国《农业转基因生物进口安全管理条例》《进出境转基因产品检验检疫管理办法》等规定，只有经我国（农业部）安全批准的转基因产品（包括复合品系转基因产品），在向出入境检验检疫系统申请报检并办理相关进口手续之后方可向中国出口。

截至 2013 年 12 月 19 日，深圳、福建、山东、广东、浙江、厦门等口岸检验检疫机构，相继从 12 批 54.5 万吨美国输华玉米中，检出含有未经我国农业部批准的 MIR162 转基因成分。各口岸检验检疫机构已依法对这 12 批 54.5 万吨进口美国输华玉米做退货处理。

质检总局已将最新有关情况再次通报美方，要求美方加强对输华玉米的产地来源、运输、仓储等环节的管控措施，有效避免输华玉米被未经我国农业部安全评估并批准的转基因品系污染。正是由于明确的转基因作物分子特征，为执法和监察部门提供有效的信息支持，才使得未经我国批准的转基因玉米没有流入境内，造成更加严重的后果。从此案例可以看出，分子特征不仅是生物技术产品检测的基础，也为生物技术产品的风险控制和管理带来有效的保障。

【案例 7-10】农业部：严查非法转基因（http://politics.people.com.cn/n/2014/0729/c70731-25365367.html）

2013 年 7 月随着媒体曝光了武汉超市混入转基因大米。尽管湖北省农业厅和武汉市委市政府出台紧急措施排查，但事件仍在当地引发反应。农业部第一时间责成湖北省农业厅依法迅速核查，严肃处理，及时发布相关信息，回应社会关注。

农业部农业转基因生物安全管理办公室 2013 年 7 月 29 日表示，对个别公司或个人违规种植、销售转基因作物的，农业部将发现一起查处一起。农业转基因生物安全管理办公室有关负责人表示，发放转基因生物安全证书并不等同于允许商业化生产。对转基因作物，无论是制种、试验，还是种植，都要经过严格的程序批准，对个别公司或个人，违规种植、销售转基因作物，发现一起查处一起，决不姑息。

据悉，目前我国并未商业化生产转基因主粮。按照《中华人民共和国种子法》的要求，转基因作物需要取得品种审定证书、生产许可证和经营许可证，才能进入商业化种植。

记者获悉，农业部现已要求各省农业行政主管部门要认真贯彻落实《农业部关于进一步加强农业转基因生物安全监管工作的通知》要求，强化监管责任，细化监管措施，始终保持对转基因种子非法生产和销售的高压态势，按照属地化原则认真做好监管工作。

2009 年才拿到安全证书的'Bt 汕优 63'，其实在 2005 年就有违规大面积种植，最后被当地政府发现后铲除销毁。之后 2013 年 10 月《消费者报道》发现湖北一大米样品含有转基因成分；2014 年 4 月，央视《新闻调查》证实湖北市售三种大米含有转基因成分。另外，根据中华人民共和国 WTO/SPS 国家通报咨询中心发布的信息就很清楚地发现：近年我国出口欧盟和出口日韩被扣留的 200 多批次转基因违规食品中，不仅包括拿到安全证书，但依旧属于非法种植的'华恢 1号'和'Bt 汕优 63'，另外'科丰 6 号'和'克螟稻 1 号'这两种被检测出来的转基因水稻,都并未获得安全证书,其至美国拜耳公司转基因污染事件中的 LL601转基因水稻也已进入中国非法种植。

随着新技术的出现，如内源基因转化、基因敲除技术、时空表达新技术等；生物技术产品种类的增长，如复合性状转基因作物等新型生物技术产品的研发，会给分子特征的鉴定及风险管理带来新的挑战。对生物技术产品、食品进行分子特征鉴定和管理，其目的不仅仅是杜绝违法行为，而是预防并及时制止出现违法行为造成的严重后果。生物技术产品在各个国家都出现过转基因非法扩散事件，是各国都存在的，不仅仅出现在中国，因此，各国都需要加强生物技术食品的监管，而生物技术食品的监管又是依托在分子特征信息的基础之上，从而看出分子特征风险管理和控制是实现生物技术食品监管的基础，也是生物技术产品研发过程中的重中之重。

参 考 文 献

诚实. 1994. 条形码. 安全生产与监督, (2): 108

程甜甜. 2014. 木绣球与荚蒾杂交的生殖生物学研究. 泰安: 山东农业大学硕士学位论文

方卫国, 张永军, 杨星勇, 等. 2002. 根癌农杆菌介导真菌遗传转化的研究进展. 中国生物工程杂志, 22(5): 40-44

郭斌, 祁洋, 尉亚辉. 2010. 转基因植物检测技术的研究进展. 中国生物工程杂志, 30(2): 120-126

海铮, 王俊. 2006. 基于电子鼻山茶油芝麻油掺假的检测研究. 中国粮油学报, 21(3): 192-197

胡培松, 唐绍清, 魏兴华. 2006. 泰国香米事件及启示. 中国稻米, 12(4): 1-2

黄进勇. 2009. 山东省主栽玉米杂交种的 SSR 和 SRAP 分析. 青岛: 青岛农业大学硕士学位论文

黄昆仑, 贺晓云. 2011. 转基因食品发展现状及食用安全性. 科学, 63(5): 23-26

霍振义, 唐晖, 刘雅诚. 2004. 亲子鉴定技术标准和质量控制探讨. 中国司法鉴定, (3): 34-35

李军生, 何仁, 江权燊, 等. 2005. 蜂蜜淀粉酶在鉴别蜂蜜掺假中的应用研究. 食品科学, 25(10): 59-62

李练兵, 吕静, 李新生, 等. 2009. 亲子鉴定的现状与问题探析. 第十一届中国科协年会论文集

李欣, 黄昆仑, 朱本忠, 等. 2005. 利用"组学"技术检测转基因作物非期望效应的潜在性. 农业生物技术学报, 13(6): 802-807

刘伟红, 许文涛, 商颖, 等. 2012. 果汁 DNA 提取方法比较及柑橘属植物分子生物学检测技术的研究. 中国食品学报, 12(4): 195-200

刘娅, 赵国华. 2002. 中红外光谱在食品掺假检测中的应用. 广州食品工业科技, 18(4): 43-45

罗军武, 李家贤. 2002. RPAD 分子标记技术在茶树亲子鉴定中的应用. 湖南农业大学学报: 自然科学版, 28(6): 502-505

罗丽娟, 施季森. 2003. 一种 DNA 侧翼序列分离技术——TAIL-PCR. 南京林业大学学报(自然科学版), 27(4): 87-90

庞立, 刘素纯, 夏菠, 等. 2009. 指纹图谱在酒的检测中的作用. 酿酒科技, (8): 128-130

瞿勇, 武玉花, 吴刚, 等. 2010. 转基因玉米 MON88017 转化事件特异性定性 PCR 检测方法及其标准化. 农业生物技术学报, 18(6): 1208-1214

商颖, 许文涛, 元延芳, 等. 2011. 一种检测肉品的新型通用单引物多重 PCR 技术. 食品工业科技, (9): 416-419

苏志明. 2006. 关于 Bt10 转基因玉米争论的分析. 中国检验检疫, (11):21-22

王晨光, 许文涛, 黄昆仑, 等. 2014. 转基因食品分析检测技术研究进展. 食品科学, 35(21): 297-305

王春喜. 2007. SSR 分子标记技术在玉米品种鉴定和保护中的应用. 乌鲁木齐: 新疆农业大学硕士学位论文

吴承春, 唐仁华. 2004. 中国农业植物新品种保护现状. 中国农学通报, 20(2): 263-265

吴继法, 吴登俊. 2001. 微卫星 DNA 在家畜亲子鉴定中的应用及研究进展. 国外畜牧科技, 28(5): 28-32

夏文水. 2007. 食品工艺学. 北京: 中国轻工业出版社

徐颖, 郑炜, 吴薇, 等. 2011. RAPD 技术在泰国香米品种纯度检测中的应用. 安徽农业科学, 39(4): 1939-1941

杨君. 2010. 转基因作物风险分析方法研究与安全管理. 大连: 大连理工大学博士学位论文

杨坤, 吴学龙, 朗春秀, 等. 2010. 优化反向 PCR 法分离转基因油菜外源 T-DNA 侧翼序列的研究. 安徽农业科学, 38(10): 5002-5005

张超良, 孙世孟, 金德敏, 等. 1998. RAPD 技术在 12 个玉米骨干自交系快速鉴定中的应用. 作物学报, 24(11): 718-722

张焕春, 陈笑芸, 汪小福, 等. 2012. 转基因作物的非预期效应及其检测. 浙江农业学报, 24(1): 125-132

张丽, 吴刚, 曹应龙, 等. 2009. 油料作物内标准基因研究与应用. 中国油料作物学报, 31(4): 544-550

张梅, 姜磊. 2002. 转基因作物的安全性问题及其管理现状. 现代农药, 1(2): 26-29

张启发. 2003. 转基因作物研发, 产业化, 安全性与管理. 中国大学教学, 3: 35-40

章有章, 查锡良, 李刚. 2005. 生物化学与分子生物学. 北京: 科学技术文献出版社

钟思梵. 2009. 国内"泰国香米"为何不香? 广西质量监督导报, 12: 29

朱鹏宇, 商颖, 许文涛, 等. 2013. 转基因作物检测和监测技术发展概况. 农业生物技术学报, 21(12): 1488-1497

Adugna A, Mesfin T. 2008. Detection and quantification of genetically engineered crops. Journal of SAT Agricultural Research, 6: 1-10

Bae J H, Sohn JH. 2010. Template-blocking PCR: an advanced PCR technique for genome walking. Analytical Biochemistry, 398(1): 112-116

Benkel B F, Fong Y. 1996. Long range-inverse PCR (LR-IPCR): extending the useful range of inverse PCR. Genetic Analysis: Biomolecular Engineering, 13(5): 123-127

Codex Alimentarius Committee, Food and Agriculture Organisation of the United Nations 2002. FAO/WHO: Draft Guideline for the Conduct of Food Safety Assessment of Foods Derived from Recombinant-DNA Plants (CAC/GL 45-2003). Rome

Ge Y, Charon N W. 1997. Identification of a large motility operon in *Borrelia burgdorferi* by semi-random PCR chromosome walking. Gene, 189(2): 195-201

Hielm S, Bjorkroth J, Hyytia E, et al. 1999. Ribotyping as an identification tool for *Clostridium botulinum* strains causing human botulism. International Journal of Food Microbiology, 47(1): 121-131

Holst-Jensen A, Rønning S B, Løvseth A, et al. 2003. PCR technology for screening and quantification of genetically modified organisms (GMOs). Analytical and Bioanalytical Chemistry, 375(8): 985-993

Kohda T, Taira K. 2000. A simple and efficient method to determine the terminal sequences of restriction fragments containing known sequences. DNA Research, 7(2): 151-155

Mieog J C, Howitt C A, Ral J P. 2013. Fast-tracking development of homozygous transgenic cereallines using a simple and highly flexible real-time PCR assay. BMC Plant Biology, 30(1): 71

Ochman H, Gerber A S, Hartl D L. 1988. Genetic applications of an inverse polymerase chain reaction. Genetics, 120(3): 621-623

Pilhofer M, Bauer A P, Schrallhammer M, et al. 2007. Characterization of bacterial operons consisting of two tubulins and a kinesin-like gene by the novel two-step gene walking method. Nucleic Acids Research, 35(20): 135

Riley J, Butler R, Ogilvie D, et al. 1990. A novel, rapid method for the isolation of terminal sequences from yeast artificial chromosome (YAC) clones. Nucleic Acids Research, 18(10): 2887-2890

Rosenthal A, Jones D S. 1990. Genomic walking and sequencing by oligo-cassette mediated polymerase chain reaction. Nucleic Acids Research, 18(10): 3095

Shang Y, Zhang N, Zhu P, et al. 2014.Restriction enzyme cutting site distribution regularity for DNA looping technology. Gene, 534(2): 222-228

Shyamala V, Ames G F L. 1989. Genome walking by single-specific-primer polymerase chain reaction: SSP-PCR. Gene, 84(1): 1-8

Tan G, Gao Y, Shi M, et al. 2005. SiteFinding-PCR: a simple and efficient PCR method for chromosome walking. Nucleic Acids Research, 33(13): 122

Trinh Q, Shi H, Xu W, et al. 2012. Loop-linker PCR: an advanced PCR technique for genome walking. IUBMB Life, 64(10): 841-845

Trinh Q, Xu W, Shi H, et al. 2012. An A-T linker adapter polymerase chain reaction method for chromosome walking without restriction site cloning bias. Analytical Biochemistry, 425(1): 62-67

Tsaftaris A, Pasentzis K, Argiriou A. 2010. Rolling circle amplification of genomic templates for inverse PCR (RCA-GIP): a method for 5′-and 3′-genome walking without anchoring. Biotechnology Letters, 32(1): 157-161

Tsuchiya T, Kameya N, Nakamura I. 2009. Straight walk: a modified method of ligation-mediated genome walking for plant species with large genomes. Analytical Biochemistry, 388(1): 158-160

Xu W, Bai W, Guo F, et al. 2008. A papaya-specific gene, papain, used as an endogenous reference gene in qualitative and real-time quantitative PCR detection of transgenic papayas. European food research and technology, 228(2): 301-309

Xu W, Bai W, Luo Y, et al. 2008. A novel common single primer multiplex polymerase chain reaction (CSP-M-PCR) method for the identification of animal species in minced meat. Journal of the Science of Food and Agriculture, 88(15): 2631-2637

Xu W, Shang Y, Zhu P, et al. 2013. Randomly broken fragment PCR with 5′ end-directed adaptor for genome walking. Scientific Reports, 3: 3465

第八章　生物技术食品的公众疑虑

提　　要

- 引导公众理性地看待科学技术的发展，不必将新技术视为洪水猛兽，任何技术都是中性的，关键看人类如何利用。同样地，科学家也不应该将公众舆论视为洪水猛兽，民意在于疏导，疏导重在交流。
- 转基因谣言涉及"美国阴谋""断子绝孙"等中国民众极为关注的问题，因此在网络上很有市场。科学家有义务及时澄清网络谣言，疏导公众疑虑。

第一节　转基因的公众舆论现状

公众对"转基因食品"这个词汇的认知度已经较高，但对转基因食品背后所蕴含的科学道理却知之甚少。极力支持和极力反对转基因食品的消费者都占少数，大部分消费者没有明确的态度，尽管如此，出于"宁可信其有，不可信其无"的思想，这些"中立"的消费者仍更倾向于购买传统食物。网络上充斥着大量的关于转基因食品的负面谣言，严重干扰了公众对转基因食品的态度。科学研究人员应加强与公众的交流，加强科普工作的开展。

一、谁都不是洪水猛兽

翻阅一下报纸，浏览一下网络，抑或收看一下电视新闻，都不难找到与"转基因"相关的报道——没有任何一种技术能像如今的转基因生物技术这样广泛地为公众所关注和讨论。这一方面源于当今发达的网络传媒和交流平台，以及改革开放以来言论自由的环境，而另一方面则源于民众对于转基因食品原理不了解、没能让消费者切身感受到转基因产品优越性的发展现状和其被扣以"舶来品"的帽子。毫不夸张地说，转基因技术正处在公众舆论的风口浪尖。

公众舆论反映着人民的态度，其力量是巨大的，众口铄金，积毁销骨。在当今社会，政府的权利源自于人民，政府的决策会听取人民的意见，甚至法律的判决都有可能受到民意的影响。虽然科学技术领域的研究热点常来源于公众的需求，但在过去，对科学家研究成果的评判主要来自于科学界内部，同行科学家依据对学科发展的贡献大小给予某一理论发现或某一技术成果以适当的评价和历史地位。如今公众如此广泛地参与到对转基因技术的评价和讨论中，对科技发展来说是一种进步，对从事一线研究的科学家来说既是机遇，也是挑战。公众舆论这股强大力量，既可能促进科技研究成果的转化，又可能阻碍科学研究的发展。

　　公众不应该将某种科学技术视为洪水猛兽，任何技术都是中性的，关键看人类如何利用。同样地，科学家也不应该将公众舆论视为洪水猛兽，民意在于疏导，疏导首在交流。科学家与公众从来不是对立的，他们只是在社会中的分工不同。科学家的工作与公众的生活互为基础，相互依赖。当然在某些特定的阶段，这二者可能存在分歧，这主要是由于信息交互的缺失或不恰当。科学家作为信息的强势方，有责任配合政府和媒体，将科技的信息真实地反映给公众。公众作为信息的接受方，需要练就一双慧眼，辨明信息真伪，发现事件真相，不信谣，不传谣。人类社会的发展才是大势所趋，社会成员的充分交流可以避免走很多弯路。

【案例8-1】作者接受凤凰探索采访的摘录（http://tech.ifeng.com/discovery/special/luoyunbo/）

　　凤凰探索：科学家是否有主宰人类未来的权利？

　　罗云波：科学家也是人，不能把科学家和普通人对立起来，很有可能你的儿子、孙子，将来就是科学家。中国人不是一向讲"万般皆下品，唯有读书高"吗？都想自己的家族有学问家、科学家的出现。这是因为科学家是人类中精英分子，是人类的优秀代表，他们的研究推动着社会进步和人类的文明。然而，一种新的科学技术的诞生，往往因为公众的不理解而可能受到反对，坚持真理有时会付出代价，如哥白尼、布鲁诺，这些科学家的伟大发现都曾经引起了当时人们的反对，但真理毕竟是真理，它们终究能发出耀眼的光芒并为大家所理解和接受，最终造福人类。

　　凤凰探索：当年发明原子弹的时候，普通民众并没有参与投票表决，今天我们发明转基因，因为互联网的发达，人们发表言论变得更自由了，这是否可以更公平地作出选择？

　　罗云波：核能的发明一开始就是用于武器，这是引起很大争议的原因，也是奥本海默说出那句"这一刻我们成了历史的罪人"的原因，但后来核能用于民用，给人类带来了很大的利益。其实，我一向都支持转基因标识制度，让人们自由选择是否吃转基因。你可以选择吃，也可以选择不吃。但现在我们被剥夺了选择转基因食品的权利。例如，我的孩子需要补充维生素A，我在市面上就买不到黄金大米。当然，吃维生素 A 片也可以，然而却不是最佳解决方案，因为吃维生素片容易补充过量。但黄金大米中强化的胡萝卜素在体内自己转化成维生素 A，补充够了就停止转化了，不会过量，很安全。我在选择食物时，会优先选择转基因食物，因为目前的抗虫转基因大豆制成的油不会有农药残留。

凤凰探索：但普通民众，如农民，也许根本没有听说过转基因，他们还是会买便宜的东西，这样，他们实际上还是被选择，而不是自己选择。

罗云波：转基因食品的上市，政府已经有足够的措施来保证它的安全，作为安全选择没有必要，民众可以放心地去吃，我们的选择其实是知情权的选择，我们的标识也是这个目的。在美国市场上，尽管也有许多人反对转基因，但他们市面上大多数食品都含转基因成分，因为或多或少都含有转基因大豆或玉米制品，FDA 批准上市后，人们也会选择食用。你说农民不懂转基因，你可以问一问种植棉花的农民，他们买种子的时候会问你这是不是转基因的，因为转基因 Bt 棉花可以抗虫，不是转基因棉花种子他们还不买。

在本章中，我们将分析目前关于生物技术食品，尤其是转基因食品的公众舆论的现状及形成的原因。对于公众读者，我们希望本章的内容能够有助于消除思想中固有的偏见，正确地认识转基因生物技术，然后得出自己的态度。对于科学界的读者，我们希望本节的内容可以对"如何正确地与公众交流，疏导公众舆论"这一问题有所启迪。

二、关于转基因的若干民意调查

近几年，随着各种媒体对转基因生物技术及其产品的大量报道，我国公众对转基因生物技术的认知程度已经有了一些提高，尤其是在城市居民中。王玉清和薛达元于 2004 年和 2007 年在北京做了两次关于"消费者对转基因食品认知态度"的调查（王玉清和薛达元，2005，2008），调查结果显示在当时公众对转基因食品的了解程度仍然很低，2004 年有 64.9%的城市居民对转基因食品不了解或不太了解，2007 年这一数字有所下降，但仍高达 57.83%。2009 年 10 月农业部为两个转基因水稻颁发安全证书后，转基因食品的安全性成为公众议论的热点。2010 年，周慧等（2012）对包括北京在内的 6 个城市的消费者对转基因食品的认知情况进行了调查，只听说过一两次和从未听说过转基因食品的占 25.36%。2012 年以来，关于转基因技术的讨论甚至论战在微博等新兴的网络社交平台上愈演愈烈，在城市居民中恐怕很难再找到从未听说过转基因食品的人。

但令人遗憾的是，消费者虽然对于"转基因"这个名词有了较高的认知度，但仍缺乏"转基因"背后所蕴含的基本生物学常识。上文所提到的周慧等（2012）的调查中设置了三道与转基因生物技术常识相关的问题，三道题回答都正确的消费者只有 23.69%，答对两道的也只占 36.42%，答对一题的有 26.81%，全错的比例达到 13.07%。其中答题最为理想的是对基因是否存在于普通番茄的判断，超过 70%的消费者回答正确，但这个认识水平甚至低于或者仅仅相当于欧美国家 90 年代末的水平。

在"是否接受转基因食品"这个问题上，多数消费者对转基因食品持谨慎态度。沈娟等（2011）在南京的调查及郑凯芸等（2013）在成都的调查显示，有 20%～30%的消费者完全接受转基因食品，同时也有 20%～30%的消费者完全不接受转基因食品，剩余的接受调查的消费者部分接受转基因食品或未明确表态。但在消费倾向上，有 61.87%的受访者更愿意选择传统食品，只有 17.44%的受访者选择转基因食品，另有 20.69%的受访者表示无所谓。从影响消费者选择的因素分析，按影响程度由高到低主要为"安全性不确定""营养价值更高"和"价格便宜"，分别占被调查人数的 40.55%、24.74%和 23.02%。

另外，总结近些年这方面的调查可以发现一个值得深思的现象，虽然这些调查普遍显示学历越高的人对转基因的认知程度越高，但是在高学历人群对转基因的态度这个问题上，不同的调查显示了不同的结果。例如，沈娟等（2011）的调查显示学历越高的人群中接受转基因食品的消费者比例越大；而李蔚等（2013）2012 年在北京的调查却显示，对于转基因大豆，学历水平越高的消费者有意愿购买转基因大豆制品的概率越低，此文的作者分析这可能与目前网络上充斥着大量质疑转基因大豆、宣传其潜在危害的信息有关，学历更高的消费者会有更大可能性获取这些负面信息，从而降低其产生购买意愿的概率。吴幸泽等（2013）对 31个省（市）的调查结果也显示，尽管在转基因主粮商业化的问题上，持支持意见的消费者（32.6%）略多于持反对意见的消费者（25.7%），但随着学历的增加，支持的人数比例下降，反对的人数比例增加。

因为对基本原理和技术流程的不了解，所以我国大部分公众对转基因生物技术的讨论停留在对该技术带来的经济、环境、健康等方面的效益和潜在危害的权衡利弊上，并且正反两方面的信息都主要来源于媒体和相关团体的传播，对信息的获取呈现片段化。由于公众对相关知识的缺失，缺少主观深入分析的能力，所以公众的舆论态度受到外界信息的深刻影响，不可避免地会产生成见。正如 Walter Lippmann 在《公众舆论》一书中所说的："我们每个人都是生活、工作在这个地球的一隅，在一个小圈子里活动，只有寥寥无几的知交。我们对具有广泛影响的公共事件充其量只能了解某个方面或某个片段。和那些起草条约、制定法律、颁布命令的显要人物一样，被要求接受条约的约束、法律的规范和执行命令的人们，也是些实实在在的人，我们的见解不可避免地涵盖着要比我们直接观察更为广泛的空间、更为漫长的时间和更为庞杂的事物。因此，这些见解是由别人的报道和我们自己的想象拼合在一起的。"（胡琛，2014）

三、关于转基因的主流媒体报道

国际主流的学术期刊，尤其是食品领域和毒理学领域的期刊对转基因的报道以报道其安全性为主，少有几篇关于其食用危害的报道，事后也被证明实验设计存在缺陷。然而公众极少从学术期刊上获取信息。大众传媒是公众获取信息的主要途径之一，在当今社会生活中起到重要作用。目前主流媒体对于转基因的报道通常持比较谨慎的态度。在这方面，中国科学院政策与管理科学研究所李玲做了比较详细的调查。李玲分析了 2000～2009 年十年间《人民日报》《科技日报》中关于转基因的报道（李玲，2009），发现最初几年的报道以科技进展和研究成果为主，随着消费者对转基因安全性问题关注和讨论的升温，报道的内容扩展到安全性评价、安全规范等问题。科技报道中表现出了更多对科技的理性思考和信息，在澄清谣言，疏导民意的过程中起着重要作用。中国中央电视台（CCTV）的焦点访谈栏目在 2013 年 8 月 26 日播出"转基因食品安全吗？"专题节目，正面回答了"转基因大豆是怎么来的？吃转基因的食品安全吗？美国人都不吃转基因食品，专门出口祸害别人？欧盟对转基因食品零容忍吗？"等公众广泛关注讨论的热点问题，并以"未来转基因技术会给生活带来怎样的变化，科学家们还在不断研究探索之中，我们则该用科学、客观、开放的态度来对待它"为结语，这无疑在媒体引导公众正确认识转基因食品中起到了模范作用。

四、关于转基因的网络论战

在网络上，对于转基因食品，支持的人观点基本都是一样的，反对的人各有各的学说。这些学说，无论真假，对公众的舆论态度有着深刻的影响。

支持转基因的人士认为，经过国家批准的转基因食品不仅无害，而且利国利民。虽然无法证明转基因食品是安全的，但是如果以同样的标准审视传统食品，同样也无法证明传统食品是安全的，转基因食品的安全性不比传统食品更低，现在的安全性评价原则和评价程序确定的规章制度是有效的，转基因食品上市、大规模利用也将近 20 年了，但还没有一例转基因食品引发的食品安全事件；而传统食品的风险与转基因食品的风险等同。转基因技术可增加作物单位面积产量，可以增强作物抗虫害、抗病毒等的能力，减少农药使用，降低农业生产成本，保护环境。提高农产品的耐储性，延长保鲜期。通过转基因技术可以不断培育出符合人们预期的新品种，生产出有利于人类健康的食品。

从技术发展的角度，支持转基因的人士认为转基因技术是未来农业发展的趋势，我国要抢占世界高新技术的制高点。我们的种业市场不能被发达国家控制，在粮食安全这一关系国家命脉的问题上不能受制于人，因此必须加大对转基因技术的科学研究，积极研发转基因的新技术和新品种。与此同时，应适时推进转基因产业化。从科学本身的使命讲，转基因技术的开发是为了让民众获得更幸福的生活，未来或许能提供更加有针对性的实惠，而只有将转基因技术产业化，才能让公众切实体验到这些实惠。

反对转基因的人士主要的观点是科学家无法证明转基因食品是安全的，转基因安全性并无定论。现有的转基因食品并没有带来预期的经济和环境效益。转基因农作物中转入的基因可能通过基因漂移进入野生品种中，转基因农作物大规模种植可能导致野生物种的消失，从而对生物多样性造成影响。反对转基因产业化，尤其是主粮的转基因化。

基于科学的事实，以科学的态度，对科学问题进行讨论无疑有利于转基因技术在正确的道路上发展。但与此同时，网络上存在着大量没有科学依据、完全杜撰的观点，无疑误导了公众，无论对科学的发展，还是对国家人民的利益，都是有百害而无一利的。因为这样的网络舆论环境，致使经常上网的人接触到更多转基因的负面报道，腾讯网发起的一项超过 25 万人参与的在线调查中，89%的人认为转基因食品不安全（毕夫，2013）。基因安全的争论应始于科学，止于科学，在科学研究的范畴内讨论。各种没有依据的观点要科学予以驳斥。

【案例 8-2】关于转基因的若干谣言

断子绝孙说。转基因，让中华民族消亡的最好武器。先来看看什么是转基因？转基因是给传统的植物基因里面人为添加毒蛋白，这种毒蛋白可以有效杀死虫子，以抗虫棉为例，并不是棉花真的抗虫，而是虫子吃一口就要了虫子的命了……英国、俄罗斯用老鼠做实验，得出结果一样，食用转基因食品的老鼠肝脏出现严重的问题，后代绝育、痴呆。北京大学也做这种实验，结果一样，对后代危险非常大。——引自某论坛（http://bbs.tiexue.net/post2_5122379_1.html）

美国阴谋说。1995 年 9 月 27 日，在美国旧金山秘密召开了一个影响深远的会议。会议核心主题就是：如何保持在这些精英领导下的"世界经济繁荣"。会议得出的结论是：这个世界只需要 20%的人口，总量不超过 10 亿人。认为人类 80%的人口是"垃圾人口"。而处置这些垃圾人口最有效、成本最小、反抗最小、收效最大的方法就是利用生化武器——也就是转基因食物。用类似纳粹集中营，纳粹的升级方法，实行种族清洗。实施目标确定在亚洲。而亚洲的主要目标确定在中国和印度两个占世界人口 40%的大国。——引自某博客（http://bbs.tianya.cn/post-free-4110149-1.shtml）

老鼠灭绝说。近两年来，一直活蹦乱跳的老鼠却淡出了人们的视线，近来更是没有了踪迹。有报道说，山西老鼠基本上已经灭绝了。其实，不单单是山西，我所在的河北也很少能见到老鼠的踪影，远在四川成都的弟弟，也说那里见不到老鼠了。这确实是一件让任何人听到了都高兴不起来反而会不寒而栗的事情。通过以上的分析证明，转基因粮食使老鼠灭绝的嫌疑最大，我认为，转基因粮食对老鼠的危害可能有两个方面。一是，老鼠吃了转基因粮食后，发生了慢性中毒，达到了一定时间后，就无法行动，在窝内自行死去。二是，老鼠吃了转基因粮食后，生育能力严重降低，从而使它的出生数量大幅度下降，达不到能够弥补被人类消灭和有病死亡的数量，这就会导致老鼠越来越少逐渐地趋于绝迹。只有以上两种可能才会是老鼠无声无息的失踪。——引自某贴吧（http://tieba.baidu.com/p/2724536213）

关于这些谣言的起因及市场，我们将在后面几节中详细分析。

五、转基因舆论环境现状的小结

从上述民意调查研究和网络论战的情况来看，现阶段我国公众对于转基因技术及转基因食品的舆论环境可以概括为以下几个方面：①公众对于转基因这个名词的认知程度已经较高，但是对转基因技术的背景知识了解较少；②在消费者中，对于转基因食品大部分人仍处于观望状态，在明确表态的人群中表示接受和表示不接受的人数大体相当，在这种情况下，大部分消费者仍更倾向于选择传统食品；③大众传媒中的主流媒体对转基因的报道增加了公众对转基因的认识，对一些不良舆论起到了一定的疏导作用；④在网络上充斥着大量关于转基因食品的负面传闻，这些传闻深刻影响了网民对转基因的态度。与在超市进行的消费者转基因态度调查结果不同，在网民中，对转基因食品安全性的疑虑日益加重，认为转基因不安全的占据大多数。

六、转基因目前热点问题梳理

接下来我再说的安全热点问题，没有故事有趣，也算不得辟谣，只是我知道的就说我知道，我不知道的说我不知道，我不确定的也说我不知道。

1）microRNA（miRNA）的问题

南京大学张辰宇教授课题组证实信息在动植物间的跨界交流（Zhang et al., 2012），这无疑是个好故事的开端。植物的 miRNA 可以通过进食的方式进入人体，并可能通过调控人体内靶基因表达的方式影响人体的生理功能，但这和转基因食品向前走是并行不悖的。最严格地说，在转基因食品安全管理方面增设对这项风险的评估，筛选 miRNA 与对照非转基因生物体比较，同时建立相关 miRNA 的检测监控系统，就是没漏洞的好故事了。

而且，因为转基因技术精准可控，清楚知道基因从哪来，到哪去，做什么，以及怎样做，一切都能精确掌控，异源 miRNA 也不例外，而传统育种方式则有更多不确定性，至少在这一点上，可以表明转基因食品在安全性上不会比传统食品更危险。当然，把这个故事往深里想，miRNA 的转基因安全评价的规则，还可以用于提高普通食品的安全性，例如，去除作物中对人体有不利影响的 miRNA。心态平和积极，就能够用理性的眼光去分析科学的不断履新，用动态的包容去期待发现，就能让科学帮助人类趋利避害。

2）塞拉利尼的问题

塞拉利尼团队突破了 90 天试验期限，将转基因的试验周期延长到两年，并得出转基因致肿瘤的结论，而且居然还正式发表了。就在同一期杂志上，同时发表了一篇我的研究团队的毒理学研究论文。随后杂志编辑部又特地邀请我们对塞拉利尼论文的不妥之处撰文发表。最后，意料之中，塞拉利尼团队的文章被撤稿了。

对于这个问题，从科学角度看，对于转基因食品安全性的研究，研究毒理学的科学家，以及全球各层次的监管机构，都认为无论从分子生物学和毒理学角度，都没有必要进行超过 90 天的所谓长期毒理学实验。惯例是选用模式生物小鼠和大鼠进行高剂量，多代数，长期饲喂实验进行安全性评估。大鼠 90 天相当于大鼠 1/8 的生命周期，这是亚慢性毒理实验的国际通行规则。对于转基因食品而言，如果一定要用大鼠全生命周期两年来做转基因食品安全性研究，仅起到安抚公众的心理安慰作用，并非是遵循科学本身的理性和规范。而且大量研究结果表明，事实上如果有阳性结果，90 天也足以显现了。

动物实验为什么大多选择大鼠和小鼠，而不选择和人类更为接近的灵长类实验动物呢？这是因为标准化动物来源少，繁殖周期长，饲养昂贵困难，而近交系大鼠则价廉物美，兼具个体差异小，特征稳定，对实验反应一致性好，实验结果精确可靠的优点，而被安全性实验广泛应用。猪和人类也很相似，但造价明显高昂，通常会把小型实验猪用来做营养实验。

为什么各国转基因食品安全评价，都不要求人体实验呢?科学界公认的实验模型、模拟实验、动物实验，完全可代替人体实验。也就是说依照毒理学公用原则，可以用动物学的实验来推测人体的实验结果。参照国际食品法典委员会制定的转基因评价指南，并不需要进行额外的人体实验。

3）黄金大米的问题

因为对科学伦理的轻慢，湖南黄金大米实验的论文或许也将被撤稿。事实上，利用转基因技术实施的黄金大米人道主义项目，安全性是完全有保证的。黄金大米补充的是胡萝卜素，人体有自动控制转化为维生素 A 的量的调节机制，不会造成维生素 A 过量中毒，只有滥用维生素 A 药剂才有这种可能的后果。闹得沸沸扬扬的湖南黄金大米实验只是看转化效率而已，不是安全实验，不存在安全性问题，当然，实验本身的安全性不能掩盖实验不合程序的违规问题，但是违规也不能反之成为黄金米不安全的佐证。

黄金大米是如何绕过中国海关的检测，进入中国的呢？虽然是生米煮成熟饭才进来的，可以解释为百密一疏，但是相关部门也需要反思转基因监管是否切实到位。例如，尽管我们的转基因水稻早就已经有了安全证书，但是由于各种阻力，类似于汽车推广之初，认为汽车开得快有危险不准制造一样的阻力，还没有进行品种评审和商业化许可，种植转基因水稻在中国还是违法的。欧盟现在对中国米制品实施史上最为严苛的入境检查，这些未免有利用技术规范进行贸易博弈的嫌疑，但是确实要耐着性子，面对我们不愿意面对的慢了、晚了的事实。无论如何都应该依法依规办事，研究单位做试验按规定办理不难做到，经营水稻种子的公司尤其需要严格把关。在加强监管中艰难前行，用严格守法执法建立信任。

对于湖南儿童临床试验中发生的伦理及实验设计监控不规范等问题，也是给从事转基因研究的科研人员一个警示，学术伦理和学术规范是科研人员不可逾越的红线，行政审批、伦理审查、知情同意三大程序是必须要尊重的。这是科学家的信誉和尊严问题，不容侵犯和忽视；对于受试儿童及监护人而言，这起事件不是一个安全事件，是知情权问题；对地方政府而言，应当大力推进转基因科普常识，扫去公众的恐慌心理，没有规矩，不成方圆，任何时候政府及科研人员都必须尊重程序规范。湖北大米滥种事件和黄金米事件大同小异，与安全性问题无关，但不符合程序正义，毕竟，规矩和秩序也是科学的一部分。

4）草甘膦的问题

从《寂静的春天》一直走到《我们被偷走的未来》，都就高毒农药的种种危险，向人类发出了强有力的警告，激励人们刻不容缓地采取行动。这里有一个有趣的契合，也就是《我们被偷走的未来》一书面世时，刚巧是转基因作物商品化伊始。英国咨询公司 PG Economics 分析 1996～2010 年间的数据得出结论，与转基因作物相关的农药使用量下降了 9%。这段时期内，全球杀菌剂和杀虫剂的使用量下降了 43.8 万吨。预计未来几年仍将保持下降态势。

美国环保署近日提高了多种水果和蔬菜上的草甘膦的残留限量标准，这也没什么需要恐慌的。标准是收益和成本、风险和效率之间权衡的产物，一个好的标准需要在二者间做出优化和平衡。人们在对草甘膦安全性有更多了解后，在不伤害人体健康的情况下，适当放宽最大残留限量，可以进一步降低生产成本，而下降的成本均摊到价格上，惠及的是我们每一个人，当然，先富起来的人们可以不以为然。

客观持平分析，抗草甘膦转基因作物会提高农民全面依赖草甘膦的心理期待，有意无意地增大草甘膦用量，甚至滥用，我不很惊奇，从来没有一种技术是一落地就十全十美、永远先进的，也没有一种技术可以解决复杂系统工程运转中遇到的全部问题。多基因复合性状的转基因作物是未来发展的一个方向，可以拥有耐多种除草剂、多种害虫及其他胁迫环境的性状，这些材料的种植，将为农民提供更多选择，降低杂草和害虫的抗药性风险。需要强调的是，转基因作物生物技术除草、防虫、抗环境胁迫的终极目标，并不是破坏生态，而是希望尽量微弱地影响生态，和周围环境在和谐统一中不断发展。

第二节　转基因公众疑虑的成因分析

关于转基因的谣言涉及"美国阴谋""断子绝孙"等中国人民极为关注的问题，因此在网络上很有市场。科学家有义务及时澄清网络谣言，疏导公众疑虑。

一、掌握舆论学知识——认知、信念与态度

近年来，许多非生物学领域的"专家"发表了一些存在基本知识错误、误导公众的"权威观点"，令人扼腕。我虽非公众舆论领域的专家，但我认为从公众舆论形成的角度探讨一下当前公众对于转基因态度的形成是十分有必要的。为了避免"跨领域"带来的知识鸿沟，应该先来学习并掌握公众舆论领域的一些基本知识。

信念、认知、态度和行为之间的相互作用，是公众舆论形成的基本机制。卢毅刚等（2013）在《认知、互动与趋同》一书中对这些基本概念进行了详细阐述。

认知。在舆论中，一些相关的信息是否准确地给公众认知是十分重要的。当公众能客观、公正、全面的对人或事物形成认知时，产生的相关舆论可能是良性的、理性的。反之，由于信息的不公开或支离破碎的流传，公众形成的并不是一种理性认知时，舆论又变成了社会传闻，甚至是谣言。

态度。公众舆论心理的逐渐形成抑或是突发显现均伴随着种种的态度因素，舆论学中把态度的形成和改变看作公众舆论内在的真正核心。态度的形成不是与生俱来的，而是在认知和学习的过程中实现的。个人形成态度后，通过态度的表达、交流和趋同，产生共鸣，形成舆论，并影响行为。态度与行为有着密切的关系，例如，一个对转基因食品持消极态度的人，十有八九不会购买转基因产品。因此，态度是承接在认知和行为的桥梁，表现为"刺激-反应"的中介，它包含认知因素，总是对于一定的客体而言。它包含情感因素，大都要对客体表现出好恶。它包含意向因素，是行为前的思想倾向。

信念。认知对态度的形成具有最初的影响作用，但一千个观众眼中有一千个哈姆雷特，不同的人群即使接受完全相同的信息形成的态度也不尽相同，舆论学中认为这与信念有关。信念是人们在接触外界之前，头脑里已经存在的关于现实世界的图像、信条、价值观等。传播学奠基人李普曼认为，人们生活中接触的外界信息刺激很多，不可能一一做出分析反映，于是便有一种自然的省力原则，起

到自我保护的作用，这边是依据信念对感兴趣的食物做出不经思考的直接判断。态度是建立在信念基础上的较为表层的结构。除了少数几个话题可能会形成全球舆论外，绝大多数的舆论都是在一定文化圈、民族圈或宗教圈的范围内形成的，不可避免地带有文化与道德的传统印记。

下面就让我们把这些基本知识应用到公众对转基因食品态度形成机制的探讨中。

二、为何线上调查和线下调查结果差别如此之大？

在超市对消费者的调查（线下调查）显示 20%～30%的人完全不接受转基因食品，大部分消费者还处于观望态度。在网络上的调查（线上调查）则显示 89%的人认为转基因食品不安全，不接受转基因食品。为何线上调查和线下调查结果差别如此之大？

在公众的认知层面，最基本的一种信息传播形式是人际传播，但显然人际传播中的一些信息可能因为传播者过于浓厚的主观倾向性而失真，甚至以讹传讹，如今的网络社交平台可以看作一种现代化、信息化的人际传播，它提高了人际传播的效率，也加剧了主观倾向性导致的信息失真。另外一种公众认知形式是大众传媒，当然在传媒对信息加工的过程中，不可避免地也包含着传媒者的倾向性，但毕竟不像人际传播中的倾向性那样明显。对于大部分网民，他们往往更乐意通过社交网站的人际传播获取信息，网民更容易错误地认为社交网站的信息因为不存在明显的政治背景，因此比大众传媒的信息更接近事实真相，但网民们忽略了人际传播中严重的主观倾向性。线下调查的受访者从电视和报纸中获取信息的比例更大，相对来说接受的信息更具有客观性，受网络上传言的影响较小。

按照一般的想象，社会信息化带来更多的媒介接触的平等权利，有利于共同舆论的形成，但是这种想法忽略了不同工种群体接受能力，接受习惯的差异。美国学者蒂奇诺等于 1970 年提出了"知识沟"理论，认为加入输入社会体系的大众媒介讯息增加，不同社会阶层的人之间的知识鸿沟不是变小而是在扩大。正如台湾学者王石番在探讨知识沟理论时写到的："针对一项论题的报道越多，注意这一论题的人会留心搜集资料，自然比其他人知道得越多。民意的形成从任何角度来说，都与认知息息相关，对一个问题认识的深入程度必定影响态度的情感和行为层面。如果社会对于一个公共事务的论题，由于接触大众媒介的行为差异，产生两种不同的知识模式，从而影响民意，共识因而不能建立，不但公共事务问题不能解决，而且阻挠社会安定，确实令人惋惜！"

三、为何网络谣言如此流传广泛？

从舆论学的角度来看，社会传闻和流言均属于信息形态的舆论。在现实舆论环境中信息形态舆论的产生，是由公众的心理因素导致的必然结果。一方面，当公众接收到外部信息的刺激之后，需要消除由新信息带来的对环境的不确定性认识；另一方面，公众需要信息传播的方式将自己的观点和情绪传递给他人，从而得到社会的认可或减轻环境不确定性带来的压力。社会传闻和流言的产生是由于信息形态舆论传递的过程中，信息的不明确和失真。在关于转基因食品的相关信息的不明确和失真是相当严重的（张轩，2008）。

先来说说信息的不明确。大部分公众对转基因生物技术所蕴含的原理或一无所知，或比较模糊，但转基因食品要端上每个人的餐桌，改变每个人的生活，这必将引起公众对转基因食品相关信息的需要。人们在寻找转基因技术和转基因产品的信息过程时，通常尚未形成稳定的意见倾向。若此时加强科普工作，给予较多的真实信息，会有助于公众形成健康的社会舆论（薛文铮，2014）。科学工作者们却往往喜欢发扬埋头苦干的优良传统，忽视了对公众的科普工作，科学工作者的主业毕竟还是推进科技进步，并且通常给不了媒体中介对于转基因技术所需要的一鸣惊人、吸引眼球的科学见识。当公众对转基因食品信息的需要无法从主流新闻媒体、权威专家处获得时，往往会转向大众人群，看看大多数人对转基因食品的看法，与大多数人保持一致是风险最低的做法。

再来说说信息的失真。本节第一部分中我们讲过态度是信念在某件具体事件上的反映。关于转基因的社会流言是相当"高明"的，直戳中国人信念的软肋。在中国人的信念中，家族观念根深蒂固，于是当公众听到转基因"断子绝孙"时，便对之深恶痛绝。由于历史原因，中国人对欧美帝国主义存在芥蒂，因此当听到转基因食品是"美帝阴谋"时，便倾向于"宁可信其有，不可信其无"。

此时，一些人为编造出来的流言犹如落在沃土中的野草种子，开始疯长。

证伪易，证正难；转基因的谣言出现一个粉碎一个，但对于非专业人士而言他们记着的确是传千里的"坏事"；同时谣言粉碎处于被动位置以及时间滞后效应。基于这些流言所产生的公众疑虑，可以看作是负面情绪型舆论。我们可以借用加拿大心理学家赛黎关于心理压力的实验理论"一般适应症候群"来说明负面情绪性舆论的产生和发展经历的三个阶段。阶段一为"震撼和反应期"，即对于外界信息的突然出现，或社会变动的压力到达临界点时，公众在短时间内出现的并迅速蔓延的情绪型舆论；阶段二为"抗拒和对峙期"，这时公众已经从阶段一的震撼转为以某种持续的情绪同外在压力对峙；阶段三为"突变或衰变期"，即如果压力继续增大而情绪得不到缓释，可能会在某个无法忍受的临界点转为强烈的行为舆论；如果外在压力没有增大，也许公众经过自身的心理调节（或政府、专家通过媒体的疏导作用），适应新环境，使情绪型舆论逐渐减弱、消亡（张轩，2008）。

四、科学家通过大众传媒对公众疑虑的疏导，作用为何不明显？

如今我国公众关于转基因食品的舆论正处在阶段一"震撼和反应期"到阶段二"抗拒和对峙期"的转变阶段。现在科学家正努力借助于大众传媒疏导公众疑虑，破除谣言，但似乎已经慢了半拍。对于负面情绪型舆论的引导，抓住时机非常重要，引导越及时越好。如果在情绪性公众舆论的"震撼和反应期"迅速做出反应，提供充足、准确的信息，及时给予理性指导，可以大大改善公众对于外在环境不确定性的冲击感受。如果错过了阶段一，在情绪型舆论已经形成的"抗拒和对峙期"，能够做的事情是转移、分散情绪，多做使公众适应新环境的工作，防止情绪的大幅度社会感染，促使情绪型舆论强度弱化。

另外，在我国现阶段还有个特殊情况，那就是专家和政府的一些部门的权威很容易受到质疑。专家在网络上被戏称为"砖家"。在转基因生物技术领域，网络上经常流传转基因研发者因自身利益的考虑，编造了转基因食用安全的谎言，更有甚者，给积极推广转基因的科学家扣上了"汉奸"的帽子，一些言论已经触犯了法律。这种有罪推断不仅给这些科学家的自身名誉造成了危害，更给转基因科普工作和民意疏导增大了难度。

我国科普舆论体系不健全，相关企业没有树立科普主题人的意识，科学家的科普语言能力需要提高，科普积极性需要全社会来共同维持，相对于其他技术而言，转基因技术确实很重要但又比较难科普。亡羊补牢，为时不晚。想要消除公众因为虚假流言而造成的对转基因的疑虑，就要增大对转基因生物技术和转基因食品的科普和宣传工作，而要更好地完成这个任务，首先要树立专家们的权威，必要时应该拿起法律武器。

第三节　转基因生物技术与中国传统文化

转基因生物技术与我国儒家传统的"解民生之多艰"的社会责任感的思想是契合的，但与道教的无为思想有所矛盾。我国传统的家族观念很重，由于网络"断子绝孙"的谣言，中国民众对转基因生物技术心存芥蒂。我国传统文化使中国民众普遍比较谨慎，面对风险相对"未知"的事物不敢轻易尝试。

正如我们在第二节中所讨论的，信念在认知形成的过程中起先决的、重要的作用。对于中国人来说，中国传统文化是中华民族历史上各种思想、观念形态的总体体现，在中国人的思维中根深蒂固。儒家文化与道家文化是中国传统文化的核心内容，此外还包含其他文化形态，如墨家文化、佛教文化、西方文化等。下面我们来讨论一下转基因生物技术是否与中国传统文化相一致。

一、儒家思想与转基因生物技术

由孔子创立的儒家思想是中国文化的重要内容,是中国文化价值系统的主干。

儒家的社会责任感与转基因生物技术。儒家与道家、佛家的遁世、出世的人生观相反,强调刚健有为、积极入世的人生态度。"天行健,君子以自强不息"。儒家思想强调以天下为己任。孔夫子在礼乐崩坏的春秋乱世,不顾个人安危,周游列国,宣讲仁学,期望天下太平,人民过好日子。尽管历尽艰辛,但至死不渝,为崇高的理想而努力。诗圣杜甫在自己的茅屋仅能容身、破败漏雨之时,他想的却是"安得广厦千万间,大庇天下寒士俱欢颜"。范仲淹在《岳阳楼记》中写下"先天下之忧而忧,后天下之乐而乐"的名句。

从这个层面上来说,无论杂交水稻技术,还是转基因生物技术,抑或其他食品生物技术,无一不是用来解决民生的实际问题的。这些技术的出发点,都源于科学家的社会责任感。粮食问题,乃国之根本,民之生计。这些食品生物技术的研究与应用,都是为了从不同的角度解决我国的粮食问题。网络上有谣言称力挺转基因的专家是"美国的走狗",为了个人的利益而不惜牺牲国民的利益。由于历史原因,我国民众向来痛恨卖国求荣之人。这种谣言的流传严重地干扰了公众对转基因生物技术的认知,应及时予以澄清,严重者应追究法律责任。至于追求个人利益,孔夫子高度赞扬安贫乐道之人,但孔夫子自己也说过"君子爱财,取之有道"。科学家在利用转基因生物技术解决民生问题的同时,取得一定的经济回报也是理所当然的。关键是令民众知道这些经济回报是取之于道,而非像谣言中所说的取之于美国,取之于国际转基因种业公司。从下面的例子中我们可以看出我国公众是尊重科学的,而并非盲目仇富的。

【案例8-3】仇富也不仇袁隆平的富(http://news.sina.com.cn/c/2009-08-25/175918508894_5.shtml)

袁隆平,我国杂交水稻研究创始人,被誉为"杂交水稻之父"。

面对袁隆平"家里已经有了六七辆车(注:实际上是包括子女在内共有六七辆车,此为网友误读)"的坦言,网友几乎众口一词地表示支持,更有网友直言:"给袁老配飞机都不过分。"曾屡次被扣上"仇富"帽子的网民们表现出了异乎寻常的理性:就算仇富,我们也不仇袁隆平。

"袁老的财富来得光明正大,他的消费自由只要符合法律和公德,别人不宜说三道四。""这样的科学家有多少钱也没有人仇富,真正靠自己有钱的,人们敬佩。祝福袁老长寿!!"两名网友的回帖被上千网友顶成人气帖,一直置顶。

从王石"十元门"到声讨垄断企业高薪,网友掀起一轮又一轮"讨伐"富人的热潮。向来背着"仇富"名号的网友们,这次却集体支持袁隆平院士。网友道:

事实证明，中国百姓辨别是非的能力是非常强的，百姓心中似明镜！在 2007 年接受中央电视台《面对面》栏目采访时，袁隆平也曾谈到开车一事。袁隆平告诉主持人王志，以前下田是骑自行车，后来是开摩托车，现在条件好了，开车了。当时王志还问袁隆平，开的是什么车。袁老回答说是普通的赛欧，大概十几万。

儒家的家族观念与转基因生物技术。在中国的传统文化精神中，家族观念占有基础和核心的地位。孔子的思想核心是仁，孝悌是仁的根本。孟子对孝做了进一步的规定："不孝有三，无后为大。"中国封建社会的传统中，男性后裔肩负着祭祀祖先，上坟扫墓的职责，如果一个家庭没有男性后代，其先祖就会无人祭祀，成为"孤魂野鬼"，这一情形被称为"绝后"，也被认为是最大的不孝。所以，重视"传宗接代"成为中国传统文化的一个核心观念。刘林平指出中国传统文化中的家族主义主要包含三个方面的内涵：其一，在看待个人和家族的关系时，将家族绝对置于首位的价值观念；其二，处理家族内部袭系的伦理观念；其三，处理家族和社会之关系时的家本位思想。

转基因生物技术本身与传统文化的家族观念并无冲突，但是由于"转基因断子绝孙"的谣言，使转基因生物技术在家族观念浓重的中国社会中受到了很多非理性的排斥。谣言制造者往往非常了解中国民众的心理。在对转基因生物技术的破除谣言和科普宣传的过程中，也应该针对中国民众关心的问题进行重点说明。

儒家的修身之道与转基因生物技术。儒家修身之道以"中庸思想"为核心。中庸思想的主题是教育人们自觉地进行自我修养、自我监督、自我教育、自我完善，把自己培养成具有理想人格，达到至善、至仁、至诚、至道、至德、至圣、合外内至道的理想人物（邓球柏，2000）。然而，中庸思想中"折中、中和"的含义也深刻地影响了中华民族的性格。面对未知的事物，中国民众往往不轻易尝试，也不轻易否认。如在是否有鬼神的问题上，孔子选择"敬鬼神而远之"。谨小慎微的特质使中华民族的多数人在没有十足把握的时候，通常选择静观其变的保守做法。而面对可能的风险或危害，甚至谣言，多数人也往往抱以"宁可信其有，不可信其无"的心理。

第二节中的调查显示，面对转基因食品，大部分中国消费者不明确表态认可或者不认可，但在购买倾向上，这部分消费者往往处于谨慎，更愿意选择传统食品。这正是处于中华民族的"宁可信其有，不可信其无"的相对保守谨慎的心态。

以目前的科学水平，科学只能正确解释世界的一部分，对于很多神秘现象和未知领域，科学现在既不能解释也不能证伪。在面对这样的问题时，选择"信其有"虽然是比较谨慎，避免可能的危害的做法，但是与此同时也丢弃了可能带来的利益，阻碍了创新与发展。

二、道家思想与转基因生物技术

道家的无为思想与转基因生物技术。道家思想特别是其哲学思想以其博大精深、隽永多义的思辨内涵，超迈豁达、反对独断的开放胸襟，对中国传统文化的形成发展和对中华民族思维方式民族精神的形成产生了重大影响（赵永红，2008）。道家与儒家以不同的思维方式、价值系统和人生哲学，在中国社会历史的发展中相互砥砺，相互补充。儒家重群体，道家重个体，儒家的群体意识和道家的个体意识相互补充，形成了中华民族的基本哲学思想体系。

道家提倡道法自然，自然无为，提出无为而治、崇尚贵虚守雌、追求天人合一的境界，具有朴素的辩证法思想。追求自然，崇尚天然成为中华民族性情的一部分。从自然无为的角度来看，转基因乃是有为，绿色食品、有机食品比转基因食品更符合道家的饮食标准，正因如此，绿色食品、有机食品在国内备受推崇，有机食品的价格远高于同类非有机食品。

然而有机食品产量较低，当然更不能满足中国这样一个人口大国、粮食需求大国的需要。正如道家和儒家的侧重不同一样，有机食品可能更受个体消费者推崇，但是转基因食品，才是解决社会粮食问题的途径之一。在达到相应标准的前提下，有机食品并不比传统食品及转基因食品的风险更小，而其能耗和环境代价更大，不是主流的方向。毕竟人类已经进入一个高度社会化的阶段，"采菊东篱下，悠然见南山"的田园生活只能供给少数人，我们需要转基因生物技术来解决社会大部分人的粮食问题。

事实上，在很多领域都存在着无为与有为的争论，在社会生活中，无为往往不能解决问题。最为人们所熟知的例子是经济学领域，市场经济体制是否需要宏观调控的问题。事实证明，仅仅依靠市场经济规律这只"看不见的手"，并不能始终维护好市场经济的秩序，需要政府的"看得见的手"进行管理和调控。

转基因食品虽然与中华民族传统文化中追求自然、崇尚天然的观念有一定的冲突，但却是解决社会问题的一项不可或缺的技术手段。

参 考 文 献

毕夫. 2013. 转基因食品的是是非非. 金融经济: 上半月, (21): 20-21

邓球柏. 2000. 论中庸之道. 首都师范大学学报 （社会科学版）, (6): 007

胡琛. 2014. "炎帝文化"的媒介镜像. 长沙: 湖南师范大学硕士学位论文

李玲. 2009. 国内主流媒体对新兴科技报道的研究——以转基因技术和纳米技术为例. 第五届中国科技政策与管理学术年会

李蔚, 颜琦, 刘增金. 2013. 消费者对转基因大豆制品的认知及购买意愿分析——基于北京市的实地调研. 调研世界, (9): 19-23

卢毅刚. 2013. 认识、互动与趋同——公众舆论心里解读. 北京: 中国社会科学出版社, 23-30, 38-39, 67-71

沈娟, 颜明, 田子华, 等. 2011. 南京市消费者对转基因食品认知程度的调查分析. 安徽农业科学, 39(18): 10909-10914

王玉清, 薛达元. 2005. 消费者对转基因食品认知态度的调查与分析. 调查报告, (3): 46-51

王玉清, 薛达元. 2008. 消费者对转基因认知态度再调查. 中国民族大学学报, 17: 27-32

吴幸泽, 汤书昆, 王明. 2013. 从问卷调查看中国公众对转基因食品的科技政策期待. 科普研究, 5(8): 47-52

薛文铮. 2014. 网络舆论监督司法审判若干问题研究. 石家庄: 河北经贸大学硕士学位论文

张轩. 2008. 网络时代舆论引导的挑战及技术研究. 重庆:重庆大学硕士学位论文

郑凯芸, 肖毅超, 高王佳, 等. 2013. 成都消费者对转基因食品认知状况调查研究. 安徽农业科学, 41(33): 12966-12968

周慧, 齐振宏, 冯良宣. 2012. 消费者对转基因食品认知及影响因素的实证研究. 华中农业大学学报（社会科学版）, (4): 55-60

Zhang L, Hou D, Chen X, et al. 2012. Exogenous plant MIR168a specifically targets mammalian LDLRAP1: evidence of cross-kingdom regulation by microRNA. Cell Research, 22(1): 107-126

第九章　生物技术食品的风险管理及风险交流

提　　要

■ 转基因生物安全管理不仅是一个科学分析、科学决策的过程，同时也是一个不同利益团体之间利益平衡的过程。行之有效的风险评估、风险管理和风险交流措施是保证转基因生物安全管理能力的基础。转基因生物风险管理代表了当代科学技术最新成果在转基因生物安全性管理方面的发展方向，它是拟定转基因食品安全标准和解决国际转基因贸易争端的主要依据，它将成为制定转基因安全政策，发现并解决转基因安全事件的主要渠道。

■ 风险分析是目前世界范围内保障食品安全的新模式，风险管理（风险交流）是其中非常重要的环节。

■ 风险管理的目的是通过有效的措施，尽可能发现并控制食品风险，保障公众健康。风险交流是风险评估者、风险管理者和各风险利益相关方对风险信息进行沟通的过程。

■ 我国的风险管理既包括政府部门的运筹帷幄，也需要科研及媒体工作者的正确引导。

■ 风险管理及风险交流已经远远超过科学技术层面的概念，更多的是国与国之间贸易的博弈。

■ 世界范围内都对转基因食品安全建立了风险管理措施。我国已制定并建立一整套适合我国国情的，与国际接轨的法律法规和管理规章制度。

第一节　风险管理及风险交流基本原理

2013 年 10 月，中国深圳口岸从美国进口的玉米中检出未经我国农业部批准的转基因成分——MIR162，而这仅仅是一个开始。截止到 2014 年 4 月 21 日，全国出入境检验检疫机构共在 112.4 万吨进口美国玉米及其制品中检出 MIR162 转基因成分，并对这些产品依法做出了退运处理。百万吨的进口事件之于整个国民经济不值一提，然而事件平息的背后，是民众对转基因食品的监管及安全问题的疑虑，他们既知道转基因食品对于整个农业产业的推动作用，也对它背后的食用问题心存担忧，这其中就存在一个矛盾。这一小事件的背后还映射着全球转基因技术快速发展的大事件。20 世纪末期，现代生物技术迅速发展，生物技术在食品中的应用也逐渐进入人们的视野。现在生物技术主要包括基因工程、细胞工程、酶工程和发酵工程，日常生活中我们所熟知的克隆技术（克隆羊多莉），人类基因组计划都属于现代生物技术的范畴。这其中，应用最为广泛、产业化模式最好的当属转基因食品。具有独特功能的转基因作物为原料制作的食品纷纷进入市场，在给社会带来更高经济效益的同时，也解决了困扰人类多年的粮食紧缺问题。许多发达国家和发展中国家已经开始把食品生物技术作为战略发展目标以提高未来的科技竞争力和增强本国的农业生产力。然而，生物技术食品除了有不可估量的经济和社会效益之外，还存在着一定的风险和潜在危害。众所周知，生物技术食品，尤其是转基因食品的安全性质疑是消费者和生物专业相关人士的关注点。近几年著名的美国的"星联玉米事件"、墨西哥的"玉米基因污染事件"及斑蝶事件使得大众对转基因的安全问题更加关注。这又存在一个矛盾。国家和普通民众这一大一小两个矛盾使得转基因食品的安全评价地位及其重要。

我们知道，一个国家在决定转基因食品是否推向市场之前要做一系列的安全评价工作，这些工作的宗旨就是保证转基因食品在现有科学水平下的安全性。MIR162 转基因玉米已递交安全证书申请，目前正处于一系列农业部评审阶段。MIR162 事件牵扯的不仅仅有外国企业、出入境检验检疫机构和农业部，甚至新闻媒体和消费者也让这一事件成为近期转基因安全话题的新热点。

一、风险管理及风险交流的由来

转基因食品风险分析是保证食品安全的一种新的模式，也是正在发展中的新兴学科，从其成立之日至今也不过 20 余年的时间。这其中，风险管理及风险交流，以及第二章讲到的风险评估，是转基因食品风险分析的三大组成部分。最初提出这一概念是在 20 世纪八九十年代的乌拉圭回合多边贸易谈判上。这次谈判达成了两项协定，即《实施卫生与植物卫生措施协定》（SPS 协定）和《贸易技术壁垒协定》（TBT 协定）。SPS 协定确认了各国政府保证该国人民健康的权利，也提出这一卫生措施必须建立在风险评估的基础上。SPS 协定第一次以国际贸易协定的形式确认一个严格的科学方法是国际贸易协调正常发展的关键。经过多年发展努力，风险分析这一概念得到了各界专家的认可。1995 年，联合国粮食及农业组织和世界卫生组织召开联合专家咨询会议，该会议形成"风险分析在食品标准问题上的应用"的报告。1997 年召开的 FAO/WHO 联合专家咨询会规定了风险管理的框架和基本原理。1998 年，这两个组织又对风险情况交流的要素和原则进行规定，同时对进行有效风险情况交流的障碍和策略进行了讨论。这样，食品安全分析原理的基本框架已基本形成，而作为风险分析不可缺少的风险管理及风险交流也一并进入了整体框架中。从提出到框架形成，风险分析在食品安全度过了十年光阴，而后，越来越多的食品风险分析诞生，而这一分析过程也逐渐成为使一种新的食品添加剂能够推向市场，对食品安全事件分析调查，以及转基因食品安全评价的基础。

【案例 9-1】《实施卫生与植物卫生措施协定》（Agreement on the application of sanitary and phytosanitary measure，SPS）

1986～1994 年，关税及贸易总协定（General Agreement on Tariffs and Trade）在乌拉圭举行多回合谈判，为了减少卫生及植物检疫条例的壁垒对农产品贸易所产生的消极影响，制定了《实施卫生与植物卫生措施协定》。这一协定也成为日后世界贸易组织（World Trade Organization，WTO）在各成员国内实行贸易往来的健康原则之一。其中，第五条为对于风险分析在卫生检验检疫方面的应用条例。细则如下：

（1）各成员应保证其卫生与植物卫生措施的制定以对人类、动物或植物的生命或健康所进行的、适合有关情况的风险评估为基础，同时考虑有关国际组织制定的风险评估技术。

（2）在进行风险评估时，各成员应考虑可获得的科学证据：有关工序和生产方法；有关检查、抽样和检验方法；特定病害或虫害的流行；病虫害非疫区的存在；有关生态和环境条件；以及检疫或其他处理方法。

（3）各成员在评估对动物或植物的生命或健康构成的风险并确定为实现适当的卫生与植物卫生保护水平以防止此类风险所采取的措施时，应考虑下列有关经济因素：由于虫害或病害的传入、定居或传播造成生产或销售损失的潜在损害；在进口成员领土内控制或根除病虫害的费用；以及采用替代方法控制风险的相对成本效益。

（4）各成员在确定适当的卫生与植物卫生保护水平时，应考虑将对贸易的消极影响减小到最低程度的目标。

（5）为实现在防止对人类生命或健康、动物和植物的生命或健康的风险方面运用适当的卫生与植物卫生保护水平的概念的一致性，每一成员应避免其认为适当的保护水平在不同的情况下存在任意或不合理的差异，如此类差异造成对国际贸易的歧视或变相限制。各成员应在委员会中进行合作，依照第 12 条第 1 款、第 2 款和第 3 款制定指南，以推动本规定的实际实施。委员会在制定指南时应考虑所有有关因素，包括人们自愿承受人身健康风险的例外特性。

（6）在不损害第 3 条第 2 款的情况下，在制定或维持卫生与植物卫生措施以实现适当的卫生与植物卫生保护水平时，各成员应保证此类措施对贸易的限制不超过为达到适当的卫生与植物卫生保护水平所要求的限度，同时考虑其技术和经济可行性。

（7）在有关科学证据不充分的情况下，一成员可根据获得的有关信息，包括来自有关国际组织及其他成员实施的卫生与植物卫生措施的信息，临时采用卫生与植物卫生措施。在此种情况下，各成员应寻求获得更加客观地进行风险评估所必需的额外信息，并在合理期限内据此审议卫生与植物卫生措施。

（8）如一成员有理由认为另一成员采用或维持的特定卫生与植物卫生措施正在限制或可能限制其产品出口，且该措施不是根据有关国际标准、指南或建议制定的，或不存在此类标准、指南或建议，则可请求说明此类卫生与植物卫生措施的理由，维持该措施的成员应提供此种说明。

从 SPS 协定第五条中可以看到，细则（1）和（2）主要介绍风险评估的意义及主要内容，（3）～（5）则规定各成员国风险管理时需要考虑的因素，而从细则（7）和（8）可以清楚地看到，当各成员国之间相互存在贸易往来时，风险交流就必须以维护两国或多国利益为目的出现，这其中既有国与国之间的往来，也有国家与组织之间的协商。由此，风险分析的整个框架就基本确立，它虽然没有具体规定风险的内容，但是其导向性的表述可以为各国建立适合自己的分析体系提供理论支撑。

二、风险管理及风险交流基本原理

风险分析包括风险评估、风险管理和风险交流三部分（周绪宝和金志雄，2004）。其中风险评估已经在之前章节详细介绍，它是一种系统地组织科学技术信息及其不确定度的方法，用以回答有关健康风险的特定问题（钱娟和赵林度，2009）。它要求对相关信息进行评价，并且选择模型根据信息做出推论（刘志英，2005）。而风险管理和风险交流更多的是非科研层面的事情。

然而，何为风险管理与风险交流？它们对风险分析有哪些帮助？要了解这些问题，就要从基本定义说起。风险管理的首要目标是通过适当的方法，尽可能有效地控制食品能够预见的风险，从而保障公众的健康。具体措施包括制定最高限量，制定食品标签标准，实施公众教育计划，通过使用其他物质、或者改善农业或生产规范以减少某些化学物质的使用等（邵征翌，2007）。风险管理可以分为四个部分：风险评价、风险管理选择评估、执行管理决定及监控和审查（孙金玲，2012）。风险评价的基本内容包括确认食品安全问题、描述风险概况、就风险评估和风险管理的优先性对危害进行排序、为进行风险评估制定风险评估政策、决定进行风险评估及风险评估结果的审议（徐瑞平等，2011）。风险管理选择评估的程序包括确定现有的管理选项、选择最佳的管理选项（包括考虑一个合适的安全标准）及最终的管理决定（刘志英，2006）。监控和审查指的是对实施措施的有效性进行评估，以及在必要时对风险管理和/或评估进行审查（徐瑞平等，2011）。为了做出风险管理的决定,风险评价的结果应当与现有风险管理的评价制度相结合。保护人类健康安全应当是重中之重。同时，可适当考虑其他风险因子（如经济效益、风险排查技术、对风险的认知过程等），可以进行效益分析。执行管理制度决议之后，应当对管理措施的有效性，以及对暴露消费者风险的影响方面进行跟踪，以确保食品安全。

　　风险交流是风险评估者、风险管理者和各风险利益相关方对风险信息进行沟通的过程。虽然风险交流处于整个风险分析的最后一环，但是就贯穿程度而言其应该排在第一位，无论是科研层面的风险评估，还是之后有关政策法规制定的风险管理，都需要一定程度的交流来保证工作的时效性。风险交流应当包括这些组织和人员：国际组织、政府机构、企业、公众和消费者团体、学术科研机构及大众媒体。风险情况交流的基本原则既包括了解听众和观众、科学专家的意见和建议，也包括建立交流专门技能、分担责任、区分科学与价值判断、保证透明度及全面认识风险（徐瑞平等，2011）。简单来说，风险管理和风险交流就是拿科研机构给出的合理数据给出工作及生活等各个层面中转基因食品安全的细则，对于民众来说就相当于生活小贴士，对口岸或其他政府机构就是一系列管理办法。建立一个完整可行的转基因食品安全风险评估体系及风险信息交流制度是非常重要的。当有新的转基因食品被研发出来之后，需要经过风险评估程序才能决定其最终能够进入生产销售领域；而一旦进入流通领域之后，还会有持续的风险监测，每个监控环节所得出的信息都是非常的重要，它们是风险评估和风险监测的价值所在，而这两项监管工作要发挥应有的效用，也离不开信息交流制度所提供的保障。通过这两个环节所获得的信息应当毫无保留地、准确地通过公告的形式及时向公众公布。转基因食品风险信息交流制度为消费者与政府进行交流与沟通提供了一个有效的渠道，同时，也为政府对消费者进行宣传教育，对转基因食品的生产者和销售者进行监督和管理提供了途径（蔡豪祺，2012）。因此，风险信息制度的建立是转基因食品的风险评估体系在建立和完善的过程中不容忽视的一个重要环节，有助于科学稳定的转基因食品安全信息预警体系的建成。

　　风险分析在我国食品安全工作中的应用已逐渐增多，最初在一些食品污染物残留、食品添加剂使用、判断我国膳食的危险性等领域应用较广。我国关于食品安全的风险分析工作主要由国家食品安全风险评估中心实施。国家食品安全风险评估中心（China National Center for Food Safety Risk Assessment）是经中央机构编制委员会办公室批准、采用理事会决策监督管理模式的公共卫生事业单位，成立于2011年。这一机构主要开展食品安全风险评估基础性工作，具体承担食品安全风险评估相关科学数据、技术信息、检验结果的收集、处理、分析等任务，向国家食品安全风险评估专家委员会提交风险评估分析结果，经其确认后形成评估报告报国家卫生计生委，由国家卫生计生委负责依法统一向社会发布。其中，重大食品安全风险评估结果，提交理事会审议后报国家食品安全风险评估专家委员会。由于转基因食品安全问题属于食品安全的大范畴，因此虽然转基因食品安全评价工作要有自己的转基因安全评价方法，但其基本步骤不能离开风险分析的整个框架。

　　总而言之，风险分析的对象就是一切食品安全事件及具体的食品，当然也包括转基因食品，而目标就是确保食品安全，保证消费者的健康权利。一个人的健康实现起来可能仅仅需要个人注意卫生，而一个国家的健康则要宏观上从卫生领域、检验检疫领域、国际贸易领域、科学研究领域等方面统一协调部署，实现多部门协作机制，这样才能保证一个国家的食品安全。而这就是风险分析的目标及实施途径。具体说来，风险管理与风险交流需要有完善、健全的法律法规体系、技术支撑体系、行政监管体系和风险交流体系作为坚强后盾，才能在保障转基因食品安全的同时，促进产业发展，维持社会稳定。有法可依是依法进行食品安全管理的前提；科学技术是风险管理、风险交流的基础，同时也是解决有关贸易争端、协调各方利益的手段；行政监管是转基因食品安全管理的主体，是依法进行风险管理的组织者、监督者和主要执行者；风险交流是农业转基因生物安全管理的重要保障，是风险管理各过程联系的纽带，是不同利益团体沟通的桥梁。

第二节　风险管理各要素分析

　　一场足球比赛，我们关注的往往是最终比分，然而对阵双方之间的博弈、球迷的呐喊，甚至于两国外交的影响是一场足球赛背后的一盘大棋。转基因安全管理，看到的是如足球赛般鏖战的对弈，看不到的是风险管理各种力量的蓄力。

　　目前我国的转基因生物安全管理还处于起步阶段，我们不妨先简单看一下发达国家对于转基因生物安全管理工作的措施。在转基因诞生之地美国，国家采取了多部门（农业部动植物健康检验署、国家环保局和食品和药品管理局）联合监管的体制来规范转基因食品的市场，看似会给转基因食品监管带来重叠监管或者空白监管的现象，但实际上，各个部门均严格执行法律法规，且部门之间有序协作，再加上完整的立法体系及严格的责任追究制度，使得美国的转基因食品监管体系一直有效地发挥着它的作用。而目前对转基因管理最为严格的欧盟，他们通过层级分明的食品安全法规和细致分工的食品安全监管机构建立了严格的控制制度。欧盟在监管转基因食品上采取非常严格的准则，任何转基因食品在得到官方审批许可之前均不能在欧盟的市场上销售。当有新的转基因食品被研制出来，准备投放到欧盟的市场上之前，须先经成员国国内监管机构的批准，而后再提交欧盟进行审查（蔡豪祺，2012）。

转基因食品的风险管理工作，既是各部门着力保证的根本，也是各部门通力合作的最终目标，风险管理与风险分析工作室密不可分的。我国的转基因生物安全管理工作起步较晚，但从已建立起来的风险管理体系中，我们依然能看到我国兼收并蓄的监管体系。

一、监管体系组成

生物技术快速发展的 20 年间，中国为了应对新技术的冲击及新型贸易模式的挑战，已经逐渐建立起了综合全面的国家层面监管体系。总体来说主要有一个联席会议和两个委员会。

部级联席会议是国家为转基因安全问题设立的部级层面的联合会议，它们共同负责农业转基因安全的主要决策制定，同时也负责制定规章制度和转基因标签标识等一系列商业化政策的制定，可以说是整个转基因生物安全管理工作的领航者，如图 9-1 所示。部级联合会议包括农业部、国家发改委、科技部、国家卫生计生委、商务部、国家质检总局、环保部等部委。这些部级单位分别负责贯彻落实国务院关于农业转基因生物安全管理的决策和部署；研究农业转基因生物安全管理工作的重大政策，提出有关政策建议；修订和完善《农业转基因生物安全管理条例》及配套规章；研究协调部门间联合执法与行政监管等重大事项；研究协调农业转基因生物安全管理能力建设事项；研究协调应对农业转基因生物安全重大突发事件；制定、调整农业转基因生物标识目录（宋伟和方琳瑜，2006）。部际联席会议办公室设在农业部，承担日常工作。联席会议原则上每年举行一次，根据工作需要可临时召开全体会议或部分成员会议。各成员单位提出的议题，提前报联席会议办公室。联席会议以会议纪要形式明确议定事项，经与会单位同意后印发有关方面，同时抄报国务院（刘子琦和邓丹阳，2014）。各成员单位按照职责分工，研究农业转基因生物安全管理问题，积极参加联席会议，认真落实联席会议议定的事项。促进信息交流、互相配合、互相支持，充分发挥联席会议的职能。组建各方专家成立国家农业转基因生物安全委员会（简称安委会）就是农业部一记重点监管转基因作物的重拳。

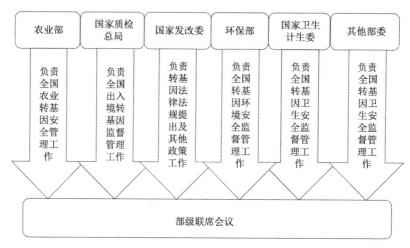

图 9-1　部级联席会议组成及职责

　　安委会由多学科的 64 位专家组成，主要负责转基因风险评估工作，此外对转基因生物安全决策制定也具有指导作用。委员会每年举办三次会议，评估转基因田间试验、环境释放和商业化的实际应用。按照实验研究、田间试验、环境释放、生产性实验和申报生产应用安全证书五个阶段，由安全委员会负责对转基因生物进行科学、系统、全面的安全评价；由 41 位专家组成的全国农业转基因生物安全管理标准化技术委员会主要负责转基因生物安全标准的审批，目前已经发布了 104 项转基因生物安全标准。一个多学科的科学家组成的安全委员会和标准委员会，双管齐下的模式共同保证国家转基因安全工作顺利进行。

二、领航者

　　转基因安全风险管理的领航者非农业部莫属。根据《农业转基因生物安全管理条例》规定，农业部负责全国农业转基因生物安全的监督管理工作，是我国农业转基因生物安全管理的具体主管部门，在维护转基因生物安全方面扮演着主导性的角色（陆群峰和肖显静，2009）。为此，农业部成立了由主管部长为组长、有关司局负责人组成的农业转基因生物安全管理领导小组，并设立了农业转基因生物安全管理办公室。领导小组主要负责：①研究农业转基因生物安全管理工作的重大问题；②审议草拟或修订的农业转基因生物安全管理方面的法律法规；③研究重要农业转基因生物安全审批、生产与经营许可、进出口政策；④审议实施标识管理的农业转基因生物目录；⑤指导农业转基因生物安全管理办公室的工作（连庆和王伟威，2012）。

　　农业部作为全国农业转基因生物安全管理的领航者，一般设立日常行政机构，即农业转基因生物安全管理办公室。主要负责：①组织拟定和实施农业生物技术与安全管理的政策、法规、规划、计划和技术规范；②组织全国农业转基因生物安全的监督管理；③统一受理农业转基因生物的安全评价申请、标识审查认可申请和进口申请，审批与发放有关证书、批件；④负责国家农业转基因生物安全评价与检测机构的认证、管理和安全监测体系建设（陆群峰和肖显静，2009）；⑤负责农业转基因生物安全管理的信息发布、宣传报道、资料统计和对外合作交流；⑥负责农业生物技术与安全管理重大项目的遴选及组织实施；⑦协调、落实国务院农业转基因生物安全管理部际联席会议决定事项；⑧承办农业部农业转基因生物安全管理领导小组、国家农业转基因生物安全委员会的日常工作。可以说，农业部既然称得上是生物安全管理的领航者，是代表国家对生物安全，尤其是转基因安全管理工作的，而农业转基因生物安全管理办公室来说，更像是一个政策的执行者，也是与各国转基因贸易方直接接触的政府代表。

【案例 9-2】我国发放了哪些转基因作物生产应用安全证书？

截至目前，我国共批准发放 7 种转基因植物的农业转基因生物安全证书，即 1997 年发放耐储藏番茄、抗虫棉花安全证书；1999 年发放改变花色矮牵牛和抗病辣椒（甜椒、线辣椒）安全证书；2006 年发放的转基因抗病番木瓜安全证书；2009 年发放转基因抗虫水稻和转植酸酶玉米安全证书。

其中 2009 年 4 月，抗虫转基因水稻品种'华恢 1 号'和'Bt 汕优 63'正式获批生产应用安全证书事件，引发了国内转基因技术的舆论热点，转基因技术备受外界争议。对于安全证书的颁发过程，农业部只提供了一份简短的书面回复。这是中国首次为转基因水稻颁发安全证书。作为全球最大的水稻生产和消费国，中国即将打开转基因水稻商业化种植的"闸门"，这也引起了种种担忧（王纪忠，2010）。

而早在 1993 年，当时的国家科委（即现在的科技部）就已经制定基因工程的安全管理办法。我国的安全管理的正式实施是在 1996 年，当时就明确由农业部制定农业生物基因工程安全管理条例，正式开始了安全性管理。2001年国务院颁发了专门条例进一步加强了转基因的安全管理。这些条例可以说明我国转基因安全的管理进入了法制化的轨道，这些条例和规定涵盖了农业转基因的研究开发、试验生产、加工、进出口各个环节，也可以说是一种全程化的评价和管理。

目前，转基因水稻'华恢 1 号'和'Bt 汕优 63'的安全证书已经到期，是否批复延续申请尚未知晓，而从图 9-2 的审批流程可以看到，转基因水稻或其他转基因产品要想获得安全证书，需在这个法律法规的要求下，经过大约十年的安全性的评估和审查后才颁发的。首先，研发单位要提供基因的分子特征、遗传稳定性、环境安全性、食用安全性等方面的研究数据。之后由国家农业生物安全委员会，包括生物技术、环境安全、食品安全、法律法规等方面的专家，进行了全方位的严格审查。最后，审查结果要报给政府，由农业部和其他有关部委，最后做出决定。所以它们的颁发和实施，对我国的生物技术的发展，对生物安全的保证起至关重要的作用。

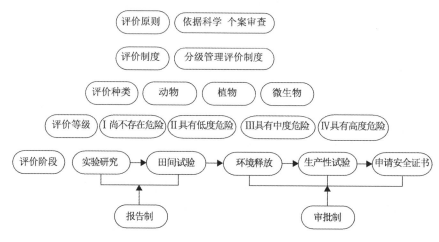

图 9-2　我国转基因安全证书审批流程

三、标准与法规

　　足球比赛没有规则就会变成凶狠惨烈的摔跤比赛，转基因生物安全管理也是如此。转基因作物目前在国内主要是以进口为主，这必然牵扯到两国甚至多国之间的利益问题。有了各自的利益问题就要有规则来约束，这样既能保证我国的贸易独立性，也能与外国企业和善友好合作。转基因安全管理对外是贸易博弈，对内则是部门协调。转基因生物安全涉及科技、经济、贸易、健康、环保等多个领域，农业、工业、商业等多个行业，相关部门依据各自在转基因生物安全管理工作的职责，制定了与国家法律法规相适应的行政规章，立法形式多种多样，具体内容和任务存在较大差别，立法的级别和法律效力也不完全相同，这些法律法规相互补充，共同构成了我国转基因生物安全管理法规体系，担负保障转基因生物技术研究及其产业发展和转基因生物安全的使命。

　　目前，我国已建立并健全一整套适合我国国情并且与国际接轨的法律法规技术和管理规程，这个规程和法规涵盖了转基因的研究、试验、生产、加工、经营、进口许可还有产品强制标识等各环节。国务院于 2001 年颁布了《农业转基因生物安全管理条例》，2011 年又做了重要修订；农业部于 2002 年颁布实施了《农业转基因生物安全评价管理办法》《农业转基因生物进口安全管理办法》《农业转基因生物标识管理办法》和《农业转基因生物加工审批办法》四个配套规章；国家质检总局也于2004年施行了《进出境转基因产品检验检疫管理办法》。这样，我国就建立一套内外兼顾的转基因管理办法，形成了一个相互联系、相互配合、相互补充的法规体系。

【案例9-3】我国转基因大米非法扩散传闻

2014年5月13日，环保组织"绿色和平"发布报告称，该组织于2013年年底在湖北武汉的超市和农贸市场随机购买了大米及米制品共15份，采集样品交由第三方检测机构检测。结果显示，有4个大米样品含有转基因成分。湖北省农业厅总农艺师邓干生随后回应称，自2013年起，农业部和湖北省就开始对省内的水稻种子及大米等进行转基因抽检。抽取的水稻种子、植株、大米等样品1300多个，尚未发现一例样品含有转基因阳性成分。

2014年6月，农业部下发《关于进一步加强农业转基因生物安全监管工作的通知》（下称《通知》）如此要求。《通知》称，目前农业转基因生物安全管理总体可控，"但在一些地方偶有发生违规扩散现象"。

《通知》还对转基因产品违规扩散问题做了具体的阐述。在研发审定环节，《通知》明确，未获得转基因生物安全生产应用证书的品种，一律不得进行区域试验和品种审定。要对参加区域试验的水稻、玉米、油菜、大豆等品种做转基因成分检测，一经发现，立即终止试验并严肃处理，严防转基因品种冒充非转基因审定。对此，将强化属地化管理制度。省级农业行政主管部门是本省转基因生物安全监管的责任主体。同时，落实"第一责任人"责任，研发单位和研发人是转基因安全管理的第一责任人；在生产经营销售环节，《通知》明确，要以水稻、玉米、大豆和油菜种子为重点，开展种子生产、加工和销售环节转基因成分抽检，严防转基因作物种子冒充非转基因作物种子生产经营，严查非法生产、加工、销售转基因种子行为。《通知》称，将加强标识管理，强化标识监管，"做到应标必标，标识规范，充分满足公众的知情权和选择权。"对违规行为，将严厉打击。《通知》称，对违规开展田间试验、南繁、环境释放及转让转基因材料等活动，造成非法扩散的研发单位和研发者，取消承担转基因科研任务和申报安全评价的资格。对以转基因品种冒充非转基因品种审定的，取消申请资格。对违规开展转基因种子生产经营的企业，吊销证照。

案例中转基因成分在市售产品中检出已不是一个技术层面的问题，更不牵涉转基因大米是否安全的敏感话题，在转基因大米尚未批准种植的前提下，产品扩散到市场是某些个人或集体的违规行为，需要由一系列的政策法规来约束，无论是个人有意为之还是科研机构不小心使然都应该受到法律法规的惩罚，这是目前我国转基因管理首要解决的问题。从这一事例我们可以看到我国对转基因产品突发事件的快速反应速度，然而我们也应该看到在转基因研发审批环节监管不利的问题。

四、生物技术食品研发者

生物技术食品研发者，就是一批致力于科研的科学家或科研工作者，可能有一种观点认为正是他们造成了民众对转基因食品的顾虑。然而从科学发展的长河来看，科研工作者所做的就是促进科学的发展，进而创造出能让科学为人类造福的成果。换句话说，科学家应对由自身努力而取得的成果承担相应的社会责任。科学家在转基因技术的决策咨询、风险管理、科技传播等事务中承担着重要的角色，在转基因技术的社会应用中发挥重要作用。科学家应在审批决策过程中坚持审慎负责的行为，在风险管理过程中，坚持公正理性的立场，在科技传播过程中坚持诚实坦率的态度。

转基因技术是现代科学和技术迅速发展的必然结果，在医药、工业、农业、环保、能源、新材料等领域有着广泛的应用前景，必将为人类社会提供新的发展空间（赵健铮，2013）。但转基因技术和其他高技术一样，如有不规范的研发和滥用也可能带来安全风险。为此，中国科学院学部主席团倡议从事转基因基础研究、应用研究和产品开发的科研人员，以及在相关机构中负责转基因技术安全监测和评价、检测技术研究的科研人员，以对人类社会发展高度负责任的态度，加强职业操守，规范科研行为，履行社会责任，积极与社会沟通，促进转基因技术良性发展（赵健铮，2013）。

【案例9-4】境外组织盗窃我国转基因水稻实验材料事件

2014年5月，两名某境外非政府组织成员进入华中农业大学南繁试验基地，盗窃基地内种植的转基因水稻安全评价实验材料。由于发现及时，现场追回了被偷的3包试验材料。华中农业大学方面认为，绿色和平组织有窃取国家机密材料的嫌疑，而绿色和平组织辩称，此举是为了解基地水稻是否存在基因漂移情况，真相到底如何？绿色和平组织的工作人员到底为何夜探水稻基地？对方辩称，此举旨在取证调查该基地转基因水稻的情况，并非有意盗窃水稻种子或试验材料。但多名专家认为，不管绿色和平组织的初衷怎样，未经许可闯入对方科研场所获取对方科研资料本身就是不正当行为。

值得一提的是，盗取的种子样品可以推荐给欧盟作专门针对中国的'汕优63'和'粳优63'两个转基因品种的食品进口监测用，这意味着欧盟等可以在我国转基因水稻尚未正式批准种植之前的几年就获得我国转基因水稻标准品，建立贸易保护方法和剖析我核心技术。证据表明，欧盟2008年开始就是用绿色和平组织非法扩散到国外的转基因材料建立特异性检测方法，对我国出口大米进行监控。

如果是实验材料流失到境外研究机构，那么最直接的后果就是中国在该领域具体的研究成果被破解，研究水平被对方完全了解，具体到转的是什么基因，用的是什么启动子，转基因的整合位点等，这些关键信息都会泄露。

此外，由于已经存在 2005 年绿色和平组织将转基因水稻标准样品泄露出去的先例，如果这次华中农业大学转基因研发的一些国际先进水平的最新材料被泄露出去提供给境外的机构，这对中国将是巨大的打击，因为欧盟仍然可以像以前一样，根据这一标准阳性参照物，建立一个新的方法，专门针对中国进口的大米，为将来的贸易战提前几年做好准备。

因此，绿色和平组织的做法不仅在中国不符合规范，美国和欧盟的法律也不会承认这样非法采样的证据。绿色和平组织如此擅自采样并发布所谓检测数据，是一种不负责任的做法，起码是对我国质量认证体系的不尊重。

五、生物技术食品安全性评价机构及检测机构

亲子鉴定想必大家都非常熟悉，医院是承担这项业务的主要机构，只有医院出具的鉴定书才具有公信力。生物技术安全鉴定就像亲子鉴定一样，当一批货物来到口岸时，快速确定这批货物的"父母"需要一个"证明人"，这个"证明人"给出的证明材料是确定货物种类的官方依据，也是口岸通关放行的凭证。这个"证明人"就是评价机构及检测机构。

转基因玉米 MIR162 事件已经很有力地说明了检测机构在转基因风险管理中的重要性。目前，农业部依托中国农业科学院、省级农业科学院、高等院校、省级农业行政主管部门等单位，按照农业转基因植物、动物、微生物及其产品的成分、食用安全和环境安全检测与鉴定三类规划，组织筹建了 49 个农业转基因生物安全检测机构，包括 1 个国家级检测机构和 48 个部级检测机构。48 个部级检测机构中，食用安全检测机构 3 个、环境安全检测机构 19 个、产品成分检测机构 26 个，初步形成了以国家级检测机构为龙头的农业转基因生物安全监督检验测试机构网络体系，成为我国农业转基因生物安全管理的重要技术依托单位。截至 2010 年年底，已有 37 个农业转基因生物安全检测机构通过国家计量认证、农业部审查认可和农产品质量安全检测机构考核，包括食用安全检测机构 2 个、环境安全检测机构 15 个、产品成分检测机构 20 个，分布于全国 22 个省（市、自治区），这些检测机构的建成及高效运转为我国农业转基因生物安全管理工作提供了完善的检测和监测平台及重要的科学数据支撑。

六、国际贸易

随着生物技术的快速发展，转基因技术为人类彻底解决饥饿、营养缺乏、疾

病和食用安全等问题带来了一丝希望，但也由于转基因技术的安全问题而屡受争议。正是由于这一点，世界各个国家基于生物技术研究水平、农业发展、在国际贸易体系中的地位不同，对转基因技术的研究、应用、生产和贸易采取了不同的立场和相关制度，从而导致了各国之间在转基因技术问题上的分歧与对立，造成转基因技术国际贸易秩序的失控与混乱，并且常常演化为贸易摩擦和争端。在这样的背景下，如何理清转基因技术国际贸易现状，辨识贸易争端的根源，找到解决问题的协调机制与对策对促进转基因技术及其国际贸易的可持续发展无疑都具有非常重要的现实意义（齐振宏和周萍入，2012）。

从全球范围来看，2014 年，全球一共 28 个国家种植了 1.8 亿公顷的转基因作物，占全球耕地总面积的约 12%，相比 1996 年增加了 100 多倍。对世界粮食问题的持续忧虑是支持转基因作物在全球的种植与贸易合法化的强有力观点，然而在转基因技术对人类健康、生态环境等安全性尚存在诸多争议的情况下，这种超速增长背后很难否认强大利益机制的推动。需要警醒的是，这种利益驱动机制是否符合公众利益和作为一个主权国家的国家利益，至少是可以存疑的（叶敬忠和李华，2014）。

由于种植转基因品种要求农民每一生产季都从市场上购买种子，因此转基因品种的种植方式正在影响着数百万农民留种的耕作习惯。可以说，转基因作物商业化种植的一个重要后果是迫使农户对种子供应商的依赖加剧，由此导致农业生产的市场化程度、对技术的依赖程度的系统性提高，大大推进了农业市场的国际化趋势（叶敬忠和李华，2014）。

近年来，全球转基因种子销售额的增长幅度很快。全球转基因作物的市场价值从 2008 年的 75 亿美元增长到 2013 年的 156 亿美元，增长了 108%；全球转基因种子销售额在全球商业种子市场市场规模的占比从 2008 年的 20.5%提高到了 2013 年的 35%。根据国际农业生物技术应用服务组织的统计由于种植转基因作物的高收益性，种植转基因作物的农户再次种植率几乎为 100%。可以说，一项转基因技术从诞生开始就会产生内在的商业化冲动，从转基因技术、转基因种子、到转基因商业化种植、转基因产品加工和销售，已经在全球形成了庞杂的产业链和利益链（叶敬忠和李华，2014）。

我们再延伸一下本章开头提到的事件：2013 年中国口岸检测出未批准的转基因玉米 MIR162，并责令退回。事实上，在中国拒收含有 MIR162 转基因成分玉米之后不久，研发公司瑞士先正达公司就遭到了美国农民的控告，他们指控先正达公司 2011 年贸然向美国市场销售名为 "MIR162" 的转基因玉米种子，而没有考虑到这种玉米未获主要买家中国的进口许可。在此次事件中遭受巨大的国际粮商巨头也采取了一定措施：例如，嘉吉在美国收购谷物仓库要求农场主提前告知交付的玉米中是否含有 MIR162 玉米。

虽然这只是一件普通的口岸事件，但从深层次来看，这是两国转基因贸易之间的博弈。进出口自然会带来两国经济科技之间的往来，然而进出口所带来的国际贸易，既意味着两国要争取各自利益，同时也是转基因安全管理全球化的呼吁。目前转基因食品还存在着较大争议，世界各国基于自己的生物技术研究与应用水平、农业发展程度、在国际贸易体系中的地位及作用，对转基因食品的研究、应用、生产和贸易采取了不同的立场和政策，从而导致了各国之间在转基因问题上的分歧与对立，造成转基因食品国际贸易秩序的失控与混乱，并且常常演化为贸易摩擦和争端（齐振宏和周萍入，2012）。

七、生物技术食品溯源系统及数据库

食品安全溯源体系，最早是 1997 年欧盟为应对"疯牛病"问题而逐步建立并完善起来的食品安全管理制度（杨佳原，2013）。这套食品安全管理规章由政府直接进行推动，范围能够覆盖食品生产、食品加工、食品销售等整个食品产业链条，通过类似银行取款机系统的专用硬件设备进行信息共享，服务于最终消费者。一旦食品质量在消费者端出现问题，可以通过食品标签上的溯源码进行联网查询，查出该食品的生产企业、食品的产地、具体农户等全部流通信息，明确事故方相应的法律责任。此项制度对食品安全与食品行业自我约束具有相当重要的意义（王薇，2012）。

随着转基因生物种类和品系的迅速增长，转基因生物的安全评价、检测、监测等信息管理和交流日趋重要，但国际上关于转基因生物安全评价、检测、监测的信息服务平台非常少（郭荣等，2010）。目前，加拿大农业和生物技术战略公司构建的转基因生物风险评估数据库，内容涵盖了已经批准商业化种植的各类转基因植物的详细信息，包括遗传信息、安全性评价试验、检测方法等。欧盟联合研究中心和 ENGL 建设了专业的转基因生物检测数据库，其中包括最新的欧盟关于转基因生物详细安全性评价、检测方法、监测、种植等信息。近年来，我国在各省市共建设了近 50 个转基因生物检测中心，但在各中心转基因安全性评价和检测技术方面与国际水平有着明显的差距，特别是转基因生物安全性评价和检测数据库共享资源建设方面基本空白，较难实现转基因产品检测和安全性服务技术体系的共享。

【案例 9-5】我国成为世界上首个建立转基因植物核酸量值溯源框架途径的国家

2012 年 11 月，由中国计量科学研究院（以下简称中国计量院）牵头，联合 8 家单位研制完成的"十一五"科技支撑计划重点课题《转基因植物核酸量值溯源传递关键技术研究》通过专家鉴定验收。该课题通过自主研究，成功建立了转基因植物核酸测量的溯源途径，解决了国内长期以来无法实现转基因植物核酸准确测量和量值溯源的技术难题（路敬等，2012）。

课题组研制的转基因标准物质已经推广至全国多家出入境检验检疫部门、国家重点实验室和国家转基因检测中心，有效解决了我国转基因植物出口贸易中存在的检测结果不一致、难以比较的问题，在为国家的进出口贸易节约大量资金的同时，也为我国转基因产业的发展提供了强有力的计量技术和标准保障。

在转基因生物全球化形势下，我国十分重视转基因生物安全管理及转基因生物安全性风险交流。通过建设转基因生物相关平台，可以加强我国转基因生物安全评价、转基因生物检测、风险交流及信息的整理和共享，拓宽我国转基因生物安全管理服务和信息交流渠道。平台主要由五部分组成，即转基因生物安全性评价数据库、转基因生物安全检测方法数据库、转基因生物安全管理政策法规数据库、转基因生物检测服务子平台、公众风险交流子平台。平台的访问界面友好、美观、实用。能方便快捷地为用户提供信息查询和浏览等服务（郭荣等，2010）。

八、媒体、消费者及其他组织

目前为止，公众对转基因食品消费有三人成虎的趋势，即听到一些关于转基因食品的正面和负面消息，负面消息听得多了便信以为真，而对于经过证实可靠但不符合心中意愿的消息模棱两可，致使对正面信息变得置若罔闻，甚至冷嘲热讽。大多数人都听说过转基因食品，但是对相关知识却是非常模糊。公众对转基因食品的认知普遍停留在概念上，认知不深、不全，负面信息的影响力比正面信息的影响力更大。听说、了解转基因食品及转基因知识或技术越多的公众，同样，他们关于转基因食品的负面评价也了解得越多。在"在宁可信其有，不可信其无"的心理影响下，他们认知的转基因食品风险越高。华中农业大学的一项调查显示，近半数的消费者比较担心或非常担心转基因食品的安全问题。进一步分析表明，公众认知的转基因食品风险可分为人体健康风险、环境安全风险、产品性能风险和社会经济风险四个方面，其中公众认知的风险最高的是人体健康风险，其次是环境风险和社会经济风险，这说明公众对转基因食品可能的性能损失持否认态度，大多数公众并不认为转基因食品会使食品口味变差和营养变差等。但由于目前转基因食品的安全性饱受争议，越关注食品安全问题、越关注环境保护问题、越经常购买食品、食品安全意识越强的公众认知的转基因食品风险越高（冯良宣，2013）。

【案例9-6】崔永元赴美考察转基因微博发布68分钟纪录片

2014年3月1日，崔永元在微博发布了自己赴美国考察转基因问题的一段纪录片。在这段长达68分钟的视频里，崔永元称走访了美国洛杉矶、圣地亚哥、芝加哥、斯普林菲尔德、西雅图、戴维斯 6 个地区，进行了将近 30 场的访问。"目的是初步了解转基因食品在美国的情况，还有人们对转基因食品的态度。"崔永元说。而在视频中，不同采访对象对转基因也体现出多样性的态度。

在视频中，崔永元围绕"科学界对转基因食品安全性是否有争论""转基因食品试验推广程序是否规范""美国是否转基因泛滥"等核心问题，对美国转基因研究学者、环保署官员、NGO 组织成员、农场主、普通民众进行了将近 30 场访问，然而，作为一部纪录片，它存在太多的漏洞和偏颇，使之无法完整客观地呈现美国农业和食品工业的真实面貌。事实上，片中存在的大量漏洞甚至谣言，已经被众多科学传播界同仁辟谣过多次。

这部纪录片，从宣传上看是成功的，而从科学角度看则是失败的。在宣传上，神奇的个例、丰富的个人体验和对一些转基因支持者激烈的反击，让这部纪录片具有很强的煽动性，但其背后，无论从被采访者的构成、所表述的观点还是其论述的科学性上看，无不流露着被操纵和选择的痕迹。这也许与随同他一同进行调查的著名转基因反对者有密切的关系（刘梦黎，2014）。

从科学角度来看，一个好的调查需要对采样和采访对象进行良好的设计，并对获得的数据进行科学分析。从全片来看，由于调查取样的偏向性，本片所得出的结论并不客观。这样一部无法保证其自身科学性的"纪录片"，是无法让人们科学认识转基因这一涉及多方面科学内容的事物的。

不过，从另一角度而言，这部纪录片也并非没有意义。它对美国国内的转基因反对声音及针对转基因的运动有了一个较为全面的记录。此外，在转基因话题时常能引爆热点的中国当下，类似美国这样团体化、有组织化的反对群体将很有可能出现。如何在保证产业良性发展的前提下对应这一群体的诉求，这是需要认真思考的问题（吴婷，2014）。

如果公众对某个议题或事件缺乏客观的判定，那么他们对于某个议题或事件的理解就极大地依赖于媒体。公众与媒体的关系相当于鱼和水的关系，鱼儿离不开水，但是有毒的水会害死无辜的鱼儿。在这里还有一个关系，那就是鱼儿直接接触的环境是水，鱼儿看不懂其他因素的调控，能看到的就是水。

21 世纪，除了生物技术的涌现之外，另一大改变人类发展的技术革新就是网络。崔永元纪录片这一事件告诉我们，无论是新闻媒体还是网络媒体都是当前信息传播的桥头堡和先驱，对于整个社会的推动作用是不可估量的；而如果媒体以增加关注度为目的盲目选择一些未经证实的材料，就会成为事件黑化的导火索。这就是毒水害死鱼儿的关系。转基因食品就存在这一问题，由于之前已经提到的真实资料较少且新闻媒体筛选资料的局限性，媒体对公众的误导也在所难免。如果公众越过媒体而直接求证于专业人士，难以理解的科学知识会让他们心生疑虑，反过来还要借助媒体，这就是鱼儿和水是最亲密的伙伴的关系。两层关系相互配合，转基因食品安全管理才能做好，风险管理与风险交流才真正实现了从政府到科学界再到公众的全面交流。

九、转基因安全风险交流示例

（一）番茄的故事

20 世纪 90 年代，笔者就带领团队在番茄中转入限制乙烯合成基因得到延熟耐储番茄，不过这更多是为乙烯合成机理基础研究而服务。华中农业大学叶志彪教授团队，转入抑制半乳糖醛酸酶基因的番茄最后进入了商业化种植阶段。再回首往昔峥嵘岁月，相比杂交和诱变育种撞大运的大量筛选，精准作业的转基因育种，确实省时高效又多能，但科研的力气却是省不了的，费尽周折，才能让希望的性状基因在搬入的新"家"里一显身手，还能和这个"家"的老成员们和睦相处。

当年科学家们齐心协力研发出来的耐储番茄，商品化种植没几年就被市场淘汰了。主要是因为产量低、皮厚，更重要的原因是设施农业和仓储物流的迅猛发展，让转基因获得的延熟耐储品质不再是闪亮卖点。现在还有科学家坚持不懈地研究番茄转基因，想方设法在番茄中表达乙肝、丙肝，甚至艾滋病的病毒表面抗原重组蛋白颗粒，希望获得不用打针的转基因番茄疫苗。

目前有望狙击埃博拉出血热的三种鸡尾酒单抗，就是将编码抗体的基因片段嵌入烟草病毒中，烟草花叶病毒是研究得最清楚的植物病毒，常作为转基因载体工具。接着就用烟草病毒感染烟草，烟草就成为生产抗体的加工厂，历时大约一个星期，生产出足够供进一步提取纯化的原料。

可见，转基因技术有诸多过人之处，当然也有未必过人之时，技不如人时也会甘拜下风，市场的力量还是最大的。所以做转基因研发，遇到抵触不必气馁，沉下心来努力做得更好，只要产品足够好，必定能柳暗花明又一村。

当然，相对昂贵的转基因技术只会在传统育种手段山穷水尽时才出手一搏。几百年前的番茄就是现在备受欢迎小番茄的模样，当下只是开发原始种质资源，常规杂交技术就得到了风味好的小番茄，转基因技术并没有插手。

另外，自然界并不是为人类量身打造的，最早的小番茄的发现，就是最初农耕文明的缩影。人们是用神农尝百草的办法，从纷杂植物中挑选出可以食用的番茄，通过不断的选育，慢慢改变番茄的基因，使之不断成为新的番茄品种，现在习以为常的大个番茄，就是几百年人工干预，不断选育的结果。

从小变大，再从大变小，到大小兼有，到五颜六色，都是农业活动的实质：就是利用人类智慧对自然和环境进行干预，人类正是倚赖了这样的主动干预才生生不息持续至今。看上去是自古以来的大番茄其实是不断基因改良的结果，误以为使用了转基因技术的小番茄，则只是认祖归宗基础上的杂交品种。

当然，转基因育种的本质和传统的农耕文明及现代绿色革命的杂交和诱变并无不同（牛禄青，2013）。今天的常规，就是昨天的逾矩，今天的普通，就是昨天的非常，在历史的维度上看，无非如此。未来将与过去一样。

（二）苹果的故事

鲜艳外壳的苹果 5c 手机，一来二去被媒体炒作成廉价版，在中国市场就被冷落了，而土豪金苹果手机却炒成了富贵版被热捧。之前的转基因推广，都是在着重强调降低耕作强度、提高生产效率、解决粮食安全等，但这些强势宣传，不仅没得到不再饥寒交迫中国消费者的共鸣，反而生出反感：这是为解决吃不饱饭而生产的转基因食品，现在的我，为什么要选择呢？市面上的转基因大豆油，无论让领导先吃，还是让专家多吃，都没多少人信——这种低廉的油也就小摊小贩用用吧，条件好一点的家庭谁会选择呢？

这是蜜吃多了糖不甜的时代，这是普通民众都在反问无米何不吃肉糜的时代，这是一个土豪苹果走俏的时代，这无疑也是国强民富的骄傲，有底气对宣称产量高、抗虫害、低成本的第一代转基因产品挑三拣四。

再看 20 世纪 30 年代，杂交玉米在美国的境遇和如今转基因在中国是大同小异，也被认为是洪水猛兽，但杂交在中国推广却一路顺风。这主要还是因为那会儿的饥荒记忆犹存，能吃饱是重中之重，没人矫情误读杂交技术的"雄性不育"，如果转基因作物那时落地，估计也是一路畅通，现在有些生不逢时，如今只要超市里有米卖，消费者就觉得粮食很安全。当然，转基因作物商业化未及弱冠之年，现在的增产多指降低农业投入、增强抗逆能力层面的间接增产，第二代、第三代转基因食品会像苹果一样，一代更比一代强，强到有话语权不沉默的消费者们都觉得和自身身价相符合，心甘情愿放下傲慢与偏见，握手言欢。

（三）花生的故事

美国的超市里充斥着转基因的食品，90%的美国人每天在食用。迄今为止，美国已经有 10 亿人次以上吃了近 20 年转基因食品，过去 10 年总共消费了 3 万亿份转基因食品。转基因食品在美国加工食品中无处不在，厂家还有不标注的权力，消费者基本上是别无选择地只能接受。

为防过敏，美国不少小学都辟有专门的无花生区，仔细看美国超市里的预包装食品，生产商会提供正确而完整的食物标签资料，不少食品标签上都清楚印有"本品可能含有微量花生成分"的字样，哪怕有极微量的花生残留于生产线上而被带至个别产品中，也必须清楚提示。同时，也会有预包装食品因没有完整标签可能含微量花生及木本坚果而需要回收。

这么严格细致的标识制度，只为减少花生过敏的风险。标识管理如此严格的美国，倘若转基因食品存在过敏，以及存在各种谣言中比过敏严重得多的诸多风险，美国监管部门怎么可能对转基因食品网开一面呢，任其不标识？

我国的一些厂商们则是费尽心机打擦边球，在标识上做尽文章。例如，市场上不存在用来榨油的转基因花生，反向标注不合理也不合规，但商家就要标榜一番"非转基因"，似乎"非转"高人一等，这是诱导，也是迎合消费者非理性的"土豪"心态，说严重一些，就是愚弄。

（四）巧克力的故事

人类喜欢吃巧克力，作为伴侣动物的猫和狗，却只能眼巴巴地看着主人大快朵颐，绝对不能美味共分享。猫和狗尽管方方面面都很接近人，但还是不能像人类一样享受可可碱的适度兴奋，吃上一板黑巧克力就可能让猫狗丧命。如果科学伦理有朝一日，允许把代谢可可碱的酶基因转给猫和狗，那猫狗就不再会因误食巧克力而死了。

毒蛇咬人，不加救治，人是会死的。但蜜獾不仅毒蛇咬不死，还抓蛇吃，正所谓一物降一物。

虫子和人类的差距，无论哪个方面都远于人类和猫狗的差距，虫子吃了含有Bt蛋白的转基因作物就会死，但人是不会死的，巧克力和毒蛇的故事可以帮助理解这个道理。

"虫子都死了，人也好不了"这算明显的谣言，因为猫狗都死了，巧克力还是好东西；因为人都死了，蜜獾还是不会死。不过Bt蛋白这算显而易见的普遍性谣言，其他转基因谣言在世界各地则是呈现出鲜明地域特色。中国信奉不孝有三无后为大，转基因在中国的谣传就在三代不育上狠狠下足工夫，逻辑上说一代不育就断子绝孙了，遑论三代？艾滋病猖獗的非洲国家，转基因摇身一变，变成了吃了转基因就会同性恋，也就是增加了感染罹患艾滋病的风险。欧洲人环境意识强，生态观念强，转基因摇身再变，变成了对环境不可预知的毁灭性破坏。不变的转基因，不断转变的谣言，每一个谣言都入乡随俗，一个地方一个说法，怕什么就谣什么。

可是，猫狗走四方，都不能吃巧克力；蜜獾在哪里都敢吃毒蛇。

猫和狗都琢磨要喂巧克力了，可谓国强民富，仓廪实衣食足。于是乎，公民理念和权利意识，如雨后春笋般拔节生长，但理性思维、科学素养，这两样东西都很精贵，需要百年树人的耐心来培育，和铁树一样长得慢。

于是乎，把票子、房子、儿子操心一个遍之后的中国消费者们，发现这三样东西都一时半会儿很难改变，抱怨起来总不得劲，但各种不尽如人意，各种新成长起来的表达欲，都急于找个出口。相比之下，菜篮子米袋子的门槛低、风险小，做怨气发泄口是最合适不过的选择。甚至，对转基因食品安全性的集体焦虑，快要演变成庸常生活中的一个亮点，既寄托了先天下之忧而忧的家国情怀，又满足了匹夫不敢忘忧国的使命感。这时候，需要套用村上春树的句式："当我们在谈论转基因安全的时候，我们在谈论什么？"

第三节　我国转基因安全风险管理系统

一、我国对转基因技术的态度

我国的转基因技术研究尽管起步较晚，但是由于受到有关部门的高度重视，发展速度非常快，在某些领域已经进入世界先进行列。无论是国家科技重大专项、自然科学基金，还是国家高新技术研究与发展计划（"863"计划），基因工程技术都是作为优先资助的领域，得到国家强有力的支持。由于广大科学家的努力，我国已在烟草、蔬菜、棉花、鱼类、家禽等多方面取得了重要进展。1993年我国第一例转基因作物——抗病毒的烟草进入了大田试验阶段。1997年转基因耐储藏番茄首先获准进行商品化生产。2003年我国抗虫转基因棉花的种植面积超过了280万公顷。我国对转基因技术的态度是大力发展生物技术的研究，加快转基因技术的产业化发展，采取有效措施保障转基因生物及其产品的安全管理，推动转基因技术的可持续发展。

二、我国对转基因生物及其产品安全管理的原则

（1）研究开发与安全防范并重的原则。国际社会普遍认为，生物技术将在解决人口、健康、环境与能源等诸多社会、经济重大问题中发挥重要作用，并可望成为21世纪的支柱产业之一。对此，各国采取了一系列政策措施加强了对生物技术的研究和开发。我国也已采取了一系列政策措施，积极支持、促进生物技术的研究和产业化发展，同时由于转基因产品安全性还存在不确定因素，因而对转基因食品安全问题的广泛性、潜在性、复杂性和严重性也必须予以高度重视。同时还应充分考虑伦理、宗教等诸多社会经济因素，以对人类长远利益和子孙后代负责的态度加强生物安全，特别是转基因食品安全的管理工作。坚持在保障人们健康和环境安全的前提下，在充分保证人们的知情权和自由选择权的基础上，研究和发展转基因食品。

（2）贯彻预防为主的原则。发展转基因食品必然走产业化的道路，转基因食品产业化离不开作为原料的生物技术产业的大规模化生产。由于生物技术的复杂性及其影响的不确定性，必须在实验研究、中间试验、环境释放、商品化生产及加工、储运、使用和废弃物处理等诸多环节上防止其对生态环境的不利影响和对

人类健康的潜在威胁。特别是生物工程技术与传统技术相比，考虑到其后果的不可预测性和影响的长久性，在最初的立项研究和中试阶段一定要严格地进行安全性评价和相应的检测，做到防患于未然。

（3）有关部门协同合作的原则。转基因食品安全与农业、医药卫生、食品等行业都有关系。为此，必须坚持行业部门间的分工与协作，协同一致、各司其职。

（4）公正、科学的原则。随着改革和发展的深刻变化，经济成分和经济利益多样化，社会生活方式多样化，转基因食品安全管理必须坚持公正、科学的原则。转基因食品的安全性评价必须以科学为依据，站在公正的立场上予以正确的评价，对操作技术、检测程序、检测方法和检测结果必须以先进的科学水平为准绳。在动植物原料生产过程中，对所有释放的生物技术产品要依据规定进行定期或长期的检测，根据监测数据和结果，确定采取相应的安全管理措施。安全性评价标准与检测技术应具备科学性、权威性和先进性，并应与国际接轨。

（5）公众参与的原则。提高社会公众的生物安全意识是关系转基因食品安全性的重要课题。必须给予广大消费者以充分的知情权和选择权，使公众能了解所接触、使用的转基因食品与传统产品差异，这也有助于消费者合理地和正确地行使选择权。同时在普及科学技术知识的基础上，提高社会公众生物安全的知识水平，通过宣传教育，建立适宜的机制，使公众成为生物安全的重要监督力量。在生物安全的管理上对产品的生产、储运、加工、废弃物处理等方面，都要充分考虑社会公众对生物安全的认识差异和实际情况，借鉴国外的经验，实事求是地采取行之有效的必要措施，积极保护社会公众的利益，促进生物技术工作在我国迅速健康发展。

（6）个案处理和逐步完善的原则。分子生物学的不断发展，开创了生物技术的新局面。基因工程技术使基因在不同生物个体之间，甚至不同的生物种属之间的转移及表达成为可能。但是就目前的研究条件和研究成果，人们还不能精确地控制每种基因在生物有机体中的遗传信息的具体交换及其影响。事实上，各种受体生物经过不同的遗传操作时产生的遗传信息交换的作用可能带来错综复杂的影响。为此，必须针对每种基因产品的特异性，根据科学的资料进行具体分析和评价。

三、我国对转基因食品安全的管理

在2001年，我国在1996年农业部颁布的《农业生物基因工程安全管理实施办法》基础上，由国务院颁布了《农业转基因生物安全管理条例》（简称《条例》），由国家法律的形式加强了对转基因食品的管理，在2002年由农业部出台了配合国务院《条例》的三个法规，即《农业转基因生物安全评价管理办法》《农业转基因生物进口安全管理办法》和《农业转基因生物标识管理办法》。这四个法规成为我国对转基因食品管理的基础（宋伟和方琳瑜，2006）。

根据《条例》和《农业转基因生物安全评价管理办法》的规定，我国建立农业转基因生物安全评价制度（连庆和王伟威，2012），主要评价农业转基因生物对人类、动植物、微生物和生态环境构成的危险或潜在风险（汪其怀，2006）。具体工作由国家农业转基因生物安全委员会负责，农业部依据评价结果在 20 日内作出批复。安全评价工作按照植物、动物、微生物三个类别，以科学为依据，以个案审查为原则，实行分级分阶段管理（王锐和杨晓光，2007）。根据危险程度，将农业转基因生物分为尚不存在危险、具有低度、中度、高度危险四个等级；根据农业转基因生物的研发进程，将安全评价分为实验研究、中间试验、环境释放、生产性试验和申请领取安全证书五个阶段。对于安全等级为Ⅲ级和Ⅳ级的实验研究和所有安全等级的中间试验，实行报告制管理（肖国樱，2003）；对于环境释放、生产性试验和申请领取安全证书，实行审批制管理。凡在我国境内从事农业转基因生物研究、试验、生产、加工及进口的单位和个人，应按照《条例》的规定，根据农业转基因生物的类别和安全等级，分阶段向农业部报告或提出申请。通过国家农业转基因生物安全委员会安全评价，由农业部批准进入下一阶段或颁发农业转基因生物安全证书。

我国对农业转基因生物及其产品的食用安全性评价是依据 CAC 的指导原则，以实质等同性原则为基本原则，结合个案分析原则、分阶段管理原则、逐步完善原则、预防为主原则等制定的。其评价的主要内容分为四个主要部分：①农业转基因生物及其产品的基本情况，包括供体与受体生物的食用安全情况、基因操作、引入或修饰性状和特性的叙述、实际插入或删除序列的资料、目的基因与载体构建的图谱及其安全性、载体中插入区域各片段的资料、转基因方法、插入序列表达的资料等；②营养学评价，包括主要营养成分和抗营养因子的分析（崔洪，2015）；③毒理学评价，包括急性毒性试验、亚慢性毒性试验等，其依据是 2004 年修订的"食品毒理学评价程序与方法"；④致敏性评价，主要依据国际食品生物技术委员会与国际生命科学研究院的过敏性和免疫研究所一起制定了一套分析遗传改良食品过敏性树状分析法和 FAO/WHO 提出的过敏原评价决定树（林忠平和倪挺，2001）；⑤其他，包括农业转基因生物及其产品在加工过程中的安全性、转基因植物及其产品中外来化合物蓄积资料、非期望效应、抗生素抗性标记基因安全等。

四、我国在农业转基因生物安全管理上建立的五大体系

我国农业转基因生物安全管理体系主要包括法规体系、安全评价体系、技术检测体系、技术标准体系及安全监测体系（沈平等，2010）。

（1）法规体系。2001 年，国务院颁布的《条例》，该法规以国家法律法规的形势规定了国家对农业转基因生物安全的管理（黄昆仑和贺晓云，2011）；2002年，农业部颁布的《农业转基因生物安全评价管理办法》《农业转基因生物进口

安全管理办法》和《农业转基因生物标识管理办法》，这三个是与《条例》配套的规章，是对《条例》的细化；2004 年，国家质检总局颁布的《进出境转基因产品检验检疫管理办法》，是对转基因产品进出口贸易的检验检疫进行管理（孟昆等，2015）。

（2）安全评价体系。对农业转基因生物进行安全评价，是世界各国的普遍做法，也是国际《生物安全议定书》的要求。安全评价是利用现有的科学知识、技术手段、科学试验与经验，对转基因生物可能对生态环境和人类健康构成的潜在风险进行综合分析和评估，在风险与收益利弊平衡的基础上做出决策。我国对农业转基因生物实行分级管理安全评价制度。凡在中国境内从事农业转基因生物的研究、试验、生产、加工、经营和进口、出口活动，应依据《条例》进行安全评价。通过安全评价，采取相应的安全控制措施，将农业转基因生物可能带来的潜在风险降到最低程度，从而保障人类健康和动植物、微生物安全，保护生态环境（赵祥祥，2006）。同时，也向公众表明，农业转基因生物的研究和应用建立在安全评价的基础之上，符合科学、透明的原则。

（3）技术检测体系。技术检测体系由农业转基因生物安全技术检测机构组成，服务于安全评价与执法监督管理。检测机构按照动物、植物、微生物三种生物类别，转基因产品成分检测、环境安全检测和食用安全检测三类任务要求设置，并根据综合性、区域性和专业性三个层次进行布局和建设（沈平等，2010）。

（4）监测体系。监测体系是以安全评价和检测技术为平台，由行政监管系统、技术检测系统、信息反馈系统和应急预警系统组成（沈平等，2010）。按照《条例》的要求，开展对于从事农业转基因生物的研究、试验、生产、加工、经营和进口、出口活动的全程跟踪和长期的监测和监控工作，并为安全评价出具环境安全方面的技术监测报告（黄昆仑和贺晓云，2011）。

（5）标准体系。标准体系由全国农业转基因生物安全管理标准化技术委员会、标准研制机构和实施机构组成。按照《中华人民共和国标准化法》的规定和《农业转基因生物安全管理条例》的要求，开展农业转基因生物安全管理、安全评价、技术检测的标准、规程和规范的研究、制订、修订和实施工作，为安全评价体系、检测体系、监测体系和开展执法监督管理工作提供标准化技术支持（黄昆仑和贺晓云，2011）。

参 考 文 献

蔡豪祺. 2012. 我国转基因食品安全监管制度的研究与完善. 北京: 首都经济贸易大学硕士学位论文

崔洪. 2015. 美国的转基因现状多数"天然"食品含转基因成分. 中国食品, (1): 35-37

冯良宣. 2013. 公众对转基因食品的风险认知研究——以武汉市为例. 武汉: 华中农业大学硕士学位论文

郭荣, 尹京苑, 杨立桃, 等. 2010. 转基因生物相关平台的构建. 生物信息学, 4: 008

黄昆仑, 贺晓云. 2011. 转基因食品发展现状及食用安全性. 科学, 63(5): 23-26

连庆, 王伟威. 2012. 我国转基因动物研究进展及安全评价管理. 江苏农业科学, 40(8): 287-288

林忠平, 倪挺. 2001. 转基因食品的过敏特性评估——食物过敏原数据库的建立. 生物技术通报, (6): 46-47

刘梦黎. 2014. 网络问答平台的四种科学传播模式研究. 南宁: 广西大学硕士学位论文

刘志英. 2005. 风险分析——我国食品安全管理新趋向. 内蒙古科技与经济, (14): 141-143

刘子琦, 邓丹阳. 2014. 外语中文译写规范工作的进展与思考. 北华大学学报（社会科学版）, 15(5): 21-22

陆群峰, 肖显静. 2009. 中国农业转基因生物安全政策模式的选择. 南京林业大学学报（人文社会科学版）, 9(2): 68-78

路敬, 吴剑荣, 于丽珺, 等. 2012. 荧光定量 PCR 分析土壤杆菌及其 ntrC 突变株对氮源的应答反应. 食品与生物技术学报, 31(12): 1282-1288

孟昆, 杨培龙, 姚斌. 2015. 转基因农作物饲用安全性评价及管理的紧迫性. 动物营养学报, 27(4): 1005-1010

牛禄青. 2013. 转基因: 争议中前行. 新经济导刊, (Z1): 40-43

齐振宏, 周萍入. 2012. 转基因农产品国际贸易争端问题研究综述. 商业研究, (2): 14-19

钱娟, 赵林度. 2009. 风险分析在食品安全管理中的应用研究. 物流技术, 28(3): 20-22

邵征翌. 2007. 中国水产品质量安全管理战略研究. 青岛: 中国海洋大学博士学位论文

沈平, 张明, 李允静. 2010. 我国转基因生物新品种培育安全管理的思考. 沈阳农业大学学报（社会科学版）, 12(1): 43-45

宋伟, 方琳瑜. 2006. 我国转基因食品安全立法的若干思考. 科技管理研究, 26(9): 60-62

孙金玲. 2012. 基于项目管理视角的食品安全风险与监管研究. 西安: 西安石油大学硕士学位论文

汪其怀. 2006. 中国农业转基因生物安全管理回顾与展望. 世界农业, (6): 18-20

王纪忠. 2010. 我国水稻产业发展的期望与守望. 中国农业信息, (1): 43-44

王锐, 杨晓光. 2007. 国际组织和世界各国对转基因食品的管理. 卫生研究, 36(2): 245-248

王薇. 2012. 食品安全溯源体系建设的研究. 北京: 中央民族大学硕士学位论文

吴婷. 2014. 崔永元转基因纪录片中的科学与逻辑谬误. 湖南农业科学, (3): 11-13

肖国樱. 2003. 转基因作物的安全性评价及其对我国传统农业的影响. 杂交水稻, 18(3): 1-5

徐瑞平, 吴海磊, 徐兴大. 2011. 构建进口特殊膳食用食品风险评估指标体系的研究. 旅行医学科学, 3(1): 4-7

杨佳原. 2013. 我国食品可追溯现状调查与分析——基于对福州市的实证研究. 商品与质量: 学术观察, (2): 315-316

叶敬忠, 李华. 2014. 关于转基因技术的综述与思考. 农业技术经济, (1): 11-19

赵健铮. 2013. 中科院学部主席团倡议转基因技术应"对人类发展高度负责". 中华魂, (12): 48-49

赵祥祥. 2006. 转基因抗除草剂油菜与十字花科植物间的基因流研究. 扬州: 扬州大学博士学位论文

周绪宝, 金志雄. 2004. 风险分析在绿色食品管理体系中的应用. 世界农业, (5): 8-11

第十章　生物信息学生物技术食品中的应用

提　　要

- 生物信息学用于数据的深度挖掘可以从繁杂的数据中提取有用的信息，发现潜在的规律，并以形象化的图表展示出来，辅助研究者发现新的生物学理论，增强对生物系统的认识。生物信息学用于数据的预测分析则可以缩小关注范围，为后续实验的开展提供有生物学意义的、可行性高的研究靶标，提高科研工作者的效率。
- 基因组数据库是分子生物信息数据库的重要组成部分。在生物技术食品开发过程中，了解受体生物的基因组，基因组上基因与生物性状之间的关系，以及寻找潜在的优良性状基因都离不开基因组数据库和基因组分析工具。
- 生物信息学在生物技术食品的致敏性评价、毒理学评价、非期望效应分析中都发挥着重要作用。

第一节　生物信息学的概述

生物信息学是生物学与计算机科学和应用数学等学科相互交叉而形成的一门新兴学科。它通过对生物学实验数据的获取、加工、存储、检索与分析，进而达到揭示数据所蕴含的生物学意义的目的。随着生物学技术的发展和科学家的不懈努力，人类在基因的核苷酸序列、蛋白质的氨基酸序列、蛋白质的三维结构，以及物质功能或毒性等方面积累了大量的数据。当前生物信息学发展的主要推动力来自分子生物学，生物信息学的研究主要集中于核苷酸和氨基酸序列的存储、分类、检索、分析等方面，所以目前生物信息学可以狭义地定义为：将计算机科学和数学应用于生物大分子信息的获取、加工、存储、分类、检索与分析，以达到理解这些生物大分子信息的生物学意义的交叉学科。

一、生物信息学的功能

生物信息学将生物学某一领域的实验数据存储在数据库中，然后结合生物学理论和对现有数据的统计学分析，找到实验数据中存在的逻辑关系，进而依据计算机科学的语言规则将这些数据内部的逻辑关系写成算法，用于数据的深度挖掘和预测分析。数据库是生物信息学的基础，算法是生物信息学的工具，而生物学理论则是生物信息学的灵魂。生物信息学用于数据的深度挖掘可以从繁杂的数据中提取有用的信息，发现潜在的规律，并以形象化的图表展示出来，辅助研究者发现新的生物学理论，增强对生物系统的认识。生物信息学用于数据的预测分析则可以缩小关注范围，为后续实验的开展提供有生物学意义的、可行性高的研究靶标，提高科研工作者的效率。我国高等院校首个生物信息学院于 2008 年在哈尔滨医科大学成立。

　　尽管生物信息学对生物学的研究有着重要的帮助，但是生物信息学分析并不能取代生物学实验，生物信息学发现的结论需要生物学实验进行验证。人类对生命规律的认识毕竟还相当有限，现有的生物学理论尚无法精确地解释生物学过程，因此建立在这些生物学理论基础上的生物信息学分析工具也无法精确地预测复杂的生理过程。现阶段最明显的例子是，依据中心法则，生物体内的 mRNA 和蛋白质应该是有较强的正相关关系的，但实际上对于同一样品，研究 mRNA 的转录组和研究蛋白质的蛋白组数据间一致性通常很低，许多研究中只有 20% 左右的数据是一致的，这一方面可能是由于现阶段组学技术存在的误差，另一方面可能是由于我们对生物体蛋白质翻译过程认识的局限。生物体内可能存在大量目前尚不明确的转录后调控机制。因此假如用转录组的数据进行生物信息学分析，推测的生物体生理变化可能是错误的，必须加以生物学实验的验证。因此，生物信息学分析只是为生物学实验设计提供研究方向和缩小靶标范围，通常不能独立地将生物信息学分析的结果作为研究的结论。

二、生物信息学在食品生物技术领域的应用

　　现阶段生物技术食品的开发和安全评价越来越多地依赖了组学技术。组学技术可以高通量、非靶向地研究动植物、微生物的生理过程，组学技术的高通量性提高了生物技术食品的研发效率，而组学技术的非靶向性可以有效地研究生物技术食品的非期望效应问题。然而，组学技术在生物技术食品开发过程中的引入，产出了天文数字的数据，面对如此巨大规模的数据，传统的数据分析方法往往束手无策，必须依靠生物信息学技术对数据进行加工、分析、解读和可视化呈现。因此，在当今这个组学技术大行其道的时代，生物技术食品的研发日益依赖组学技术，也越来越离不开生物信息学分析技术。

　　在生物技术食品研发方面，对动植物需要做大量的背景基因组研究，对转入的优质基因及其表达产物的性质需要有深入的认识。在背景基因组研究中，需要应用生物信息学对高通量测序数据进行分析；在优质基因的筛选过程中，需要应

用生物信息学缩小目标基因的范围，提高研发效率。在生物技术食品安全评价方面，致敏性分析，毒性分析，对宿主转录组、代谢组、蛋白组、肠道微生物组等的非期望效应等研究也都需要生物信息学技术。

第二节　现代生物技术食品开发过程中的生物信息分析

基因组数据库是分子生物信息数据库的重要组成部分。基因组数据库内容丰富、名目繁多、格式不一，分布在世界各地的信息中心、测序中心，以及和医学、生物学、农业等有关的研究机构和大学。基因组数据库记录的信息可以分为三类，即结构基因组学信息、功能基因组学信息和比较基因组学信息。结构基因组学是以全基因组测序为目标，确定基因组的组织结构、基因组成及基因定位，早期的基因组数据库即存储着结构基因组学信息。功能基因组学通过识别某个基因在一个或多个生物模型中的作用来认识新发现基因的功能，这类数据库存储着基因组的基因功能注释信息。比较基因组学则往往对群体内大量个体进行基因组测序，分析基因的多态性，这类数据库中存储着单核苷酸多态性（SNP）、插入缺失多态性（InDel）、拷贝数变异（CNV）等信息。大型综合数据库往往同时包含结构、功能和比较基因组学的信息，专业型数据库则往往偏重于其中的某一类数据信息，但实际上基因组数据库越来越趋向于综合化和多功能化，这种数据库分类的界限并不明显。

基因组数据在现代生物技术食品的开发过程中起重要作用，现代生物技术越来越强调精确操作和插入片段的可控性，以减少对转基因受体生物的非期望效应影响。了解受体生物的基因组，基因组上基因与生物性状之间的关系，以及寻找潜在的优良性状基因，都是现代生物技术食品开发所必须的前期准备工作，而这些工作都离不开基因组数据库和基因组分析工具。

一、综合性核酸序列数据库

GenBank 数据库（www.ncbi.nlm.nih.gov/genbank/，图 10-1）是当今最著名的核酸一级数据库之一，它是由美国国家生物技术信息中心（National Center for Biotechnology Information，NCBI）建立的 DNA 序列数据库。GenBank 数据库是国际核苷酸序列数据库联盟（International Nucleotide Sequence Database Collaboration）成员之一，和该联盟的另两个成员是欧洲的 EMBL 和日本的 DDBJ，它们每日相互交换数据，因此这三家数据库数据在完整性方面没有差异，只是数据格式不同。

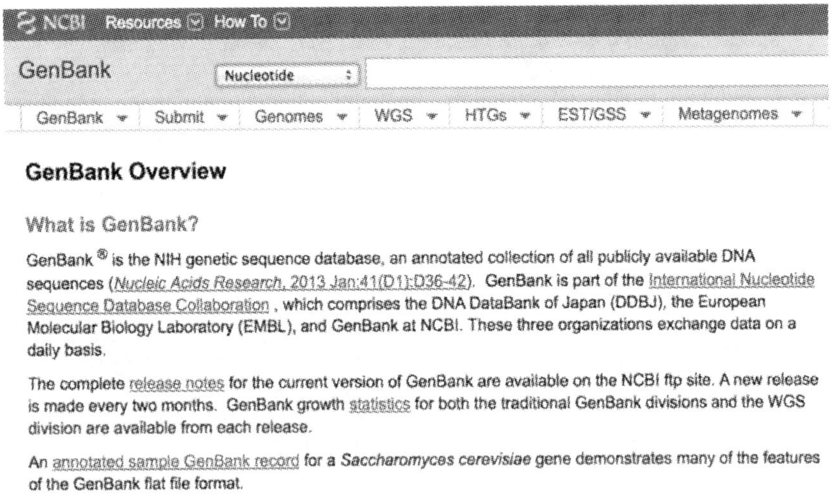

图 10-1　GenBank 数据库主页

　　GenBank 数据库分为若干个子库，包括高通量基因组序列（high throughput genomic sequences，HTG）、表达序列标记（expressed sequence tags，EST）、序列标记位点（sequence tagged sites，STS）、基因组概览序列（genome survey sequences，GSS）等。GenBank 数据库采用 NCBI 的 Entrez 数据库查询系统，该系统将 DNA、RNA、蛋白质序列和基因图谱、蛋白质结构等数据库整合在一起，可通过链接方便地查看相关信息。

　　在 GenBank 数据库中搜索结果的数据可以以三种方式显示：Fasta、GenBank 和 Graphics。Fasta 数据第一行为序列标记并以"＞"开头，后面的若干行为以 ATCG 表示的核苷酸序列。GenBank 数据显示了序列名称、编号、来源的物种、参考文献、注释信息、序列、编码区等二十多条信息。Graphics 则以图的形式直观地显示了基因组上各个基因的位置。Fasta 数据可下载为.fna 格式的文件，GenBank 可下载为.gbk 格式的文件。

　　Ensembl 是一项生物信息学研究计划，旨在开发一种能够对真核生物基因组进行自动注释并加以维护的软件。该计划由英国 Sanger 研究所 Wellcome 基金会及欧洲分子生物学实验室所属分部欧洲生物信息学研究所（EBI）共同协作运营。Ensembl 数据库（http://www.ensembl.org/index.html，图 10-2）提供了基因组的基因和其他注释信息，如调控位点、物种间保守碱基、序列变异等。Ensembl 数据库的基因数据集来源于 UniprotKB 和 NCBI 的 RefSeq 数据库。与 NCBI 的 Genbank 数据库着重于信息存储不同，Ensembl 更强调工具的开发和基因组数据的可视化展现。

图 10-2　Ensembl 数据库主页

二、农作物类基因组数据库

（一）植物类基因组数据库

PlantGDB 数据库（http://www.plantgdb.org，图 10-3）是一个包含绿色植物碱基序列数据的基因组数据库。PlantGDB 数据库的 Sequence Assemblies 中存储了超过 100 种植物的转录本组装数据。对于具有新兴或完整基因组序列的 26 种植物物种（包括拟南芥、短柄二叶草、芜菁、番木瓜、绿藻、黄瓜、棉花、大豆、大麦、百脉根、木薯、沟酸浆、蒺藜苜蓿、水稻、小立碗藓、蓖麻、桃子、杨树、高粱、小米、番茄、卷柏、燕麦、团藻、酿酒葡萄和玉米），PlantGDB 的 Genome Browsers（xGDB）作为一个图形界面进行查看、评估和注释转录本及到基于染色体或基于细菌人工染色体的基因组装配的蛋白质比对。

图 10-3　PlantGDB 数据库主页

　　EnsemblPlants（http://plants.ensembl.org/index.html，图 10-4）是与其他植物基因组数据库组织合作，利用 Ensembl 软件系统开发的，可以对基因组数据进行分析和可视化的数据库及相应工具。EnsemblPlants 中包括拟南芥、水稻、小麦、大麦、玉米、小立碗藓等 39 种植物的基因组信息。

图 10-4　EnsemblPlants 数据库主页

（二）水稻基因组数据库

　　水稻（*Oryza sativa* L.）是世界上最重要的粮食作物之一，对水稻基因组的研究和生物技术食品的开发具有重要的经济和粮食安全战略意义。籼稻和粳稻两个亚种基因组框架图的测定和粳稻全基因组精确测序已于 2002 年完成，获得的基因组大小约为 466 Mb。目前网络上水稻基因组数据库有很多，侧重点各不相同。美国的水稻基因组注释计划（Rice Genome Annotation Project）数据库（http://rice.plantbiology.msu.edu）和日本的水稻注释计划数据库 RAP-DB（http://rapdb. dna.affrc.go.jp）最具代表性。国内的水稻基因组数据库有由华大基因研究院建立的 RIS 数据库（http://rice.genomics.org.cn/rice/index2.jsp），由中国农业科学院、北京市作物遗传改良重点实验室、华大基因研究院等单位合作建立的综合性水稻功能基因组育种数据库的 SNP 与 InDel 多态性子数据库（http://www.rmbreeding.cn/snp3k）等。

（三）玉米基因组数据库

　　玉米不仅是重要的作物，也是遗传学研究的重要模式生物。玉米基因组测序于 2008 年 2 月完成基本草图,2009 年全部完成,获得的基因组大小约为 2300 Mb,其结果发表在 *Science* 杂志上。MazieGDB 数据库（http://www.maizegdb.org/）是专门存储玉米基因组信息的数据库，提供包括 Genome Browser、BLAST、Locus Lookup、Bin Viewer、Diversity 等工具。

（四）大豆基因组数据库

大豆是具有重要经济价值的油料作物，也是植物蛋白质的主要来源。大豆基因组序列于 2010 年测通，获得的基因组大小约为 1100 Mb，其结果发表在 *Nature* 杂志上。SoyBase（http://www.soybase.org/）数据库中存储了关于大豆的基因组图谱、基因表达图谱及突变体信息等可供用户查询。

（五）小麦基因组数据库

玉米、水稻、小麦是世界三大粮食作物，与水稻和玉米相比，小麦的基因组测序研究进展缓慢，这是由于普通小麦是异源六倍体（AABBDD），基因组大小约 17 000 Mb，是水稻基因组的 40 倍，人类基因组的 5 倍，并且含有大量重复序列。2012 年至 2014 年，在 *Nature*、*Science* 等杂志上发表了多篇关于小麦基因组测序的文章。GrainGenes 数据库（http://wheat.pw.usda.gov/GG2/index.shtml）是专门存储小麦和燕麦基因组信息的数据，其中有基因序列、标志基因、基因表达量等信息以及 BLAST、Cmap、Gbrowse 等分析和可视化工具。

三、动物类基因组数据库

UCSC Genome Browser 数据库（http://genome.ucsc.edu/，图 10-5）由加州大学圣克鲁兹分校（University of California Santa Cruz，UCSC）创立和维护的存储基因组信息和提供在线分析工具的数据库。该数据库目前存储基因组信息的物种分为哺乳动物（mammal）、脊椎动物（vertebrate）、后口动物（deuterostome）、昆虫（insect）、线虫类（nematode）、病毒（viruses）和其他（other）。用户可以通过它可靠和迅速地浏览基因组的任何一部分，并且同时可以得到与该部分有关的基因组注释信息，如已知基因、预测基因、表达序列标签、信使 RNA、CpG 岛、克隆组装间隙和重叠、染色体带型、小鼠同源性等。目前 UCSC Genome Browser 应用已相当广泛，如 Ensembl 就是使用它的人类基因组序列草图为基础的。

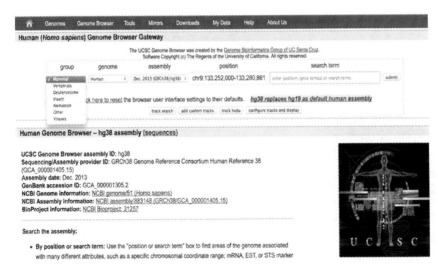

图 10-5　UCSC Genome Browser 数据库主页

　　ArkDB 数据库（http://www.thearkdb.org/arkdb/，图 10-6）是由爱丁堡大学罗斯林生物信息团队建立和维护，用于存储农业相关动物和其他动物基因组图谱信息的综合型数据库。ArkDB 数据库当前存储的基因组信息包括猫（cat）、鸡（chicken）、牛（cow）、鹿（deer）、鸭（duck）、马（horse）、猪（pig）、鹌鹑（quail）、鲑鱼（salmon）、海鲈（sea bass）、羊（sheep）、火鸡（turkey）等农业相关动物的基因组图谱和标志基因。

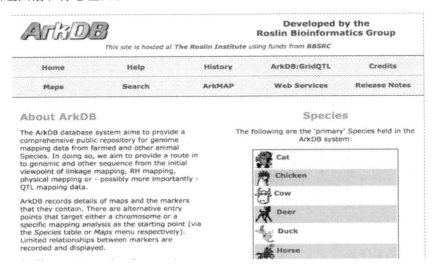

图 10-6　ArkDB 数据库主页

第三节　现代生物技术食品安全评价过程中的生物信息分析

一、生物信息学分析在致敏性评价中的应用

食品中能使机体产生过敏反应的抗原分子称为食品过敏原。食品过敏原导致的主要症状包括恶心、呕吐、腹痛、腹泻等，有时也有其他的局部反应及较少见的全身反应。而过敏源则一般指过敏原的来源食物或生物，如花生、坚果、蛋、奶、鱼类、贝类等食物或生物富含多种过敏原，是常见的过敏源。转基因生物技术在食品中引入了外源基因表达的蛋白，这些外源基因表达的蛋白若存在致敏性，将对食用者健康状况造成潜在威胁。因此在现代生物技术食品的研发和安全评价中必须对外源基因表达的蛋白进行致敏性评价，尤其当外源基因来源于常见过敏源生物时，则更需重视过敏性分析。一旦发现外源基因表达的蛋白具有致敏性，应立即取消相关产品的研发和上市（赵杰宏等，2010；李慧和李映波，2011）。此外，基因的插入是否会导致食物中原有的内源过敏原含量增加，也是科学家关注的问题。

氨基酸序列相似性和蛋白结构分析等生物信息学方法是转基因食品致敏性评价的重要环节，也是后续血清学实验、动物实验的基础。该方面的生物信息学分析一方面依赖于过敏原数据库对已知过敏原数据总结，另一方面依赖于相似性比对的比对规则的确立和比对算法的建立和优化。

（一）国内外的已知过敏原数据库

由于人类对食物过敏原认识和研究已有较长的历史，因此目前国内外过敏原数据库已经相当丰富。

由世界卫生组织和国际免疫学会联合会（IUIS）过敏原命名分委员会建立的 Allergen Nomenclature 数据库(http://www.allergen.org/index.php，图 10-7) 是过敏原系统命名的官网。该分委员会建立于 1984 年，由过敏原鉴定、结构、功能、分子生物学特征和生物信息学等方面的专家组成，建立了过敏原的命名系统。该命名系统在所有过敏原数据库中通用，为过敏原信息的整合做出了巨大贡献。WHO/IUIS Allergen Nomenclature 数据库提供过敏原和过敏源搜索功能，搜索的结果中包括过敏原系统命名、分类、生化名称、分子质量、致敏性和是否为食品过敏原等信息，并提供 Genbank 数据库和 PDB 数据库的相应链接。

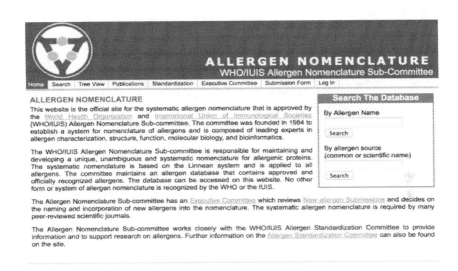

图 10-7　Allergen Nomenclature 数据库主页

SDAP（Structural Database of Allergenic Proteins）数据库（http://fermi.utmb. edu/SDAP/,）是由美国农业部开发的致敏蛋白结构数据库（图 10-8）。该数据库可在线、快速地提供致敏蛋白的序列、结构、表面抗原决定簇等综合信息。SDAP 的数据库核心包括抗原名称、来源、序列、结构、表位、参考文献等，能方便地链接到 PDB、SWISS-PROT/Trembl、PIR-ALN、NCBI 等数据库中，以及 PubMed、MEDLINE 等在线文献资源中。SDAP 的计算核心使用的是氨基酸侧链保守性质鉴定抗原的原创算法。SDAP 提供的在线工具包括 FAO/WHO 过敏原性测试、FASTA 搜索、肽段比对、肽段相似性分析等。

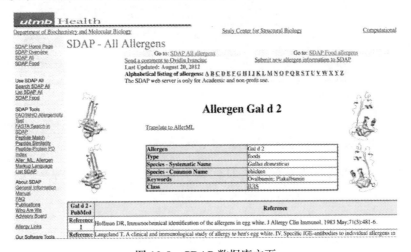

图 10-8　SDAP 数据库主页

Allergome 数据库（http://www.allergome.org）是由过敏数据实验室建立的过敏原知识平台。该数据库的特色是除了提供过敏原分子信息外，还收集了从 20世纪 60 年代以来的 5800 篇关于过敏原与相关疾病（过敏、哮喘、过敏性皮炎、结膜炎、鼻炎、荨麻疹等）的文献，对文献进行了分类并为用户提供下载链接。

中国食物过敏原数据库（http://175.102.8.19：8001/site/index，图 10-9）是由中国农业大学食品科学与营养工程学院食品安全实验室建立的中文过敏原综合信息平台。该平台可进行过敏原查询，查询结果整合了来源于 SDAP 数据库的过敏原概述信息；来源于 Swissprot 数据库的基因名称、蛋白功能、亚细胞定位、蛋白序列项目的信息；来源于 Swissprot 数据库的蛋白二级结构信息；来源于 PDB 数据库的蛋白质三级结构信息和亚单位信息；来源于 Pfam 数据库的蛋白家族及结构域项目的信息；来源于 IUIS Allergen Nomenclature 数据库的过敏性信息；来源于 Allergen Database for Food Safety 数据库的抗原表面决定簇信息和糖链信息；以及来源于 Allergome 数据库的文献汇总项目的信息。该平台还可进行过敏源查询，查询结果为该过敏源中所包含的已知过敏原。该平台可以为科研人员提供免费的、快速的、一站式的生物技术食品致敏性分析信息服务。

欢迎来到 *中国食物过敏原数据库*

China Food Allergen Database

图 10-9　中国食物过敏原数据库主页

（二）外源基因表达蛋白的过敏性预测

如果一个外源基因表达的蛋白本身不是过敏原，则还需要比较该蛋白与已知过敏原的相似性，以判断该蛋白具有潜在过敏性的可能性大小。外源基因表达的蛋白与已知过敏原的相似性比对有三种方式，即全长比对、80 个氨基酸片段中35%的相似性，和连续 8 个或 6 个氨基酸相同。全序列比对一致性高，则表明存在潜在的抗原交叉分反应，二者可能共享 IgE 结合位点；当序列一致性低时，不可能有交叉反应。但全序列比对具体以多少相似度或者 E 值作为判断外源基因表达的蛋白是否具有潜在致敏性的阈值，还很难断定。因此，80 个连续氨基酸比对一致性大于 35%和连续 8 个或 6 个氨基酸完全相同，在外源基因表达的蛋白的致敏性预测中使用更为普遍（龙伟等，2014）。

　　SDAP 数据库、AllergenOnline 数据库（http://www.allergenonline.org/）等数据库及中国食物过敏原数据库平台都提供与已知过敏原氨基酸序列相似性比对的在线工具。然而正如我们在本章一开始所说的，由于目前为止科学界对过敏原抗原表位机制的理解尚未研究清楚，现有的比对流程也只能在一级氨基酸序列结构上分析外源基因表达的蛋白的致敏可能性，而过敏原的致敏性与过敏原蛋白的一级结构、二级结构及三级空间构象结构都有关系，因此生物信息学预测的结果只能提供参考信息，确定外源基因表达的蛋白是否具有致敏性还需要进行血清学实验的确证。

　　（三）食品生物技术对食物中原有过敏原的影响

　　现代生物技术食品的致敏性评价，除了应关心外源基因表达的蛋白是否具有致敏性外，还需要关心生物技术食品开发过程中是否改变了食物中原有过敏原的含量，这种担忧实际上是现代生物技术食品的非期望效应在致敏性方面的体现。蛋白质组学分析可以很好地检测非期望的致敏性问题，有关生物信息学分析在这方面的应用将在后文中介绍。

二、生物信息学分析在毒理学评价中的应用

　　毒理学评价是现代生物技术食品食用安全性评价中必不可少的一部分。与致敏性评价相似，对现代生物技术食品的毒理学评价也分为两个方面，即对现代生物技术转入的外源基因表达的蛋白的毒理学评价，以及生物技术食品开发过程中可能带来的对食品中原有毒性物质含量的影响，后者属于非期望效应在毒理学方面的体现。

　　对外源基因表达的蛋白的毒理学评价通常采用动物实验的方法，纯化后的外源基因表达的蛋白进行急性毒性实验、三致实验，以测定外源基因表达的蛋白的半数致死量 LD_{50} 和致突变性、致畸性、致癌性的强弱。在评价外源基因表达的蛋白产物时，潜在的毒性分析应考虑蛋白与已知蛋白毒素和抗营养因子在氨基酸序列和结构上的相似性（李宏和王崇均，2010）。

　　现代生物技术带来的毒理学非期望效应，则可能来源于外源基因的插入导致的受体生物中新物质的合成，或者受体生物中原有毒性物质的表达量的变化。对非期望毒理学效应的研究有靶向方法和非靶向方法。靶向方法即从毒性物质数据库中查明该食物原有的毒性物质，通过酶联免疫法、气相色谱法、液相色谱法等方法测定这些毒性物质在传统食物和现代生物技术改造后的食物中的含量，但是靶向方法对于受体生物是否合成了新的有毒物质无法进行研究。非靶向方法则主

要通过组学的手段，尤其是蛋白组学和代谢组学，高通量、全方位的测定蛋白质和代谢物的含量，既可以对食物中原有的毒性物质含量变化进行研究，也可以对食物是否引入了新的毒性物质进行研究。

（一）毒理学信息数据库

食物中的毒性物质包括抗营养因子和毒素，抗营养因子的抗营养作用主要表现为降低饲料中营养物质的利用率、动物的生长速度和动物的健康水平。抗营养因子和毒素之间没有特别明确的界限，有些抗营养因子表现出一些毒性作用。食物中常见的抗营养因子如大豆胰蛋白酶抑制剂、植物凝集素、植酸、草酸、单宁类物质等。食物中的毒素则是动植物在长期的进化过程中为了应对昆虫、微生物、人类等的威胁，在体内产生累积了一定的有毒物质，是生物自我保护的一种手段。生物中的常见毒素如某些生物碱类、生氰糖苷、河豚毒素、蘑菇毒素、贝类毒素等。

毒理学数据库中记录着毒性物质的历史研究数据。TOXNET 数据库（http://toxnet.nlm.nih.gov，图 10-10）是最为权威的毒理学数据库之一。TOXNET 数据库是由美国国立医学图书馆建立，其主要内容包括对人类和动物有害危险物质的毒性，人类健康危险评估，化学药品诱变检测数据，化学药品致癌性，药物及化学药品的生物化学、药理学、生理性、毒理学作用等。TOXNET 数据库由若干个子库组成，包括存储潜在危险化学品毒理学研究、工业卫生、急救处理等信息的 HSDB；存储人类健康危险评价数据的 IRIS；存储药品基因毒理学文献数据的 GENE-TOX；存储化学药品致癌性信息的 CCRIS；存储化学药品毒理学数目信息的 TOXLINE；存储毒理学数目数据库信息的 DART/ETIC 数据库；存储环境毒理学信息的 TRI；以及最为重要和广泛使用的存储了 38 万条化学物质的名称、同义词、化学文摘社登记号（CAS 登录号）、分类号、分子式、分子结构、毒性（LD_{50}）信息和参考文献的 ChemIDplus 数据库（万晓霞，2009）。

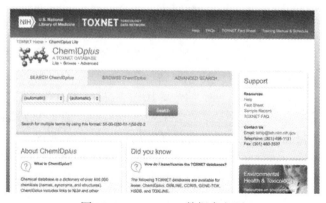

图 10-10　TOXNET 数据库主页

（二）计算毒理学

计算毒理学也称为预测毒理学，被认为是一种高效、高通量地进行化学物质或生物分子风险预测与管理的技术，核心是基于化学物或生物分子的结构与毒理学研究历史数据，通过计算化学、生物信息学等方法，构建计算机模型，为筛选和评价化学品的危害和风险性提供高通量、快速的决策支持工具。美国于 2003 年实施了计算毒理学研究计划，在 2005 年专门成立了国家计算毒理学中心（National Center for Computational Toxicology，NCCT）。美国国家研究委员会（National Research Council，NRC）在 2007 年提出了战略性文件"21 世纪的毒性测试：远景和策略"，倡导改变以活体动物实验为主的传统毒性测试体系，向基于高通量体外测试和计算毒理学等方法的毒性测试体系转型（万晓霞，2009）。

对化学物质的计算毒理学方法可以分为两类：一类是以化合物本身为基础的计算方法，另一类是以毒性靶分子结构为基础的方法。前者仅需要知道该化合物本身的二维结构，通过该化合物与已知毒物化合物结构比较来判断该化合物潜在毒性，如美国环境保护署开发的商业软件包 DEREK（Deductive Estimation of Risk from Existing Knowledge）、QSTR 数学模型等；后者则需要利用靶分子的三维结构模型来评价小分子与大分子在分子水平上的相互作用，特别是研究小分子能否结合到蛋白质的活性位点上，这类软件如 InsightⅡ、SYBYL 等。

对外源基因表达蛋白的毒理学性质预测的策略，本质上与化学物质计算毒理学是一致的，也有两类方法，即外源基因表达蛋白与已知毒性蛋白的比对和蛋白-代谢物、蛋白-蛋白相互作用预测。在外源基因表达蛋白与已知毒性蛋白的比对方面，由于目前尚缺少专门的毒性蛋白数据库，外源基因表达的蛋白可在综合性蛋白数据库中进行 BLAST 分析，查阅资料分析与外源基因表达蛋白序列一致性高的蛋白质是否具有毒性。通过这种一级氨基酸序列的比对找到的同源蛋白质，如需进一步研究与外源基因表达蛋白的相似性，还可以通过 CE、DALI、SSAP、Geometric Hashing、MatAlign 等算法进行蛋白质两两结构比对。如果对外源基因表达蛋白可能影响的通路有靶向性的认识，即已经知道外源基因表达蛋白可能影响哪些生理过程中的哪些酶或代谢产物，则可进行蛋白-代谢物或者蛋白-蛋白相互作用预测。蛋白与小分子代谢物相互作用预测的软件前文已提及，而由于蛋白质结构复杂，蛋白-蛋白相互作用预测是预测两个复杂结构体的相互作用，这方面尚没有比较成熟的生物信息学方法，仍需主要依靠实验手段进行研究。

三、生物信息学分析非期望效应分析中的应用

育种的目的是在某一方面对动植物品种进行改良，育种过程实现的预期目标性状改良称为预期效应，而育种过程中带来动植物其他方面性状的变化称为非期

望效应。虽然非期望效应是伴随着现代生物技术食品的出现而被广泛强调和讨论的，但是并非只有现代生物技术食品才存在非期望效应，传统育种方法，如杂交育种和诱变育种，也都存在非期望效应，并且传统育种方法的非期望效应要远多于现代生物技术食品，只是由于传统育种方法流行时，组学技术尚未发展起来，无法对非期望效应进行深入研究。

　　对非期望效应的研究方法包括靶向技术和非靶向技术，目前以非靶向的组学技术为主要研究方法，如研究对动植物蛋白表达非期望效应的蛋白组学、研究动植物代谢物含量非期望效应的代谢组学，以及研究现代生物技术食品对人类肠道微生物非期望影响的宏基因组学等，这些组学技术都离不开生物信息学分析工具。

（一）蛋白层面的非期望效应研究中的生物信息学

　　生物技术食品开发过程中，外源基因片段的插入是否会导致基因组上其他基因表达的变化，从而导致 mRNA 和蛋白质含量的变化，是生物技术食品非期望效应的主要方面。相比于 mRNA 而言，蛋白质处于中心法则的更下游，与生理状态更直接相关，因此蛋白组学比转录组学能更为准确地表征动植物生理状态。尤其对于生物技术食品的非期望效应的安全评价来说，食物中原有的具有致敏性的过敏原、具有毒性的蛋白等都是蛋白质，蛋白组学可以在生物技术食品的致敏性安全评价、毒理学评价等方面的研究中发挥重要作用。

　　双向电泳和同位素标记技术是蛋白质组学的主要方法。双向电泳是比较传统的蛋白组学方法，在双向电泳的比较蛋白质组学中，可以对两种图谱（如转基因作物的蛋白组和亲本非转基因作物的蛋白组）进行比较，找到亮度存在差异的蛋白点，将这些点从胶上切下进行质谱测序以鉴定该蛋白，这种研究策略准确，有针对性，但是质谱测序的费用较贵周期较长。如果研究的物种有双向电泳图片数据库，则可直接将实验图谱提交到数据库中进行分析。目前可应用于生物技术食品研究的双向电泳图谱数据库有水稻蛋白质组数据库（http://oryzapg.iab.keio.ac.jp）、SWISS-2DPAGE（http://world-2dpage.expasy.org/swiss-2dpage/）等。同位素标记技术则可以获得蛋白质的氨基酸序列，可以在蛋白质序列信息数据库中进行比对，常用的数据库包括蛋白质信息资源数据库（http://pir.georgetown.edu）、SWISS-PROT数据库（http://expasy.org）等。对于蛋白质组学数据的功能分析和通路分析则常用 GO 功能分类和富集分析、KEGG 通路分析等方法完成。

（二）代谢物层面的非期望效应研究方法——代谢组学的生物信息学

　　生物技术食品在蛋白质水平的非期望效应变化，有可能导致代谢水平的非期望效应。食品中的功能性营养成分、部分次级代谢产物类的天然毒素含量的变化都可以通过代谢组学进行研究。

　　LC/GC-MS 是代谢组学研究的常用方法，LC/GC-MS 数据的生物信息学分析工具有很多，如 MarkerView、metAlign、Mzmine2 等软件可以进行统计学分析，Sieve、MetIQ 等软件可以进行代谢通路分析。代谢组学数据分析常用的数据库包括 NIST（http://webbook.nist.gov/chemistry/）、Massbank（http://www.massbank.jp）、CheBI（http://www.ebi.ac.uk/chebi/）、Reactome（http://www.reactome.org）、KEGG（http://www.kegg.jp）等。KEGG 数据库全称京都基因与基因组百科全书，是由日本京都大学生物信息学中心的 Kanehisa 实验室于 1995 年建立。KEGG 数据库（图 10-11）一个整合了基因组、化学和系统功能信息的数据库，由 KEGG 通路图（KEGG Pathway）、BRITE 功能层次（KEGG BRITE）、KEGG 功能单位模块（KEGG MODULE）、KEGG 代谢物及小分子化合物（KEGG COMPOUND）等十几个子数据库组成。代谢组学数据可以通过 KEGG 数据库进行生物通路富集分析。

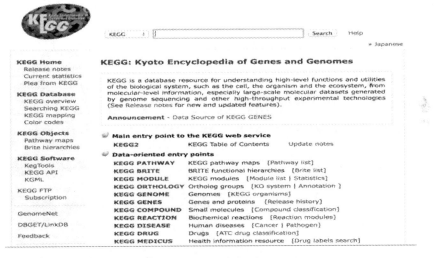

图 10-11　KEGG 数据库主页

（三）对人体肠道微生物非期望效应研究方法——宏基因组学的生物信息学

　　近年来肠道微生物的研究越来越受到重视，肠道微生物与营养、疾病的关系被广泛揭示。16S rRNA 测序技术是最常用的高通量测序依赖的组学技术之一，该技术着眼于对肠道微生物群落菌种组成的分析。细菌 16S rRNA 基因具有保守区与可变区间隔排列的特征，其中的可变区一般具有菌种特异性，并且可以反映细菌间亲缘关系的远近，因此通过分析可变区的序列即可得到各细菌的分类学特征（李东萍等，2015）。

　　微生物群落结构分析是从整体的角度分析各组样品的肠道微生物群落之间是否有显著差异，从而分析实验所关注的因素是否会导致宿主肠道微生物群落结构的显著变化。α多样性、β多样性以及依据样品间不相似性进行排序分析和聚类分析是微生物群落结构分析的主要方法。α多样性的高低由 α 多样性指数表征，在 16S rRNA 测序数据分析中常用的有 Shannon Wiener 多样性指数、Simpson 多样性指数、Chao1 丰富度估计量等。β多样性通过计算同一组内各个样品间的距离来表征各个组的 β 多样性，通过比较数值大小来比较各个组的 β 多样性。更形象化的做法是利用距离表征出的样品间的关系，通过主成分分析、主坐标分析等作图方法将所有样品在二维坐标系中表现出来，从侧面反映各个组的 β 多样性及各样品之间的相互关系。微生物群落样品间距离即群落之间的不相似性，两个群落越不相似，它们之间的距离越大。QIIME 等软件可以对微生物 16S rRNA 数据进行系统地分析。

如果微生物群落结构表现出整体的差异，则下一步需要找出群落中具体的分类单位来解释这些差异。找到不同组样品之间有显著差异的分类单位有助于我们发现所研究问题与肠道微生物之间的直接关联，其中的一些起关键作用的分类单位也可以作为肠道微生物层面上的生物标志物。专门用于 16S rRNA 测序数据分类单位相对丰度比较和 Biomarker 寻找的软件被开发出来，Metastats 和 LefSe（http://huttenhower.sph.harvard.edu/galaxy/，图 10-12）是其中应用较广的软件。这些软件将统计学方法与已有的生物学信息结合，从而使结果更具有生物学意义。

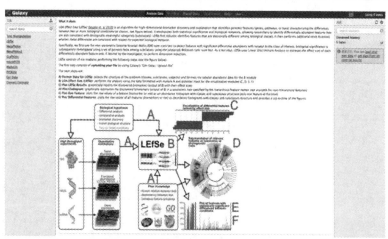

图 10-12　LEfSe 在线分析工具主页

参 考 文 献

陈景文. 2015. 计算（预测）毒理学: 化学品风险预测与管理工具. 科学通报, (19): 1749-1750
李东萍, 郭明璋, 许文涛. 2015. 16S rRNA 测序技术在肠道微生物中的应用研究进展. 生物技术通报, 31(2): 71-77

李宏, 王崇均. 2010. 生物信息学在毒理基因组学研究中的应用. 生物信息学, 8(4): 330-333

李慧, 李映波. 2011. 转基因食品潜在致敏性评价方法的研究进展. 中国食品卫生杂志, 23(6): 587-590

龙伟, 李欣, 高金燕, 等. 2014. 生物信息学技术在食物过敏原表位预测中的应用. 食品科学, 35(3): 259-263

万晓霞. 2009. TOXNET 毒理学数据库的检索与应用. 医学信息学杂志, 30 (6): 27-30

赵杰宏, 韩洁, 赵德刚. 2010. 转基因作物标记蛋白潜在致敏性的生物信息学预测. 中国烟草学报, 16(3): 76

第十一章　生物技术食品的检测方法与技术

提　　要

- 转基因作物在诞生 20 年以来已经得到了飞速的发展，其较于传统的育种技术已经体现出了巨大的优势，但是也引起了巨大的争议。这种形式背景下配备相应的检测技术显得尤为重要。
- 转基因作物与传统作物相比，其在基因水平和蛋白水平都有明显的差异，所以转基因作物主要由基因水平检测技术与蛋白水平检测技术组成。
- 基于基因水平的检测技术是检测技术的主流，其是以 PCR 为基础的，在此基础上各国都开发出了相应的并与国情相配套的转基因作物检测方法。
- 转基因作物的蛋白水平的检测具有重要意义，转基因蛋白检测技术属于新兴的检测技术，有着巨大的发展潜力。

第一节　转基因作物快速筛查技术

　　一些特殊场合（港口出入境检疫局、地方食药监局等）工作者的关注重点往往是快速灵敏地筛查大批量的未知样品，也就是说，没有受过专业培训的普通工作人员也要有能力使用某种技术检测转基因食品。PCR 需要变温步骤及费时费力的缺陷不适宜这一要求，所以开发新型的、更为简便快捷的恒温状态下的扩增技术十分必要。与此同时，外源基因表达的蛋白质可以根据操作便捷、结果显示直观的试纸而达到检测效果。等温扩增（isothermal amplification）PCR 检测方法主要优势在于可以避开常规 PCR 的温度梯度循环，在简单的室温条件下，短时间内即可获得可视化的定性结果，但由于等温扩增过程中存在一定程度的碱基错配因此并不能取代常规的标准化检测方法，只能起到"先发制人"的样品粗筛选作用。

一、等温扩增检测技术

PCR 反应需要经历高温变性、退火结合和延伸三个温度梯度，高灵敏的热循环仪器也必不可少，这就给身在一线的检验人员的检测造成了诸多不便。等温扩增技术作为解决这一问题最便捷的方案，已经取得了很大的技术和应用突破。等温扩增是扩增反应中保持反应温度不变的一种广义 PCR 技术。等温扩增最大的特点在于不需要温度变化，因此简易的加热装置即可满足检测要求。目前主要的等温扩增技术包括环介导等温扩增（loop mediated isothermal amplification，LAMP）、链置换扩增（strand displacement amplification，SDA）、切口酶扩增（nicking endonuclease mediated amplification，NEMA）、依赖核酸序列的扩增技术（nucleic acid sequence-based amplification，NASBA）、依赖解旋酶的等温扩增（helicase-dependent amplification，HDA）等。其中，LAMP 技术在转基因检测中已经有很多应用，是一项已经较为成熟的技术手段，闫兴华等用 LAMP 技术检测转基因玉米 LY038，将 *cordapA* 基因作为目的基因设计扩增引物，最终能达到在 50 min 内检测到 0.01% 的样品的效果（柴晓芳等，2012）。

（一）LAMP 等温扩增技术

LAMP 技术是 2000 年 Notomi 等发明的一种新的体外恒温核酸扩增方法，原理图及结果图如图 11-1 所示。LAMP 方法针对靶基因的 6 个区域设计 4～6 条特异性引物，利用一种链置换 DNA 聚合酶（Bst DNA polymerase，large fragment）在恒温条件（65℃左右）保温几十分钟，即可完成核酸扩增反应，由于针对靶基因 6 个独立区域设计引物，所以该方法具有高特异性，同时，该方法具有较高的扩增效率，可以在 1 h 内将靶 DNA 片段扩增 $10^9 \sim 10^{10}$ 倍。如果设计环引物，将其用于环介导等温扩增反应中，扩增速率大大加快，时间可缩短至 15～30 min。在 DNA 延伸合成时，反应中析出的焦磷酸离子与反应溶液中的镁离子结合，会产生一种焦磷酸镁的副生物，高效扩增的 LAMP 反应中生成大量这样的副生物，反应管中呈现白色沉淀。可以把浑浊度作为鉴定指标，只要用肉眼观察白色混浊沉淀，就能鉴定扩增与否，而不需要烦琐的电泳和紫外观察等过程，因为 LAMP 反应不需要 PCR 仪和昂贵的试剂，具有高特异性、高效率、快速反应等特点可以大量扩增所需的靶序列，所以有着极为广泛的应用前景，适于在一些基层机构的应用。该方法需要较少的试剂费用和一个水浴锅即可完成绝大多数核酸检测的过程，无论是实验室检测还是现场检验都可以准确快速灵敏地完成，是真正普及型的核酸检测方法（陈萌，2005）。

哑铃状模板构造的形成过程

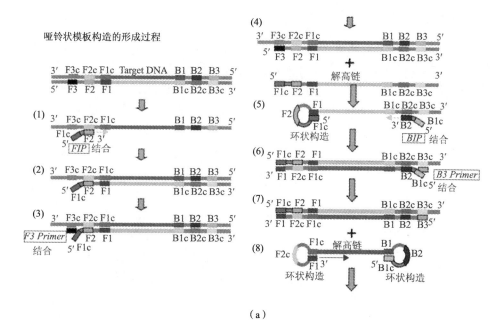

（a）

扩增循环

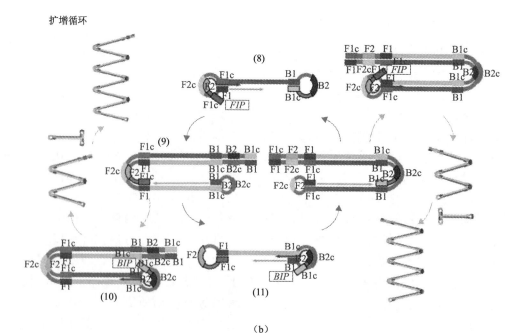

（b）

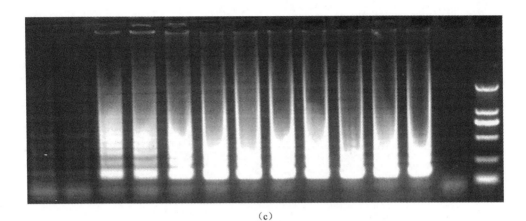

(c)

图 11-1 环介导等温扩增方法原理图及反应结果图[（a）（b）后附彩图]

（二）SDA 等温扩增技术

链置换扩增是利用内切酶活性和 DNA 聚合酶实现的扩增反应，原理如图 11-2（a）所示。SDA 仅需要两对引物和两种特殊功能的酶，分别是限制性内切酶和具有链置换活性的 DNA 聚合酶。引物与 DNA 单链结合后产生的内切酶识别位点经内切酶作用后依赖 DNA 聚合酶在切割处延伸端，并替代另一条 DNA 链；替代的链与引物杂交后又可作为另一个新的扩增反应的模板。目前，以 SDA 为代表的链置换扩增技术因其较好的特异性成为等温扩增的主要发展方向。链置换主要依赖特异的酶切位点和具有置换活性的 DNA 酶，在此基础上衍生了许多链置换扩增技术。其中，切口酶扩增技术使用一种特殊的切口内切酶，这种酶特异性地识别酶切位点并只切割其中一条链，从而实现扩增的目的。NEMA 能够避免 SDA 需要合成特殊硫代核苷酸的要求。王纪东等利用 NEMA 技术检测蜡样芽孢杆菌的大片段 DNA，最长可以获得 450 bp 的目的片段，这种技术可以应用于基因组庞大的转基因食品的检测。此外，引入 RNA 酶也可实现扩增目的。TARAKA 公司提出了一种新型的基于链置换原理的扩增技术——ICAN 技术（isothermal and chimeric primer-initiated amplification of nucleic acids）。它将上述的酶切位点设计为 DNA-RNA 嵌合引物，使用 RNase H 酶特异识别嵌合部位并切断 RNA 序列，从而实现链置换目的。这种引入嵌合部分的扩增技术特异性较之 NEMA 更好。几种链置换技术依然处于基础研究阶段，然后它们的特异性逐渐增强，且后一种方法均为前一种方法缺陷的解决方案，完善实验方案能够扩大等温技术的应用范围。

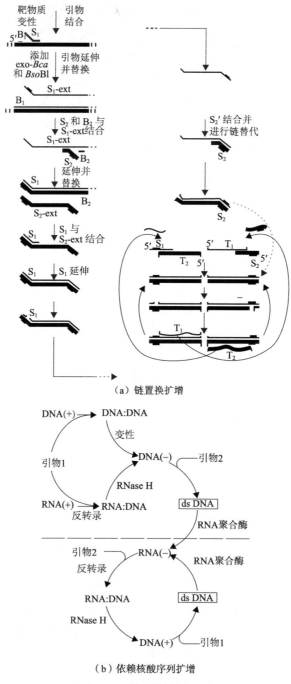

（a）链置换扩增

（b）依赖核酸序列扩增

图 11-2　等温扩增原理图

（三）NASBA 等温检测技术

依赖核酸序列的扩增技术是一项等温的基于 RNA 的核酸扩增技术。NASBA 反模仿体内 DNA 转录的过程完成扩增。NASBA 技术不必使用容易受抑制的逆转录酶，因此可减少样品中抑制性物质的影响，扩增的高特异性能够有效降低核酸污染（陈清华，2014）。对于转基因食品而言，由于加工过程中 RNA 有不同程度的破坏，直接以 RNA 为模板难度较大。Morisset 等利用 NASBA 技术在芯片上完成对转基因玉米 MON863 和 MON810 的多重定量检测，证明了该方法在转基因检测方面的可应用性。

二、试纸条快速检测方法

试纸检测技术更为方便快捷，对于现场快检工作人员应用极广。免疫层析试纸的原理如图 11-3 所示。试纸条检测的是外源基因表达的蛋白，由于蛋白是大分子具有多个抗原决定簇，因此转基因外源蛋白免疫层析试纸条应用双抗夹心免疫层析的原理。试纸条中含有底板和试剂吸附层。底板是不吸水薄片层，试剂吸附层固定在底板上，从加样处开始分别为样品垫、结合物释放垫、NC膜和吸收垫（陈绚和杨安，2005）。检测时，将样品垫浸润在样品提取液中，样品溶液在毛细吸收作用下有样品垫沿 NC 膜向吸收垫运动，样品流经金标垫时先与其中的金标抗体 A1 结合生成金标 A1-抗原复合物，然后在 NC 膜上被包被的捕捉单抗 A2 捕获聚集形成检测线——T 线，显示转基因阳性。过量的金标抗体与 NC 膜上的质控带羊抗鼠的二抗结合出现 C 线。如果质控线（C 线）不出现红色，则说明整个试纸条失效。试纸条分析检测技术操作简便，分析时间短，结果易读取，不需要专业的检测培训，是快速检测技术未来的发展方向（柴晓芳等，2012）。

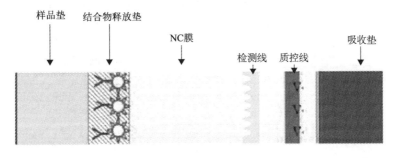

（a）

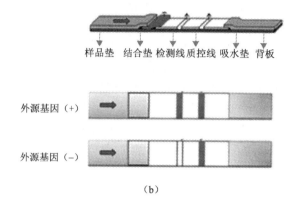

图 11-3　（a）蛋白胶体金免疫层析试纸；（b）试纸显色原理图（后附彩图）

　　除了常规外源蛋白检测技术,He 等研制出一种用来检测控制表皮松解 R156H 基因变异的核酸检测试纸,并成功在 75 min 内检测出最低 1 fM 的变异基因分子。与检测外源蛋白不同,核酸试纸是直接在试纸条上检测 DNA 分子,原理如图 11-4 所示。样品在被检测前经过一定循环产生大量扩增产物,可以实现边扩增边检测,也就是说直接将试纸条插入反应溶液中即可看到 T 线和 C 线的显色效果。核酸试纸完成等温扩增和试纸检测的统一,不需要依赖荧光检测装置,而且也有效避免蛋白检测试纸带来的污染及假阴性问题。由于该技术目前尚处于实验研究阶段,目前在转基因食品检测中还没有出现这种技术,但可以预见,未来依赖扩增的试纸条是快速检测新的发展趋势（柴晓芳等,2012）。

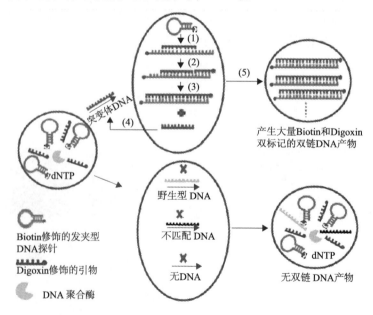

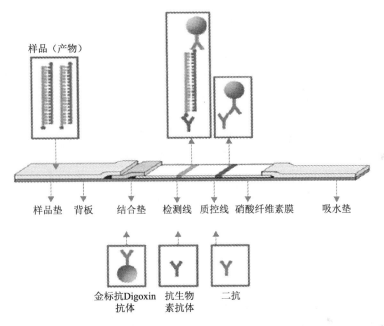

图 11-4　链置换核酸检测试纸原理图（后附彩图）

三、可视基因芯片技术

基因芯片技术具有快速、准确、高通量等优点，是近年来迅速发展的一项生物技术，在工业和环境微生物学、人类及动植物疾病诊断学、微生物生态学等许多生命科学领域中应用，普通基因芯片技术由于操作复杂，还需要依赖专业的扫描仪器，大大限制了它在常规实验室的应用。可视芯片与传统芯片相比，具有观测方便的优点，更有利于在基层实验室推广使用，可以广泛地在只有 PCR 仪之类的基本分子生物学设备的个体实验室或研究站投入使用。

动态芯片技术在转基因作物检测中已经得到了广泛的应用（陈雪岚等，2000）。针对中国 2014 年上半年发生的 MIR162 退货事件，邓婷婷等开发了针对 MIR162 性状基因 *vip3a* 的快速可视芯片检测方法。检测限达到了 0.001%，相对于传统的定量 PCR 有较大水平的提高，结果示意图如图 11-5 所示。所以动态芯片的高灵敏度、高特异性、快速检测的特点决定了其可以为 MIR162 的检测提供参考。

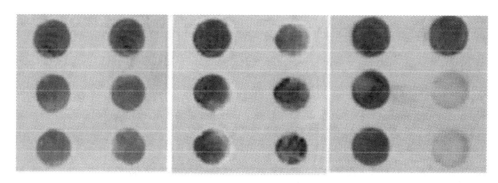

图 11-5　可视基因芯片结果示意图

第二节　转基因作物核酸检测技术

目前，世界各国和地区广泛应用在实际检测工作中的检测方法，主要还是一些标准化的方法。这类方法多是指检测方法中原理最简单的、未经任何修饰延伸的 PCR，主要包括常规的定性 PCR 和定量 PCR、多重 PCR、实时荧光 PCR 等技术。这些标准化的检测方法对实验条件要求限制小，容易实现操作，因此是转基因食品监管过程中最常用的、最常规的一类检测方法；另外，标准化的检测方法所用到的引物和探针是经过多次实验验证的、一定具有确定效果的，因此得到的检测结果也是极具公信力的，这也使得标准 PCR 检测方法跻身为最常规的转基因食品检测方法。目前各国针对转基因食品都有符合本国国情的标准检测方法，这些检测方法原理是相同的，只是由于品系不同在引物和探针上略有差异。本章小结主要介绍常规 PCR、多重 PCR、实时荧光 PCR 方法原理、类型及主要应用范围。

一、基础检测技术研究进展

（一）内标准基因在 DNA 检测技术中的应用

为了防止在转基因成分的检测过程中出现假阴性的情况，很多作物的内标基因被广泛应用在转基因检测实践中。目前已经有很多作物的内标基因被开发出来，包括棉花、木瓜、水稻等。这些内标基因既是物种特性的指示剂，同时还可以作为 PCR 反应的指示剂，进行 PCR 反应时，如果内标基因没有扩增结果，说明整个反应在初始的阶段存在问题，或是模板有了降解，或是模板中有了 PCR 反应的抑制剂。内标准基因的主要作用是在转基因成分的绝对定量检测中，因为目标检测物质拷贝数的多少以及引物探针的灵敏度都会直接影响内标准基因的扩增，所以一个合适的转基因生物检测的内标准基因是转基因生物检测和安全性评价的"金标准"。目前已经在越来越多的物种中报道了内标准基因及其检测体系（陈雪岚等，2000）。

（二）标准物质制备技术的发展

当进行转基因作物的定量分析时，需要有转基因的标准浓度样品作为对照。所以在进行转基因的检测时，应尽量使用官方（如欧盟参考物和测量研究所，IRMM）审核通过的参照标准（CRMs）。CRMs 是由未经过加工的原料制备而成的，由于基质效应和加工过程中对基因组模板的损伤，使得 CRMs 在实际应用过程中受了很大的制约：①现有的 CRMs 都是以重量单位计数，而 PCR 的检测方法是以 DNA 分子的相对比例来进行定量检测，所有这两者的不统一可能会导致结果的误差；②制备 CRMs 费时费力而且成本相对较高；③在制备 CRMs 时，需要对样品进行研磨处理，在研磨的过程中会对基因组产生破坏。

为克服 CRMs 的以上缺点，标准分子物质如 PCR 扩增产物、线性化的质粒等逐渐成为了 CRMs 的替代品。PCR 扩增产物作为标准品的优点在于方便简单，但是缺点是稳定性差，难以定量。线性化质粒作为标准品具有容易制备、准确和稳定的优点。目前构建线性化质粒的主要方法是常规 DNA 重组技术（酶切、连接等）和重组 PCR 技术。

（三）转基因作物检测策略

基于 DNA 的检测方法主要是针对转基因作物中的外源插入基因进行检测。现行的主流基因 DNA 的检测技术主要有分子杂交技术、PCR 检测技术和芯片检测技术，其中应用最广的为 PCR 检测技术。这种方法可以用于转基因成分的单重或者多重品系鉴定。PCR 方法按结果类型可以分为定性和定量两种检测方法，其中包含了巢式 PCR、多重 PCR 等类型。PCR 方法的检测目标主要是针对转基因的外源插入基因，按照特异性的高低和目的片段的位置，可以分为筛选 PCR 检测、基因特异性 PCR 检测、构建特异性 PCR 检测和转化事件特异性 PCR 检测，其检测的目的片段和特异性排列如图 11-6 所示。

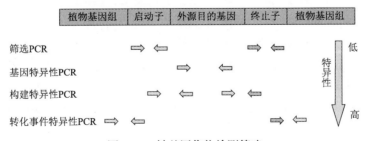

图 11-6　转基因作物检测策略

　　筛选 PCR（screening PCR）是一种以外源基因中的启动子或者终止子为目的检测片段的检测方法，此方法相对于其他检测方法来说具有快速简便的特点。Hamels 等以筛选 PCR 为基础，开发出一种将 PCR 与 microarray 技术结合的检测方法，通过这种方法可以将转基因的检测限降低至 0.1%。但是这种方法特异性极低，无法对转基因品系进行鉴定，所以一般用于前期的筛选工作。

　　基因特异性 PCR（gene-specific PCR）的检测目的片段是外源插入基因中的外源目的片段，目的基因大部分源于自然，但是有一部分也可能存在轻微的修饰现象。由于此方法中目的基因的数量比启动子和终止子多得多，所以这种方法相对于筛选PCR 来说具有较高的特异性。但是这种方法不能区分具有相同性状的不同转基因品系，所以建立在基因特异性 PCR 的检测方法还需要用另外的检测方法来辅助。

　　构建特异性 PCR（construct-specific PCR）检测的目的片段是外源基因中外源目的基因与启动子或者终止子的连接区域。这种检测方法具有相对较高的特异性，目前应用较广。Shrestha 等对 8 个不同的转基因品系进行了筛选，其中 2 个物种用使用构建特异性 PCR 的检测方法，最后每个物种的检测限达到了 0.25%，此检测结果可以满足转基因混合样品中对单个转基因作物的检测要求。但是构建特异性 PCR 检测方法也有其缺点，由于转基因作物在生产过程中可能会由于不同拷贝数的外源片段插入而产生不同的转基因品系，用此检测方法无法区分这种转基因作物的差异。

　　转化事件特异性 PCR（event-specific PCR）检测方法的检测目的片段在外源插入基因与植物基因组的结合位点，通过这种方法可以确定外源基因在生物体基因组中的插入位点，并可以明确地给出外源基因在目的基因组中的确切拷贝数，所以这种方法是目前检测方法中特异性最高的检测方法。现阶段这种检测具有极大的应用。Xu 等创建并优化了基于转化时间特异性 PCR 的对转基因大豆DP-356043-5 的检测方法，通过对这种检测方法进行深入优化，将转基因品系的检测限降低到 0.05%，并且结合定量 PCR 的实验结果，证明了这种对转基因品系的检测方法的可行性。

二、标准转基因检测技术概况

（一）常规 PCR

　　聚合酶链反应又称基因体外扩增技术，是由一对引物介导、能在体外对特定DNA 片段进行快速酶促扩增的技术（侯宇，2009），由高温变性、低温退火（复性）及适温延伸等几步反应组成一个周期，循环进行，使目的 DNA 得以迅速扩增（胡春晓，2013），PCR 能把很微量的遗传物质在数小时内扩增数百万倍达到检测水平，使原来无法进行分析和检测的许多项目得以完成（胡永隽等，2006）。PCR 由 Mullis 等于 1985 年发明，1988 年由于耐热 DNA 聚合酶的发现，使 PCR

走向实用阶段，Mullis 因发明 PCR 获 1993 年诺贝尔奖（黄国平等，2010）。

常规 PCR 基本原理：可按下列四个连续过程叙述。原理图及操作流程图如图 11-7 和图 11-8 所示。

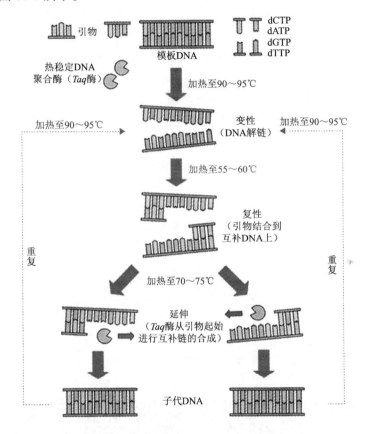

图 11-7　PCR 扩增原理图（后附彩图）

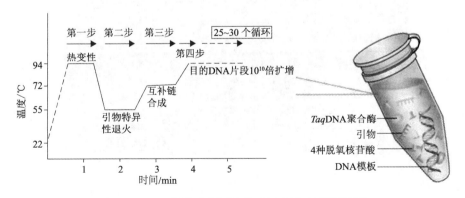

图 11-8　PCR 操作流程图及体系组成图（后附彩图）

（1）高温模板变性：含靶序列的模板双链 DNA 在高温下（90～95℃）氢键断裂形成单链，以便与引物结合，为下轮反应做准备（黄国平等，2010）。

（2）低温引物退火：当反应温度降至较低温度时（37～65℃），加入的过量引物优先与单链模板通过碱基配对互补结合（黄明等，2010）。这一结合过程具有特异性。两个引物之间的距离决定了扩增靶序列的大小及特定范围（李娜，2009）。

（3）适温引物延长：在 DNA 聚合酶的最适温度条件下（*Taq* 聚合酶为 75℃），DNA 合成以引物 3'端为固定起始点，以 dNTP 为反应原料，按 5'-3'方向延伸合成一条新的与模板 DNA 链互补的半保留复制 DNA 链（李文慧，2010）。

（4）反复循环扩增：重复上述三个步骤，模板 DNA 呈现指数增加。PCR 指数扩增示意图及电泳图如图 11-9 和图 11-10 所示。

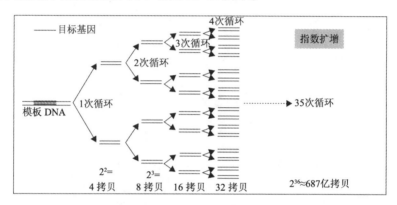

图 11-9　PCR 指数扩增示意图

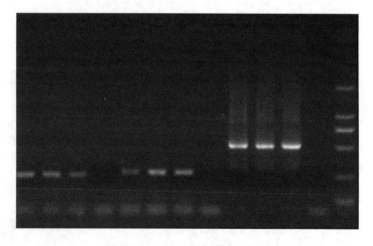

图 11-10　PCR 电泳结果示意图

普通 PCR 法虽然是所有基于 DNA 检测方法中最基本的，但是也是所有检测方法的基础，是现有检测方法中最成熟的检测方法。所以现在中国乃至世界各国的定性检测标准方法都是基于普通 PCR 法的，由此可以看出普通 PCR 在转基因作物标准化检测中的重要作用。

（二）实时荧光定量 PCR

实时荧光定量 PCR 技术（real-time PCR，RT-PCR）是指在 PCR 反应体系中加入荧光基团（梁冰冰，2009），利用荧光信号积累实时监测整个 PCR 进程，最后通过标准曲线对未知模板进行定量分析的方法（刘彩霞等，2009）。RT-PCR 所使用的荧光种类主要分为三种：Taqman 荧光探针、SYBR Green I 和分子信标法（图 11-11）。SYBR Green I 染料成本最低，这种染料可以与双链的 DNA 分子产生特异性的结合，荧光信号随着 PCR 反应的进行逐渐增大。这种方法具有成本低、灵敏度相对较高的优点，但是相对于其他的两种方法灵敏度较低。

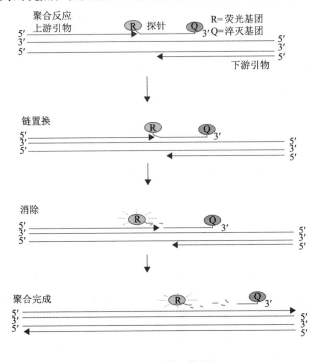

Taqman探针工作原理

(a)

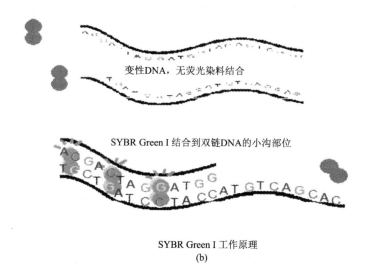

变性DNA，无荧光染料结合

SYBR Green I 结合到双链DNA的小沟部位

SYBR Green I 工作原理

(b)

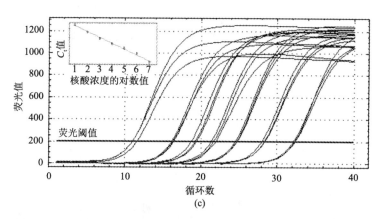

(c)

图 11-11　定量 PCR 原理、扩增曲线与标准曲线示意图（后附彩图）

　　实时荧光定量 PCR 被认为是准确、特异、无交叉污染和高通量的定量 PCR 方法（刘慧，2013）。这项技术实现了 PCR 技术从定性到定量的飞跃，由于采用完全闭管检测，不需 PCR 后处理，避免了其他检测方法存在的交叉污染问题，在转基因产品的定量检测中得到广泛应用（刘姗姗，2010）。虽然近年来不断有新技术涌出，RT-PCR 依然是定量检测的主流方法。

三、发展中的转基因作物检测技术

　　在实际的科研与检测中，常规定性 PCR 与定量 PCR 已经不能满足需要。科研中需要更加精确的检测方法，而实际检测任务中，又要面临着高通量检测的压力。所以就需要一些高灵敏度、高通量的检测方法对核酸检测体系进行补充。

（一）高通量 PCR

1. 多重 PCR

应用 PCR 检测转基因产品时，通常要通过 2 种或 2 种以上转基因成分的检测结果来判断是否为转基因产品；另外通常还要检测植物的内源基因，以确定是否提取到 DNA 或 DNA 提取物中是否存在抑制 PCR 反应的物质（刘智勇，2008），应用 PCR 分别检测这些转基因成分和内源基因时，就存在加样操作烦琐、时间长、和试剂耗费大等缺点（刘姗姗，2010）。因此，近年来多重 PCR（Multiplex PCR）技术在转基因产品检测上得到了应用。多重 PCR 是在常规 PCR 基础上发展起来的，原理与常规 PCR 基本相同，只是在同一反应体系中加入一对以上的特异性引物，如果存在与各对引物特异性互补的模板，则可在同一反应管中扩增出一条以上的目标 DNA 片段（马莹，2009），模板可以是单一的也可以是几种不同的。最后通过扩增片段大小不同来区分不同目的基因的扩增情况，如图 11-12 所示。

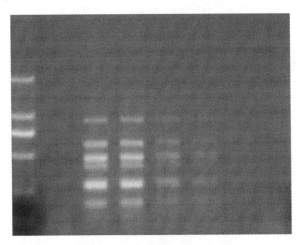

图 11-12　多重 PCR 结果示意图

多重 PCR 具有以下优点：①高效性，在同一反应管内同时检测出多种目的基因；②经济简便性，多种目的基因在同一反应中检出，将大大地节省检测时间和试剂，为转基因监管提供更多更准确的信息；③由于各对引物扩增时存在竞争，可有效避免假阳性的出现而提高检测准确率，且不影响检测的灵敏度，还可提高检测效率、降低检测成本，提高通关率（刘姗姗，2010）。

多重 PCR 虽为一种特异灵敏、简单快速、高通量的检测技术，但其在实际应用中也存在不少问题，污染问题就是其中之一（宁欣，2009）。一旦有极少量的外源 DNA 污染，就可能出现假阳性结果（秦雯，2007）；另外多对引物扩增，如果实验条件控制不当，很容易导致扩增失败或非特异性产物产生（曲勤凤，2011）；引物的设计及靶序列的选择不当等因素都可以降低其灵敏度和特异性。

2. 多重连接依赖 PCR（MLPA）

多重 PCR 由于引物添加量比较多，容易产生非特异扩增的现象，而导致结果判断不准确；另外，多重 PCR 结果大多都通过电泳的形式进行展示，所以需要利用引物对扩增产物的片段大小进行区分。因此，多重 PCR 需要很复杂的前期条件优化才能进行实际运用。为了解决多重 PCR 引物优化的难题，出现了一种依赖接头连接的多重 PCR 方法——MLPA，其原理如图 11-13 所示。

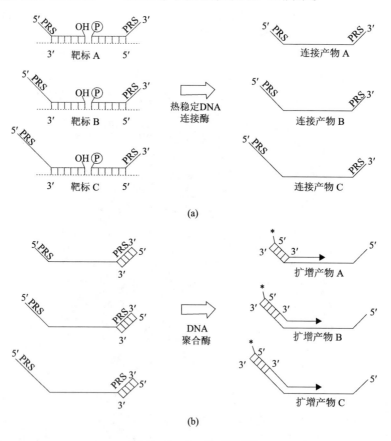

图 11-13　MLPA 原理图

MLPA 是一种不直接对目的片段进行多重扩增的 PCR 检测技术。它首先通过接头连接产生可以应用于下一步 PCR 的模板，后续通过对前一步的连接产物的扩增从而达到提高反应特异性的目的。

MLPA 技术已经在转基因食品的检测中有了重要应用。Francisco 等通过对 MON810 和 RRS 大豆设计引物和连接探针成功地对这两个品系的转基因作物建立了 MLPA 的检测体系，对两个品系的转基因作物实现了同时检测。商颖等将 MLPA 与通用引物相结合，进一步简化了反应体系，实现了同时对七种基因序列进行检测的目的。

（二）高灵敏度检测方法

分子特征是转基因作物及食品中外源基因插入受体基因的全部信息，主要包括外源基因的特异序列、插入位点、插入数量及外源插入基因两侧的侧翼序列等。这些信息为转基因作物及食品的分类与安全评价提供基础数据支持，可以说是整个检测技术的基础，分子特征的获得是后续进行精准转基因定量检测的重要步骤可以说分子特征既是转基因的检测对象，也是转基因的分析对象，对于科研工作者和政府相关部门的重要性自然不言而喻。正所谓"打蛇先打七寸"，对于转基因食品的监管，一项信息包含全面且定位"准确"的检测技术就显得尤为重要。高通量的生物检测方法及侧翼序列 PCR 检测技术十分便捷地为科研工作者及管理者提供了丰富的、重要的分子特征基础数据，对标准化转基因检测方法的建立至关重要。

1. 侧翼序列 PCR 检测技术

之前已经提到，转化事件特异性检测是特异性最高的检测技术，插入位点也是分子特征最为关注的信息。这种技术需要外源基因插入位点两侧的序列信息，即侧翼序列信息。传统 PCR 技术依然是分子特征检测的主流技术。目前，扩增侧翼序列 PCR 主要包括两大类：一类是依赖酶切位点的技术，包括反向 PCR（inverse PCR，I-PCR）和连接接头 PCR（ligated-adapter PCR，LA-PCR）；另一类是不依赖酶切位点的技术，包括热不对称交错 PCR（TAIL-PCR）和随机破碎片段 PCR（RBF-PCR）。

反向 PCR 是将基因组酶切破碎，通过环化实现反向引物扩增，最后测序判断产物的序列信息的一项技术。反向 PCR 的优势在于操作简单，是快速获得侧翼序列的方法。Xu 等运用反向 PCR 技术获得转基因大豆 DP-356043-5 的侧翼序列，并经过传统 PCR 验证从而确定出一套成熟的检测方法。同样使用酶切破碎的还有连接接头 PCR[图 11-14（a）]，与反向 PCR 不同的是，这种方法在破碎之后认为在两端加上接头，然后再用特异性引物和接头引物进行巢式 PCR 扩增。Trinh 等开发出一种新型依赖接头 PCR 的侧翼序列获取技术——环状接头 PCR，通过这种方法从多种转基因玉米和大豆中分离出了最长达到 1800 bp 的侧翼序列片段。对于这种技术而言，选取酶切位点是重要的考虑环节。

Xu 等最近开发出一种新型的不依赖酶切位点的技术，称为随机破碎片段 PCR

（randomly broken fragment PCR，RBF-PCR）。RBF-PCR 的原理是利用超声破碎的方法获得基因小片段，两端平端化处理后在 3′末端添入碱基 A，利用通用接头进行的染色体步移技术[图 11-14（b）]。Xu 等已经成功获得转基因玉米 LY038 外源基因两侧的插入序列，这种方法不依赖于酶切位点的选择，适用于所有种类的转基因品系，具有很高的应用性。

虽然近几年第二代测序技术因其庞大的数据分析量而被越来越多地用来获得侧翼序列，然而 PCR 技术的成本和简便性仍然不容忽视，可以说侧翼 PCR 检测技术依然是扩增侧翼序列主流且不可或缺的检测技术。

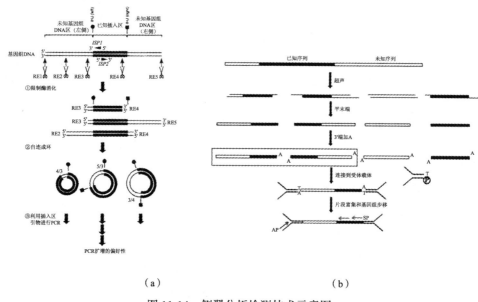

（a）　　　　　　　　　　　　　　　　　　（b）

图 11-14　侧翼分析检测技术示意图

（a）反向 PCR；（b）随机破碎片段 PCR

2. 第二代测序技术

第二代测序技术（next-generation sequencing，NGS），又称高通量测序技术，它是基于边合成边测序的原理诞生的高通量测序技术。第二代测序技术通过基因组破碎、盲端补平、接头连接、扩增测序等步骤获得片段两侧的序列信息，从而获得序列的重测序结果。第二代测序技术除了进行常规分子特征鉴定之外，还可以对多倍体基因组进行高通量分析，能够解决多倍体基因组序列信息不全及工作量大的难题，未来可用于多倍体基因组转基因插入位点的检测。第二代测序技术的缺点在于数据量庞大、工作烦琐，这也是目前没有广泛应用的重要原因。然而，正是这些数据才能获得目的基因的所有信息，为转基因食品的检测提供了潜在的可能性和新的发展方向。Wahler 等利用第二代测序技术分析了欧盟批准上市的转基因水稻的外源基因插入位点，并且通过重测序拼接的新基因组分析外源基因的全部信息。Yang 等同样利用第二代测序技术，直接将小片段双端测序结果与含有通用元件等常规信息的基因文库比对，从而得到可疑的插入位点及插入序列，最后通过传统 PCR 验证，如图 11-15 所示。

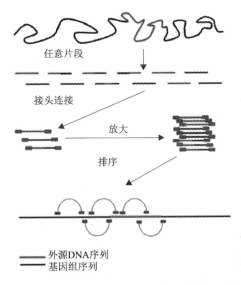

图 11-15　第二代测序检测技术示意图（后附彩图）

3. 数字 PCR 检测技术

数字 PCR（digital PCR，dPCR）是继定性和实时荧光 PCR 之后的第三代 PCR 技术，是一种分子生物学与统计学结合的检测方法。dPCR 通过将样品进行大倍稀释，使得反应孔中的模板分子不超过一个。在传统 PCR 条件下扩增后，产生荧光信号的反应孔即代表样品的具体含量。如果样品浓度过高导致每孔中不止一个分子，根据泊松概率分布（Poisson distribution）也可计算出样品的浓度或者拷贝数。这种不依赖扩增曲线和标准曲线的定量方法已经在拷贝数变化分析、基因分型、单细胞基因表达等领域取得一定突破。对于转基因检测来说，获得样品中外源基因的拷贝数是定量检测的关键。Corbisier 等和 Sanders 等都得到了数字 PCR 与实时荧光 PCR 一致且准确性灵敏度更高的结果，因为不需要标准物质，数字 PCR 能够真正实现样品的绝对定量。

目前数字 PCR 主要包括芯片数字 PCR（chip digital PCR，cdPCR）和微滴数字 PCR（droplet digital PCR，ddPCR）。cdPCR 由美国 Fluidigm 公司研制，通过将样品分散到数万个微孔中实现扩增反应，如图 11-16（a）所示。芯片法的最大优势在于通量极高，而且芯片结果可以直接通过探针反映的荧光信号计数，从而

达到绝对定量的目的。Sanders 在评价 dPCR 检测效果时就是采用芯片法。ddPCR
目前主要由美国 Bio-Rad 公司研制，如图 11-16（b）所示，其基本原理是将样品
体系分散为无数个小液滴，这些液滴被油状液体包裹形成小油滴，小油滴在传统
PCR 扩增程序下完成扩增，通过检测探针的荧光信号值达到定量的效果。这种方
法较之芯片法成本更低，而且液滴百万级数目足够保证实验的准确性，适合科研
及检测工作者使用。Taly 等利用 ddPCR 技术检测直肠癌患者环状 DNA 的 KRAS
突变基因，最终实现了包括野生型的 5 重样品检测。Morisset 等利用 ddPCR 检测
转基因玉米 MON810 含量，获得了和定量 PCR 一致的结果，该结果也间接证明
了 dPCR 技术对于转基因定量检测的贡献。总体而言，dPCR 技术目前更多地应
用于医学诊断方面，已成为临床应用方面最具潜力的诊断技术之一。两种 dPCR
虽然都有各自缺陷，在转基因检测的研究方面还处于起始阶段，但 dPCR 不依赖
标准物质定量的显著特点能从原理上为核酸定量提供保证。

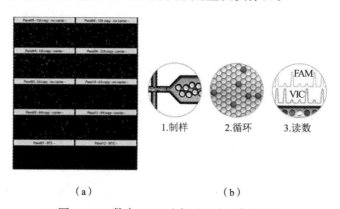

　　　　　　　（a）　　　　　　　　　　　　　（b）

图 11-16　数字 PCR 反应原理（后附彩图）

（a）芯片数字 PCR（cdPCR）；（b）微滴数字 PCR（ddPCR）

第三节　转基因蛋白检测技术

　　转基因外源蛋白是指通过转基因技术将目的外源基因转入到受体生物体内，
然后通过转录、翻译而表达出的一类功能蛋白。如大家最熟知的 *Bt*（*Bacillus
thuringgiensis*）基因，它是目前转基因作物中使用最广泛效果最可观的一种杀虫
基因，约有 130 种，其中 *Bt* 基因主要包括晶体蛋白家族基因（*Cry*）和细胞溶解
蛋白基因（*Cyt*），将这些功能基因转入到水稻或是棉花中，而较未转入植株相比
多表达的蛋白即为转基因外源蛋白，根据相应的基因名称，命名为 Cry 蛋白和 Cyt
蛋白，这就是大家熟知的抗虫蛋白-Bt 蛋白的两个亚类。除了具有抗虫作用的转
基因外源蛋白，还有除草剂、抗旱、抗寒及营养强化型等功能性外源蛋白，如 EPSPS

蛋白，抗除草剂 PAT 蛋白，虽然它们功能各异但是具有共同特点，转基因外源蛋白分子质量一般是 20～90 kD，适合表达，且具有丰富的表面结构。由于转基因外源蛋白的大分子性、结构复杂性、表面丰富性，使得外源蛋白一般可以刺激机体产生（特异性）免疫应答，并与致敏淋巴细胞和免疫应答产物抗体在体内外结合，完成典型的免疫学反应（邵碧英等，2004）。转基因外源蛋白优异的免疫学性质，免疫学快速检测方法的建立是十分有利的。

一、基于抗原抗体互作的转基因外源蛋白检测技术

（一）ELISA 检测技术

Engvall 和 Perlmannn 于 1971 年发表了一篇有关酶联免疫吸附方法用于免疫球蛋白 G（IgG）定量检测的文章，引起了科学界的极大关注因而逐渐使该技术发展成为样本中微量物质（大分子蛋白、小分子毒素、农兽药等）的测定方法（邵碧英等，2004）。酶联免疫吸附试验（enzyme linked immunosorbent assay，ELISA）是酶法检测技术中应用最广、发展前途最可观的一种技术，可用于检测大分子蛋白质、小分子多肽、无机化合物、有机物等多种抗原，同时也可用于测定特定抗体。酶联免疫吸附检测法（ELISA）属于非均相酶免疫测定方法，基本原理是利用酶标记抗原或抗体，使酶促反应和抗原-抗体反应相结合（苏日娜，2010），通过检测标记物的变化来间接测定抗体或抗原的变化的一种检测方法。主要操作：将抗原或抗体吸附结合到固相载体上，通过免疫学反应捕获相应的抗原或者抗体，洗涤液洗掉未反应物质（田桂英，1995），再加入酶标记的二抗，与截留的靶物质特异性结合，此时固相连接的酶量与待测样品中受检物质的量呈现出一定的比例，加入酶特异性底物后出现肉眼可见的颜色，因此可根据颜色差异进行简单的定性筛查检测，若作出已知转基因成分的浓度与吸光度值的标准定量曲线，也可据定量曲线来确定此样品中转基因成分的含量，实现定量测定（王晨光等，2014）。

ELISA 有间接 ELISA 法、直接 ELISA 法、双夹心 ELISA 法和竞争 ELISA 法四大种类（王海静，2010），由于转基因蛋白一般具有丰富的抗原决定簇表位，因此针对外源基因表达蛋白的检测手段多集中于双抗夹心 ELISA 法，该方法在保证灵敏度的同时具有较高的选择性。连接于固相载体上的捕获抗体和酶标记的检测抗体分别与待检抗原上两个不同的或相同的抗原决定簇结合，形成固相捕获抗体-抗原（转基因蛋白）-酶标记抗体复合物（王莉，2013）。由于检测系统中固相捕获抗体和酶标记检测抗体的量相对于待检抗原（转基因蛋白）是过量的，因此复合物的形成量与待检抗原的含量成正比关系，因此可以通过测定复合物中酶作用于底物后生成的有色物质量，来确定待检外源蛋白的含量（王艳君，2007）。其主要原理如图 11-17 所示。

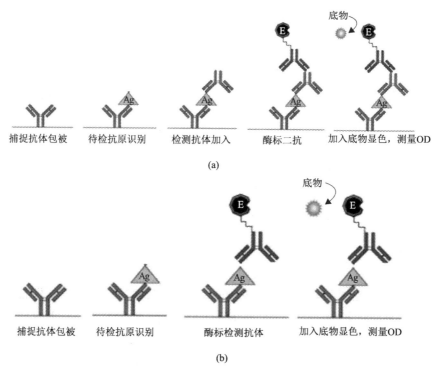

图 11-17　间接夹心法（a）与直接夹心法（b）ELISA 原理示意图（后附彩图）

ELISA 法是依赖抗原（导入基因在受体作物中得到正确表达产生的蛋白质）和抗体能发生特异性结合的免疫学评估技术。这种蛋白质检测方法除具有高特异性和灵敏度还兼具有商业可利用性。检测玉米中的源自苏云金杆菌基因所表达的 Cry9C 蛋白的 Bt9 试剂盒、美国 Prime 公司的 NPTII 试剂盒、检测 Yield Gar 玉米中的 Bt 蛋白的 MON810 试剂盒、检测大豆中的源自根癌农杆菌基因所表达的 EPSPS 蛋白的 Soya RUR 试剂盒等都是一些已经报道的外源基因表达蛋白的检测试剂盒。Rogan 等用 ELISA 法检测出传统大豆加工产品混有 2% Roundup Ready 大豆中的 CP4 EPSPS 蛋白质。

ELISA 法兼具酶法反应的高灵敏度和抗原抗体结合的高特异性，具有简便、快速、灵敏、高特异等分析优点，测试费用低、结果易于观察记录、可以定性定量测定、使用试剂和仪器简单、易于实现自动化操作等优点。且在短时间内可以检查几百甚至上千份标本，分析量大，适合大批量样品的快速筛查。

（二）Western 检测技术

Western blot 是一种经典的蛋白质检测方法，在转基因成分蛋白的分析中也占有重要地位。Western 检测技术首先利用聚丙烯酰胺凝胶电泳技术将目标蛋白分离，然后转移至硝酸纤维素膜上，利用标签化的特异性抗体作为探针，杂交检测目标蛋白。从实验原理层面看，Western blot 是一种结合电泳的蛋白质转移技术，这种技术可以从杂蛋白质中检测到某一种特定蛋白质，而且兼有反应均一性好、保存时间长等检测优点。Western blot 结合了聚丙烯酰胺凝胶电泳的高分辨率的分离性质和固相免疫检测的高特异性，可以检测到浓度低至 $1\sim5$ ng/mL 中等大小的各类目标蛋白。由于该项技术一般在蛋白翻译水平上检测转基因的表达结果，能直接反映出目标基因的导入对植株蛋白水平的影响，在一定程度上反映了转基因的成败。毛建军等运用 Western 检测技术成功鉴定了转基因水稻株系中稻瘟菌蛋白激发子（penG1）的表达水平，证实了稻瘟菌蛋白激发子基因已成功整合到水稻基因组中并能进行正确的表达。Abe 等运用 Western 检测技术成功监测了转基因水稻中 TAP 标记的 OSGI 蛋白（TAP tagged OSGI protein）的表达水平，结果显示该转基因表达的蛋白同时存在于细胞质和细胞核中（夏慧丽，2012）。

但是 Western blot 前期条件优化比较烦琐，且容易出现非特异性吸附。最主要的是该检测技术一次能检测的样本量有限，检测周期较长。不适合转基因样品的快速、大量筛选。

然而，以抗原抗体互作为基础的转基因产品检测技术也存在一定的局限性。

（1）外源基因并非都能导致特异性重组蛋白的表达或表达水平过低，而无法检测，一般地，表达产物仅占作物总可溶性蛋白的 $0\sim2\%$，即使在强启动子的驱动表达下其上限水平也低于 2%，而通常达不到检测限，不容易被检测出来。而且，基于蛋白水平的检测不能有效地区别转入了同一目标蛋白的两种不同类型的转基因植物。

（2）有些特定的转基因蛋白仅在转基因作物的特定部位或在转基因作物一定的生理期合成，在不同部位有时其表达水平也不一致，据报道 EPSPS 蛋白在 Roundup Ready 大豆的种子和叶片的表达量分别为 288 μg/g 和 459 μg/g。

（3）免疫方法在检测低水平或经热处理变性的外源基因表达的蛋白质时，检测能力下降。一般目的蛋白最好保持完整的三级或四级结构才能被特定的抗体识别，因此基于蛋白的免疫学检测方法不太适用于经过深加工的转基因产品。

（4）一般转基因作物转入的目的基因种类众多，因此需要的抗体种类也多。

（5）不能很好地区别包含有同一种外源蛋白的两种不同转基因作物。

（6）复杂基质对方法的准确度和精确性有所干扰，如经过深加工的蔬菜和食品。混合样品中如果存在酚复合物、皂角苷、脂肪酸及内源性磷脂酶等杂质也会对 ELISA 方法及试纸条方法的准确性和精确性产生影响。

（7）检测极限低，商业化的 ELISA 试剂盒约只能检出占样品总量 0.3%～5%以上的转基因大豆。所以，ELISA 法和免疫层析试纸条检测多是作为转基因检测的辅助手段，而不是标准手段。

（三）免疫 PCR

1992 年 Sano 等将 PCR 和 ELISA 技术组合在一起建立了一种新型的转基因外源蛋白检测技术即免疫 PCR （immuno-PCR，IPCR）。反应系统如图 11-18 所示。免疫 PCR 技术是一种结合了免疫学和 PCR 技术的新型转基因蛋白检测技术，人们通常会将 PCR-ELISA 误认为是免疫 PCR，需要特别说明的是 PCR-ELISA 是以酶催化反应检测抗原抗体反应，即 PCR-ELISA 一般是利用地高辛或生物素等标记的特异性引物，扩增目标核酸，其扩增产物能被固相载体上特异的探针捕获，再加入辣根过氧化物酶标记的抗地高辛或生物素抗体，能特异性识别固定在板上的扩增产物，加入特异性底物后显色（肖一争和唐咏，2007）。免疫 PCR 是以 PCR 反应检测免疫学反应。免疫 PCR 是将一段已知序列的 DNA 片段标记到抗原或抗体上，通过免疫学反应形成抗原抗体复合物，再用 PCR 技术将这段 DNA 扩增，然后利用常规检测 PCR 产物的方法检测特异性 PCR 产物的存在，PCR 产物的存在直接表明存在该 DNA 片段标记的抗体所针对的特异性抗原（许一平等，2007）。因此免疫 PCR 与 PCR-ELISA 是两种完全不同的免疫测定技术。

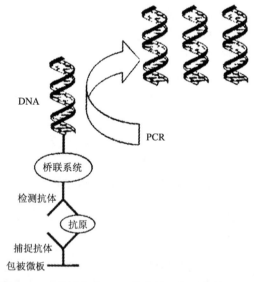

图 11-18　定量免疫 PCR 技术的反应系统模式图

由于抗原或抗体的反应具有很高的特异性和敏感度（苏日娜，2010）。而聚合酶链反应能在短时间内快速把目的 DNA 放大百万倍。该技术结合了抗原抗体反应的高特异性和 PCR 的快速、高灵敏性，可以快速检测一系列靶标，而且灵敏度比常规的免疫学方法如 ELISA 高好几个数量级，约 1.5×10^4 倍。

免疫 PCR 的诸多优点预示了该方法在检测领域的发展前景，与此同时因其高灵敏度的检测优势也带来了一些难以避免的问题，所以该种检测方法还需要进一步优化以缓和检测优势带来的难以避免的问题（肖一争和唐咏，2007）。免疫 PCR 具有高敏感性和特异性，这种特性使其很容易受到操作及环境的影响，因而衍生出不易标准化和重复性差的问题。因此，控制交叉污染是决定检测成败的一个重要环节。另外，免疫 PCR 的操作步骤比 PCR 法和 ELISA 法都要烦琐复杂，操作要求严格，抗体的制备纯化和 DNA 片段标记抗体都是极其费时耗工的。因此，需要足够的研究放到免疫 PCR 反应条件的优化上，以期达到反应的最佳条件避免假阳性的产生。另外还需要注意简化反应步骤以实现标准化的快速检测。免疫 PCR 反应体系中有许多桥联环节，每一个桥联环节的连接效率在很大程度上都影响检测结果，例如，利用链霉亲和素将抗体与 DNA 相连的免疫 PCR 体系会存在桥联系统连接不稳定的问题，究其原因是因为链霉亲和素是四价化合物，在形成链霉亲和素-生物素化 DNA 复合物时，一些游离的链霉亲和素和部分饱和的亲和素会与 DNA 上的生物素连接占用检测位点。因此，免疫 PCR 的反应体系是否成立的关键是生物素标记 DNA 和链霉亲和素的用量。用量比例高过合适阈值则会出现非特异性扩增，反之低于合适阈值则会出现敏感性过低，不同浓度抗体出现相同结果的位点饱和问题。合适的用量比例必须平衡检测的敏感性和非特异性扩增问题。此外，免疫 PCR 反应系统中的洗涤步骤也会影响检测结果的准确性，充分的洗涤可以在最大程度上消除非特异性吸附问题。Banin 等还针对免疫 PCR 的假阴性问题设计出一种改良型的免疫 PCR 方法，改良后的方法用碱性磷酸酶（AP）处理免疫 PCR 中标记的 DNA，即一段双链且 5′ 端磷酸化 DNA。AP 可以去除 DNA 的 5′ 端磷酸基团，这样可以保护报告 DNA 片段不受到核酸外切酶的酶切影响而降解，进而避免造成假阴性。

（四）其他可能应用于转基因蛋白的检测技术

1. 生物传感器

传统意义上的生物传感器是由固定化的酶、细胞或其他具有生物活性的物质与信号转换器（如电极、敏电阻、离子敏场效应管）两部分组成的传感器（杨秋花，2012）。它是近年来生物医学和工程学、电子学相互渗透交叉而发展起来的一种新型信息化检测技术。20 世纪 60 年代生物传感器的研究开始起航（殷波，2008）。1967 年 Updike 等攻破了酶的固定化技术，成功研制了酶电极，这是世界上公认的第一款生物传感器（尹兵，2007）。生物传感器首先具有抗原与抗体、酶与底物或受体与配基等基本生物学反应的特点，然后通过生物转换器把生物化学反应的非电参量转换成电信号，然后进行放大、显示、检测等处理，因此具有特异性能强、灵敏度高、响应速度快、使用寿命长等优点，适合微量、超微量自动化检测与监测，如图 11-19 所示。

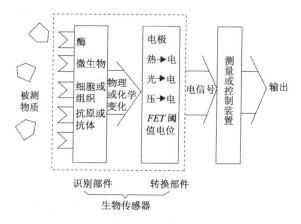

图 11-19　生物传感器示意图

最常用于外源基因表达蛋白监测的传感器是免疫传感器，免疫传感器是指将特异性的免疫捕获手段与高灵敏的信号传感手段相结合建立的一类生物传感器。免疫传感器将抗体（或抗原）固定在信号传导界面上，通过信号转化使抗原（或抗体）免疫吸附发生时产生的化学、物理、光学或电学上的变化通过传导界面转变成可以检测的信号来测定待检物质的含量。免疫传感器既可以实现定量检测，又可以实现传感与换能同步进行从而实时监测传感器表面的生物识别反应。目前适用于检测蛋白质的免疫传感器有压电免疫传感器（piezoelectric immunosensor）、电化学免疫传感器（electrochemical impedance immunosensor）、表面等离子共振传感器（SPR immunosensor）等。

2. 放射免疫检测技术

放射性免疫检测技术（radioimmunoassay，RIA）是利用放射性同位素标记抗体，与相应靶物质（抗原）结合，最后测定抗原-抗体结合物的放射活性而确定靶物质的量。该方法兼具有放射性核素的高灵敏度和抗原-抗体反应的高特异性两种优点，该检测方法的灵敏度可以达到皮克级（pg）（张建中等，2010）。已有报道用 I^{125} 标记外源基因表达蛋白，建立了 Bt 晶体蛋白 Cry1Ac 的 RIA 分析手段，并成功应用于检测转基因玉米和棉花。还有报道利用 RIA 技术检测转基因番茄及樱桃中的外源蛋白人表皮生长因子（hEGF），该方法的检测灵敏度达到 5 pg/mL。虽然放射性免疫分析法灵敏度高，但放射性防护和同位素污染等问题应当引起重视。

3. 化学发光免疫分析

化学发光免疫分析（chemiluminescence immunoassay，CLIA）技术是结合化学发光反应的高灵敏性和免疫学反应的高特异性，用发光物质标记抗原或抗体，然后进行抗体-抗原免疫反应，抗原-抗体复合物上标记的发光物质在反应剂激发下发射出光子，发射出的光子被分析仪捕获（张剑平等，2006），并计算出光子产量，发射光子的量一般与待检样品的含量成比例关系，因此可以根据光子的量确定待检测物质的量。化学发光免疫分析按标记物的不同可分为三大类：化学发光酶免疫测定、化学发光免疫测定和电化学发光免疫测定。目前化学发光免疫分析技术已趋于成熟并应用于测定卵黄蛋白原、甲胎蛋白、人免疫球蛋白、地高辛等物质。该技术检测灵敏度与放射性免疫检测相当，略高于 ELISA。CLIA 还具有检测范围宽、无放射性污染、易实现自动化、易标记等优点。Roda 等用化学发光酶免疫分析法检测转基因玉米中的 Cry1Ab 蛋白，该方法能检测到 0.1% 的转基因玉米成分，该方法的灵敏度比传统的 ELISA 提高了一个数量级。

4. 生物条形码检测技术

2003 年，Nam 等首次报道了生物条形码检测技术（biobar codes assay，BCA）用于检测前列腺特异抗原（PSA），检测下限可达 3 amol/L（1 amol/L=10^{-18} mol/L）。该实例表明 BCA 检测方法在检测痕量蛋白上蕴藏着巨大潜力。BCA 首先将到磁性微球（magnetic microparticles，MMP）标记到抗待检蛋白的单抗、多克隆抗体上，然后与特异性 DNA 链标记的金纳米颗粒（nanoparticle，NP）形成"MMP-待检蛋白-NP"复合物。经磁场分离富集后，解杂交将 NP 上标记的 DNA 链释放出来，然后通过 PCR 或芯片技术检测这些释放出来的 DNA 链，由于 DNA 含量与待检蛋白的含量存在比例关系，由此来确定待检蛋白的含量。BCA 方法与免疫PCR 相比较，BCA 的检测灵敏度更高，操作方法更简便。张立营等已成功利用生物条形码技术对微量的蓝舌病毒 VP7 蛋白进行检测，其灵敏度达到 10 fg/mL（张立营等，2008）。也有报道利用 BCA 检测 G 淀粉样蛋白源性播散性配基（ADDL），目前已实现在 15 μL 脑脊液中检测 50 个 ADDL 分子。由于 ADDL 一般在脑脊液中的浓度过低，在此之前还没有一种方法能成功检测到低浓度的 ADDL。

5. 双向电泳-质谱联用检测技术

双向电泳-质谱联用检测技术（two-dimensional gel electrophoresis-mass spectrometry，2-DE-MS）是将质谱技术与双向电泳技术联合用于检测大分子蛋白的技术，2-DE-MS 技术也是蛋白质组学研究的常用方法之一（张婷，2003）。二者的联合是具有方法优势的，双向电泳的高蛋白分离能力和分辨率，结合质谱技术能快速给出生物分子的分子质量和一级序列结构的优势，2-DE-MS 能准确快速给出待检混合物信息。已有报道表明 2-DE-MS 技术已成功应用到转基因水稻蛋白质组学的研究。Luo 等-运用 2-DE-MS 技术比较分析了转染并表达人粒细胞-巨噬细胞集落刺激因子（hGM-CSF）的转基因水稻的胚乳细胞和野生型水稻的胚乳细胞，发现它们的蛋白质组有 103 个蛋白的差异，并且由此发现 hGM-CSF 因子的表达使细胞产生内质网应激。双向电泳-质谱技术不需要抗体、检测结果能显示蛋白质的详细信息，它在研究转基因水稻非预期蛋白质变化，检测已知 EPTR 方面都显示出极大的潜力。表 11-1 为多种蛋白质检测技术的比较分析。

表 11-1　蛋白检测技术的比较

蛋白检测方法	灵敏度	优点	缺点	检测类型
Western 检测	1～5 ng/mL	技术成熟	费时，步骤烦琐，费用高	定性或定量
酶联免疫吸附	0.31 ng/mL	技术成熟，有商品化试剂盒	本底高，缺乏标准化	定性或定量或定位
免疫试纸条法	0.01～100 μg/mL	简便、快速	灵敏度不高	定性或半定量
放射免疫检测	5 pg/mL	高灵敏度	同位素污染，需放射性保护	定性或定量或定位
化学发光免疫分析	5 pg/mL	检测范围宽，自动化程度高	影响检测结果的因素较多	定性或定量或定位
免疫 PCR	0.5 fg/mL	特异性强、检测灵敏度高	需要 PCR 扩增	定性或定量
蛋白芯片检测	5～50 pg/mL	高通量、微型化和自动化	蛋白质易变量	定性或定量
免疫传感器	0.081 ng/mL	实时	仅限于实验室研究应用	定性或定量
生物条形码检测	3 amol/L	检测灵敏度高	不成熟	定性或定量
二维电泳-质谱联用检测	1 ng/mL	蛋白信息详细，不需要抗体	设备昂贵，不宜检测低丰度、极酸极碱或疏水性蛋白	定性

注：1 μg/mL=10^{-6} g/mL，1 ng/mL=10^{-9} g/mL，1 pg/mL=10^{-12} g/mL，1 fg/mL=10^{-15} g/mL。

二、基于蛋白活性的检测技术

据不完全统计全世界范围内有 35 科、200 多种转基因植物研制成功，包括蔬菜、粮食、水果、花卉、林木等，其中主要集中在四大类作物上：大豆、棉花、玉米和油菜。转基因的性状多数是在抗病、抗虫、抗逆境、抗除草剂、品质改良、生长发育调控等方面。根据转基因的特性，转基因作物分为三代。

第一代转基因作物集中在输入特性方面，主要目的是节约劳力，降低耕种成本，减少化学农药的使用以及增加作物产量等。以抗性为代表的抗病、抗虫、抗逆境、抗除草剂作物均属于第一代转基因作物。其主要受益者是种植户，同时对环境友好。

第二代转基因作物特性集中在输出特性方面，主要目的是提高作物产品的品质，如增加食物的营养成分，提高油料作物的含油比例，改善食品的风味，减少食物中的反式脂肪酸含量等。第二代转基因作物的直接受益者是消费者（张玉霞和黄鸣，2008）。

第三代转基因作物特性集中在传统功能以外的附加特性，主要是为了特定目的使作物产生特殊的物质，这种转基因作物与传统粮食及纤维制品应用领域完全不同，主要用作生物燃料或药用作物及含有生物能降解物质的作物等。

第三代转基因产品还有一类是转基因生物改良成的生物反应器，用来生产糖类物质（如淀粉）、生物能源（如乙醇）、可降解生物塑料（如聚羟基烷酯）、动物抗体（如病毒抗体）、口服疫苗（如乙肝疫苗）、药用蛋白（如人生长激素）、工业酶制剂（如植酸酶）等，由于这类转基因生物反应器可以大规模生产，生产过程简单，成本低廉，安全性好，因此直接为消费者带来福利的同时，极大地提高了农业竞争力。转基因生物虽然种类繁多，但其外源蛋白多具有一个共同点，具有生物活性，因此基于转基因外源蛋白的检测除基于抗原抗体互作以外，还可以有基于功能蛋白不同的活性设计检测方法。

中国农业科学院的科研工作者将编码植酸酶的基因转到玉米中，使之能够稳定地大量表达有活性的植酸酶（每千克转基因玉米种子表达植酸酶活性达到1000～40 000单位）。由于植酸酶可以水解植酸钠释放出无机磷，因此加入酸性钼-钒试剂与水解释放出的无机磷产生颜色反应，形成黄色的钒钼磷络合物，对植酸酶活性进行评定，进而对转植酸酶基因的玉米进行性质评定。

有一类转基因作物可以稳定高效地表达乙酰胆碱酯酶的，由于乙酰胆碱酯酶具有催化活性，因此可以通过乙酰胆碱酯酶的水解底物碘化硫代乙酰胆碱，生成碘化硫代胆碱然后与DTNB反应生成黄色物质，因而对转基因作物是否构建成功进行鉴定。

还有一类是改良禾谷类作物籽粒淀粉品质的转基因作物，其特征是分别构建淀粉分支酶基因和参与植物糖酵解及三羧酸循环（TAC）的一个或多个代谢酶的基因，干涉表达载体，通过基因枪转化或者农杆菌介导把目的DNA片段整合到禾谷类作物的基因组中，目的DNA可以特异性地干扰抑制植物淀粉分支酶和植物三羧酸循环及糖酵解的一个或多个代谢酶的基因活性，从而提高禾谷作物籽粒总淀粉的含量和籽粒淀粉中直链淀粉的比例。由于直链淀粉可以与碘结合作用产生蓝色，因此可以由Williams等提出的碘比色法，测定植株是否含有大量直链淀粉，而对其转基因身份进行评定。

目前种植面积最广的转基因作物，是抗除草剂、抗虫转基因植物，*pat*基因和*Bar*基因是目前应用较广的两种抗除草剂基因。*Bar*基因长615 bp，是土壤潮湿真菌含有的天然基因，可以编码膦丝菌素乙酰转移酶（PAT）。*pat*基因的Bg/11-SsII片段也可以编码膦丝菌素乙酰转移酶（PAT）。*Bar*基因和*pat*基因均可以编码表达PAT，且两种PAT的氨基酸序列具有86%的同源性，具有相似的催化能力。PAT抗除草剂功能主要通过使除草剂（如草丁膦）的自由氨基乙酰化，使除草剂失去抑制谷酰胺合成酶（Gs）的活性，从而对除草剂显示抗性。另外还有一种来源于鼠伤寒沙门氏菌的*aroA*基因对草甘膦显示抗性，*aroA*基因是鼠伤寒沙门氏菌的突变基因，测序表明该基因存在两个突变点，一个突变点在结构基因上，可产生对草甘膦不敏感的变异 EPSPS 合酶；第二个突变点在启动子上，可提高基因表达水平。转入 *aroA* 基因的转基因水稻在体内可将草甘膦快速转化为无毒产物，从而显示对草甘膦的抗性。由上可知，不同的抗除草剂基因发挥不同的作用机制，目前公认的对除草剂的抗性主要有两种机制，一种是通过修饰除草剂靶蛋白，使其过量表达或对除草剂不敏感，故而作物吸收除草剂后仍能进行正常代谢；二是引入特定的酶或酶系统降解除草剂，在除草剂发生作用前将其分解。因此针对于第二种类型的抗除草剂植株，可以通过引入酶或酶系统（PAT）对除草剂的降解活性或是变异 EPSPS 合酶对除草剂的不敏感性，去检测该植株是否为转基因作物。

对于抗虫转基因作物，主要是 Bt 蛋白发挥杀虫活性。Bt 蛋白来源于苏云金芽孢杆菌，它是一种晶体蛋白（δ-内毒素的伴孢晶体），被鳞翅目等昆虫的幼虫吞食后，在其肠道碱性条件和酶的作用下，或单纯的碱性条件下，伴孢晶体能水解成毒性肽发挥毒性杀死幼虫。因此可通过昆虫喂养试验对外源抗虫蛋白进行活性评价，以判定植株的转基因属性。

三、免疫亲和蛋白浓缩技术

基于蛋白水平的转基因检测极大地依赖待测外源蛋白的浓度和纯度，高效的蛋白提取纯化及浓缩技术，都影响着检测方法的稳定性、灵敏度、准确性及特异性。蛋白质的纯化工作要求比较高，除了要保证纯化蛋白的纯度外，某些活性蛋白成分还要求维持天然构象及高级结构以保持其生物学活性。蛋白纯化技术还要求每次都能产生同等质量和数量的蛋白，方法的重现性良好。综上，基于蛋白水平的转基因检测要求使用适应性非常强的蛋白纯化方法而不是单单能得到纯蛋白的最好方法去纯化蛋白。

蛋白质纯化一般有一些既定的原则，蛋白纯化主要原理是利用不同蛋白间的相似性与差异性，首先利用蛋白的相似性除去非蛋白的污染，然后利用不同蛋白间的差异将目的蛋白从其他蛋白中分离纯化出来（周枫等，2005）。这些差异性包括蛋白质的大小、电荷、形状、溶解度、疏水性、生物学活性等。

（一）免疫亲和色谱层析

抗原与抗体的免疫学反应具有高度特异性。长期以来，人们利用这一性质进行抗原的鉴定、定量检测或分离纯化。免疫亲和色谱层析（immunoarrinity chromatography，IAC）是一种既可以保持蛋白活性又能特异性高效纯化目的蛋白的手段。其主要原理是：固定化的配基（又称免疫吸附剂，免疫亲和柱中的配基多是抗体）能特异结合而滞留目的蛋白，其他杂质则不会被吸附而流过柱子，从而达到分离纯化的目的。免疫亲和层析原理如图 11-20 所示。

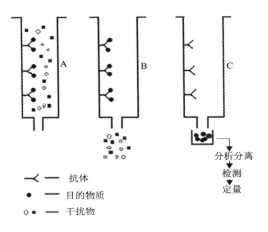

图 11-20　免疫亲和层析的纯化原理
A. 样品提取液过柱；B. 杂质淋洗；C. 目的物质洗脱

　　免疫亲和层析方法分辨率非常高，因为只有具有能被偶联抗体识别的抗原决定簇的蛋白质分子将保留于柱中。免疫亲和层析有四个主要特点：①抗体与相应抗原结合具有高度特异性和强亲和力，能大量分离天然状态或近似天然状态的靶物质；②不是所有的抗体都能应用到免疫亲和层析，但一旦获得一种良好的抗体，纯化过程简单、快速、可靠；③可按照不同规模进行，半天即可完成，而且可以获得其他层析法不可比拟的纯化效果；④经过简单改进，免疫层析也可以用于纯化针对抗原的特异性抗体。

　　赵倩倩等为深入研究转基因玉米所表达的植酸酶蛋白的酶学性质，评价重组蛋白的致敏性和饲用安全性，必须获得高纯度植酸酶蛋白。该团队利用可以同时识别植酸酶蛋白 4 个不同抗原表位的单克隆抗体装填亲和柱，制备了植酸酶蛋白免疫亲和层析体系。结果显示，通过 80%硫酸铵沉淀植酸酶蛋白粗提液初步浓缩目的蛋白后，再经过透析去除高浓度盐离子，进而通过免疫亲和层析可获得在 SDS-PAGE 胶上条带单一的植酸酶蛋白，比活可达 470.99 U/mg。将上述免疫亲和层析法与离子交换层析方法对植酸酶的纯化效果进行了对比，结果表明免疫亲和层析法具有稳定、快速，纯化产物比活高等优势，纯化得到的目的蛋白满足多种检测要求，优于离子交换层析方法。

　　（二）抗体制备技术发展与免疫亲和发展关系

　　决定免疫亲和层析纯化方案成败的首要因素是抗体的选择。Tozer 等在 1962 年首先将多克隆抗体偶联于基质分离纯化抗原。Milston 和 Kohler 成功地研发了一套单克隆抗体（monoclonal antibody，McAb）制备技术，为免疫亲和层析法提供了种类多样的充足抗体，促使该方法在蛋白质纯化方面得到广泛应用。单克隆抗体制备流程图如图 11-21 所示。在显示出极大的纯化优势的同时该方法还存在一些问题：某些制备得到的抗体亲和力不高，不满足作为免疫亲和柱配基的要求。一般认为亲和常数在 10^{-8} mol/L 数量级或更低的抗体是最适合的配基选择，因为它们与抗原相互作用的亲和势足以在清洗杂蛋白时保留抗原，但又相当微弱，可在相对温和的条件下洗脱抗原，且单抗的特异性要高于多克隆抗体。单抗用作 IAC 的配体时，必须在偶联反应中以及在抗原洗脱的条件下保持其生物学活性。长期以来，人们多凭经验选择化合物将单抗固定于基质上，然后研究它是否仍然能够结合抗原，如果保持抗原结合能力，再摸索抗原洗脱条件。虽然这样做是有效的，但浪费时间和材料。Hornsey 等最先寻求建立一种理性方法，他们确定了一组潜在的洗脱剂，并检测抗原是否能经受它们的处理。Bonde 等采用一种简单、快速的 ELISA 方法，测定单抗在一系列洗脱试剂中是否保持其生物学活性。将上述两种方法结合起来，有可能合理地选择用作 IAC 配体的单抗。

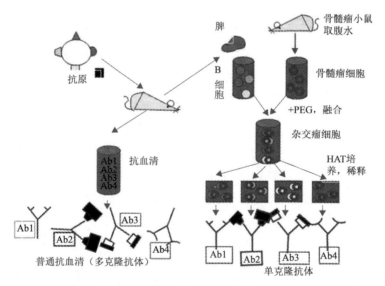

图 11-21　单多克隆抗体制备流程图（后附彩图）

随着细胞生物学和分子生物学的发展，单克隆抗体日趋成熟并广泛地应用到多个领域。McAb 是指利用细胞融合技术（主要分为三大类，病毒介导融合、电介导融合及化学诱导融合）将小鼠可分泌抗体的脾细胞与骨髓瘤细胞融合，并通过 HAT 半固体培养基筛选出能无限繁殖且能产生抗体的单克隆杂交瘤细胞，由于筛选得到的杂交瘤细胞分泌的抗体只识别抗原的一种决定簇，具有高度的特异性和均一性，故称之为 McAb（朱鹏宇等，2013）。

目前用于装填免疫亲和层析柱的抗体多为亲和力适中特异性好的单克隆抗体，而制备单克隆抗体需要经历高纯度抗原制备→动物免疫→细胞融合→单克隆杂交瘤细胞筛选→抗体纯化→性质评定等六个步骤，操作复杂，动物依赖，耗时耗力，成本较高。因此导致 IAC 配基（吸附剂）的价格较贵，从而限制了 IAC 的应用。噬菌体抗体谱克隆（repertoire cloning）技术的出现有可能显著改善这种状况。Berry 等将特异识别溶菌酶的 Fv 片段（小分子单链抗体的一种）偶联于基质上，一步纯化了血清样品中的溶菌酶，并且比使用完整的单抗更有效。用酶学方法处理单抗后获得的 Fv 片段也得到相似的结果。此外，也可将与单抗超变区一段序列一致的合成肽作为 IAC 的配体。目前，抗体工程整个领域以及抗体 Fv 或 Fab 片段在细菌中表达的研究非常活跃，人们将有能力相对价廉地生产大量的抗原结合分子，从而降低 IAC 吸附剂的价格。与此同时，小分子单链抗体由于分子质量大大低于常规的单克隆抗体，在与固相载体偶联时也极大地提高了抗体的柱载量，最终提升了纯化效率。

在 20 世纪 70 年代后期，免疫亲和层析的成功不仅在于单抗的改进，也包括易衍生化的、硬性大孔径琼脂糖基质的使用。最先应用偶联单抗免疫亲和层析纯化的蛋白质是干扰素。干扰素的纯化证明了免疫亲和层析的两大优点，即具有纯化蛋白质原液中极低含量抗原的能力和获得高纯度的终产品。

第四节　转基因非期望效应检测技术

自 1983 年报道了世界首例转基因烟草以来，转基因作物的开发、研究和商业化速度保持着迅猛发展的态势。但由于转基因作物转入了外源基因，其安全性和可靠性一直备受人们关注，关注的焦点之一是转基因产生的非期望效应。

在制备转基因生物时，宿主生物在获得某种特定的目标性状（期望效应）的同时，从理论上来说，也可能获得其他性状或者导致现有性状丢失（非期望效应），对转基因生物进行安全评估时应同时对这些非期望效应进行安全筛查。转基因的非期望效应是指，在评估了目的基因插入后产生的可预料效应的情况下，非转基因亲本与转基因（在相同环境和条件下种植）在表型、反应和组成上所显示出的统计学显著的差异。如某些新成分的产生或是原亲本特性的消失等，或者由于基因插入后对某些代谢过程酶有影响因而对作物表型产生的影响。

以"实质等同性"概念为基础的安全评价方法，即将基因工程食品或者作物与具有安全食用历史的食品或者作物的特性进行比对，及采用靶标成分分析法对 GMO 主要营养成分及毒素进行分析及对新食品期望的摄入量与作用进行分析，由于该方法一般只对所关注的某几种或几类物质进行研究，这种靶向比较转基因与非转基因作物成分的方法所得到的结果是有所偏倚的，不能充分考虑由遗传修饰所引起的非期望效应鉴定。虽然可预测及不可预测的非期望效应可能与产品的安全没有直接关系，但在进行风险评估时是必须要考虑的。

一、非期望效应的靶标分析

（一）实质等同原则

比较转基因作物与常规亲本作物的各项组分是进行转基因作物安全评估的关键元素，通过这种比较往往可以揭示转基因作物与常规亲本作物的差异性及相似性，从而判断出等同状态，这一概念目前已经用于第一代转基因作物进入市场前的评估。实质等同检测的一个最关键之处是拟分析成分的选择，即靶标分析，采用该原则可以对多种成分进行分析，特别是对自然出现的毒素（配糖生物碱）及必须营养成分（维生素）或抗营养素（胰蛋白酶抑制剂）等进行分析，而且还包括运用现代生物学及生物化学知识分析那些可能通过基因工程改变了的成分。

（二）表型选择及确定成分的测定

对转基因作物的某些特定性状和发育过程进行分析时，多是通过实验室、温室及小规模田间试验进行评估的，通过对其生长活力、生长习性、产量、作物质量、抗虫及抗病能力的评价，可以消除大部分容易鉴定的非期望效应。但是有些非期望效应其生物学意义只有在将作物种植在特定的环境条件下时才会十分明显。例如，对草甘膦有抗性的转基因大豆在土壤温度高（45℃）的情况下会出现裂茎，产量会降低40%左右，在正常条件下（25%）下木质素会升高20%，因此有人提出假说，认为编码草甘膦抗性基因 *EPSPS* 的表达可能改变了代谢产物的分布，从而影响木质素、芳香性氨基酸、维生素等次级代谢产物的分布。但 *EPSPS* 基因的转录表达并不影响氨基酸的生物合成。这对非期望效应的评定带来了一定的挑战。

目前，许多国际组织都将标靶法分析单成分，特别是分析重要的营养物质或者关键的毒素成分广泛作为实质等同性原则的重要组成部分，对转基因作物，特别是第一代转基因作物的安全性进行评估。但是目前仍没有一种可被大家接受的分析方法能够完全满足危害评估分析。此外，靶标分析多是将分析重点放在已知成分可预测或者可检测的变化上，致使方法可能存在一定偏差。且新型的转基因生物，增加了营养特性改善、代谢途径改变等功能，基因改造的复杂性增加，另外在植物中引入新的代谢途径及通过基因工程改变酶的功能等会引起代谢程序发生很大改变，这样使难以预测的非期望效应增加，很难通过靶标分析就能测定清楚。需要新的更加全面的方法对转基因产生的非期望效应进行评定或者辅助评定。

二、非期望效应的非靶标分析

　　植物基因组测序计划提供的信息对转基因作物进行非期望效应的分析具有重要的参考价值。芯片技术及蛋白质组学技术测定的成分会不断发生变化，这些变化可以是周期性的，也可能与发育或者环境因素的变化有关。采用这两类分析方法均可以快速测定细胞、组织或者器官在 mRNA 水平（即表达的基因或者转录样本）及蛋白（蛋白质组）水平的变化，因此可研究各种成分怎样发挥功能及其间的相互作用。蛋白质组学在生物科学中也体现出越来越重要的作用，对进一步了解基因的功能具有十分重要的意义，特别是人们认识到 mRNA 水平并不与蛋白水平关系密切，故而采用蛋白质组学的分析方法有望对这些问题深入研究。代谢组学则采用各种化学分析方法，用一种全新的途径寻求一次测定多种指标，而不是分离单个感兴趣的成分，其测定结果也反映了在特定时间所测成分的变化。因此在分析非期望效应时，可以利用微阵列分析基因表达、蛋白双向电泳和质谱分析蛋白质、液相色谱结合核磁共振分析等"组学"方法，从功能基因组、蛋白组、代谢组三个水平评估转基因作物的非期望效应，尽可能以无偏倚、非选择性的方式筛选出被修饰生物在组织或细胞水平的代谢或生理水平的潜在变化，成为转基因食品安全评价的补充方案。表 11-2 为部分转基因作物表型和某组分发生非期望效应。

表 11-2　转基因作物表型和某组分发生非期望效应

寄主植物	特性	非期望效应
马铃薯	表达蔗糖-6-果糖转移酶	块茎组织代谢紊乱，韧皮部糖类转运受阻
小麦	表达磷脂酰丝氨酸合成酶	坏腐
大豆	表达草甘膦（EPSPS）抗性	高土温（45℃）茎秆开裂，产量下降40%以上，正常土温下（20℃）木质素含量高达20%
小麦	表达葡萄糖氧化酶	产生植物毒素
水稻	表达大豆球蛋白	维生素 B_6 增加50%
马铃薯	表达大豆球蛋白	龙葵碱含量增加16%~88%
马铃薯	表达酵母转化酶	龙葵碱含量降低37%~48%
油菜	超表达八氢番茄红素合成酶	维生素 E、叶绿素、脂肪酸和八氢番茄红素的代谢发生变化
水稻	表达类胡萝卜素生物合成途径	形成其他类胡萝卜素衍生物（叶黄素、玉米黄质）

　　本章主要介绍功能基因组学、蛋白质组学和代谢组学所用技术原理和方法，重点讨论三大组学技术在评价转基因作物非期望效应中的应用和局限性，并介绍非期望效应检测方面的最新进展。

（一）功能基因组学

基因组学一般是指分析整个基因组核酸序列的活动，功能基因组学则主要是偏重研究这些序列的功能性，也就是转录基因和相关调控元件的功能，因此可以进一步研究某种生物的复杂的代谢关系。在实践中功能基因组学一般是指研究基因直接的表达产物，即采用芯片技术将 mRNA 转变为更稳定的 cDNA。主要用到的研究方法包括差异显示法转录 PCR、DNA 微阵列法、基因表达序列分析（SAGE）法、反向遗传学、遗传足迹法、生物信息学法等，其中 DNA 微阵列法由于具有高灵敏度、高通量、高效率等优点，而成为能够客观全面评价全部基因组表达情况的理想选择。

DNA 微阵列技术（DNA microarray）是一种高密度反向斑点杂交技术，过程包括芯片制备、待检样品制备、探针杂交、检测及数据处理，其突出优势是灵敏度极高，即使在 mRNA 丰度低至十万分之一的时候仍能被检测出；在一个固体表面可排列多个探针，实现在同一反应中被检的标记样品同时与多个探针杂交，大量平行筛选不同来源组织的基因表达差异。将用微阵列技术获得的转基因植物混合的或单独组织样品的基因表达图谱，与对照亲本（整合有空载体序列的或未修饰的）植物的同等类型的样品的基因表达图谱做比较，如果基因表达图谱中检测到了表达差异，则可能发生了遗传修饰的非期望效应，得到的结果可以进一步研究与毒理学的关系。

一般用于编织微阵列的核酸探针是 cDNA 或功能特性了解得比较清楚的核酸。另外，还可以选择与特定环境、发育和生理条件有所联系的表达序列标签（expressed sequence tags，EST）作为微阵列的探针，以便于研究与这些探针相联系的代谢途径的变化。在评估转基因作物的非期望效应方面，基因组表达研究应该集中在正向营养因子（微量和大量营养素）、天然毒素和抗营养因子形成的代谢途径上。虽然目前还没有用 DNA 微阵列技术检测转基因产品非期望效应所发表的数据。欧盟第 5 框架项目 GMOCARE（http://www.entransfood.com/RTDProjects/GMOCARE/default.htm），正在评估 DNA 微阵列技术用于转基因食品安全评价分析基因表达差异的可行性。

DNA 微阵列技术虽然有很多优势，但在用于评价转基因表达水平的非期望效应之前，应该注意：①为了从芯片的杂交结果中得到更多的信息，应该从所要研究作物的相关组织中选取尽量多的序列点样；②点样的序列最好是不冗余的；③阵列中最好包括通常在组织中不表达，但是由于遗传修饰可能被激活的代谢途径的序列；④由于基因组数据库中关于 EST 的注释不是很可靠，在讨论所检测到的差异与毒理学关系之前要确认 EST 的功；⑤严格取样过程，因为用于点样的来自不同组织样品中 RNA 的变异本身，可能要比由于遗传修饰造成的基因表达差异更大；⑥对杂交结果进行已经有数据分析很关键，目前这类软件的发展很快，将序列信息、遗传信息、表型信息、基因表达、调控和功能相结合的数据库出现。

（二）蛋白质组学

蛋白质组是指存在于一种细胞内的全部蛋白质（Humphery，1997），蛋白质组学（proteomics）则是指以蛋白质组为研究对象的研究活动。蛋白质组学是三大技术的集成，即高分辨双向电泳（2-DE）技术（主要用于分离组织中的蛋白），图像分析比较技术（主要用于分析蛋白分离结果），质谱（MS）技术（主要用于特定分析目标蛋白的性质）。蛋白质组学主要发挥三项功能：①确定蛋白前体及翻译后修饰；②用差异显示蛋白质组以确定蛋白质量上的波动变化；③研究蛋白质间的相互作用。

1. 蛋白质组学在检测非期望效应中的应用

蛋白质组学方法的成熟体系化进一步完善了其他"组学"方法体系，这些组学方法对理解生命体的发育、结构和代谢都起到关键作用。随着组学数据库的扩大和完善，利用双向蛋白凝胶电泳鉴定蛋白的能力会日益增强，蛋白质组学技术将逐渐成为评定转基因作物非期望效应的极具潜力的方法。除此之外，蛋白质组学方法还可用于确定前体、翻译后修饰和蛋白质的降解产物，蛋白质组学方法结合人血清免疫印迹方法能够确定作物或食物成分（如乳化剂和泡沫稳定剂）中的潜在过敏原，结合免疫学检测方法可以确定新的融合蛋白是不是产生于转基因整合位点。

用反义技术开发的低谷蛋白稻米，用SDS-PAGE发现其他蛋白如醇溶谷蛋白的水平非期望性地增长。用标准的营养分析（总蛋白/氨基酸图谱）这是检测不到的，但是这种低谷蛋白稻米如果用作食品，会影响营养品质甚至产生过敏。这个例子虽然不是蛋白质组学方法的应用，但很近似。目前蛋白质组学的方法还未曾使用，但是可以看出蛋白质组学将是检测和分析转基因作物或其他育种方法培育的作物非期望效应的很有用的工具。

2. 蛋白质组学技术用于非期望效应检测的限制因素

在蛋白质组学的研究中，蛋白质的提取、样品处理、电泳、染色各个过程都会直接影响检测结果的真实有效性。目前，双向凝胶电泳评定的蛋白质数目比细胞内实际的总蛋白少得多。

1）提取过程

蛋白质提取的难易主要看蛋白的来源（植物、组织、细胞分隔、蛋白结构）。一般分子质量过大/过小的蛋白、疏水性蛋白（如膜蛋白）和嗜酸性/嗜碱性的蛋白在提取过程中很容易丢失；而拷贝数低的蛋白可能检测不到，用图像模型分析

2D 电泳影像表明当蛋白质的拷贝数低于 1000 时, 2D 电泳技术是不能分辨低拷贝数的蛋白的。

2) 样品处理过程

一是背景噪声问题: 蛋白在提取和消化过程中的丢失、凝胶的污染、去污剂与质谱分析仪的作用等, 都会增加组学分析的背景噪声。为了能顺利分析低拷贝数的蛋白质, 纯化时务必减少蛋白质的损失, 简化样品处理步骤。超声组织粉碎仪、超速离心机一定程度上可以降低化学噪声, 提高提取和消化蛋白质的得率。因此, 要真正解决低拷贝数蛋白的检测和鉴定问题还需关键提取技术的突破。二是可重复性问题: 虽然一些对照样品在同一块凝胶上跑电泳, 样品处理和电泳过程仍存在可重复性不好的问题。

3) 染色过程

染色过程灵敏度限制了用于上样、定性和定量的蛋白质的量, 因为双向电泳凝胶图样的统计处理还没有完全解决。

为了使不同实验室得到的数据组之间能作比较, 需要发展出一套样品分离和电泳的标准方法。因为在这个多步骤的过程中, 很小的变化就能对最终得到的蛋白图样有很大的影响。此外也需要了解有关天然变异的背景信息。

另外, 不同种类作物的遗传、发育、储藏、环境因子和农艺处理同样会影响蛋白组。还有一个值得考虑的问题是, 样品可能含有非宿主蛋白, 例如, 由于有植物内生的微生物 (真菌、细菌和病毒), 被感染的植物材料和健康的蛋白图样不同。

(三) 代谢组学

1. 代谢组与代谢组学

细胞中代谢物的总和称为代谢组, 代谢组学 (metabolomics) 研究焦点的是生命个体对遗传修饰或环境刺激做出的所有代谢应答的量度。

代谢组学可以统分为四大类, 此分类可以帮助我们更好地理解其所处的地位和作用: ①靶标化合物分析 (targetcompoundanalysis): 分析受修饰或实验直接影响的某个或某几个化合物; ②代谢物分析 (metabolicanalysis): 分析与已知代谢有确定联系的一组化合物; ③图谱分析 (fingerprinting): 不局限于单个化合物的定量和定性分析, 而是广泛分析大样本数据, 做大样本的快速分类; ④代谢组学: 研究对象基本涵盖全部的化合物类别, 研究目标是分析生物体系 (如体液和细胞) 中的所有代谢产物, 为尽量多的化合物定性和定量, 最后分析还要能反应总的代谢产物信息。

与转录组学和蛋白组学相比, 代谢组学具有自己独特的优势: ①一般基因和蛋白表达上的微小变化会在代谢物上得到放大, 因此代谢组检测更容易; ②代谢组学的研究不需全基因组测序及建立数据库; ③代谢物的种类要远小于蛋白和基因的数目；④代谢组学采用的技术更通用，主要由于给定的代谢物在每个组织中基本上一致。

代谢组学分析的流程主要包括：①样品的采集和预处理；②数据的采集和数据的分析及解释。代谢组学主要用到的技术是高效液相色谱（HPLC）、气相色谱（GC）和核磁共振（NMR）。分析上述类型的①和②常用色谱法分离，用色谱法时要针对具体的分析物做校准。核磁共振和傅里叶转化近红外谱（FTIR）、质谱（MS）用于粗提物的指纹图谱分析。代谢组学结合了类型①、②和③的元素，确保能做出足够精确的有效定量比较，当然提取和测量步骤不是对每一个要测量的单一化合物都是最适合的。

2. 代谢组学技术在转基因作物非期望效应检测中的应用

具有卓越的分离性能和高灵敏度的色谱技术已被广泛用于复杂样本体系（如体液）中的靶物质分析（如标记物分析），而质谱则由于其高灵敏度、普适性和高特异性，被广泛地应用于代谢组学。目前 GC/MS 是最广泛使用的方法，一是因为 GC/MS 可以对未知结构的代谢物定量，另一个是可以用特征离子对有相似保留时间（不同特征离子）的不同组分进行定量。Roesnner 利用 GS/MS 分析技术，对马铃薯块茎中 150 种化合物进行了定性和定量分析，确定了过度表达葡萄糖激酶基因、葡萄糖磷酸酶基因等转化了不同基因的转基因植株的生物化学表现，是一个用代谢组学技术比较转基因植株和亲本植物在代谢产物方面的差别的例子。

NMR 也是代谢组学领域中的主流技术，该方法的优势表现在能够对样品进行非选择性、非破坏性分析。例如，H^1 NMR 对含氢化合物均有响应，能检测到代谢产物中的大多数化合物，符合代谢组学对尽可能多的化合物进行检测的目标。Le Gall 利用 H^1 NMR 分析技术，对同时转有玉米转录因子 LC 和 C1 过度表达黄酮醇的转基因番茄及其亲本番茄在不同成熟阶段进行代谢物轮廓谱分析，通过比较发现在红熟时期转基因番茄除了 6 种主要类黄酮苷的含量比非转基因番茄显著增加外，柠檬酸、果糖、苯丙氨酸等至少 15 种代谢物在含量上是有显著差异的，但这种差异不到三倍，处于田间种植作物的天然差异范围。这项研究说明了化学计量学方法结合 NMR 是可以检测即使是较为微弱的转基因作物的非期望效应的。

（四）展望

"组学"技术大大增加了所分析化合物的数量，以此降低不确定性，是非定向、无偏倚的检测非期望效应的有效方法，也是转基因食品安全评价进一步完善的发展方向。然而，在其真正发挥效力之前，还有很多工作要做，如在取样和提取步骤上、方法的标准化上和掌握作物种属间关于自然变异的背景信息上。此外，一个严重的障碍是破解出所观察到的潜在差异与生物学和毒理学效应的关系。为此，拥有包括了不同发育阶段、不同生长环境下特定作物品种的有关基因转录、蛋白质和代谢产物轮廓谱数据的交互式数据库是很有帮助的。

目前世界各国正着力开发的第二代转基因作物加强了营养方面的特性，由遗传修饰带来的对代谢过程的影响将更为复杂，引入植物中的新的生物合成途径或是针对一级和二级代谢关键酶的遗传修饰，可能会产生代谢干扰，这是用我们对植物学以及代谢途径的整合和交互联络的现有知识所不能解释的，由此可能导致不可预计的非期望效应及定向方法所不能显示的代谢物水平的变化。因此，如果将来能成功解释"组学"技术得到的结果的话，对下一代转基因作物的安全性评价才更有意义。

三、非期望效应的光谱学检测技术

20世纪初，人们采用摄谱的方法首次获得了有机化合物的近红外光谱，并对有关基团的光谱特征进行了解释，标志着近红外光谱开始作为一种分析技术而得到应用。50年代中后期，随着简易型近红外光谱仪器的出现，近红外光谱的研究出现了一个小高潮，近红外光谱开始在农副产品（包括谷物、饲料等）的品质（如水分、蛋白等）测定方面得到了广泛使用。到60年代中后期，随着中红外光谱技术的发展及其在化合物结构中所起的巨大作用，使人们淡漠了近红外光谱在分析检测中的应用。直至20世纪80年代后期，由于化学计量学和计算机技术的不断成熟，使得近红外光谱分析技术得到迅速推广，被誉为20世纪90年代以来发展最快的光谱分析技术。

鉴于消费者对转基因食品的安全问题格外关注，利用组学和光谱学分析技术分析转基因食品的非期望效应效果显著，这也是在检测技术检测期望效应的基础上的一种补充，可以全面地评价对象的安全问题。组学技术因其全面的特点应用面较广，而光谱学技术为无损检测开辟了新的技术方向。

转基因光谱学技术主要是指近红外光谱检测技术。由于近红外光谱穿透力强，所以不需要对转基因食品进行预处理或基因组提取可以直接进行分析；该技术能够表征基因结构变化所带来的构型变化，还可以通过 C—N 键、C—H 键、C—O 键等数据变化看出基因表达的差异。近红外光谱分析技术首先利用光谱图和模拟软件对已知样品进行建库，样品信息库既包含了大量不同来源的转基因样品的数据与还包含了参照样品的数据，是生物信息学较为简单的模型。Xie 等利用可见/近红外光谱技术，结合光谱预处理技术和化学计量学方法对 68 个番茄叶样品（非转基因 30 个，转基因 38 个）进行分类。2002 年，苏明杰等运用近红外光谱筛选小麦转基因植株获得成功。首先，用离子束介导外源 DNA 转化法，将大豆的全DNA 导入小麦得到 M1 代转基因植株，再用近红外光谱筛选高蛋白、综合性状好的小麦植株，试验证明，这些蛋白质含量高的单株的容重等各项品质指标也较好。

王多加等提出了可以用近红外光谱监测食品中蛋白或 DNA 的变化及标记基因的转变，并总结了近红外光谱技术在食品及农产品定量和定性分析中的应用情况。在转基因食品检测方法的研究方面，Lowa 州立大学谷物质量实验室发现传统种植的大豆和 Roundup Ready 大豆光谱在 910～1000nm 波长附近存在一个偏移，并成功利用该偏移区分出 Roundup Ready 大豆和传统种植大豆。数据显示，近红外光谱分析技术成功分鉴别出 20 个非 Roundup Ready 大豆中的 19 个，19 个 Roundup Ready 大豆中的 16 个。

Munck 等用近红外光谱和主成分分析法对转基因小麦和未处理亲本进行分类。研究结果表明，近红外光谱并不能反映 DNA 和基因的结构变化，但它却能揭示由于基因转变而引起的一些表型变化。

芮玉奎等利用近红外光谱检测转基因玉米及其亲本的差异和转基因油菜的相关信息，并通过 BP 算法进行数据处理，从而建立了转基因玉米的快速标准分析模型。翟亚锋等对 9 个转基因小麦样品进行光谱学分析，通过主成分分析方法得到能反映小麦种子 97.28%光谱信息的主成分，建立 BRP 技术标准模型快速特异识别转基因小麦系统。虽然转基因光谱学检测的准确性还有待考证，但其对无损检测方面所做出的贡献是不可抹灭的。

第五节　转基因检测技术与标识制度

近 45 年来，人类对近 67 555 种转基因食品和食品成分的使用经验表明，经过严格安全性评价审批程序评定后投放市场的转基因食品与传统食品具有实质等同性，不会给人类健康带来额外的风险。迄今为止，全球还无一例因为转基因食品的安全性问题而引起的诉讼。但是，由于国际经济和政治等因素的影响，许多国家开始纷纷要求对转基因产品进行标识化管理。转基因食品标识是指在食品标签或说明书中说明该食品含转基因成分或是转基因食品，或由转基因生物生产但不包含该转基因生物的食品成分或食品，以便与传统食品区分供消费者选择的行为。鉴于目前全球粮食短缺和转基因技术的迅猛发展使得禁止转基因产品的生产和出口是几乎不可能的事实，转基因食品标识作为对转基因食品立法规制的最后环节，对转基因食品的管理具有重要意义。到目前为止，已有包括欧盟国家在内的 60 多个国家和地区制定了相关的法律和法规，要求对转基因生物及其产品（包括食品和饲料）进行标识管理。本节在搜集和整理世界各国有关转基因产品标识管理的法规、文献、新闻及网上资料的基础上，对不同国家和地区转基因产品标识管理政策进行了比较，并对转基因产品标识管理制度设立与本国检测技术发展现状之间关系尝试进行阐述（朱鹏宇等，2013）。

一、标识制度与检测能力关系

　　转基因产品的检测技术是保障标识管理制度的技术顺利实施保障。不同国家或地区转基因检测技术发展程度不同，部分实施标识制度的国家或地区并不具备对转基因产品进行检测的能力。部分国家或地区对转基因食品的标准管理概况如表 11-3 所示。此外，不同的转基因检测技术其方法灵敏度有所不同，即使同一种的检测技术，不同操作人员、不同实验室，得出的转基因产品检测灵敏度和准确性都不尽相同。检测技术与检测水平的差异都将会影响转基因标识制度的执行。标识制度与检测能力之间还具有密不可分的相互依存关系，标识制度一定程度上推进检测技术向高精度、高灵敏度的方向发展，而反过来，检测能力的发展进一步推进标识制度的完善。二者相互推进，相互制约。

表 11-3　国家或地区对转基因食品的标准管理概况

国家或地区	标识类别	标识范围
澳大利亚/新西兰	强制性	食品特性，如营养价值发生改变，或食品中含有因转基因操作而引起的新 DNA 或蛋白质
巴西	强制性	所有含转基因成分的食品
中国内地	强制性	第一批标识目录包括大豆、玉米、棉花、油菜、番茄等五大类 17 种转基因产品
加拿大	自愿	若与食品安全性有关的如过敏性、食品组成和食品营养成分发生了变化，则该食品需进行特殊的标识
欧盟/英国	强制性	所有从 GMO 衍生的食品或饲料，无论其终产品中是否含有新的基因或新的蛋白质
中国香港	自愿	任何 GM 食品，如果在其组成成分、营养价值、用途、过敏性等方面与其传统对应食品不具有实质等同性，则推荐进行标识以标注这种差异
日本	强制性	豆腐、玉米小食品、水豆豉等 24 种由大豆或玉米制成的食品需进行转基因标识；若能检测到外源 DNA 或蛋白质，则转基因马铃薯产品也需要标识
俄罗斯	强制性	由 GM 原料制成的食品产品若食品产品中含有超过 5%的 GMO 成分，需进行标识
韩国	强制性	转基因大豆、玉米或大豆芽及其制成品需进行转基因标识；2002 年起，GM 马铃薯及其加工产品需标识
瑞士	强制性	粗材料或单一成分饲料中 GM 成分超过 3%，混合饲料中 GM 成分超过 2%，则需进行标识
以色列	强制性	转基因大豆、玉米及其产品
马来西亚	强制性	所有转基因产品
沙特阿拉伯	强制性	若食品中含有一种或多种转基因植物成分需要标识；若含有转基因动物成分则禁止上市
泰国	强制性	转基因大豆及其产品、转基因玉米及其产品，若其中含有外源基因或蛋白，则需进行标识

　　鉴于转基因食品标识极大地影响着消费者的消费行为，建立完善的转基因食品标识制度有利于保障食品安全和消费者的知情权。世界各国根据本国生物技术的发展状况、转基因作物的种植和转基因产品的进出口贸易量等综合因素确定了不同的标识制度，主要有以产品为基础的强制标识制度、以过程为基础的强制标识制度、自愿标识制度等，这些制度在标识的对象、范围、豁免和执行上存在着显著差异。如何确立对消费者更有利的标识制度，以及使众多的转基因食品标识制度达成国际一致成为众多政府间和非政府间国际组织的主要工作目标。目前国际上关于转基因食品标识的国际法文件最重要的是依据《生物多样性公约》而制定的《卡塔赫纳生物安全议定书》，其第 18 条第 2 款①对转基因食品的标识做了概括性的规定。此后，该议定书又经过六次缔约方大会得到不断完善，形成了有关转基因食品标识的较系统和具体的规定。

二、自愿性标识制度与检测能力

　　以美国为代表的一些国家或地区（如加拿大、阿根廷及中国香港特区等）对于转基因食品的标识管理实行自愿标识管理政策。美国主要依据《联邦食品药物及化妆品法案》管理转基因生物及其产品，规定了只有当转基因食品与其传统对应食品相比具有明显差别、用于特殊用途或具有特殊效果和存在过敏原时，才属于标识管理范围。加拿大的转基因管理政策与美国相似，实行自愿标识管理。2001年 2 月，中国香港特区政府提出一项转基因食品标识管理议案，要求对转基因食品实施基于实质等同性原则的自愿标识管理政策，任何转基因食品，如果其组成成分、营养价值、用途、过敏性等与传统对应食品不具有实质等同性，则建议在标签上标注这种差异。自愿标识制度的实施与许多因素相关，美国强调自由平等，无论在消费者购买商品层面，还是商品自由流通层面，消费者认为转基因的标识，尤其是强制标识会妨碍他们的自主选择权，另外，转基因的强制标识需要一定的检测成本，需要消费者承担，这也是消费者十分抗议的。

　　需要指出的是，自愿标识的国家一般没有针对转基因出台相应国标检测技术或是即使有也是简单的定性技术，这种检测技术水平是与国家推行的标识制度相匹配的。

三、强制标识制度与检测能力

　　以欧盟为代表，日本、韩国、澳大利亚、新西兰等多个国家或地区均对转基因产品实行强制性定量标识管理制度，所谓强制性定量标识是明确特定的阈值，只有当转基因成分含量超过特定阈值时才进行标识；对于标识的阈值，欧盟在2000 年颁布的法令 EC No. 49/2000 中指出，凡是转基因 DNA 或蛋白质含量超过1%的常规食品都必须实施强制性定量标识制度，2003 年，新颁布的法规 EC No. 1829/2003 和 No.1830/2003 中将限量阈值更改为 0.9%，并要求超过阈值的食品和饲料都必须进行强制性标识并建立可追踪的制度，需要特别注意的是本次限量阈值以 DNA 拷贝数之比作为标识的表述方式（http://europa.eu），与以往的质量分数有所区别。亚洲其他国家如中国、韩国和日本，也实行强制标识制度。日本于 2000年 3 月发布农林水产省第 517 号公告，规定凡转基因成分超过 5%的产品要执行强制性标签制度和转基因食品年标签标准。韩国从 2001 年 3 月 1 日起实施转基因食品强制性标签制度，在韩国农林水产部颁布的转基因农产品标识办法中，规定食品或饲料在生产加工过程中，对于 5 种特定的转基因作物，即玉米、油菜、大豆、马铃薯和豆芽，只要有一种或多种成分超过 3%，则必须进行标识。

由于强制标识国对转基因产品实行强制性定量标识，明确特定的阈值，即当转基因成分含量超过特定阈值后需进行标识，因此其检测技术，一般是定量检测技术，有明确的检出限，当然随着检测技术的发展，更加高精准的检测方法，可能会进一步推进标识阈值的改变，最终导致标识制度的更改完善。

四、中国的标识制度与检测能力

中国也推行强制标识，是强制标识成员国之一，现行的转基因标识管理方法是零阈值强制性标识管理，即凡是含有标识目录中的转基因成分的食品必须进行标识。

我国实行的强制性标签制度，没有设置具体的标识阈值，只要含有转基因成分并且符合我国《农业转基因生物标识管理办法》规定的五大类 17 种转基因产品就必须进行标识，包括大豆、大豆种子、大豆粉、大豆油、豆粕；玉米、玉米种子、玉米粉、玉米油；油菜籽、油菜籽油、油菜种子、油菜籽粕；棉花种子；番茄种子、鲜番茄、番茄酱（http://www.moa.gov.cn）。由于不同转基因产品检测方法的灵敏度差异很大，零阈值的标识对于检测方法的标准化要求极其严格。转基因作物种类近年来迅速飙升，《农业转基因生物标识管理办法》规定的目录需要不断修订做出调整。中国的标识制度与世界上大部分国家标识制度已实现接轨，甚至有些阈值设定比国际水平还要严格，是一套系统完善的标识体系。

五、世界各国检测阈值的设定争议及其内在原因

如何确立对消费者更有利的标识制度，以及使众多的转基因食品标识制度达成国际一致成为众多政府间和非政府间国际组织的主要工作目标。目前国际上关于转基因食品标识的最重要的国际法文件是依据《生物多样性公约》而制定的《卡塔赫纳生物安全议定书》，其中第 18 条第 2 款①对转基因食品的标识制度做了概括性的规定。此后，该议定书又经过六次缔约方大会得到不断完善，形成了有关转基因食品标识的较系统和具体的规定。

世界各国在不同程度上加强了对转基因生物安全性的管理，并对转基因生物及其产品实施标识管理。目前世界范围内已有 50 多个国家开始对转基因产品实施标

识管理，主要分为自愿性标识和强制性标识两种模式。一般实施转基因产品标识管理的国家都会规定本国的标识阈值，这些阈值各不相同。即使在欧盟国家内部，对阈值概念的理解也不尽相同。转基因标识的阈值是指某一产品中含有转基因成分的比例。标识阈值一般有两种表述方式：一种是某一食品中转基因成分占该食品的质量百分数（如转基因大豆质量/大豆总质量），例如，当某一含有大豆成分的食品中，其转基因大豆的含量占该食品中大豆成分总量的比例超过 0.9%或 1%时，需要对该食品进行标识。另一种是外源基因拷贝数与内参基因拷贝数的比值（如转基因大豆外源基因拷贝数/大豆内参基因拷贝数）。具体是指某一食品中转基因成分对应的外源基因拷贝数与该食品中内源参照基因拷贝数的比值，例如，对于某一含有大豆成分的食品，若食品总 DNA 中，转基因大豆外源基因（如 *EPSPS* 基因）的拷贝数与大豆内源参照基因（*lectin* 基因）的拷贝数的比值超过 0.9%或 1%时，需要对该食品进行标识。由于转基因组分的质量和基因拷贝数不存在严格的线性比例关系，所以依据不同的表述方式计算出的阈值会出现不一致的情况。由于不同标识政策关于阈值的定义缺乏统一性，而产生的阈值不对接情况会衍生出一些争议。目前实行强制性标识的国家中，除欧盟采用拷贝数之比计算阈值外，其他各国或地区均以质量比计算。不同标识管理政策要求的最低转基因成分含量阈值如表 11-4 所示。

表 11-4　不同标识管理政策要求的最低转基因成分含量阈值

国家或地区	阈值	国家或地区	阈值
欧盟/英国	1%（1997） 0.9%（2002）	马来西亚	3%
巴西	4%	中国台湾	5%
澳大利亚/新西兰	1%	捷克共和国	1%
俄罗斯	5%	沙特阿拉伯	1%
中国香港	5%	以色列	1%
韩国	食品中前 5 种含量最高的食品成品成分，且该成分中 GMO 含量超过 3%	泰国	食品中前三种含量超过 5%的食品成分，且该成分中 GMO 含量超过 5%
日本	食品中前 3 种含量最高的食品成分，且该成分中 GMO 含量超过 5%	瑞士	单一成分饲料 3%；混合饲料 2%，海外生产的玉米，大豆种子 0.5%

另外，由于转基因产品标识阈值的设定缺乏统一的标准，也产生了一定的争议。2002 年欧盟将转基因标识的阈值从 1%降低到 0.9%，但并没有任何证据表明，转基因成分含量为 0.9%的食品与含量为 1%的食品安全性有何差异。到目前为止，尚没有任何科学实验可以表明转基因成分含量的不同对转基因产品安全性存在影响。

六、小结

针对转基因各国设立的标识制度有所不同，除了基于政治经济因素之外，各国更多的考虑是实际检测能力。转基因作物的检测技术是确保实施转基因标识管理制度的技术保障。奉行不标识制度的国家的转基因检测技术发展程度各有不同。一般执行强制标识制度的国家，检测技术发展较快，检测技术平台比较完善，多是灵敏度和稳定性较高的定量检测技术。而自愿标识国家，只需要对特定要求的转基因食品进行检测，且没有阈值限制，多是常规的定量或定性检测技术。

通过对比全球主要国家或地区的转基因成分标识制度可以看出，除了美国、阿根廷、加拿大之外，其他的国家或地区都实施转基因成分的强制标识。强制标识作为现在全球各国或地区的主流标识制度，在维护消费者知情权、管理转基因作物等方面相对于自愿标识都有明显的优势。中国政府 2002 年建立了详细的转基因成分标识体系，对市场上常见的转基因作物实施强制标识手段。与世界主流接轨，通过最近几年的不断更新达到了良好的管理效果。但是由于检测技术与国外存在一定的差距，中国实施的强制标识制度只区分转基因成分的"有或无"，没有确定明确的标识阈值，这个与全球主要国家存在明显的差距。所以如何建立并完善转基因作物成分标识的定量阈值限成为了我国检测机构的工作重点和难点。

转基因产品的实际检测能力决定了标识制度的建立和执行，定性定量分析检测技术所达到的检测限为标识制度提供科学依据；反过来为了满足实际检验检疫工作中新的需要，标识制度需要更加全面严格，这反过来又对检测能力的建设提出了新的要求。总之，标识制度与分析检测技术的关系十分密切，二者相互影响相互作用。

第六节　转基因检测技术面临的机遇与挑战

一、转基因检测技术面临的挑战

为了开辟育种新途径。将现代生物技术与传统育种相结合，集成创新，节省资源；拓展转基因作物功能，便利种植者。因此若能使一个作物聚合多个转基因性状，满足多元化需求；提高资源利用效率是非常有意义的。科研工作者以目前研发的单性状转基因作物为育种材料，充分利用现有资源，节省研发时间、降低研发成本研制出了复合性状转基因作物。复合性状转基因作物指同一植株中含有两个或两个以上的转基因性状或转化体。主要包括三种类型：一是转化现有的转基因作物，将目的基因导入已获得的转基因受体中；二是将两个或两个以上目的基因构建到同一载体，一次转化到受体中；三是利用已获得的转化体，通过常规育种将转基因性状聚合。由于复合性状转基因作物含有的特征转基因在两个及两个以上，如何与含有单个特征基因的单性状转基因作物区分是十分困难的，目前单粒检测可以实现二者区分，但是检测成本太过于昂贵。简单通用的低成本检测方法的建立还存在诸多困难。

为了改变或者创造出一种新代谢途径，并大量获得目的物质，以及代谢途径改变的转基因作物，对这些转基因作物的检测手段多也是常规检测方法，筛选检测，基因特异性检测，事件特异性检测等。但检测成立的前提是我们需要找出具有代表性的合适的标识基因，这是比较难的，主要是代谢过程中关联到的基因过多，可能是成千上万个，如何从纷繁的基因通路中筛选出关键控制基因是难度相当大，分子标识基因清楚是检测的前提，因此新型转基因作物对转基因检测技术提出了越来越多的挑战。

外源基因在导入过程中，会产生一些随机插入事件，产生一些不可知的随机插入序列，其中一些随机插入序列不表达外源蛋白或是不影响作物性状被称为非功能基因，这些随机的非功能基因的检测难度十分大，目前也可以说是不可能的。因此也在很大程度上对转基因检测技术提出了很大的挑战。

二、转基因食品分析检测技术的展望与预测

转基因食品分析检测技术主要针对的是原料作物的转基因成分，监管者或消费者需要知道外源基因插入的全部信息和外源基因及其表达产物对人体健康和环境的影响，这就对转基因食品的分析检测技术提出了更高的要求。从获得转基因检测的对象到对转基因食品进行定性定量检测，就获得了一整套转基因食品评价的科学依据，从这点来说分析和检测技术是相通的，而且两者相互渗透，都为标识制度服务并佐证标识制度。随着各种高新技术的发展，转基因分析检测也逐渐向高通量、高准确度和高灵敏性方向发展。可以预见，组学分析技术能够帮助评价转基因食品的非期望效应，拓展分析技术的研究手段；在普通 PCR 存在一定缺陷的情况下，数字 PCR 技术在转基因检测的应用会逐渐增多，尤其是在精准定量检测领域能够实现基因拷贝数的绝对定量。针对一线工作者的快速检测领域、等温扩增及试纸显色等都会更多地引入。

随着国内外对转基因产品研究的深入及对转基因产品检测要求的提高，人们要求更准确、快速、简便、高效而且成本低廉的检测技术的问世。同时，现有的检测技术也需要不断改进以克服自身的缺陷。目前，色谱技术（如 HPLC）、毛细管电泳技术（capilary electrophoresis，CE）、近红外波谱技术（near-infrared spectroscopy，NIS）和超分支滚环扩增技术（hyperbranched rolling cycle amplification，HRCA）在转基因产品的检测方面亦有所应用。

总之，转基因食品的分析检测技术是全方位的，一方面依据管理措施研究工

作应运而生一些新的技术手段，另一方面分析和检测技术会更加高效地满足监管部门和消费者的信息需求。转基因食品检测技术的发展趋势应该是快速简便、低耗费、适用面广，能满足对已有或新型转基因食品进行快速准确检测的要求。

参 考 文 献

柴晓芳, 赵宏伟, 肖长文. 2012. 浅析转基因作物检测技术研究进展. 种子世界, 11: 017

陈萌. 2005. 用于食品安全的压电生物芯片检测仪的研究. 重庆: 重庆大学硕士学位论文

陈清华. 2014. PCR 及其改进技术在食品安全检测中的应用研究. 福建分析测试, 23(2): 23-27

陈绚, 杨安. 2005. 综述生物传感器及发展研究前景. 南昌高专学报, 20(1): 94-96

陈雪岚, 许杨, 徐尔尼, 等. 2000. 赭曲霉毒素 A 的检测方法的研究进展. 中国畜产与食品, 7(2): 87-88

侯宇. 2009. 荧光定量 PCR 技术研究进展及其应用. 贵州农业科学, 37(6): 29-32

胡春晓. 2013. 农业废物好氧堆肥中反硝化功能基因及其分布特征的研究. 长沙: 湖南大学硕士学位论文

胡永隽, 何池全, 肖华胜. 2006. 食品企业污水中细菌的基因芯片快速检测技术. 上海环境科学, 25(1): 25-28

黄国平, 汪琳, 陈克平. 2010. 转基因水稻外源蛋白检测技术研究进展. 中国水稻科学, 24(4): 410-416

黄明, 肖笑, 徐晟, 等. 2010. 免疫 PCR 检测技术及其在食品安全领域中的应用. 南京农业大学学报, 33(6): 119-124

李娜. 2009. 纳米材料在 PCR 体系中的应用研究. 济南: 山东师范大学硕士学位论文

李文慧. 2010. 库尔勒香梨苹果茎痘病毒外壳蛋白基因的克隆与原核表达. 石河子: 石河子大学硕士学位论文

梁冰冰. 2009. 检测猪瘟病毒中和抗体的竞争抑制 ELISA 的建立与应用. 哈尔滨: 东北农业大学硕士学位论文

刘彩霞, 梁成珠, 徐彪, 等. 2009. 抗草甘膦转基因大豆及加工品 LAMP 检测研究. 大豆科学, 28(2): 305-309

刘慧. 2013. MicroRNa-182 对结直肠癌发展,预后以及细胞迁移能力的研究. 济南: 山东大学硕士学位论文

刘姗姗. 2010. 纳米纤维晶体的制备、表征及应用研究. 福州: 福建农林大学硕士学位论文

刘智勇. 2008. 鸡传染性支气管炎病毒河南部分流行株的分型研究. 郑州: 河南农业大学硕士学位论文

马莹. 2009. 鸡常染色体矮小性状的候选基因研究. 呼和浩特: 内蒙古农业大学硕士学位论文

宁欣. 2009. 聚焦转基因. 中国禽业导刊, (2): 40-42

秦雯. 2007. ELISA 快速检测艾滋病人血中马尔尼菲青霉菌感染. 南宁: 广西医科大学硕士学位论文

曲勤凤. 2011. 重要食品掺假检测技术研究鱼糜制品中主料含量的测定(荧光 PCR 法). 上海: 复旦大学硕士学位论文

邵碧英, 陈文炳, 江树勋, 等. 2004. 转基因产品检测方法概述. 生物技术通讯, 15(5): 516-518

邵碧英, 江树勋, 陈文炳, 等. 2004. 番茄、甜椒中转基因成分和内源基因的多重 PCR 检测方法的建立. 食品科学, 25(10): 219-223

苏日娜. 2010. 花粉管通道法转化甜瓜品种河套蜜瓜方法的比较研究. 呼和浩特: 内蒙古大学硕士学位论文

田桂英. 1995. 生物传感器概述. 生物学杂志, 6: 15-16

王晨光, 许文涛, 黄昆仑, 等. 2014. 转基因食品分析检测技术研究进展. 食品科学, (21): 297-305

王海静. 2010. 应用SPR生物传感器快速检测A型流感病毒研究. 石家庄: 河北师范大学硕士学位论文

王莉. 2013. 重新认识免疫力. 中国药店, (10): 60-61

王艳君. 2007. 冷却肉中致病菌的多重 PCR 检测技术研究. 郑州: 河南农业大学硕士学位论文

夏慧丽. 2012. 食品中 3 种致病菌快速检测方法的研究进展. 食品研究与开发, 33(8): 222-226

肖一争, 唐咏. 2007. 国内外转基因玉米检测方法研究概况. 河南农业科学, (5): 5-10

许一平, 成炜, 陈福生. 2007. 多重 PCR 技术在食源性病原细菌检测中的应用. 食品科学, 28(2): 355-359

杨秋花. 2012. 功能化量子点探针的制备及在疾病诊断中的应用. 天津: 天津大学博士学位论文

殷波. 2008. 蝉蜕诱导球孢白僵菌产孢相关蛋白质差异表达分析. 长春: 吉林农业大学硕士学位论文

尹兵. 2007. 实时荧光 PCR 法检测饲料中反刍动物源性成分. 大连: 大连理工大学硕士学位论文

张建中, 官小燕, 张海波, 等. 2010. 可用于转基因产品蛆中的核酸体外等温扩培技术分析. 中国农业科技导报, 12(4): 29-33

张剑平, 郭采平, 张信. 2006. 化学发光免疫分析及其应用. 2006 年全国生化与生物技术药物学术年会论文集

张立营, 张红, 杨姝, 等. 2008. 利用生物条形码技术对蓝舌病毒 VP7 蛋白进行微量检测. 生物技术通讯, 19(5): 697-700

张婷, 倪丽娜. 2003. 现代生物技术在环境微生物学中的应用. Ⅱ. 聚合酶链反应. 氨基酸和生物资源, 25(1): 47-50

张玉霞, 黄鸣. 2008. 食品检验中多重 PCR 技术的应用. 中国卫生检验杂志, 18(5): 958-960

周枫, 袁景淇, 吴元民. 2005. 基于 LabVIEW 的串口通信在 PCR 仪监控系统中的应用. 自动化仪表, 26(8): 44

朱鹏宇, 商颖, 许文涛, 等. 2013. 转基因作物检测和监测技术发展概况. 农业生物技术学报, (12): 1488-1497

第十二章　生物技术食品的标识阈值与追溯管理

提　　要

- 食品溯源的基本目的是在食物链的各个环节（包括生产、加工、分送、销售等）中对食品及其相关信息能够追踪和回溯，使食品的整个生产经营活动处于有效的监控之中。
- 食品标识是指粘贴、印刷、标记在食品或者其包装上，用以表示食品名称、质量等级、商品量、食用或者使用方法、生产者或销售者等相关信息的文字、符号、数字、图案及其他说明的总称。
- 食品标识是食品的身份说明，食品标识中携带的信息能够确保在食品供应链中的传递，是食品溯源体系得以实现的保障。
- 对于转基因产品这类特殊的食品来说，建立追溯制度，需要有两条主线贯穿从农田到市场的全过程，一是建立转基因食品身份识别制度，二是进行与质量安全相关的信息记录和信息传递，即标识信息的体现。
- 从食物链的角度考虑，转基因食品的标识是溯源的组成部分，溯源是标识的目的和体现。

第一节　生物技术食品标识阈值技术

一、生物技术食品标识阈值技术发展现状

目前已有超过 40 个国家颁布法令，要求对转基因食品进行标识，其中绝大部分国家都对转基因食品进行定量标识，规定了一个标识阈值，最低为 0.9%，最高为 5%。从各国和国际组织制定和实施的标识制度分析，其制定转基因食品标识制度的目的和意义体现在以下三个方面：一是转基因生物的安全性；二是保护消费者知情权；三是保护本国农产品贸易。

（一）标识管理

对于具有营养成分上具有实质等同性的转基因产品不同国家的标识制度大致

可以按照以下特点进行分类：根据是否要求强制性标识；根据检测不到转基因成分的转基因产品是否要求标识；根据对转基因产品标识的严格程度；根据豁免标识的转基因成分最低含量是否具有阈值。具体分类将在后文详述。

目前，国际上主要国家和地区的转基因产品标识制度差异较大，特别是在标识对象、标识方法、标识豁免范围和阴性标签等方面存在一些差异。例如，欧盟和澳大利亚、新西兰标识制度的主要的差异是澳大利亚、新西兰的标识关注点集中在最终产品上是否存在外来 DNA 或蛋白质，而不关心是否是转基因产品或者在生产过程中是否使用了转基因材料，可以不贴标识，但是在欧盟的新的法规下必须进行标识。

【案例 12-1】美国 FDA 重申：拒绝转基因强制标识

美国食品药品管理局拒绝对生物技术食品进行标识的要求，同时还再次重申了该部门的长期政策，那就是要求对这些与传统食品没有任何差别的食品进行标识无任何法律依据。

FDA 的这一决定是在否定食品安全中心（Center for Food Safety）和标识联盟的真相（Truth in Labeling Coalition）这两个组织的请愿书时做出的，前者长期以来一直致力于阻止或限制农业生物技术的商业化。

FDA 作为立法者的这一行为差不多在法律上否定了那些标识转基因食品的要求，同时也近乎等同于在法律上否定了通过手机或者因特网查找商品的代码来标识是否是转基因的要求。监管者表态说他们希望这个法律写入 2016 年的财政综合性经费法案中。

"要求标识转基因的请愿并未提供充足的证据来证明，来自转基因植株的食品与来自传统的非转基因食品在任何有意义的方面或者共有特性方面是不同的；也并未提供充足的证据证明这些来自转基因植株的食品比传统育种技术获得的食品有更大的安全隐患。"——FDA 在回复食品安全中心的长达 35 页的回复材料中如是解释道。

FDA 同时还另外单独否定了对本周已批准商业化的转基因三文鱼的标识要求。

"FDA 的声明表明两党已就支持一贯的基于科学的食品标识达成妥协并已有明晰的选择，同时也表明没有可能让联邦政府强制标识转基因食品。"食品安全联合会（Coaliton for Safe Affordable Food）的发言人 Claire Parker 如此说道。

美国食品杂货制造商协会的 CEO 兼主席 Pamela Bailey 说道："FDA 基于正当理由做出了正确的决定。"她还说："我们期待与国会就食品标识继续合作，推出一个统一的全国标准以阻止各个州混乱且极耗成本的食品标识"。

第一个强制标识转基因的法律是在蒙佛特州通过的，并将于 2016 年 7 月开始生效，这也增加了国会通过这一法律的紧迫性。

北达科他州的共和党人 Sen John Hoeven 说,他们即将就食品标识法律达成一致意见。他一直与民主党的领袖密歇根的 Debbie Stabenow 在农业委员会中就食品标识这一问题进行磋商。Stabenow 此前称农业部一直在帮助推进电子标识计划,但是 Stabenow 的同事周四却发表声明说目前还未达成一致意见。

这一声明说道:"Stabenow 一直深信参议院通过的解决方案一定会确立一个全国性的系统,这一系统可以保证消费者可以获得它们想要的关于食品的所有信息,同时也可以解决五十多个州混乱的标识状况。参议员 Stabenow 愿意在此问题上扮演领导者的角色,但前提是两党能够就此问题达成一致意见并且相关利益者愿意参与到这一有重大意义的事情上来。"

FDA 同时还发布了转基因三文鱼自愿标识的指导草案及转基因植物的产品(如玉米、大豆或食用糖)的自愿标识最终指导方案。这些文件同时还包含了针对非转基因食品如何标识的建议。

不同国家的转基因产品标识制度在性质(强制实施还是自愿实施)、管理产品的范围和豁免产品范围、豁免标识的最低容许量(阈值)、法规执行力度等方面具有差异。含有转基因成分仅仅只是商品的一个属性,转基因标识的目的是为了告诉消费者一个事实,即该产品是转基因产品或其中含有转基因成分,方便消费者选择或者不选择相关产品,而并不等同于或暗示转基因产品有害或比非转基因产品危险。实行转基因标识的目的主要包括以下几点。

(1)与其他必要的产品标识和说明一样,转基因成分也是商品的属性之一,有时甚至是重要的属性。消费者往往是通过商品标签或说明书了解商品的。如果标签的内容不客观,就无法真实地反映商品的内在品质。如具有抗除草剂性状的转基因抗虫棉,当消费者购买了相关产品后,根据转基因标识,了解到该品种与非转基因棉花相比具有抗虫和抗除草剂的性状,才能根据抗虫的性状适当调整该棉花品种的栽种模式。如果转基因种子将没有相关标识,消费者将无从了解该产品的优势,也无法适时调整耕种方法,转基因产品失去了技术优势;而将非转基因种子标识为转基因,则会造成除草剂药害等伤害,是一种典型的假冒伪劣类型的欺骗消费者行为。因此,跟其他必要的标识一样,转基因标识是物品属性的一种重要说明,其重要性与其他标识同样重要。

(2)转基因产品中可能引入了普通原材料中可能没有的新的外源物质,仅仅通过标识原材料并不足以完整说明其成分。消费者可能因为健康原因或心理原因,不能或不愿接受特定的成分,为了这部分消费者的利益和知情权,很多含有特定成分或不含有特定成分的标识已经广泛地在各种食品包装上出现了,如花生成分、无糖饮料、清真食品等,这些成分可能导致特定人群过敏,可能影响糖尿病患者的健康,但也可能没有任何影响健康的因素,仅仅只是特定消费者不愿意接受。虽然,经过严格的安全性评价审批程序进入市场的转基因食品与传统食品具有实质等同性，不会对人类健康造成额外的风险，但为了保护消费者的知情权和选择权，因此进行了标识，让消费者有权根据自己的需求选择商品。

（3）利于政府监管部门及科研部门对转基因产品在国内的生产运输和销售进行追踪，是建立转基因产品溯源体系的需要。没有标识，就无法快速识别特定产品是否含有转基因成分，也就无法有效追踪转基因产品的流向。特别是近年来，我国批准进口了转基因大豆、油菜籽等农产品作为食用油加工原材料，但并未批准相关转基因品种在国内种植。为保护我国相关农产品产业的正常生产，在这类转基因产品进口、运输、加工和销售的整个环节进行标识，并与非转基因产品进行区分十分必要，以防止进口加工原材料被当作种子进入田间的事故发生。

目前，不同国家的国情决定了其转基因标识管理形态。因此，国际上主要国家和地区的转基因产品标识制度差异较大，特别是在标识范围、标识方法、标识豁免范围和阴性标签等方面存在一些差异。不同国家的转基因产品标识制度对消费者选择权、消费者知情权、食品销售、国际贸易等产生了显著的影响。

（二）阈值管理

所谓阈值管理是指对所有认为有风险的事物（如混杂率、异交率、阳性率、致死率、危害率等）给出一个容许的"度"，并以这个"度"为依据进行管理。自欧盟首先实施转基因产品阈值标识管理以来，很多国家都实施了阈值标识管理，我们分析认为阈值管理的目的和意义体现在三个方面：一是阈值管理是多方利益的平衡；二是阈值是标识制度量化的体现；三是阈值标识可能避免转基因产品生产过程中无意混杂带来的负面影响。

转基因标识阈值是指要求标识的最低转基因成分含量。转基因标识阈值一般都用百分数来表示（如欧盟和日本），但是也有用 g/kg 表示的（澳大利亚和新西兰）。在理解阈值的含义时一定要注意这个百分数是如何得到的（计算这个百分数的公式中分子和分母各是什么）。转基因成分通常指外源 DNA 或外源蛋白质。转基因成分含量至少有三种定义：一是以样品量为计量基础的定义；二是以样品中某物种质量为计量基础的定义；三是以样品中某物种的 DNA 量为计量基础的定义（Bernauer，2003）。

【案例 12-2】欧盟委员会通过标示食品中转基因生物的 1% 法则

欧盟委员会上周通过标签法则，要求食品公司给转基因配料含量超过 1% 的产品加贴标签。1% 阈值是转基因生物（GMO）食品配料的最低检出限。欧盟委员会称，制定这一阈值"旨在解决经营者面临的问题，他们努力避开 GMO，但由于意外污染，仍在其产品中发现了低含量的转基因物质。该法则将为那些经营者提供合法的可信度。"1% 的阈值仅适用于欧盟范围内已经被授权供人类消费的 GMO，且在下列几种情况下方适用。

　　转基因物质必须来源于意外。这意味着经营者必须提供他们避免使用 GMO 作原料的证据。

　　意外出现的转基因物质的百分含量不能超过每一种单独考虑的成分的 1%。

　　根据欧盟有关法规，欧洲市场的进口商应该遵守欧盟的各项政策。欧盟委员会的一位发言人称该法则是一项非歧视性的措施，所有国家都应遵守。这项新的标签法则仍必须经欧洲理事会批准。

　　定量阈值的确定应该充分考虑转基因产品的安全性（包括对健康、环境）、经济和贸易保护、运行成本、管理成本和技术上实施的可行性。一是要遵循预防性原则和可追溯原则；二是要遵循经济和贸易保护原则；三是要考虑运行成本、管理成本等方面；四是要考虑技术的可行性。

　　国外在阈值管理过程中，主要存在以下几个问题：一是不同国家设定的阈值大小和定义不尽相同，在进出口过程中，不同的阈值已造成贸易的畸形发展；二是实施转基因成分定量标识制度将提高运行和管理成本；三是实施转基因成分定量标识对检测技术是一个严峻挑战。目前，加工食品的 DNA 提取问题、基因叠加的转基因产品定量检测问题、不同植物组织基因组倍数差异对检测的影响问题、非法释放转基因产品的检测问题等都有待深入研究和解决。

　　但从长远看，设立阈值，实行定量标识已是大势所趋，不同国家应该根据自己的国情设计适合本国的转基因成分定量标识制度。既可以选择自愿标识和强制性标识，也可以根据需要规定标识豁免产品的范围，还可以通过身份认证系统进行管理。

二、主要国家和地区标识制度分类及比较研究

　　1997 年欧盟在世界上首次建立转基因产品的标识制度，其后很多国家都建立了自己的转基因产品的标识制度。过去十年间，有 40 多个国家建立了转基因产品标识制度，但它们在具体细节和执行力度方面差异很大（Phillips and McNeill，2000；Carter and Gruère，2003；Haigh，2004）。大部分国际经济合作组织成员国已制定并实施了转基因产品标识制度。发展中国家只有少数制定了转基因产品标识制度，真正实施的更少。

　　不同国家的转基因产品标识制度在性质（强制实施还是自愿实施）、管理产品的范围和豁免产品范围、豁免标识的最低容许量（阈值）和法规执行力度等方面具有差异。转基因产品标识制度对消费者选择权、消费者知情权、食品销售和国际贸易等产生了显著的影响。

【案例 12-3】农业部研究转基因标识制度调整

　　据新华社报道农业部正在研究转基因标识制度是否需要修改的问题。日前，在第四届媒体记者转基因研修班上，农业部科教司处长何艺兵透露这一情况，他

强调，转基因标识与转基因安全性无任何关联，上市的转基因产品都是安全的。

何艺兵在会上介绍，转基因食品的安全性国际上早有定论，转基因生物的安全性是专业的权威机构说了算。

转基因标识提供选择，与转基因安全性无关。

"转基因是一个世界潮流。"何艺兵表示，目前美国的转基因研发、种植和消费均居于全球第一。种植面积方面，巴西、阿根廷等国家紧随美国后，中国由此前的第 4 位变为第 6 位。而中国粮食产量增速不及粮食需求增速，粮食安全形势依旧严峻。

资料显示，2014 年，中国粮食总产量超 6 亿吨，但消费量已达 6.4 亿吨，粮食进口量不断增加。中国发展转基因技术，有客观需求。

对于公众关心的转基因标识问题，何艺兵表示，农业部正在研究转基因标识制度是否需要修改的问题。目前，全世界只有中国采取了强制定性标识，可以说是最严格的。而其他国家均采取定量标识，即为转基因成分设定一个阈值，如欧盟，转基因成分超过 0.9%才标识。

何艺兵强调，转基因标识只是提供给大家选择权和知情权，与转基因安全性无关。

（一）转基因标识制度的分类

对于具有营养成分上具有实质等同性的转基因产品不同国家的标识制度大致可以按照以下特点分类。

根据是否要求强制性标识，可以分为三大类：强制性、自愿性、自愿与强制混合型。

根据检测不到转基因成分的转基因产品是否要求标识，分为过程关注型和成分关注型。

根据对转基因产品标识的严格程度分为三类：严格型、中间型、宽松型。

根据豁免标识的转基因成分最低含量是否具有阈值规定，分为定性标识型和定量标识型。

通过转基因手段改变了食品的特性（营养成分、抗营养因子、过敏原和用途），导致转基因产品与对应的传统食品不具备实质等同性，如高油酸含量的油菜、营养强化大米（如黄金稻米）。在所有实施标识制度的国家（包括美国和加拿大）对这些产品都要求标识，而且毫无例外都是强制性的标识。其目的是让消费者对具有新型性状和性能的食品有知情权和选择权。

通过转基因手段产生食品，如果与传统食品比较，在营养成分、抗营养因子、过敏原和用途方面没有发生实质性变化，即认为与传统食品具有实质等同性。对于这类食品不同国家标识做法不同。目前商业化的转基因产品基本都属于此类。

1. 强制性和自愿性标识

表 12-1 列出了截至 2007 年 2 月实施转基因标识制度国家和地区的标识类型

和执行程度。对于具有实质等同性的转基因产品，欧盟、日本、韩国、澳大利亚、俄罗斯、巴西、中国内地等要求实施强制性标识制度，而美国、加拿大、中国香港和南非则实行自愿标识。有些国家和地区（如日本和欧盟）对非转基因食物还制订了自愿性标识的规定，这种强制与自愿混合型标识制度保证让最谨慎的消费者也能够完全避免使用转基因产品。

表 12-1 一些主要国家和地区的转基因标识制度

主要国家和地区	标识类型 [a]	产品/加工过程	范围	免于标识	阈值
欧盟	强制和自愿	加工过程	食品、饲料、添加剂、调味料、源自转基因作物的产品、餐馆	肉和动物制品	0.90%
巴西	强制	加工过程	食品、饲料、源自转基因作物的产品、肉、动物制品	实际上没有	1.00%
中国内地	强制	加工过程	目录、源自转基因作物的产品、肉、动物制品	目录之外的	0.00%
澳大利亚，新西兰	强制和自愿	产品	根据目录检测所有产品	深度加工后的产品	1.00%
日本	强制和自愿	产品	食品目录	深度加工后的产品	5%[f]
印尼 [b]	强制	产品	食品目录	目录之外的	5%[f]
俄罗斯	强制	产品	根据目录检测所有产品	饲料	0.90%
沙特阿拉伯	强制	产品	食品目录	目录之外的，餐馆	1.00%
韩国	强制和自愿	产品	食品目录	深度加工后的产品	3%[g]
中国台湾	强制和自愿	产品	食品目录	目录之外的	5.00%
泰国 [c]	强制	产品	食品目录	目录之外的	5%[f]
阿根廷 [d]	自愿	产品	未详细说明	未详细说明	—
南非	自愿	产品	未详细说明	未详细说明	—
菲律宾 [e]	自愿	产品	根据目录检测所有产品	根据目录检测所有产品	5.00%
加拿大	自愿	产品	根据目录检测所有产品	根据目录检测所有产品	5.00%
美国	自愿	产品	根据目录检测所有产品	根据目录检测所有产品	—

a. 仅适用于在本质上没有改变的产品。

b. 据我们所知，标识制度还没有完全实施。

c. 根据自愿的原则标识，但会处罚欺骗性的标识。

d. 没有详细的相关法规。

e. 提出了标识制度拟议的标签规例。

f. 基于每种产品中三大主要成分的转基因含量。

g. 基于每种产品中五大主要成分的转基因含量。

注：根据管理的严格度将其分成三组，截至 2007 年 2 月。

　　许多发展中国家已经制定了转基因产品标识法规，但还没有执行或者只有部分执行。例如，巴西于 2003 年提出了转基因产品标识法规，但实际上至今尚未执行。印尼已经部分地执行了他们的转基因产品标识法规，他们要求进口商对转基因产品进行标识，但零售产品上并无转基因的标识。中国从 2004 年开始执行转基因标识制度，可以说是唯一有效地执行标识制度的国家。

2. 过程关注型和成分关注型标识

　　不同国家的转基因产品标识制度关注的对象不同。澳大利亚、新西兰、日本等国家对转基因产品标识管理关注的是在最终产品中是否存在转基因的成分（外源 DNA 或蛋白质），称为成分关注型标识制度。欧盟、巴西、中国等国家和地区的转基因产品标识制度不管最终产品中是否存在转基因成分，只关注食品原料是否采用转基因技术生产，称为过程关注型标识制度。成分关注型标识制度只要在产品中存在可检测或可定量的转基因产品的成分就需要标识。相比之下，过程关注型标识制度，对任何来自转基因生物的产品都必须进行标识，不论在最终产品中是否存在转基因成分的痕迹。这意味着即使用目前的检测技术无法在最终产品中检测到转基因 DNA 或蛋白质的痕迹，也需进行标识（如精炼的菜籽油和大豆油）。

　　两种类型的差异决定了执行方法的不同。成分关注型标识制度主要依靠仪器设备进行检测，而过程关注型标识制度则依靠可信的文件体系来保证转基因产品的可追溯性。过程关注型标识制度要求生产商和进口商保存转基因产品的身份信息，对转基因产品或非转基因产品都要从它们的原料到最后的包装进行追踪或身份标识。

3. 严格型、宽松型和中间型

　　根据转基因标识制度的严格程度（是否强制实施、豁免标识的产品范围、阈值高低等），可以将国际标识制度分为三种类型（表 12-1）（Carter and Gruère，2006）。

　　严格型：以欧盟为代表，已经推出严格的标识制度。这些制度属于过程关注型和强制标识型，具有广泛的覆盖范围。只有少数产品免于标识，而且标识的阈值很低。欧盟最近修订了"食品成分标签制度"，并从 2004 年 4 月起强制性实施，只要是转基因产品或来自转基因原料的食品，不管其中是否含有转基因成分都要强制性标识。

　　宽松型：以加拿大和美国为代表，只对确认不具备实质等同性的转基因产品实施强制性标识，而对具有实质等同性的转基因产品实行自愿标识制度。

　　中间型：以日本和澳大利亚为代表，实施产品关注型标识制度，根据最终产品是否具有特殊改变而实行强制标识制度，他们的阈值居中或者较高，并且有一些产品免于标识。

4. 定性标识型和定量标识型

食品中转基因成分含量高于什么程度才需要标识，称为标识最低阈值。具有阈值规定的标识制度称为定量标识型制度，如欧盟、日本、韩国、澳大利亚、新西兰、俄罗斯等。没有阈值规定的标识制度称为定性标识型制度，如中国内地、南非、阿根廷和美国（表 12-1）。

值得注意的是，同是定量标识的国家，他们设定的阈值及对阈值的解释都是不同的。阈值范围一般为 0.9%～5%。但是，有的是指食品中的一种原料，而有的是指 3 种或 5 种原料的累积含量。有的是指质量分数，有的是指 DNA 拷贝数百分数。因此，不同国家设定的阈值不能简单比较其高低。

欧盟于 1997 年颁布的新食品管理条例（258/97），规定当食品中某一成分的转基因含量达到该成分的 1%时，需进行标识。2002 年，欧盟将这一阈值降低到0.9%。韩国规定标识对象为食品中含量最高的前 5 种食品成分，如果它们的转基因成分含量超过 3%，则需对该食品进行标识。泰国标识对象为食品中含量最高的前 3 种成分，如果转基因成分含量超过 5%，对该食品进行标识（Ahnmed，2002）。

5. 标识豁免产品的差异

实施定量标识的国家对转基因成分含量低于阈值的食品可以免于标识。此外，一些国家还规定可以对某些特殊产品实施标识豁免。不同国家规定可以豁免的条件不尽相同，主要反映在对以下食品类型是否需要标识的态度上。

（1）含有转基因成分（外源 DNA 或蛋白质）的食品：实施强制性标识的国家都将此类产品列为标识对象。

（2）来自转基因生物但不含转基因成分的食品（或检测不到转基因成分）：多数国家（日本、韩国、俄罗斯、澳大利亚等）将其列为豁免对象。

（3）动物饲料：日本、俄罗斯等将其列为豁免对象，而欧盟将其列为标识对象。

（4）用转基因产品生产加工的肉类：除巴西外，几乎所有国家都将其列为标识豁免对象。

（5）食品添加剂和调味品：多数国家将其列为标识豁免的对象，但欧盟等将其列为标识对象。

（6）由餐厅和服务业出售的膳食：澳大利亚等国规定豁免，但欧盟等将其列为标识对象。

（7）散装食品：多数国家将其列为标识豁免的对象，但欧盟将其列为标识对象。

（8）目录范围：多数国家指定标识食品的范围，一般是本国批准上市的转基因作物及其产品。范围以外的产品都属于标识豁免对象。

澳大利亚和新西兰的标识政策规定：终产品（如来源于转基因大豆、玉米和油菜的油、糖、淀粉等）中不含新的 DNA 或蛋白质的食品、食品添加剂或加工辅助物质（终产品中不含外源 DNA 或蛋白质）、调味品（终产品中转基因成分含量不超过 0.1%）及在加工点销售（如餐馆等）的食品可不进行标识。俄罗斯规定由转基因材料生产的食品，若不含外源基因及外源蛋白，且在营养价值方面与其传统产品对比具有实质等同性，则不需要另外标识。韩国也规定即使是转基因产品，只要终产品中不含外源 DNA 或蛋白质则不需标识，如大豆酱油、食用油等。以色列政府规定：大豆或玉米制成品中若不含外源 DNA 或蛋白质，或者该产品仅用于试验研究，则可不进行标识。欧盟条例 50/2000/EC 则规定，含有转基因成分或者由转基因材料所生产的食品添加剂和调味料，也必须进行标识。

（二）不同国家和地区转基因产品标识制度比较

目前，国际上主要国家和地区的转基因产品标识制度差异较大，表 12-2 对国际上主要国家和地区的转基因产品标识制度在标识对象、标识方法等方面进行了比较分析。表 12-3 对转基因产品标识制度的标识豁免范围和阴性标签的要求进行了比较。

表 12-2　不同国家和地区转基因产品标识制度比较

国家和地区	包装食品	非包装食品	额外要求
中国内地	目前未对包装和非包装食品进行区分。 对 5 类转基因作物（大豆、玉米、油菜、棉花和番茄）的 17 种产品进行强制性标签。 无法判定：标识制度是基于食品中新 DNA 或/和新蛋白质的存在，还是基于是否采用转基因技术（例如，农业部是基于食品是否采用转基因技术，而卫生部是基于食品中新 DNA 或/和新蛋白质的存在）		对来自潜在致敏食物的转基因产品，还要标注"本品转××食物基因，对××食物过敏者注意"
澳大利亚，新西兰	标识的依据是否存在新 DNA 或/和新蛋白质；在食品名称处或者在食品的配料表内具体标识"遗传修饰"。 法规：《转基因食品标识管理条例》第 2 部分，标准 1.5.2	依据是否存在新 DNA 或/和新蛋白质。 在食品或者食品的配料表处标识"遗传修饰"	以实质等同性为依据；当食品"特性改变"或涉及伦理、文化、宗教问题时，应参照草案的 1.5.2 条标准在标签中标注额外信息
加拿大	目前未对包装和非包装食品进行区分。 关于标签要求，转基因食品同非转基因食品接受相同的处理。因此没有在食品中声明存在转基因食品或成分的强制要求。 法规：《食品药品条例》（第 1 部分第五章）。 提议：开发自愿性标签的产业标准。包括进行阳性和阴性声明的指导方针。 资料来源：《对转基因食品和非转基因食品进行自愿标识和广告的标准》2003 年 6 月（第 3 次投票草案）		当有健康或安全风险时（如来自过敏原）或有重大的营养或组成改变时必须进行强制的标签。未强制要求对转基因食品进行标签标识

续表

国家和地区	包装食品	非包装食品	额外要求
中国台湾	目前未对包装和非包装食品进行区分。 不能判定：标签制度是否基于转基因成分的存在。 对于含转基因大豆、玉米成分超过重量5%的食品必须进行标签（包括未加工的大豆和玉米，大豆粗粉、细粉，玉米粗粒、粗粉、细粉；加工过的产品如豆腐、豆奶、冷藏玉米、罐装玉米、大豆蛋白；精加工的大豆和玉米制品）。 资料来源：《基于美国农业部信息》（ABARE 报告 2003 年 7 月）		目前：没有额外指定的标签要求
日本	目前未对包装和非包装食品进行区分。 标识制度基于在食品中存在新 DNA 或/和新蛋白质。 强制性标识范围为转基因大豆、玉米和土豆的 44 种食品，任何一个转基因成分按重量超过 5%时必须标识。 框架： （1）如果含转基因成分产品实施了"IP 处理"，强制标签为"转基因食品"。 （2）如果非转基因食品没有实施"IP 处理"与转基因成分分开，强制标签为"未与转基因食品分离"。 （3）如果非转基因食品实施了"IP 处理"，可自愿标签为"非转基因"。 法规：《食品卫生法（公共卫生）》卫生劳动部		目前没有额外指定的标签要求
韩国	标签要求基于食品中新 DNA 或/和新蛋白质的存在。大部分食品（玉米、大豆、豆芽、土豆）以及加工食品（包含转基因大豆、玉米、豆芽作为最主要 5 种配料之一）要求强制标签。 法规有《转基因食品标签标准》（韩国食品药品管理局通知 2000-43，2001-43）	目前包装食品法规适用于非包装食品，但要求在单独的显示牌上注明食品信息	目前没有额外指定的标签要求
墨西哥	目前：无相关法规。 提议：包含转基因生物成分的食品必须进行标签标示。新法规在 2003 年 9 月批准。从可用信息不能判定：新标签要求是否基于在食品新 DNA 或/和新蛋白质的存在	目前无其他可用的详细信息	目前无其他可用的详细信息
俄罗斯	目前未对包装和非包装食品进行区分。 所有转基因食品强制标签。 标签要求是基于在食品新 DNA 或/和新蛋白质的存在。 资料来源：从美国农业部网站得到的非官方译本，利润报告#RS9057，俄联邦食品农业进口管理规范（法令）		目前没有额外指定的标签要求
泰国	目前未对包装和非包装食品进行区分。 对列举出的食品进行强制标签（22 种大豆和玉米制品），条件是这些食品中的转基因 DNA 或蛋白质含量达到 5%或以上，或作为 3 种主要成分之一（达到总质量的 5%或以上）。 资料来源：非正式译本，公共卫生部通知（No. 251）B. E. 2545		目前没有额外指定的标签要求

续表

国家和地区	包装食品	非包装食品	额外要求
美国	目前未对包装和非包装食品进行区分。 关于标签要求，转基因食品同非转基因食品接受相同的处理。因此没有在食品中声明存在转基因食品或成分的强制要求。 资料来源：《联邦食品、药品及化妆品草案》 《自愿标签产业指导》正当时令。 资料来源：食品药品管理局行业指导手册草案（2001年1月）		按照《联邦食品、药品及化妆品草案》403（i）及章节201（n）标示。如果食品的通用名已不再适合描述新的转基因食品，则须改名描述产生的差异
欧盟	目前对所有批准的转基因食品及成分都实施强制性标签，不管转基因成分是否还存在，包括精炼大豆油、玉米油。 对于包含转基因成分的预包装产品，需在标签上标示"此产品含有遗传修饰生物"或"此产品含有遗传修饰【生物名称】"的字样。 规范：（EC）No.1830/2003	目前实施强制标签，不管能否检测到转基因成分。对最终供应给消费者的非包装产品，必须说明或者标注"此产品包括遗传修饰生物"或"此产品包含遗传修饰【生物名称】"的字样。 规范：（EC）No.1830/2003	如果已经存在同样名称食品，必须标示转基因的新特点。规范：（EC）No.258/97 目前添加剂和调味品的标签必须说明新的转基因特性。规范：（EC）No.50/2000

表 12-3　不同国家和地区转基因标识制度中关于标识豁免范围和阴性标签的比较

国家和地区	标签豁免范围					阴性标签
	精加工食品	添加剂	调味品	即时消费食品	配料	
中国内地	无具体标签豁免	无具体标签豁免	无具体标签豁免	无具体标签豁免	未设置阈值水平	规定非转基因产品不必标记为"非转基因"，未对阴性标签作出规定
澳大利亚，新西兰	经去掉DNA和蛋白质的精炼工艺	能够阻止新DNA和新蛋白质被带入最终食品	小于1g/kg的调味品：芳香剂、媒介物、其他组分	由食品物业或自动贩卖机制作和销售的	非故意的转基因成分存在且不多于配料组成的10g/kg	澳大利亚的《贸易实践条例》，1974；《国家和地区食品条例》；《WA卫生条例》；新西兰的《公平交易条例》，1986；《食品条例》1981；以上法令与诱导误解的标示、欺骗性标签相关 非转基因声明信息必须真实、可靠
加拿大	不适用	不适用	不适用	不适用	不适用	提议：自愿标签以5%为阈值，低于阈值时可阴性声明
中国台湾	豆酱、豆油、玉米油、汁及玉米淀粉	仅当低于5%阈值时可标签豁免	仅当低于5%阈值时可标签豁免	无具体标签豁免	除偶然存在5%外未设置阈值水平	无其他可用的详细信息

续表

国家和地区	标签豁免范围					阴性标签
	精加工食品	添加剂	调味品	即时消费食品	配料	
日本	当转基因成分 DNA 和蛋白质从最终产品中消除时不要求标签	当转基因成分 DNA 和蛋白质从最终产品中消除时不要求标签	仅当小于质量比阈值 5%时,或未作为主要配料时可以标签豁免	无具体豁免	仅当小于质量比阈值 5%时,或未作为主要配料时可以标签豁免	当已有 IP 标示时可自愿标签
韩国	当产品无残留的重组 DNA 和蛋白质时,不要求标签	当产品无残留的重组 DNA 和蛋白质时,不要求标签	除转基因成分作为五种主要成分之一外无特殊豁免	当已列出单独的显示牌时,速熟食品操作员不需为食品加注标签	阈值设为 3%,当超过阈值时必须进行 IP 系统标签	当不能证实产品原料的来源时,标签标注为"可能包含转基因成分"
墨西哥	无其他可用的详细信息	无其他可用的详细信息	无其他可用的详细信息	无其他可用的详细信息	无其他可用的详细信息	无其他可用的详细信息
俄罗斯	不包含转基因 DNA 和蛋白质的食品不必标签标示	不包含转基因 DNA 和蛋白质的食品不必标签标示	无具体豁免	无具体豁免	无具体豁免	法令为对阴性声明表态
泰国	除基于存在的法规外,无特别的豁免	除小于 5%阈值和不是主要配料外,无特别的豁免	除小于 5%阈值和不是主要配料外,无特别的豁免	小生产者(有限的地区生产,且能直接提供产品信息给消费者)可免去标签	未设置阈值水平但能承受偶然存在转基因成分 5%	禁止阴性声明,如"非转基因食品""不含转基因成分"
美国	不适用	不适用	不适用	不适用	不适用	自愿标签,如误导标签执行《联邦食品、药品及化妆品草案》403(i)及 201 (n)
欧盟	无豁免,非基于存在的强制标签适用于这些食品	对添加剂无标签免除,强制标签不基于存在转基因成分。无强制规范要求对加工过程进行标签	无豁免,强制标签适用于调味品	无具体豁免。非预包装食品必须永久、明显地显示关于转基因的信息	非转基因食品或饲料中转基因成分偶然存在 0.9%为阈值。非转基因食品或饲料中转基因成分 0.5%的阈值有利于安全评估,但该阈值等待批准	没有规定特定的阴性转基因食品标签声明。尽管如此,国会指令 79/112/EEC 要求:标签不能误导消费者

1. 欧盟与澳大利亚、新西兰

总体上欧盟标识制度比较严格，澳大利亚、新西兰则相对宽松。当欧盟的标识制度和澳大利亚、新西兰进行对比时，主要的差异是澳大利亚、新西兰的标识关注点集中在最终产品上是否存在外来 DNA 或蛋白质，而不关心是否是转基因产品或者在生产过程中是否使用了转基因材料，因此在澳大利亚和新西兰制度体系下一些食品可以不贴标识，如一些精制食品，在最终产品中不含外源基因，但是在欧盟的新法规下必须进行标识。在欧盟，无论调味品在最终产品中的含量多少，由转基因产品制造的调味品必须明确标识，但是目前在澳大利亚和新西兰，如果调味品在最终的食品中的含量不超过 1 g/kg，那么转基因的调味品不需要标识。

在辅助剂方面，欧盟标识制度比较宽松，澳大利亚、新西兰则较严格。在欧盟法规中，食品和饲料加工过程中使用的辅助剂不在检测范围，此外，新法规规定在食品和饲料加工过程中需要借助转基因材料的处理也不在检测范围，不像澳大利亚和新西兰，澳大利亚和新西兰只有在最终产品中没有发现转基因成分才可以不用标识。欧盟法规提供了一个有效生产转基因辅助剂的空间，即使在最终产品中存在外源 DNA 或蛋白质，仍然可以不标识，因此在这个方面欧盟没有澳大利亚和新西兰严格。

转基因产品商业化审批依据差异较大。虽然澳大利亚、新西兰有和欧盟相似的法规，但是欧盟已经把非转基因产品中的转基因成分的标准由 10 g/kg 降至 9 g/kg。在欧盟的法律上也允许在食品中存在未经许可的转基因成分，但是含量不能超过 5 g/kg，只要转基因产品在安全评估的范围以内就行。但是，表明产品中转基因成分没有达到标准极限是非常重要的，如果一个产品中含有的未批准的转基因成分超过 5%，那么这个商品就不能合法出售。这种情形与澳大利亚和新西兰明显不同，在澳大利亚和新西兰，所有的转基因产品必须要进行安全评估，在投放到市场以前必须要经过批准。无论含有多少转基因成分，任何未经批准的转基因产品投放市场都违反了标准 1.5.2 的第一条规定。

公众、团体、生产商对本国标识制度的反应迥然不同。民调结果显示，大部分的消费者个人和团体都支持欧盟的新法规，他们认为澳大利亚和新西兰的法规也应该采用新的制度，这些制度要基于食品的制作过程，而不是最终的产品，要确保标识的信息是消费者想要的，并且对消费者准确判断是否购买商品是必需的。但是，很多生产商对欧盟的体制提出了反对意见，他们认为这些法规没有科学依据。这些法规要求即使在最终产品里没有转基因成分也要进行标识，他们认为这很难执行，同时也没有任何的科学依据能够证明制造商是否遵守标识制度，并且遵守这样的法规对工业本身来说也是要付出很大代价的，因为这需要把复杂的供应链的管理、可溯性、种族隔离，以及具有能够证明是否是精制食品的文件都要标识出来。从这些意见中可以得出这样的结论：这样的制度可以被看作是不必要的贸易障碍。

2. 日本与澳大利亚、新西兰

对于那些以转基因的大豆、玉米、马铃薯为原料，且在最终的产品中含有外源 DNA 片段或蛋白质，并且外源基因的含量高于 5%的食品，日本要求进行强制性标识，而在澳大利亚和新西兰，无论含有多少外源基因，都要进行标识。

日本规定可以根据是否实施 IP 制度进行区分，这些规定也和标识的格式相关，并且在实施 IP 制度的地方也可以选择对非转基因产品进行标识。

在日本，对性质改变的转基因产品的标识没有特殊的要求，在最终产品上，如果没有外源 DNA 片段和蛋白质，就可以不标识，在澳大利亚和新西兰法规中，对最终产品中没有外源 DNA 片段或蛋白质的添加剂及加工辅助剂等不要标识。

关于调味品，没有法规明确说明可以不标识，但是实际上，调味品并不是食品的主要成分，在最终产品中的含量一般会低于法律规定的 5%，因此，可以不标识。与澳大利亚和新西兰规定的在最终产品中调味品含量超过 1g/kg（0.1%）就要进行标识的规定相比，就没有那么严格。

3. 美国与加拿大

关于对转基因产品标识的管理，北美的管理方法和澳大利亚、新西兰不一样，美国和加拿大的转基因产品在上市之前必须要经过安全评价，这两个国家认为，转基因产品应该和其他经过加工的食品一样标识，当转基因产品中的成分和营养价值不同于普通食品时必须进行标识，如过敏物必须标明。在加拿大，尽管没有要求对因原材料基因改变造成性质改变的产品进行标识，但规定了存在健康隐患的产品必须要标明。

美国有完善的工业管理制度，美国的制造商都希望能够对他们的产品，包括产品的来源等进行自愿标识。但是，关于负面标识，除了一般的规定以外，禁止使用具有误导性的说明。加拿大是一个发展中的工业国，他们认为在非转基因产品中的转基因成分只要不超过 5%就是允许的。

【案例 12-4】美国金宝汤公司决定标识转基因成分

2016 年 1 月 13 日讯，美国金宝汤公司日前决定在其产品包装上标识转基因成分，成为第一家这样做的美国大型企业。该公司称这是为尊重消费者知情权，同时又表示不会质疑转基因食品的科学原理安全性。这一举动反映了美国转基因争论的新动向。

金宝汤公司成立于 1869 年，现有雇员约 1.75 万人，是上市企业。该公司以"金宝"牌浓缩罐装汤为主要产品，另有其他 16 个饮料、调料、食材等品牌，近来的年度运营收入估计将近 80 亿美元。该公司在一份声明中说，支持美国国会制定法律，以能全国统一地强制性在食品包装标签上列出转基因成分。

美国市场上有大量转基因食品。据估计，美国超市货架上的食品和食材中约 70%含有转基因成分。美国农场主种植转基因油菜、玉米、大豆和甜菜已将近 20 年，这 4 类作物如今超过 90%是转基因品种。在美国几乎没有人能完全回避转基因食品。

从科学上看，这些转基因食品经过了美国监管部门的安全审核。例如，转基因作物种子通过美国监管部门安全审核平均所需耗费的时间为 13 年。金宝汤公司也在声明中说，仍然认可转基因食品是安全的，科学研究显示转基因食品与其他食品在营养上并无不同。

但是在近来关于转基因食品的争论中，焦点转向消费者的"知情权"，即生产商和销售商是否应"透明"地标识食品中的转基因成分，以便消费者作出"知情选择"。

过去几年间，美国多个州就是否立法强制标识食品中的转基因成分而进行了公投等活动。许多大型企业如百事可乐、孟山都、杜邦、先正达等投入巨额资金，反对强制标识。俄勒冈、科罗拉多、华盛顿和加利福尼亚州的相关法律未获通过。目前唯一成功的案例是佛蒙特州，该州 2014 年通过地方立法，定于 2016 年 7 月生效。

佛蒙特州的立法对金宝汤公司构成触动。金宝汤总裁兼首席执行官丹尼斯·莫里森在给员工的一封信中说，金宝汤曾经也和其他大企业一道参与了反对地方立法的努力，原因是如果各州法律不同，会增加企业守法成本。例如，同一公司的产品会有的被要求标识，而有的不要求标识。

因此，金宝汤公司现在的立场是，支持建立联邦层面统一的转基因标识立法，但仍然反对各州单独通过相关立法。在联邦立法尚未通过之前，该公司决定自行对其产品中的转基因成分进行标识。在莫里森致信员工的同时，金宝汤公司的网站上列出了产品中包含的所有转基因成分。

对金宝汤公司所作决定，美国食品杂货制造商协会代表超过 300 家企业发表声明说："尊重个体会员企业行使权利，以任何自己认为合适的方式与消费者沟通。"

第二节　生物技术食品追溯管理体系

一、溯源的基本概念

溯源（traceability），又称为"可追溯性""溯源性"，维基百科将其定义为：

可追溯性是指加工链中信息的完整性。即根据一定的证明对涉及对象能够按照一定顺序进行确认的能力。ISO：9000《质量管理体系——基础和术语》则定义为：追溯是跟踪和溯源动植物食品和饲料产品的生产和流通的各个环节的能力。食品溯源管理最早的欧盟则将其定义为：溯源性是指对任何用于消费的食品、饲料、动物加工产品或者其余物质加工产品的生产、加工和销售的各个环节跟踪的能力。

溯源的本质是信息记录和定位跟踪系统。农产品可追溯制度是一项实现农产品从农田到餐桌产销信息公开、透明及可追溯的一体化保证制度。也就是在农产品生产、加工处理及流通、销售过程各阶段，由生产者及流通业者分别将各环节相关信息详细记录、保管并公开标识，让消费者可以通过追溯农产品产销相关流程，了解农产品在产销过程环节的重要信息。

溯源也是风险管理的工具之一，通过生产和销售链对食品进行跟踪，确认并解决食品存在的风险，保护消费者健康。对于国家管理食品管理机构，溯源是保证食品安全的十分重要的手段之一，因为通过跟踪或者追溯，能够很容易地发现并确定风险产品的来源，使管理机构或者食品企业能将受到污染的产品及时从市场中撤销或者召回，并向公众提供确切的信息，防止受污染的产品达到消费者，有效保护消费者的安全。

（一）溯源的主要内容

1. One-Up One-Down 可追溯

产品供应链中每一个部分都有责任进行信息的输入和输出，但不负责在供应链中传递了好几个步骤的相关信息。One-Up One-Down 可追溯是一个实行起来最简单的体系，为个体贸易提供了最大的可行性，确保了保密资料的保密效果。

2. 记录适当的资料数据

这一系统必须记录满足上述可追溯定义要求的各种信息。一个可追溯系统要求三个基本的信息组成：产品识别方法（产品标识）、产品信息、产品标识与产品信息之间的可追溯连接。一个成功的可追溯系统的关键，在于分配产品识别码给特殊的产品单元（贸易的或者逻辑的），并当它在供应链中移动时保持每一单元（以及所有相关的描述信息）的完整性。产品标识与产品信息之间的连接可以简单到一张包含各种相关信息的纸质记录；也可以用条码、电子数据表、数据库记录等电子化兼容性有效形式作为它们之间的连接。

3. 供应链全程有效的信息传递

可追溯系统必须能使信息在供应链各环节之间进行有效的传递。为了使得资料传递途径变得更加便利，信息在供应链的各环节间的转移更加流畅，记录必须：及时建立并保持；及时获得；与供应链的其他环节相适应——记录、存储和转移信息方法必须考虑到确保供应链的前导环节和后续环节无缝连接；可追溯系统的兼容性必须考虑到出口市场。

4. 资料负责任方

对于在供应链中的某一环节人员来说，应当妥善管理和保存相关信息，以便能在各环节连接点处非常容易地获取可追溯信息。在前瞻追溯或者历史追溯中，权威部门应当有一个简单的方法获取与供应链中某环节组织 One-Up One-Down 信息。为供应链中某环节组织管理和负责可追溯资料的人员就是资料负责任方。供应链中个环节的组织必须有一个资料负责任方。资料负责任方可以是资料要求方，也可以是供应链中的其他相关组织，或者是被授权管理信息的供应链外第三方。供应链中的各方组织可以拥有同一个资料负责人方。

5. 产品标识

产品标识是可追溯系统的基础。没有产品标识，你就无法达到可追溯到目的。产品标识共分为三个层次：批次、销售单元和物流单元。

6. 单元运输和转移

供应链中的每一个环节，销售单元和/物流单元可能会传递给他方，或因为集合或者分裂的原因而发生改变。供应链上发生越多的传递或者改变，则可追溯变得越复杂。在可追溯系统中，每个单元的传递或者改变均要求保持记录。

7. 产品标签

产品信息可通过包装标签与实际产品包装相关联。包装必须加贴标签或者印上产品标识，通过产品标识的纸质表格或者计算机数据库便能找到各种关联信息。没有包装标签，产品身份的确认便无从着手。标签可以包括传递给供应链下一环节的一些或者全部产品信息。

8. 集中的可追溯

在一个集中的可追溯系统中，对于供应链中各环节的所有人员只有一个单一的资料存储和使用点。集中的体系经常超越 One-Up One-Down 可追溯，在供应链中提供不同层次的可追溯。对于供应链中各相关人员来说，与设计和维持他们自己的可追溯系统相比较，集中的可追溯系统可能更加经济、更加有效。但是各有关人员为了信息保密性，需要遵循必须制定的特殊信息标准和规范。集中的资料系统可能被应用于各产业部门，并与供应链的其他层面联系起来，或者一个系统便能应用于实现全过程的可追溯。

（二）溯源的主要形式

纸质可追溯系统是记录具有相同形式的采购、加工、销售和发货系统。产品的追溯可通过连接各个单独的系统来实现，在加工厂和储存产品时，还可以执行一些附加的程序。纸质可追溯的优点是基于现有的质量确保和原料控制文件系统；

执行成本低廉；在处理过程中应用起来非常方便和灵活。缺点是相对于条码和IP 系统等可追溯方法来说，纸质记录的处理和维持非常耗时；对于编写、分析记录来说，需要大量的人力劳动；依赖于指定的正确程序操作，否则将导致结果不可靠；对于纸质记录来说，信息追溯是非常耗时和困难的。当加工操作涉及超过一种原料或成分时，记录不容易总结和评论，因此只能作为有限的参考性资料。

1. 条码系统（标签标识）

条码不仅可用于标注和识别供应链的原料和产品，还可用于标识产品所在位置（如码头、加工场所）或者个别的机器设备（如称重计、加工设备）。条码系统依靠使用手持扫描仪进行阅读条码信息和输入附加信息，打印机打印标签，还需要并行的计算机管理系统管理信息。该系统可用于不同层次，可阅读采购原料的信息、给最终产品加贴标签或者操作完整的可追溯系统。

使用条码和扫描仪进行追溯，资料输入非常简单，通常具有菜单引导，使操作错误的可能性最小化；为了将产品质量记录（如温度）添加到资料系统中，附加信息可以通过手持设备装置输入，每一个扫描仪可以用来收集不同加工步骤的信息，因此可以节约开支并可使设备使用达到最大化；实时可获得记录，提高库存和过程控制；可以分析和处理从数据库中下载的信息，提供所需的报告和记录。缺点是要对设备进行资金投入，当需要将加工信息进行自动存储并与扫描信息衔接时，尤为如此；纸质条码容易损坏，并遗失所有信息；技术可能不能完全信赖，所以使用中建议同时备份纸质系统。

2. 同位素示踪技术

同位素示踪技术是农产品及转基因产品溯源的一种重要手段。通过对表达产物分子进行同位素（^{125}I、^{32}P、^{33}P、^{14}C 等）标记，可以清楚地阐明其在土壤中的环境行为与归趋、结合残留形成机制和特性等问题。转基因植物中外源基因的导入破坏了受体基因的活性，影响了受体植物的一系列代谢过程，除引起相关表型发生变化外，还可能导致根系分泌物化学组成发生变化。根系分泌物是植物根系在生命活动中向外界环境分泌的各种有机化合物的总称。按分子质量的大小可分为低分子质量和高分子质量分泌物，前者主要是有机酸、糖、酚及各种氨基酸。对转基因植物及其亲本进行全生育期 $^{14}CO_2$ 光合标记，经 C18 等固相萃取法富集低分子分泌物并结合国内外其他方法进行样品预处理，用 UV2 放射性联机 HPLC初步确定主要成分，再通过 LC-MS 和 GC-MS 等法进一步分析。依据 UV2 放射性 HPLC、LC-MS 和 GC-MS 谱图，找出主要差异峰，重点分析差异峰，进而阐明转基因植物与亲本在根系主要分泌物化学组分上的异同性。同位素示踪技术与现代仪器分析技术相结合，有助于简化根系分泌物化学组分的结构鉴定。此外，用 ^{15}N、^{13}C、^{14}C 和 ^{32}P 标记及示踪动力学可以揭示转基因植物根际土壤有效养分的循环规律。此方式对硬件投入和使用人员要求更高，且不能现场移动，仅适用个别疑似样品的抽样追溯，不能普遍推广采纳。

【案例12-5】大数据助力全程可追溯

修订的食品安全法明确规定："国家建立食品安全全程追溯制度。食品生产经营者应当依照本法的规定，建立食品安全追溯体系，保证食品可追溯。国家鼓励食品生产经营者采用信息化手段采集、留存生产经营信息，建立食品安全追溯体系。"新法从国家层面提出了建立食品全程追溯制度，为保障食品全产业链的安全提出了新要求。

多数食品未实现全程可追溯

所谓溯源就是追溯产品的原料和流通等信息，现在溯源很多都应用在有机食品上，例如，一个苹果的溯源，就是这个苹果是在哪里买的种子，什么时候开始生长，施的什么肥，在什么地域，什么时候成熟，什么时候采摘、装箱，在哪里售卖，最终到消费者手中，这些信息就是产品的溯源信息。从概念上看，产品追溯体系具有风险管理、信息记录和确责召回三大作用。"可追溯"一方面有利于企业进行过程控制，另一方面有利于监管部门在产品安全事件发生时对产品信息进行溯源。它促进了产品信息的公开透明，推动公众参与食品安全监督。

不过，这只是概念和理想状态的追溯体系，其在产品安全管理中的作用有局限性。有专家认为，产品的可追溯分两个层面，第一个层面是企业对食品生产链信息的可追溯——生产链环节上以个体识别为信息载体的食品可追溯系统；第二个层面是政府对于生产链信息的监管数据库建设。但是目前，我国的食品可追溯系统建设还处在第一层面，而且大多食品可追溯系统仅涉及生产链的某一环节，并未实现生产链的全程可追溯。

大数据可视化成获取溯源码利器

食品有了专属的身份证，所有数据信息都在标识平台中备案，如何整理和读取数据则可借助大数据可视化。

大数据可视化系统是实现对食品可追溯第二层面的追求。大数据可视化是相对于数据分类储存和提取查阅两方面而言的：前者由标识平台把繁杂散乱的信息系统归档；后者依赖扫码App设计实现。

扫码App是大数据可视化的重要手段，一方面它要具备丰富的码类识别功能；另一方面它还要有充足的数据接入端保证足够的溯源信息。扫码App通过扫描食品溯源码直接获取产品信息，是溯源体系中的"侦察轻骑兵"。因为扫码App能对数据进行精致的后期编辑，在界面中呈现给消费者。

即将到来的智能时代更关注即时的信息反馈，利用RIFD技术，用户只需扫描一下冷藏食物记录出产信息，再把手机与智能冰箱绑定，便能实时监控冷藏食品情况。

借助强大的数据系统，人们一键便能识别食品基因类型。而伴随着物联网溯源管理在农场中的开展，消费者扫描条形码，掌握蔬果的收割、施肥等情况已成为现实。物联网的全连接时代马上到来，食品溯源会带给人们更多惊喜与期待。

（三）转基因生物及其产品溯源检测技术

转基因生物及其产品溯源技术方法主要有用于身份溯源的 ELISA、PCR、DNA 指纹图谱等分子生物学技术。

ELISA 技术以外源基因表达产物为检测、鉴定对象，具有一定的特异性，目前已有多款商业化 ELISA 检测试剂盒，检测对象包括 Cry1Ab/Cry1Ac、EPSPS 等蛋白，可用于鉴定当前产业化程度最高的转基因作物，但不适用于外源基因表达水平很低或深加工产品，也不能区分导入相同目的基因的不同转基因生物及其产品（Berdal and Holst-Jensen，2002）。PCR 技术以 DNA 序列为检测、鉴定对象，具有高特异性、灵敏度等特性，是目前在转基因生物及其产品身份溯源领域应用最广泛的技术。根据检测靶标序列不同，分为筛选 PCR、基因特异性 PCR、构建特异性 PCR、转化体特异性 PCR 四类，其中转化体特异性 PCR 技术以外源插入载体与植物基因组的连接区序列为检测对象，这段连接区序列对每种转基因生物而言都是严格特异的，具有高度的特异性，已经成为转基因生物及其产品身份溯源方法的首选。DNA 指纹技术已用于植物新品种保护和 DUS 测试中，能够很准确地判断两个品种的同一性，将该技术引入转基因生物及其产品身份溯源，比较待测样品与溯源基准物质的 DNA 指纹图谱，根据指纹图谱的一致性与否即能鉴别二者是否具有同一性（Baeumler et al., 2006）。

（四）转基因生物及其产品溯源基准物质

转基因生物及其产品溯源基准物质是指由研发单位提供的、经过验证的转基因材料，在溯源过程中用作参照物质，用于确定转基因生物及其产品身份。因此，溯源体系对溯源基准物质的要求非常严格，必须保证足够的纯度，并经过循环验证后方可应用于转基因生物及其产品溯源。欧盟在比利时的标准物质和计量研究所（IRMM）专业研制和供应转基因生物标准物质，目前已经研制配置并提供了转基因玉米、大豆等多种基准物质，其中每一种标准物质由一系列不同转基因质量比含量的样品组成，我国在溯源基准物质研发方面也开展了大量工作，并研制出了转基因大豆 GTS40-3-2 基准物质，但与日益增长的转基因生物及其产品数量相比，现有这些标准物质远不能满足转基因生物溯源管理的需要，因此亟须开发转基因生物及其产品溯源基准物质，特别是我国自主研发的具有重大应用前景或批准进口用作加工原料的转基因生物。

（五）转基因生物及其产品溯源数据库

国内外已有多个转基因生物安全评价和检测技术数据库，如 Agbios、GMO Detection Method Database（GMDD）等，Agbios 转基因数据库收录了全球转基因生物研发相关信息，包括研发单位、导入性状和方法、环境安全和食用安全评价信息、各个国家的审批情况等，GMDD 收录了全球转基因生物研发基本信息、导入载体图谱和序列信息、已开发的检测方法、相关标准物质信息等，这些数据库为转基因生物安全评价和检测提供了强大的信息支持，但远不能满足转基因生物及其产品溯源对信息资料的需求。因此，亟须借助数据库信息系统，开发集成转基因生物及其产品全程溯源数据库，实现对国内转基因生物及其产品从研发单位、转化事件、分子特征、溯源技术、审批阶段、技术推广单位、种子生产、种植、销售、加工到产品，对国外转基因产品从研发机构、审批阶段、进口口岸和数量、流向、加工到产品的全程溯源，提高对转基因生物及其产品的溯源能力和对重大突发事件的处理能力，推进我国转基因生物安全管理工作逐步与国际接轨。

【案例12-6】首个转基因植物核酸测量溯源框架在我国建立

2012 年年底，由中国计量科学研究院牵头、8 家单位联合研制完成的"十一五"科技支撑计划重点课题"转基因植物核酸量值溯源传递关键技术研究"通过专家鉴定验收。该课题成功建立了转基因植物核酸测量的溯源途径，解决了国内长期无法实现转基因植物核酸准确测量和量值溯源的技术难题，使我国成为世界上首个建立转基因植物核酸量值溯源框架途径的国家。

该课题组经过三年联合实验攻关，建立了转基因植物核酸精确测量方法、计量标准和测量溯源途径，确定和实现溯源到国际基本单位。

该课题研究实现了转基因核酸的高准确度定量测量，解决了目前国内外对转基因核酸定量测量可比性差和缺乏标准物质的关键难题。

课题还建立了转基因标准物质候选物纯度鉴定方法体系，解决了基体标准物质候选物纯度无法准确鉴定的问题。

目前，课题成果已完成 CCQM-K86 国际计量关键比对，主导 CCQM-k110/P113.2 关键比对等生物组织中基因组 DNA 相对定量的国际比对，证明了所建立的核酸定量测量方法及计量标准达到国际领先。

（六）转基因产品溯源软件系统

2000 年年末，国际物品编码协会（EAN International）建立欧洲肉类出口集团（EMEG）实施新的"牛肉标签法"，并将 EAN·UCC 系统应用到牛肉的生产供应链，农场需对动物进行耳部标识，使每一个动物都取得一个合法的身份编号，并对每一个动物进行个体注册，确保每一个动物都取得健康证明和登记卡。有关该动物的详细信息将录入动物的身份证明或计算机系统数据库中。RFID 由标签、阅读器和天线三部分组成。标签（tag）：由耦合元件及芯片组成，每个标签具有唯一的电子编码，附着在物体上标识目标对象；阅读器（reader）：读取（有时还可以写入）标签信息的设备，可设计为手持式或固定式；天线（antenna）：在标签和读取器间传递射频信号。

转基因产品溯源方法主要涉及两个方面：一是在溯源管理上可借鉴包装食品的编码系统，对转基因生物或农产品从产地起就进行标识标签，使生产、加工、流通至销售的全过程均受控；二是建立监管追溯技术系统，配套标准检测技术方法，通过抽样检测和基准物质验证确定转基因产品的身份，并在数据库的基础上利用溯源软件系统追溯到转基因产品生产的源头。但目前我国转基因产品系统的溯源体系尚待建设和完善。

【案例 12-7】转基因产品将实现电子溯源监管

2014 年 8 月，由深圳检验检疫局编制的深圳市地方标准《转基因生物及其产品标签的电子标识》顺利通过评审，预计于 2014 年 11 月发布实施。该标准为国内首项转基因产品电子标识地方标准，有利于促进转基因产品电子溯源监管及体系的建立，规范深圳市乃至全国转基因产品的市场秩序。

据悉，我国政府对转基因生物及其产品采用强制标识制度，标识方式主要为传统的纸质标识。目前，国内市面销售的部分使用转基因原材料加工制成的食品屡次出现纸质标识不明显或未按要求标识转基因成分的情况。本次制定的新标准将转基因产品的标识标准由纸质标识提升到无线射频识别（RFID）电子标识，并从电子标签的规格、位置、颜色、内容、读写器等 5 个方面对转基因产品 RFID 标识的相关内容进行了规范。

二、主要国家和地区转基因产品溯源模式比对

世界上主要国家和国际组织转基因产品溯源管理模式差别很大，有关转基因食品标识观点主要有两种：一是无论转基因食品是否通过市场前的安全评估，均应该给消费者提供足够的信息，以使其知情消费；二是转基因食品具备与其传统对照产品相同的安全性，无需标识，除非该转基因产品与其传统对照产品不具有

实质等同性。这些不同的观点反映出各种不同的管理办法，在第一种观点的基础上的管理办法主张几乎所有的转基因食品都要进行强制性标识，第二种则主张除与传统对应物不实质等同的转基因产品外，其余的实行自愿标识。每种管理方式，法规力度也有很大的不同。

（一）主要国家和地区溯源管理机构和制度比较

出于对转基因产品追溯目的的不同，在不同的国情和产业体系下，产生了不同的管理机构和管理制度，以下几点分别对主要国家转基因溯源管理法规的立法背景、管理制度、管理机构、管理方式及其特色进行比对分析。

1. 主要国家和地区转基因溯源法规立法背景比较

不同的观点反映出各种不同的管理办法，在第一种观点的基础上的管理办法主张几乎所有的转基因食品都要进行强制性标识，第二种则主张除与传统对应物有很大不同的转基因产品外，其余的实行自愿标识。每种管理方式，法规力度也有很大的不同。

美国是转基因产品大国，强有力生物技术产品公司对法律的制定有一定的影响力，尽管国内公众存在强烈要求制定强制性溯源法规的呼声，但是由于来自企业界的阻力，美国不要求实行强制性标识制度，因此，美国的转基因溯源制度是世界上相对最宽松的。加拿大转基因面积种植较广，考虑到出口等因素，其转基因溯源的法规基本采取美国的做法，即：不采用强制性标签，均为自愿标签，除非转基因产品和成分、营养或者预期使用上有很大的不同时，才进行标识。

与此截然相反的是欧盟的转基因溯源法规，其原因是欧洲对转基因产品一直持极度不信任的态度，对转基因产品持否定、排斥态度。2004年修订的几个转基因法规文件就是这些意见的结果。基于（EC）178/2002号法规《食品法律基本原则和要求的规定、建立欧洲食品安全局和食品安全相关事项程序的规定》，该法规的18条明确了"食品、饲料、用于食品生产的动物，以及其他用于或者即将用于食品和饲料生产的任何物质应当在生产、加工和销售的任何阶段建立可追溯系统"。因此，在这个法规框架下，欧盟制定了世界上最严格的注重生产过程的转基因追溯法规。

日本是较早对转基因食品作出法律规定的国家之一，由于农业在日本国民经济中所占的比重较小，日本食品自给率较低，仅为40%，在很大程度上依靠进口。但在农产品和食品进口中，转基因成分所占比重较大。所以对转基因溯源的管理业比较严格。澳大利亚和新西兰对于转基因溯源管理独立成为一个体系，日本的管理法规与其保持一致。

1998年，澳大利亚在本国的食品标准法典中增添了关于基因技术生产的食品相关标准——A18，要求所有基因技术生产的食品均要通过澳大利亚、新西兰食品机构（ANZFA）评定，并列入标准。A18 标准在澳大利亚和新西兰联合食品标准法典中被列为标准 1.5.2。2000 年 11 月 24 日，修改的标准获得了部长理事会的批准，2000 年 12 月 7 日公布并生效。其规定严格程度仅次于欧盟，规定对于所有含有转基因成分的终端食品都应该进行标识。

2. 主要国家和地区转基因溯源管理方式比较

从上面法规背景的比较中，我们可以将转基因食品溯源管理分为三种情况：第一种是对于所有转基因食品都要进行强制性标识。第二种则主张除与传统对应物有明显不同的转基因产品外，其余的实行自愿标识。每种管理方式，法规力度也有很大的不同。第三种是介于这两种管理方式之间管理方式，对于部分转基因食品进行标识。表 12-4 很大范围地显示了各个国家和地区由全面监管到部分监管和自愿相结合的不同管理方式。

表 12-4　　几个主要国家和地区转基因溯源不同的管理方式

	不同国家和地区的标识制度的主要因素	代表国家和地区
全面监管的强制性标识管理制度	产品标识方法——所有使用转基因技术生产的食品或者含有类似原料的食品都实行强制标识	欧盟
	食品标识成分——对所有终端含有转基因的食品和原料都进行强制性标识	澳大利亚、新西兰
	食品标识成分（范围较窄）——对于指定的终端含有新型 DNA 和蛋白质的转基因食品和原料进行强制性标识。	日本、韩国
强制性标识制度和自愿标识管理	等同标识——只有在转基因食品与传统对应物有很大不同时，才进行强制性标识	加拿大、美国
	自愿标识——自愿标识（GM 食品与传统对应物相似）管理主要依靠食品管理中的针对虚假、误导、欺骗和广告性标识中的通用标识条款，并且有《企业操作规则》对其进行规范	加拿大、美国
有法规	其余——没有现行法规。可以运行自愿标识但是没有《企业操作规则》和《指南》	菲律宾、新加坡

3. 主要国家和地区转基因产品溯源管理机构比较

欧盟的转基因溯源主要由欧盟食品安全局主要负责，欧盟食品安全局在欧盟的食品安全领域提供独立的科学的建议，保证欧盟成员国之间和第三国之间贸易往来的食品和饲料安全，欧盟食品安全局下设 8 个科学小组，其中的转基因生物小组，主要负责欧盟的转基因生物安全事务。

日本的转基因食品由日本科学技术厅、农林水产省和厚生省共同管理，但转基因食品的溯源主要由农林水产省负责，2000 年 3 月 31 日农林水产省发布第 517 号公告——《转基因食品标识标准》，规定对转基因农产品采取强制标识和自愿标识共存的制度，同时，也制定了转基因标识的目录，随后几年，农林水产省分别发布第 1335 号、第 334 号、第 1535 号公告，对转基因食品标识目录进行修改，并且农林省负责转基因标识结果的调查和评估。

韩国转基因溯源则由韩国食品药品安全厅负责。2001 年，食品医药品安全厅制定颁布《转基因食品标识基准》，按照《转基因食品标识基准》，对生产、加工和进口的大豆及玉米制品、豆粉、玉米淀粉、辣椒酱、面包、点心、婴儿食品等 27 类食品及食品添加剂，其制造过程中使用的 5 种主要原材料中，只要有 1 种以上为转基因技术种植、培育及养殖的农、畜、水产品，且基因变异 DNA 或外来蛋白质存留在最终产品时，均须进行标识。

美国有 3 个转基因的管理机构：即美国农业部、美国环境保护局及卫生与公众事务部（Department of Health and Human Services，HHS）下属的美国食品药品管理局。由于美国把转基因食品和非转基因食品等同看待，所以美国没有专门转基因产品溯源的法规。2001 年美国卫生部下属的食品药品管理局制定了《对于标明产品是否使用转基因技术的自愿标识的产业指南草案》，该文件已列入正式的联邦法规，并提倡生物技术公司对于转基因食品进行标识，但是都是在自愿的基础上，不做强制性标识要求。

澳大利亚转基因溯源标准由澳大利亚-新西兰食品标准委员会（Food Standards Australia New Zealand，FSANZ）制定，即 1.5.2 标准第 2 部分《转基因食品标识管理条例》，该标准规定对澳大利亚的转基因产品进行强制性标识，同时，为了避免转基因食品应标识而未标识，使用虚假信息误导消费者等问题，澳大利亚竞争与消费者委员会（Australian Competition and Consumer Commission，ACCC）对流通领域进行监督，确保任何转基因产品或非转基因产品的标识必须与《1974 贸易惯例》（*The Trade Practices Act 1974*）一致。

4. 主要国家和地区转基因产品溯源标签制度比较

为了使企业能够遵循标识要求，各个国家制定了溯源法规。不同的国家和地区采用不同的管理框架和立法工具对食品标识进行管理。表 12-5 中包括几个主要国家和地区，即中国、欧盟、日本、美国、韩国等国家和地区法规管理规定，列出了各个国家详细标识管理结果，这些法规考虑了很多食品制造的不同因素，如包装产品和未包装产品、即时食品及深加工食品等。此外，也考虑了消极声称的使用，并对各个国家和地区的转基因溯源法规进行比较总结。

表 12-5　各个国家和地区溯源具体规定比较

不同国家和地区及法规	对包装产品的要求	对未包装产品的要求	其他要求	具体的标识豁免					否定声明
				深度加工的食品	添加剂	调味料	即时食品	阈值	
欧盟法规: No.1830/2003 No.258/97 No.50/2000	对所有有批准的转基因产品或者成分进行强制性标识: 对于预包装产品,如果由转基因产品组成或者含有转基因产品成分,需要在产品成分、产品名称上标识	不管是否有新型DNA和或蛋白质出现,都要标识: 对于未包装产品,在向最终消费者提供产品的场所,如果转基因产品组成或者含有转基因产品的成分,需要在产品名字显示处标识出	必须标出新型特性或者通过基因修饰获得	没有豁免,强制性标识需覆盖此类产品	没有豁免、强制性标识需覆盖此类产品	没有豁免、强制性标识需覆盖此类产品	没有豁免,标识与食品一样显示	对于非转基因食品中的非故意意外混入的转基因成分含量高限量为0.9%	没有有关否定声明的规定,但是向时规定不得误导消费者
澳大利亚和新西兰法规: 1.5.2标准第2部分《转基因食品标识管理条例》	在包装产品中如果出现了转基因成分,一定把"转基因"标识和食品名称列在一起,或者在成分名称清单上列出具体的成分名称	在零售的未包装食品中如果出现了转基因食品或者成分,"转基因"标识必须,在相关食品处显示出来,或者显示出具体的成分标注	食品改变了性状,或者有着有害的识别、文化、和宗教问题,需要标注	高度提炼食品,其油脂工过程时以有效去除DNA和蛋白质	不含有新的DNA或新蛋白质加入成品中的添加剂或助润	成品中含量不超过的1 g/kg(0.1%)调味料	食品添加或储备品或超市制售和销售的即时食品	转基因产品未意注杂含量不超过10 g/kg(1%)的配料	标能中并没有豁免类似"非转基因"的自愿否定声明作品规定
日本法规: 《转基因食品标识法》《食品卫生法》	日本没有区分包装和未包装食品,但是规定了44种来自于大豆、玉米和土豆的食品,或者是成品的三大主要成分,占成品总重量的5%时需要强制标识: 产品含有根据IP处理过的转基因成分的需要强制性标识,非转基因食品但没有经过IP处理过的转基因产品的需要强制性标识	目前没有另外的标识要求	成品中已经除去了转基因成分的不需要标识	成品中已经除去了转基因成分的不需要标识	没有具体的豁免规定	没有具体的豁免规定	没有具体的豁免规定	没有具体的豁免,但是5%的限量可以处理偶然出现的情况	在经过IP处理过后,可以选择标识

续表

不同国家和地区及法规	对包装产品的要求	对未包装产品的要求	其他要求	具体的标识豁免				阈值	否定声明
				深度加工的食品	添加剂	调味料	即时食品		
韩国： 法规： 《转基因产品标识标准》	对于大宗生产的产品和指定的产品，其中转基因大豆、玉米、豆制品，在产品中成分属于前五位的要强制性标识	未包装的和包装的产品具有同等要求	没有另外的要求	不含有DNA组分残留的产品不做标识要求	成品中不含DNA组分残留的产品不做标识要求	没有具体的豁免，但是属于前五位的成分，可能不在此列	没有必要标识	大宗产品偶然出现限量为3%，必须使用IP系统	在无法确定产品来源的时候，可以标识为"转基因大豆"
中国： 法规： 《农业转基因生物安全管理办法》	没有区分包装或未包装产品。对于5类转基因作物大豆、玉米、棉花、油菜籽和西红柿及相关产品实行强制性标识。此外，卫生部要求所有转基因产品实行强制性标识	没有另外的规定	没有具体的豁免	没有具体的豁免	没有具体的豁免	没有具体的豁免	没有设定限量	没有限量	没有对规定否定声明
美国： 法规： 《联邦食品、药品和化妆品法》《企业自愿标识指南草案》（不属于法规）	没有区分未包装或包装产品。没有对产品或成分有强制性要求。转基因产品和非转基因产品样品有不同	《联邦食品、药品和化妆品法》规定和测新的阈值相似。除此外，感谢变换对不能够对转基因成分充分描述的商品名，以充分描述其不同	不适用	不适用	不适用	不适用	不适用	不适用	对于引起误导的标识，可以在《联邦食品、药品和化妆品法》的范围内使用该企业指南

续表

不同国家和地区及法规	对包装产品的要求	对未包装产品的要求	其他要求	深度加工的食品	添加剂	调味料	即时食品	阈值	否定声明
加拿大法规：《加拿大食品和药品法》	没有区分包装产品和未包装产品，转基因产品等同于非转基因产品，没有强制性标识，制定了企业自愿标识标准，以及相应的认定和认定声称	没有强制性转基因产品进行标识的法规，除非产品由于过敏源而对健康产生风险	不适用	不适用	不适用	不适用	不适用	不适用	《加拿大食品和药品法》规定了告诉产品标识必须确保信息真实，不会对消费者造成误导。企业自愿使用标准建议自愿标识，转基因和非转基因非故意含量不超过5%

欧盟对于所有批准上市的转基因产品都进行强制性标识，要求终端食品中没有新型 DNA 和/或蛋白质的也要进行标识，只要在生产过程中使用了转基因源的物质，即便是在成品中已经除去新型的转基因或蛋白质，也要进行标识。对于深度加工的食品、添加剂、调味料没有豁免，即时食品没有任何豁免条件，一律进行标识。对于产品中非故意添加的转基因成分阈值设定为 0.9%。

澳大利亚新西兰的管理是基于产品是否含有转基因成分，而不是生产或者加工过程中是否使用了转基因成分。法规规定只要产品中不含有转基因成分，则无需进行转基因强制性标识。对于不会将转基因成分带入成品中的添加剂和加工助剂，在成品中质量不会超过 1 g/kg 的调味料和即食食品都属于豁免项目。针对非转基因食品中的非故意添加的转基因成分阈值设定为 1%。

日本规定来自转基因大豆、玉米和土豆几种食品在终端食品含有的新型 DNA/蛋白质达到或者超过总质量 5% 时，进行强制性标识。对于特性发生改变的转基因食品，没有额外标识的要求。与澳大利亚、新西兰情况一样，终端产品中不含新型 DNA 和/或蛋白质时，深度加工食品、添加剂和加工助剂也不需要标识。转基因食品在非转基因食品中的非故意添加的量比澳大利亚、新西兰和欧盟允许的量要高一些。

韩国规定在产品成分中前五位的转基因成分都要进行强制性标识，但是，对于没有 DNA 残留组分的深加工产品和添加剂，不必进行标识，这一点和澳大利亚、新西兰及日本相似。另外韩国认为即时食品也没有必要进行标识，但是，对于来源无法确定的产品，要标识为转基因产品，大众产品中偶然出现的非故意添加的转基因成分限量为 3%，且必须使用 IP 系统。这一点比日本要严格一些，但是宽松于欧盟和澳大利亚、新西兰。

美国和加拿大与这些国家相比，有关强制性的不同的管理方式非常明显。这两个国家都认为转基因食品应该使用与其他食品相同的标识管理，无需全部实行强制性标识要求，只有在转基因产品和在成分、营养价值或者预期使用上没有实质等同时，才进行标识。

中国的转基因溯源法规规定对列举的转基因食品作物及其产品执行强制标识（USDA 2001），包括大豆（种、粉、油及颗粒）、玉米（种、油、粉）、油菜籽/菜籽油（种、油及颗粒）、西红柿（种、果实及酱）等。对于深加工产品、调味品、添加剂、即时食品等都没有豁免规定。同欧盟和澳大利亚、新西兰相比，中国的溯源法规的规定不够详细，不利于企业遵照执行，例如，没有规定产品中的非故意添加的限量值，没有豁免条件，等等。

【案例 12-8】"十一五"国家科技计划项目"生物安全量值溯源传递关键技术研究"两课题通过专家验收

2012 年 10 月，由质检总局科技司组织实施中国计量科学研究院承担的国家支撑计划项目课题"转基因植物核酸量值溯源传递关键技术研究"和"病原微生物核酸量值溯源传递关键技术研究"通过专家验收。

《转基因植物核酸量值溯源传递关键技术研究》课题主要在以下 6 个方面取得了突破：①确定和实现转基因核酸测量溯源到国际基本单位质量（m）的框架途径，以及确定了转基因核酸分子个数测量的绝对定量途径；②建立了超声波-同位素稀释质谱、电感耦合等离子体发射光谱、数字 PCR 等高准确度定量测量转基因核酸的方法其不确定度分别为 3.6%、1% 和 10%；③建立了转基因水稻标准物质候选物纯度鉴定方法体系，确定了纯度能够达到 99% 以上的转基因水稻和棉花种子基体标准物质候选物；④完成 CCQM-K86 国际计量比对，组织国内"聚合酶链反应测量比对"，主导 CCQM-K110/P113.2 转基因 Bt63 水稻基体样品定量测定比对，证明所建立的 dPCR、qPCR 方法及标准物质均达到国际先进水平；⑤建立了微间隙阵列电极的核酸电化学传感和表面杂交 DNA 传感新技术，建立了品系特异性连接 PCR-生物编码色谱检测新方法和品系特异性半巢式 PCR-生物编码色谱检测新方法，建立了转基因 ERT-PCR 和 NASBA 方法，建立 8 种转基因植物核酸定量 PCR 检测方法；⑥编制了转基因植物核酸基体标准物质研制技术规范、质粒分子标准物质研制技术规范、转基因植物核酸量值溯源传递技术规范程序、转基因生物测定量值溯源传递体系管理模式。课题成果可为国家转基因产业的发展提供有力计量技术和标准支撑。

《病原微生物核酸量值溯源传递关键技术研究》课题主要在以下 6 个方面取得了突破：①确定和实现微生物基因组 DNA 含量测量溯源到国际基本单位 SI 的框架途径；②建立了核酸水解-碱基测量的同位素稀释质谱法、数字芯片 PCR 法、液相色谱法和荧光定量外标法等微生物核酸含量测量方法，扩展不确定度分别为 2.8%、12.2%、5.4% 和 10.4%；③首次研制了 λ 噬菌体和 6 种病原菌基因组 DNA 含量标准物质，首次研制了四种碱基标准物质；④建立了 7 种病原微生物 DNA 含量的定量 PCR 检测方法；⑤建立了 3 种基于磁性纳米粒子的多种病原微生物基因组 DNA 高效提取分离方法，建立了 3 种病原微生物 DNA 检测新方法；⑥编制了病原微生物基因组 DNA 含量标准物质研制技术规范、病原微生物核酸量值溯源传递技术文件。课题成果可为病原微生物核酸检验提供有力计量技术和标准支撑。

（二）主要国家和地区转基因产品溯源标识体系

通过标识体系，以标签的形式对转基因产品进行说明，是生产商的自我声明，也是消费者选购食品的第一依据。转基因食品标签是转基因食品管理的重要组成部分，也是实现转基因食品可追溯性的关键。

1. 主要国家和地区转基因产品标签管理比较

目前国际上对转基因食品标签主要有两种形式：肯定标签和否定声明。肯定标签是对含有或者包括转基因食品进行"含有或者源自转基因产品"的声明，否定标签如"不含转基因""非转基因"。目前各国纳入强制管理的是肯定标签。

我国《农业转基因生物标识管理办法》第七条规定，农业转基因生物标识应当醒目，并和产品的包装、标签同时设计和印制。难以在原有包装、标签上标注农业转基因生物标识的，可采用在原有包装、标签的基础上附加转基因生物标识的办法进行标注，但附加标识应当牢固、持久。农业部规定非转基因产品不得标识为"不含转基因"。

澳大利亚、新西兰食品法规要求，"转基因"字样需和食品的名字附在一起，或者列于原料清单中。如果食品没有包装，则此类信息需与食品一起摆放。

根据欧盟法规（EC）1830/2003 的要求，转基因食品的标签包括以下几种情况：对于含有 2 种以上成分，并包括基因改良成分的食品，"基因改良"或者"源自转基因（成分的名称）"应在成分列表中，并在相关成分的后面用括号表示；如果成分指明了类别的名称，"含有基因改良（生物体的名称）"或者"含有源自基因改良成分（生物体的名称）"的字样应出现在成分的列表中；如果没有成分列表，"基因改良"或者"源自基因改良（生物体的名称）"的字样应清晰的标注在标签中；如果没有成分列表，可以在标签中采用其他的形式标注；如果用于提供给最终消费者的食品是非预包装食品，或者包装的面积不足 10 cm^2，本段要求的信息应在产品的主要展示版面或者附带的展示版面，或者在包装材料上展示，展示信息应清晰可读。

日本法规根据现行身份保护系统，规定了标识的格式。否定声明只有在出现身份保护系统使用的时候，才选择性使用（Bansal and Ramaswami，2007）。

对于各个国家和地区转基因食品标识的对比情况见表 12-6。

表 12-6　各个国家和地区转基因食品标识的对比

国家和地区	肯定标签			否定声明
	最低限量	标示范围	非预包装食品要求	
欧盟	0.9%	产品标签	在展示版面标明	
澳大利亚、新西兰	1%	产品名称或原料清单	将"转基因"字样与食品或特定的配料一同展示	不支持
日本	5%	食品或食品成分	—	只有在出现身份保护系统使用的时候，才选择性使用
韩国	5%	食品及配料	—	
巴西	1%	食品及食品成分	—	
中国香港	5%	食品及成分	—	应使用"非转基因"
中国内地	—	5 类 17 种产品	在展示柜台或报检单表明	不支持

对于转基因的否定声明，各国家和地区的规定不统一，因为按照公平贸易的理解，如果清晰或含蓄地将食品描述为具有某种品质，如"非转基因""不含转基因"等，但实际上却包含新型 DNA 和/或蛋白质，而否定声明使得消费者相信不含有，那么制造商则可能违反了公平贸易法规和食品法规。而目前欧盟、美国等国家和地区通行采用非转基因食品身份保持认证（Non-GM Identity Preservation Certification），是用于在生产和加工过程中应用的、可保存农产品非转基因"身份"的质量控制系统。例如，日本明确规定，只有产品采用 IP 认证系统时，才选择性使用否定声明，而虽然我国不支持转基因的否定声明，但转基因的"IP 认证"目前也在推广使用，有些大型出口企业已经通过了该项认证。

2. 主要国家和地区转基因产品溯源标识系统比对

转基因食品标签是转基因食品溯源管理体系的重要组成部分，既服从于各国和地区食品标签管理的统一规定，也反映了各国和地区在转基因食品管理的态度。下面分别对欧盟条码标识系统的唯一性、美国转基因生物授权评价体系的系统性（溯源关键控制点的界定）、日本阴性标识的特殊性、澳大利亚等标识豁免体系的可行性等进行比对。

（1）欧盟唯一性标识系统是其转基因产品溯源的基础。欧盟是世界上食品安全管理最为严格的地区，并在食品安全管理中奉行"从农田到餐桌"的管理原则，欧盟要求成员国对授权的基因改良生物（GMO）在投放市场的每一阶段采取措施确保追溯性和标签。进行转基因食品的"唯一标识"是欧盟转基因食品管理的最大特点。欧盟法规（EC）1830/2003 建立了关于 GMO 可追溯性的统一框架，以及通过相关信息的转换和持有的由每个阶段的操作者投放市场的 GMO 生产的食品和饲料。根据该法规，某一将含有或者源自 GMO 的产品投放市场的操作者要求包括相关信息的某一部分。每个 GMO 指定的唯一标识是表明其存在的一种方式，并反映了 GMO 授权投放市场的特殊信息。在此框架下，欧盟 2004 年 1 月 14 日颁布了法规（EC）65/2004，建立了用于基因改良生物的唯一标识系统。欧盟在建立转基因食品唯一标识时，考虑到维持国际框架下的一致性，采取了经济合作和发展组织建立的唯一标识的格式，以及生物追溯产品数据库的使用，卡塔赫纳生物安全议定书关于生物多样性的公约。在转基因食品获得授权的同时，也获取了指定的唯一标识。

（2）美国和加拿大转基因产品上市前的授权评价体系规定：转基因产品每一评价过程资料的完整性，这是其转基因成品能够追溯的基础。美国和加拿大的公众对基因改良食物的接受程度比较高，因此在转基因食品标签中采取了自愿性管理的宽松态度。但是美国的食品标签管理是世界上最为严格的，因此，虽然美国和加拿大对转基因食品标签的管理是自愿性的，但对于过敏原的标注采取强制性的规定，要求对过敏原进行公告，其他对健康有影响的成分也需要公告。

（3）澳大利亚、新西兰转基因产品的安全性评价体系和其标识豁免、标签体系为澳大利亚转基因产品的溯源奠定基础。澳大利亚、新西兰的消费者对转基因食品的接受程度比较高，澳大利亚、新西兰所有转基因食品在销售和使用前都必须进行上市安全评估。由于转基因食品已经进行了安全评估，所以标识的主要目的是为消费者选择提供方便信息。转基因食品标识使得消费者可以根据自己的观点和信仰来购买或者避免转基因食品。

（4）日本非转基因产品 IP 身份保存、文件保存系统亦为特色。日本对非转基因农产品在生产和分销的每一步——从农场到食品制造进行处理——以避免与转基因食品混合，证书以文书的形式证明了产品进行过这样的处理。IP 处理包括从农场阶段、产品装载、生产阶段、加工阶段及分销阶段的每一步都进行记录并进行第三方确认其进行过 IP 处理，并且在每一步都要发布相关证书。在转基因和非转基因农产品流通的各个环节，进行区别性生产流通管理的当事人需要向下一个人提供标记产品名称、产地、收获年份等信息及有关管理内容的证明书。该证明书接受人向下一人出售从前一人处收到的非转基因农产品时，需要提供同样的证明书，并附上从前一人处收到的证明书的复印件。证明书基于根据流通各个阶段中管理主体的管理内容而编制，并由确认主体递交给下一主体。

（三）主要国家和地区的追溯数据库及软件系统比对

对转基因产品进行全程追溯，每个关键控制点都有大量的信息需要记录和输入，这就需要专门的溯源数据库和溯源软件得以支撑。随着转基因品系数目日益增多，加拿大、欧盟等国家和地区逐渐出现了一些转基因安全性评价数据库及转基因生物检测方法数据库，这些数据库不是以溯源为目的而建设，但能在很大程度上为转基因产品溯源提供相关信息。较为著名的有加拿大的 Agbios 及欧洲的 GMO Compass 等。

1. 国际数据库

Agbios：是加拿大农业和生物技术战略公司投入巨资建设全球闻名的转基因生物风险评估数据库，基本涵盖了国际上每一种已经批准商业化种植的转基因生物详细信息（提供 132 条记录），主要提供基本信息（包括品系名称、物种、研发机构等）、外源基因概况、作用机理、鉴定结果、遗传稳定性、外源蛋白表达量、环境与食品安全性评价资料、商业化情况、与审批文档等信息。Agbios 数据直接来源于审批文档，可信度较高，但信息的归纳整理不够。

GMO Compass：是欧盟的一个数据库，主要致力于收集欧盟审批的转基因作物信息，目前包含 107 条记录。数据库提供转基因作物基本信息（包括品系名称、物种、研发机构等），外源基因概况、环境与食品安全性评价资料，此外，该数据库还提供了一些很有意义的链接，包括 EFSA 的审批文档链接，以及 ENGL 检测方法循环验证结果的报告。

Biodiv LMO 数据库：是生物安全信息交换所的一个数据库，目前数据库主要提供转基因作物基本信息，外源基因概况，商业化情况，同时提供少量安全性评价信息。该数据库对各品系的 OECD 编号与商品名称信息收录较为全面，这是该数据库的一个特色。

BioTrade 数据库：收录了大量转基因作物的商业化情况，同时也收录了大量的未通过审批的转基因作物。数据库主要收录转化事件名称、OECD 编号、研发机构及商业化状态。外源基因安全性评价等信息未收录。

GMO watch report：从严格意义上讲，这并不是一个数据库，它是一份 pdf 文档，收录了约 100 种转基因品系，主要包括每种转基因生物的基本信息、外源基因概况、插入位置鉴定；此外，该报告还收录了转化载体或 T-DNA 的信息，以及专利的信息，这是这份报告一个特色。

ENGL 检测方法数据库：该数据库为 ENGL 建设的检测方法数据库，近些年主要收集经 ENGL 验证的检测方法，其他文献发表的检测方法收录的均在 2005 年以前。数据库收录了核酸与蛋白两类方法，提供 PCR 引物、内标准基因引物、标准物质、与欧盟验证结果统计等信息。但数据按文献进行组织，检索时，会有较多的重复结果。

【案例 12-9】植物转基因启动子数据库

转基因植物研究中常常需要一定数量的启动子实现某种转录，但启动子需求一定的载体，而载体的遗传结构是有限的，因此这些启动子只能引导特定形式的基因表达。为了减少寻找启动子花费的时间，俄罗斯细胞与遗传学研究所的 Olga Smirnova 及其同事开发了转基因启动子（TGP）数据库，广大科学家可以利用这个简单的数据库选择合适的启动子。该数据库包含多个 DNA 片段的信息，可以指明转基因植物实验中报告基因的准确表达模式。

详情请见 http://www.springerlink.com/content/86h4441m58615165/fulltext.pdf.

数据库内容见 http://wwwmgs.bionet.nsc.ru/mgs/dbases/tgp/home.html.

2. 国内数据库

目前向公众开放的有转基因生物信息网的数据库。上海交通大学转基因生物检测方法数据库是目前国内检测方法较全的数据库，提供了经过详细分类的核酸检测方法与蛋白检测方法（包括 400 条 PCR 引物，数十种蛋白检测方法）。此外，数据库首次收录了大量转基因品系的外源序列、标准物质、标准分子、内标准基因等信息。数据库收录的转基因品系外源序列，基本涉及了所有常见的转基因品系（十多种转基因作物的外源序列已经完全测通），并提供 BLAST 检索。福建出入境转基因数据库、台湾潘子明实验室的数据库目前均已关闭。转基因生物信息网：目前收录近 100 个转基因品系，主要提供转基因作物基本信息、外源基因概况等信息。

（四）主要国家和地区消费者对转基因标识管理的态度对比

消费者对转基因产品标识与否的态度很大程度上决定了转基因产品溯源管理法规的制定、执行力度、溯源模式等，因此澳大利亚政府在 2001 年和 2003 年的调查提出中国香港（97.7%）、中国内地（95%）、欧盟（95%）和澳大利亚（94%）强烈支持强制性使用标签。因此欧盟、澳大利亚等制定了严格的转基因产品标签标识管理制度，对企业进行监督管理。

2003 年 ABC 新闻与加拿大政府共同调查了美国和加拿大消费者对转基因产品强制标签的态度。调查结果显示美国和加拿大消费者对转基因产品强制性标签的支持率达到 92% 和 85%，但由于美国转基因技术、产品的研发优势较为领先，政府和企业在上市前对转基因产品进行了严格的安全性评价，认为转基因产品是安全的，无需标识，因此，虽然美国消费者支持强制性标签，但没有法律支持。

2002 年新西兰食品安全局调查结果显示仅有 64% 的人认为食品标签信息非常重要。21% 的人持中立态度，没表明他们对标签成分认为是否重要。中国香港当前没有强制性转基因食品标签法规，提出自愿使用，调查的大多数人（97.7%）同意转基因食品应当贴上标签。从消费者角度考虑，被调查的国家 90% 以上人群支持对转基因产品进行标签标识，实施转基因产品全程追溯管理。

【案例 12-10】专家带你走进部分国家及地区，看看他们对转基因食品的态度

2015 年 5 月 28 日，由《食品安全导刊》主办的"食安大讲堂之转基因产品及其标识"线上沙龙活动在沪江 CCTalk 课堂展开。此次沙龙活动邀请了食品行业的资深专家裴文杰老师，向各位在线听众详细介绍了各国际组织及各国、地区政府对转基因的观点。

裴文杰说，美国是世界上转基因作物的最大种植国和转基因食品的最大消费国。根据美国农业部发布的数据，截至 2005 年 4 月初，美国联邦政府共批准了 10 700 多件转基因种植和养殖申请。在 2013 年，美国转基因作物的种植面积为 7010 万公顷，占全球转基因作物种植面积的 40%，目前美国种植的转基因作物有玉米、大豆、棉花、油菜、甜菜、紫苜蓿、木瓜、南瓜和土豆。斯坦福大学胡佛研究所研究员亨利·米勒 2011 年的一项研究显示，美国人过去 10 年总共消费了 3 万亿份转基因食品。美国食品药品管理局 2001 年发布的食品标签指南，基于"实质等同"原则，转基因食品标注或不标注"转基因"由食品生产公司自愿决定。

而在日本，由农林水产省负责转基因作物的进口审批，厚生劳动省负责对转基因食品进行安全评估并进行审批。不过，日本目前尚无商业化的转基因作物种

植，但已批准进口可上市转基因作物有 8 种：大豆、菜籽、棉花、玉米、马铃薯、木瓜、甜菜、苜蓿。日本方面认为，原料为转基因产品中含有转基因成分的予以强制标识。如最终产品已经不含转基因成分的则自愿标识。

在中国的台湾地区和香港地区，目前尚无商业化的转基因作物种植，所有转基因作物都来源于进口。不过，与台湾地区的"含转基因成的产品需强制标识"的规定不同的是，香港地区则表示，可以自愿标识或者建议对含转基因成分的食品进行标识，其阈值为 5%。

目前，欧盟已批准上市的转基因作物有：棉花、玉米、油菜籽、马铃薯、大豆、甜菜。使用范围基本包括了食品和饲料。并批准允许种植的转基因作物有玉米、马铃薯。在 2015 年 4 月 24 日欧盟委员会宣布，批准玉米、大豆、油菜、棉花等转基因食品或饲料在欧盟上市，有效期为 10 年。据了解，欧洲某些国家的政府对转基因持抵制态度，但主要原因是因为历史传统、贸易壁垒等因素。欧盟对转基因产品采取强制标识政策，只要产品原料里有超过 0.9% 的来源于转基因原料的就必须予以标识。

第三节　转基因溯源管理的利弊分析

同普通的食品一样，转基因食品要经过生产、加工、流通环节进入消费者手中，企业是溯源管理的主体，政府发挥引导和监督作用。追溯系统中的基础信息——生产经营纪录，需要由农业生产者和食品加工企业完成，势必要增加企业的成本，并影响转基因产品的价格。目前我国农业生产主要以千家万户的农户为单元生产，生产方式分散、组织化程度低。食品生产企业的管理水平也参差不齐。另外，实行转基因产品溯源管理后，政府如何监管才能实现有效控制，都是值得探讨的问题。我们从转基因产业发展、政府监管、贸易、消费者、成本等方面对我国目前实施转基因产品溯源管理的利弊进行了系统分析。

一、转基因产品溯源管理有利于促进转基因产业发展

随着基因工程技术的飞速发展，越来越多的研发单位（企业）参与到这项工作，建立转基因产品全称追溯体系，为国内外转基因产品研发、中试、审批、生产及获批产品的生态环境和食用安全评价提供必要的信息平台已成为一种发展趋势。全程追溯管理可以促使转基因产品由分散农户生产到龙头企业生产的转变，更利于发挥技术、产业优势，从而提高企业的诚信和产品竞争力，全面促进我国转基因产业的发展。

二、转基因产品溯源管理有利于政府监管

溯源管理的主要目的是：发现问题、鉴定责任、应急处置、行政处罚。转基因技术还处于发展成熟阶段，转基因产品的安全性在特定情况下存在一定争议，对转基因产品进行安全管理尤为必要。我国南方地区非法销售和种植转基因水稻，亨氏婴儿米粉中检测出转基因稻米成分，美国转基因稻米非法进入北京市场等。这些突发事件给我国食品安全、经济贸易等均带来严重的影响，而进行转基因生物及产品全程溯源管理体系，能够在突发事件发生后，快速从市场产品溯源到销售、加工、生产、研发等各个环节，监管部门可及时在关键环节采取措施，从而为政府及时处理转基因生物突发事件提供技术保障。

三、转基因产品溯源管理可减少贸易壁垒

我国是农产品进口和出口大国，曾发生过因稻米中含有转基因成分而被退货事件。2006～2009 年，我国出口欧盟的产品有 49 个批次因检出转基因成分而被扣留，出口日本产品有 34 个批次（含转基因成分）被扣留，对我国农产品、食品企业造成巨大的损失，更为严重的是影响了我国整个农产品的出口贸易，因此，建立健全转基因产品全程追溯体系，有利于政府、企业及时了解农产品/食品信息，了解各个国家对转基因产品的贸易管理，及时将信息（阈值管理、强制性标识等）反馈给出口商及管理部门，从而减少因贸易壁垒而造成的损失。

四、转基因产品溯源管理可增强消费者信心

自从 1999 年，绿色风暴后，消费者对转基因产品产生抵制心理，问卷调查结果表明，消费者对转基因生物感到不安，且只有少数消费者对转基因生物有所了解，此外，20%的消费者愿意购买转基因产品，而 50%以上反对转基因产品。22.7%的消费者表示可接受抗除草剂大豆，而 55.1%持反对态度。对于含有丰富维生素大豆，有 57.8%的消费者接受，22.7%的消费者反对。调查结果说明，消费者可以接受那些对其有益的转基因产品，反对含有抗除草剂基因的转基因产品。这表明，消费者并不拒绝转基因产品，但对其安全性持保留态度。如果可以对转基因产品进行全程追溯，及时对转基因产品的安全性及其生产的每个环节进行监控管理，及时排除风险召回产品，给消费者可了解的足够信息，增加消费者的知情选择权，转基因产品将逐步被消费者接受。

五、转基因产品溯源管理将增加政府、企业成本

建立转基因产品全称追溯管理体系,政府需要建立转基因产品溯源管理平台,该系统主要由企业端管理信息系统、食品安全质量数据平台和超市端查询系统三

部分组成消费者通过互联网、电话、短信、超市终端查询机即可查到产品信息及企业的相关认证信息。研发者、企业需要依据转基因产品溯源管理指南在检测鉴定的基础上对转基因产品进行编码和标识，这样会很大程度上增加企业的生产成本。例如，农垦系统两年前开始实施农产品全程追溯管理，到目前为止，投入5000多万，在50多家企业初步建立农产品全程追溯体系。

六、实施转基因产品全程溯源管理目前困难

我国目前农产品质量溯源系统多是以单个企业为基础开发的内部溯源系统，满足本企业溯源的需求，但一般不易实现溯源信息共享。现有的系统溯源信息内容不一致，有简有繁。溯源链条较短，没有实现上下游企业之间的溯源信息的传递。农产品生产企业多元化，为农产品质量溯源系统的研发和推广带来了困难。关键控制点的界定比较困难。

参 考 文 献

Ahmed F E. 2002. Detection of genetically modified organisms in foods. Trends in Biotechnology, 20(5): 215-223

Baeumler S, Wulff D, Tagliani L, et al. 2006. A real-time quantitative PCR detection method specific to widestrike transgenic cotton (event 281-24-236/3006-210-230). Journal of Agricultural and Food Chemistry, 54(18): 6527-6534

Bansal S, Ramaswami B. 2007. The Economics of GM Food Labels: An Evaluation of Mandatory Labeling Proposals in India（Forthcoming Discussion Paper）.Washington DC: International Food Policy Research Institute

Berdal K, Holst-Jensen A. 2001. Roundup Ready®soybean event-specific real-time quantitative PCR assay and estimation of the practical detection and quantification limits in GMO analyses. European Food Research and Technology, 213(6): 432-438

Bernauer T. 2003. Genes, Trade, and Regulation: The Seeds of Conflict in Food Biotechnology. Princeton NJ: Princeton University Press

Bridges. 2005. Codex sees clash on biotech labelling. BRIDGES Trade BioRes, 5(9)

Colin A C, Gruère G P. 2006. International approval and labeling regulations of genetically modified food in major trading countries. Regulating Agricultural Biotechnology: Economics and Policy, 30: 459-480

第十三章　生物技术食品的标准化体系与能力建设

提　　要

■ 生物技术食品标准体系包括基础标准、安全监管标准、安全评价标准及检测标准，其中检测标准包括食用安全检测标准、分子检测标准和环境安全检测标准。
■ 国内外已经建立了较为成熟的生物技术食品标准化体系。
■ 我国生物技术食品能力建设初见成效，但仍存在薄弱环节，面临各种挑战。

第一节　概　　述

　　生物技术食品标准化的科学合理性，以及其被执行的情况是生物技术食品安全的基础保障。如何制定科学的标准，如何有效监督标准的实施，都是保障生物技术食品安全的重要内容。

　　生物技术食品标准体系，是指在生物技术食品在研发、试验、生产、加工、销售和进出口贸易安全管理等过程中，由若干技术标准按内在联系形成的有机整体。作为指导生物技术食品安全管理标准化工作的纲领性文件，它不仅是生物技术食品安全管理技术支撑体系的重要组成部分，而且对于保护生态环境、动植物及微生物种质资源，保障人类营养健康，促进生物技术食品产业健康发展，都具有极其重要的意义。

　　生物技术食品安全能力建设主要指农业转基因生物安全检测能力与监督体系建设，包括农业转基因生物安全检测标准化实验室建设，转基因产品定性及定量分析测试能力，转基因农作物种子及种植监督能力，生物技术食品生产加工、运输、销售监管能力，此外还有进出口安全监管能力及生物技术食品安全标准制定能力等。能力建设与标准化体系相辅相成，共同保障生物技术食品安全。

　　目前国际上没有统一的生物技术食品标准体系，转基因生物的安全标准形式非常多样化，包括标准、指南、指导文件、共识文件等，主要制定机构包括国际组织和行业协会。其中,国际标准化组织(International Organization for Stardization, ISO) 制定的转基因生物产品成分检测标准，国际食品法典委员会制定的转基因食品安全评价指南（图 13-1），以及经济合作与发展组织制定的植物生物学特性和新资源食品营养成分共识文件等，已得到多数国家的认可和广泛采用（邹世颖等，2009 ）。与此同时，一些国际上具有影响力的行业协会，如欧洲生物技术工业协会

（European Association for Bioindustries EuropaBio）、美国分析化学家协会
（Association of Official Analytical Chemists AOAC）等制定的行业标准，也被各主要
生物技术公司广泛采用。

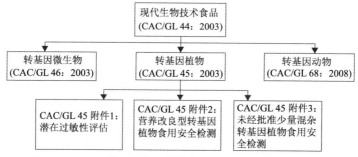

图 13-1　CAC 关于现代生物技术食品安全评价标准体系图

　　我国生物技术食品安全管理技术标准建设开始于 2002 年，截至 2014 年，已
经初步建立了生物技术食品安全管理技术标准体系，包括四方面内容：①基础标
准；②安全监管标准；③安全评价标准；④检测标准（图 13-2）。农业部计划 2018
年年底完成对现有生物技术食品安全标准体系的修订和完善工作。该体系以检测
标准为主，本章主要就检测标准中分子检测标准和食用安全检测标准进行讨论。
基础标准、安全监管标准和安全评价标准见表 13-1。

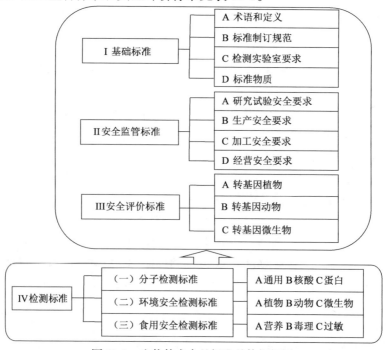

图 13-2　生物技术食品标准总体框架图

表 13-1　我国生物技术食品基础、安全监管及安全评价标准（2002~2018）

Ⅰ基础类标准（共 **13** 项，已经制定 **3** 项，在研 **5** 项，拟制定 **5** 项）

术语和定义	制定/计划年份
转基因生物安全管理术语和定义	2015 年
转基因生物安全检测标准制订要求	
转基因生物安全检测方法标准制修订规范	
附件 1　转基因生物安全定性检测技术标准制定规范	2014 年标准计划
转基因生物安全检测实验室建设要求	
转基因生物良好实验室操作规范（GLP）	2014 年标准计划
转基因生物安全检测中心建设标准	
附件 1　产品成分检测中心	2015 年
附件 2　环境安全检测中心	2018 年
附件 3　食用安全检测中心	2017 年
标准物质	
转基因生物基体标准物质制备技术规范	1782 号公告-8-2012
附件 1　转基因植物及其产品成分检测质粒标准物质制备技术规范	2014 年标准计划
附件 2　转基因植物及其产品成分检测基体标准物质定值技术规范	2014 年标准计划
转基因生物基体标准物质候选物鉴定方法	1485 号公告-19-2010
附件 1　转基因植物及其产品成分检测棉花标准物质候选物繁殖与鉴定技术规范	2014 年标准计划
转基因生物标准物质试用评价技术规范	1782 号公告-9-2012
转基因生物标准物质目录	2017 年

Ⅱ监管类标准（共 **9** 项，已经制定 **2** 项，在研 **1** 项，拟制定 **6** 项）

转基因生物研究试验安全要求	
转基因植物试验安全控制通用要求	2011 年标准计划
转基因作物田间试验安全检查指南	2006 年科教司发布
转基因动物试验安全控制通用要求	2017 年
动物用转基因微生物试验安全控制通用要求	2018 年
农业转基因生物安全评价申请资料要求	
附件 1　转基因生物安全性评价申请资料准备指南	2014 年
附件 2　转基因生物安全性评价试验报告要求	2014 年
附件 3　转基因生物活性样品和技术资料要求	2014 年
转基因生物生产加工安全要求	
转基因植物种植与加工安全控制通用要求	2017 年

续表

II 监管类标准（共 9 项，已经制定 2 项，在研 1 项，拟制定 6 项）	
转基因生物经营安全要求	
农业转基因生物标签的标识	869 号公告-1-2007
III 安全评价类标准（共 11 项，发布 5 项，在研 3 项，拟制定 3 项）	
转基因植物	
转基因植物安全评价指南	已发布
附件 1　分子特征评价导则	2007 年标准计划
附件 2　环境安全评价导则	2015 年
附件 3　食用安全性评价导则	NY/T 1101—2006
附录 1　外源蛋白致敏性评价程序	2014 年标准计划
附录 2　外源基因异源表达蛋白质等同性分析程序	1485 号公告-17-2010
转基因动物	
转基因动物安全评价指南	安委会通过，已试用
附件 1　转基因鱼类	2016 年
附件 2　转基因昆虫	2018 年
转基因微生物	
动物用转基因微生物安全评价指南	已发布
转基因微生物食用安全评价导则	2006 年标准计划

　　生物技术食品标准是一个系统性、综合性的体系，与道路交通规则类似，交通规则的制定原则是保证道路交通的正常运行和安全，生物技术食品安全相关标准的制定原则同样是保障生物技术食品研发、生产、贸易及食用的安全。但是在不同的国家和地区交通规则存在一定的差异性，例如，英国的交通靠左，而中国的交通靠右。相应地，生物技术食品安全相关标准在世界不同国家和地区也存在差异。

　　生物技术食品能力建设类似道路交通设施建设——保障交通运行，也像交通警察——监督并保障交通畅通和安全。生物技术食品的开发者及销售者的工作就像一次驾车旅程，能否顺利到达目的地要看道路状况、交通设施、驾驶者能否遵守交通规则等。因此，能力建设在生物技术食品安全监督检测方面具有重要意义。鉴于我国生物技术食品食用安全检测和标准化的现状，急需加强生物技术食品食用安全性检测和检测技术方法研究工作，特别是重点加强对现有转基因生物检测技术方法的研究和标准化工作。

一、生物技术食品标准化

　　目前，美国、加拿大、巴西、阿根廷是全球转基因作物的主要种植国，商业化的转基因农产品,如大豆、玉米、油菜等已经大量进入国际市场(余春燕,2007)。我国每年从这些国家进口超过 7000 万吨,价值数百亿美元的上述产品。因此,我国国务院、外经贸部、农业部、科技部、国家出入境检验检疫局、国家环保总局对进出口转基因农产品的检测和监控十分重视。

中华人民共和国农业部在 1996 年颁布《农业生物基因工程安全管理实施办法》,首次在法律层面规范了我国对生物技术相关产品的研发、试验、种植等过程的安全管理。进入 21 世纪,农业生物技术取得了快速发展,为了加强农业转基因生物安全管理,2001 年 5 月 23 日我国颁布了《农业转基因生物安全管理条例》(以下简称《条例》)(唐晓纯,2006)。根据《条例》的有关规定,2001 年 7 月 11 日,农业部连续通过了《农业转基因生物安全评价管理办法》(2015 年计划修订)、《农业转基因生物标识管理办法》及《农业转基因生物进口安全管理办法》(2004 年修订),并于 2002 年 3 月 20 日起施行(杨崇良等,2005)。2001 年 12 月 11 日,卫生部审议通过了《转基因食品卫生管理办法》(2007 年废止,被《新资源食品管理办法》替代,后者于 2013 年被《新食品原料安全性审查管理办法》代替),进一步保障消费者的健康权和知情权。2006 年 1 月 16 日,农业部通过了《农业转基因生物加工审批办法》,加强农业转基因生物加工审批管理(杜青林,2006)。从此,我国建立起对生物技术食品安全评价及管理的较为成熟的法律法规体系。

遵照以上相关法律法规体系,建立完善的符合我国国情,并与国际接轨的农业转基因生物安全管理技术标准体系迫在眉睫。

(1)开展生物技术食品标准化建设是依法行政的需要。生物技术食品食用安全问题是一个十分敏感和备受世人关注的问题,依据《条例》规定,转基因生物在研究、试验、生产、加工、经营、进出口等安全监管中,均需第三方检测机构出具的安全检测报告或检测报告(韩梅,2007)。而检测技术及其标准化是检测机构开展检测工作,出具安全检测报告或检测报告的前提和保障。我国是转基因技术研发和应用大国,更需要加速检测技术的研究和标准化进程,以便于转基因生物食用安全管理和依法行政工作的顺利实施。

(2)开展生物技术食品标准化建设是履行国际公约和开展国际交流与合作的需要。我国已成为国际《生物安全议定书》的缔约国,《生物安全议定书》要求缔约国必须保证改性活生物体的转运应有相应标志记录和风险评估资料(李尉民等,2000),必须对转基因生物及其产品进行检测、鉴定、安全检测和监控,而开展这些工作的基础是检测技术,特别是为国际公认的成为标准的检测技术,有了检测技术及其技术指标,才能更好地履行公约和开展国际交流,更好地提升我国转基因生物食用安全检测能力并提高国际地位。

(3)开展生物技术食品标准化建设是保障人类健康和环境安全需要。现代转基因技术的广泛使用,在解决全球的粮食安全,造福人类方面显示出巨大潜力,因此发展趋势难以逆转（王广印等，2008）。但以目前的科学技术水平还难以预测和解释转基因生物和其他生物能否和睦相处，转基因生物食用安全问题已成为全球关注的焦点。在大力发展生物技术研究，培育转基因生物技术产业的同时，各国都在纷纷加大转基因检测技术研究及其标准化方面的工作力度，采取严格的监控措施，趋利避害，防患于未然。

（4）开展生物技术食品标准化建设是促进我国农产品正常国际贸易的需要。2015 年我国进口大豆 8169 万吨，玉米 473 万吨，油菜籽 400 多万吨，其中绝大部分为转基因农产品。与此同时，我国农产品出口却受到国外有关转基因检测和标识要求的种种限制和刁难。当前，转基因生物安全检测已成为各国政府制定和实施技术性贸易措施的重要手段。加速检测技术的研究，促进检测技术标准化是提高转基因生物食用安全管理和检测能力，合理制定和实施技术性贸易措施，减小国外农业生物技术产品对我国农业产业冲击的战略选择（沈平，2010）。

二、生物技术食品安全能力建设

生物技术食品产业将成为 21 世纪重要的高技术领域，对其安全性评价和产品成分检测能力是各国生物安全管理建设的重点。我国在国家"863 计划"高技术研究项目、"973 计划"基础研究重大项目和国家转基因重大专项中均重点支持了农业生物技术的研究项目，许多研究成果处于转化期，而我国的农业转基因生物食用安全检测机构，由于仪器设备不配套、设施不完善，不能适应我国快速发展的生物技术要求；同时，由于国际上转基因农产品的迅猛发展，我国进口的转基因农产品总量逐年上升，加强对转基因农产品的安全管理显得日益重要，这不仅涉及我国人民的身体健康和环境生态安全，还关系到我国农产品市场的稳定和农民增收。但由于我国的农业转基因生物安全检测机构仪器设备不配套、设施不完善，已经严重制约安全评价、严格执法和国际履约。因此，急需对转基因生物安全检测机构的条件能力进行建设，提升我国转基因产品食用安全检测能力。

目前我国农业转基因生物安全评价与检测技术支撑条件和能力还相当薄弱，这将影响到《条例》与其配套管理办法的顺利实施。农业转基因生物安全评价与检测工作技术性强，涉及现代生物技术及其相关领域，客观上要求必须有技术机构支撑并为其提供相关服务。

我国农业部在 2004 年启动了《国家农业转基因生物安全检测与监测体系建设规划》和《国家农业转基因生物安全检测与监测中心基建项目规划》（沈平，2010）。截至 2011 年年底，在全国范围内建立了 36 个农业转基因生物安全检测机构，其中包括食用安全检定中心 2 个，环境安全检定中心 15 个，以及转基因成分检定中心 19 个（宋贵文等，2011）。初步完成了全国范围内农业转基因生物安全监督检测机构体系的建设。

第二节　生物技术食品食用安全检测标准

蟹味道鲜美，是当今一道美食材料。但是在几千年前，我们的祖先却对其望而生畏，因为它具有双螯八足，身披坚甲，体型怪异，还能用螯伤人，因此，被称为"夹人虫"。江南洪水泛滥，大禹派遣巴解前去，但是"夹人虫"夜来侵袭，破坏堤坝，夹伤民工。于是巴解在城边挖掘围沟，并灌进沸水，待"夹人虫"来袭，纷纷跌入沟里烫死。但是烫死了"夹人虫"通体通红，散发出诱人的香气，勇敢的巴解把甲壳掰开，谁知香味更浓，便咬了一口，成为"第一个吃螃蟹的人"。从此，蟹成为家喻户晓的美食。

转基因食品其实就是那"夹人虫"，很多人对转基因食品还不甚了解，对其安全性存在很多疑虑。其实所有上市的转基因产品是经过严格安全性评价的，并不存在食用安全风险，其安全性是有保障的，我们可以大胆地做吃"蟹"的人。

一、食用安全检测标准内容

生物技术作为现代高新技术在食品行业中的应用越来越广泛，尤其是转基因技术在农业生产方面的应用，2014 年转基因作物的全球种植面积达到 1.815 亿公顷，接近中国总耕地面积的 1.34 倍，其产业化发展带来了巨大的经济和环境效益（盛耀等，2015）。但是转基因生物的安全性一直备受争议，国际社会对转基因生物的食用安全性及其检测标准化的发展十分重视。

生物技术食品食用安全检测标准是生物技术标准化体系的重要组成部分。目前，安全检测的对象主要是生物技术产品全食品和外源基因表达产物（主要为外源蛋白）。食用安全检测内容包括很多方面，主要有营养学检测、毒理学检测、致敏性检测、非期望效应分析、抗生素标记基因的安全分析、加工过程对安全性的影响、转基因食品对有毒物质的富集能力检测等。目前，国内外在标准化制定方面主要包括营养学检测标准、毒理学检测标准、过敏性检测标准及蛋白质等同性标准（付仲文等，2009；梅晓宏等，2013）。

（一）营养学检测标准

营养学检测标准的内容与其安全评价内容紧密联系，涉及主要营养成分（水分、灰分、蛋白质、纤维、脂肪、淀粉）的含量测定标准、各种氨基酸检测标准、维生素检测标准、矿物质（铁、镁、锰、铜、钙、钾、钠、锌、磷）检测标准、抗营养因子检测标准及营养利用率测定标准等。抗营养因子不仅具有特殊的营养功能也是抗营养因子，食用较多会影响其他营养成分的吸收，甚至造成中毒。目前，抗营养因子检测内容主要包括植酸、棉酚和芥酸、胰蛋白酶抑制剂、硫代葡萄糖苷、异黄酮、皂苷、单宁、生氰糖苷、羟基生物碱等。根据个案分析原则，针对不同转化体特点选取合适的检测内容进行测定。

转基因生物及其产品在本质上和传统非转基因产品并没有区别，其营养成分检测方法和其他传统食品的检测方法一样，可以通用。针对生物技术食品的特殊性，其抗营养因子和营养利用情况还需要进行检测，目前我国已经发布 8 项检测标准，另有 1 项正在研究中。

（二）毒理学检测标准

对转基因生物及其产品的毒理学评价是其食用安全评价的主要内容，其配套的评价标准制定与常规化学品毒性评价存在一定区别，根据转基因的特殊性及国际公认的评价原则和指南，我国已经制定了比较全面的转基因生物毒理学安全评价的检测标准。

毒理学评价主要针对转基因生物全食品评价和引入的外源基因表达产物评价。评价内容涉及急性毒性试验、遗传毒性试验（28 天喂养试验和传统致畸试验）、亚慢性毒性试验（90 天喂养试验、繁殖试验和代谢试验）、慢性毒性（致癌试验）等。根据个案分析原则，对不同受试物选择毒性试验的内容有所差异，根据其毒性差异性，选取的试验阶段也不同（见第三章）。

转基因生物的毒理学评价标准主要参考 OECD 关于化学毒物评价指南及传统食品安全性毒理学检测标准（表 13-2）。目前我国已经制定的毒物学评价标准有外源蛋白小鼠经口急性毒性试验及大鼠 90 天喂养试验，此外蛋白毒性生物信息分析方法标准、慢性毒性和致癌试验标准及繁殖试验标准正在研究中，预计 2018 年完成。

表 13-2　食品安全性毒理学检测标准

序号	标准号/ISBN 号	标准名称
1	GB 15193.1—2003	食品安全性毒理学检测程序和方法
2	GB 15193.2—2003	食品毒理学实验室操作规范
3	GB 15193.3—2003	急性毒性试验
4	GB 15193.4—2003	鼠伤寒沙门氏菌/哺乳动物微粒体酶试验
5	GB 15193.5—2003	骨髓细胞微核试验
6	GB 15193.6—2003	哺乳动物骨髓细胞染色体畸变试验
7	GB 15193.7—2003	小鼠精子畸形试验
8	GB 15193.8—2003	小鼠睾丸染色体畸变试验
9	GB 15193.9—2003	显性致死试验
10	GB 15193.10—2003	非程序性 DNA 合成试验

续表

序号	标准号/ISBN 号	标准名称
11	GB 15193.11—2003	果蝇伴性隐性致死试验
12	GB 15193.12—2003	体外哺乳类细胞（*V79/HGPRT*）基因突变试验
13	GB 15193.13—2003	30 天和 90 天喂养试验
14	GB 15193.14—2003	致畸试验
15	GB 15193.15—2003	繁殖试验
16	GB 15193.16—2003	代谢试验
17	GB 15193.17—2003	慢性毒性和致癌试验
18	GB 15193.18—2003	日容许摄入量（ADI）的制定
19	GB 15193.19—2003	致突变物、致畸物和致癌物的处理方法
20	GB 15193.20—2003	*TK* 基因突变试验
21	GB 15193.21—2003	受试物处理方法

（三）过敏性检测标准

1994 年，美国先锋良种国际有限公司研发了一种表达巴西坚果白蛋白（2S albumin）的转基因大豆。在过敏性安全评价过程中发现，对巴西坚果过敏的人群对该转基因大豆同样过敏，而转入的 2S 白蛋白很可能是巴西坚果中的过敏原。考虑到转基因的安全问题，先锋公司马上取消了该研究计划，因此这种转基因大豆也仅仅停留在实验室研发阶段，并没有上市。这也是迄今为止发现的唯一一例转基因过敏事件。

对于食物过敏，国际上已经建立起完善的数据库，如 AllergenOnline 和 SDAP-Food Allergens。目前已经发现超过 1500 多种过敏原，在转基因生物研发过程中，研发人员会对目标基因及其产物进行严格的审查，包括其毒性及过敏性，还会通过生物信息学分析，探讨其潜在过敏性，如果目标蛋白存在潜在过敏性，可能就会被放弃。此外，还可以通过体外表达的方式富集目标蛋白，通过体外模拟消化实验研究其潜在过敏性，如果不能被快速消化，其提供食用的安全性就会被质疑。

转基因食品致敏性检测的重点内容有：亲本作物和基因来源的历史，新引入蛋白质与已知致敏原的氨基酸序列的同源性生物信息学分析，新引入蛋白质的免疫反应性、pH 或消化的作用，对热和加工的稳定性，引入蛋白质的表达水平等。其他参数，如蛋白质功能性、分子质量、糖基化等也是可能要考虑的因素（包琪等，2014）。

2001 年，FAO/WHO 举行了有关转基因食品安全的专家咨询会议，会议报告对过敏原的评价提出了新的过敏原评价决定树（图 13-3）。评价主要分两种情况：一是在转基因食品中含有的外源基因来自已知含有过敏原的生物，在这种情况下，2001 年的决定树主要针对氨基酸序列的同源性和表达蛋白对过敏患者潜在的过敏性。如果序列比较与已知过敏原同源，则表明这种食品是过敏原，无须进行下一步测试。如果与已知过敏原无同源性，则需要用过敏患者的血清做进一步测试，如果测试结果小于 10kIU/L，则视为安全。二是在转基因食品中含有的外源基因来自未知含有过敏原的生物，则应该考虑：①与环境和食品过敏原的氨基酸同源性；②用过敏原患者的血清做交叉反应；③胃蛋白酶对基因产物的消化能力；④动物模型实验（黄昆仑，2005）。

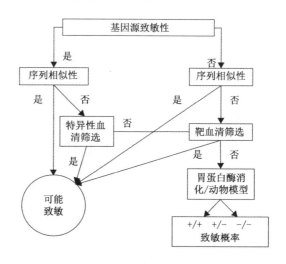

图 13-3　过敏原决策树

目前，国际上对转基因作物及其产品的致敏性检测方法及标准还不完善。我国关于致敏性评价标准仅发表 4 项：模拟胃肠液外源蛋白质消化稳定性试验方法、外源蛋白质过敏性生物信息学分析方法、挪威棕色大鼠致敏性试验方法、蛋白质热稳定性试验，另有一项（过敏血清学试验方法）正在研究中。因此，制定科学的转基因作物及其产品的致敏性方法及标准显得尤为迫切。

（四）我国转基因生物食用安全检测标准体系

我国转基因生物食用安全标准化工作始于 2002 年，特别是《条例》及其配套规章颁布以来，为开展转基因生物食用安全标准体系建设提供了法律保障。经过12 年的探索和发展，转基因生物安全标准体系已初步形成，现有标准基本适应我国转基因生物食用安全管理需要。

转基因生物食用安全是伴随转基因生物技术而发展的新事物，由于科学上存在不确定性，加之各国的利益取向不同，目前国际上没有统一的转基因生物食用安全标准。我国在总结多年转基因生物食用安全管理实践，并充分借鉴国外转基因生物安全标准化经验的基础上，形成了符合我国国情并基本满足国内监管需求的转基因生物食用安全标准体系。目前我国共研制转基因生物食用安全检测农业行业标准和国家标准 23 项，包括已发布标准 12 项，正在研制 2 项，拟制定标准 9 项，表 13-3 是我国生物技术食品食用安全检测标准（2002—2018）体系。

表 13-3　我国生物技术食品食用安全检测标准（2002—2018）

食用安全检测技术标准（共 21 项，发布 12 项，在研 2 项，拟制定 7 项）	
A　营养学	标准号/制定/计划年份
a　主要营养成分	
转基因生物食用安全检测主要营养成分测定方法	
1.1 食品中水分的测定	GB 5009.3
1.2 食品中灰分的测定	GB 5009.4
1.3 食品中蛋白质的测定方法	GB 5009.5
1.4 食品中粗纤维的测定方法	GB/T 5009.10
1.5 食品中脂肪的测定方法	GB/T 5009.6
1.6 食品中淀粉的测定	GB/T 5009.9
1.7 水稻、玉米、谷子籽粒直链淀粉测定法	NY/T 55
1.8 水稻、玉米、谷子籽粒支链淀粉测定法	NY/T 55
1.9 食品中氨基酸含量的测定	GB/T 5009.124
1.10 动植物油脂脂肪酸甲酯的气相色谱分析	GB/T 17377
1.11 食品中维生素 A 和维生素 E 的测定	GB/T 5009.82
1.12 食品中硫胺素的测定	GB/T 5009.84
1.13 食品中核黄素的测定	GB 5413.12 或 GB/T 5009.85—2003
1.14 复合预混合饲料中泛酸的测定高效液相色谱法	GB/T 18397
1.15 复合预混料中烟酸、叶酸的测定高效液相色谱法	GB/T 17813
1.16 食品中铁、镁、锰的测定	GB/T 5009.90
1.17 食品中铜的测定	GB/T 5009.13
1.18 食品中钙的测定	GB/T 5009.92
1.19 食品中钾、钠的测定	GB/T 5009.91
1.20 食品中锌的测定	GB/T 5009.14
1.21 食品中磷的测定	GB/T 5009.87
b　抗营养因子（共 7 项，发布 3 项，拟制定 4 项）	
转基因生物食用安全检测抗营养因子测定方法	
1　附件 1　植酸、棉酚和芥酸	NY/T 1103.1—2006
2　附件 2　胰蛋白酶抑制剂	NY/T 1103.2—2006

续表

3	附件 3　硫代葡萄糖苷	NY/T 1103.3—2006
	附件 4　异黄酮	GB/T 26625—2011
	附件 5　皂苷	NY/T 1842—2010
	附件 6　单宁	GB/T 27985—2011
4	附件 7　凝集素	2016 年
5	附件 8　生氰糖苷	2017 年
6	附件 9　羟基生物碱	2018 年
7	附件 10　醇溶蛋白	2018 年
c	营养利用（共 2 项，发布 1 项，在研 1 项）	
8	转基因生物食用安全检测　蛋白质功效比试验	农业部 2031 号公告-15-2013
B	毒理学（共 5 项，发布 2 项，在研 1 项，拟制定 2 项）	
	转基因生物食用安全检测毒理学试验方法	
10	附件 1　蛋白毒性生物信息分析方法	2018 年
11	附件 2　大鼠 90 天喂养试验	NY/T 1102—2006
12	附件 3　外源蛋白小鼠经口急性毒性试验	农业部 2031 号公告-16-2013
13	附件 6　慢性毒性和致癌试验	GB 15193.17—2015
14	附件 7　繁殖试验	2016 年
C	致敏性（共 5 项，发布 4 项，拟制定 1 项）	
	转基因生物食用安全检测致敏性试验方法	
15	附件 1　模拟胃肠液外源蛋白质消化稳定性试验方法	农业部 869 号公告-2-2007
16	附件 2　外源蛋白质过敏性生物信息学分析方法	农业部 1485 号公告-18-2010
17	附件 3　挪威棕色大鼠致敏性试验方法	农业部 1782 号公告-13-2012
18	附件 4　蛋白质热稳定性试验	农业部 2031 号公告-17-2013
19	附件 5　过敏血清学试验方法	2016 年
D	蛋白质等同性（共 2 项，发布 2 项）	
	转基因生物食用安全检测蛋白质等同性测定方法	
20	附件 1　蛋白质氨基酸序列飞行时间质谱分析方法	农业部 1782 号公告-12-2012
21	附件 2　蛋白质糖基化高碘酸希夫染色试验	农业部 2031 号公告-18-2013

二、国际生物技术食品标准化现状及发展趋势

（一）ISO 转基因生物产品成分检测标准

国际标准化组织成立于 1946 年，是一个全球性的非政府组织。其宗旨是：在

全球范围内促进标准化工作的发展，以利于国际物资交流和互助，并扩大知识、科学、技术和经济方面的合作。其主要任务是：制定国际标准，协调世界范围内的标准化工作，与其他国际性组织合作研究有关标准化问题（孙博，2014）。

ISO 下设技术委员会 ISO/TC34，负责农产食品类国际标准的制修订工作。ISO 制定的转基因生物安全标准以产品检测方法为主，主要是参考和引用欧盟技术标准。目前为止，ISO 制订了 6 项转基因生物产品检测标准，包括通用要求和原则、抽样、核酸提取、定性核酸检测、定量核酸检测、蛋白质检测方法等，在定性核酸检测（ISO 21569：2005，2013 年 4 月更新）、定量核酸检测标准中除规定了检测通用的程序和方法，还在附录中分物种特异性、筛选方法、构建特异性、转化体特异性等 4 个层次列出具体检测方法。在此基础上，以附录的形式不断增补新品系的检测方法。

此外，对于转基因实验室的要求，可以参考 ISO/IEC 实验室的要求及《检测和校准实验室能力的通用要求》。对于 PCR 方法验证，根据 PCR 检测方法的性质（定性或定量），定性方法要求确定检测限（LOD 值），定量方法除 LOD 值外，还需要确定定量限（LOQ 值）。实验室除了提供循环认证报告，还应提供特异性引物、验证参数和性能标准、分子特异性数据、扩增产物确认数据、PCR 检测限（LOD 值）、定量限（LOQ 值）、定量检测方法的线性范围等验证数据。

（二）CAC 转基因生物食品安全评价指南

国际食品法典委员会是由联合国粮食及农业组织和世界卫生组织共同建立，以保障消费者的健康和确保食品贸易公平为宗旨的一个制定国际食品标准的政府间组织。自 1961 年第 11 届粮农组织大会和 1963 年第 16 届世界卫生大会分别通过了创建 CAC 的决议以来，已有 173 个成员国和 1 个成员国组织（欧盟）加入该组织，覆盖全球 99%的人口。CAC 下设秘书处、执行委员会、6 个地区协调委员会、21 个专业委员会和若干个政府间特别工作组。所有国际食品法典标准都主要在其各下属委员会中讨论和制定，然后经 CAC 大会审议后通过（包琪等，2014）。

国际食品法典委员会在 2000 年成立的生物技术食品政府间特别工作组，组织制定生物技术食品安全评价标准。在日本召开第一届会议上，确定了生物技术食品安全评价的"实质等同性原则"。2001～2003 年，工作组讨论了生物技术食品安全评价的内容和其他相关原则，并制定了三个准则，即现代生物技术食品风险分析原则、重组 DNA 植物食品安全评价准则（包括附件 1 潜在过敏性评估）和重组 DNA 微生物食品安全评价准则。

2005 年 CAC 政府间特设生物技术食品工作组重新成立，启动三项标准制定工作，包括重组 DNA 动物食用安全评价准则、营养改良型转基因植物食用安全评价附则、未经批准的转基因植物低水平混杂食用安全评价附则，后两项作为附件纳入重组 DNA 植物食品安全评价准则（盛耀等，2013）。截至 2008 年 CAC 完成了转基因生物食品安全评价指南共 4 个，框架见表 13-4。后来 CAC 再未就转基因食用安全研制过新标准。

表 13-4　国际转基因生物食用安全评价标准

序号	标准名称	标准号	标准类型	管理机构
1	转基因生物食用安全评价导则	CAC/GL 44：2003	国际标准	CAC
2	转基因植物食用安全评价指南	CAC/GL 45：2003	国际标准	CAC
	附件 1：潜在致敏性评估	附件 1		
	附件 3：营养改良型转基因植物食用安全评价	附件 2		
	附件 2：未批准少量混杂转基因植物食用安全评价	附件 3		
3	转基因微生物食用安全评价指南	CAC/GL 46：2003	国际标准	CAC
4	转基因动物食用安全评价指南	CAC/GL 68：2008	国际标准	CAC

（三）OECD 转基因生物共识文件与指南

经济合作与发展组织成立于 1961 年，总部设在巴黎，是由 34 个市场经济国家和地区组成的政府间国际经济组织，旨在共同应对全球化带来的经济、社会和政府治理等方面的挑战，并把握全球化带来的机遇。

OECD 早在 1984 年就发表了重组 DNA 注意事项蓝皮书[OECDs Recombinant DNA Considerations（Blue Book）]，是第一个提出转基因生物环境风险及安全评估的国际性文件，其中许多原则和概念被应用到很多国家的法律法规和指导框架中。1993 年 OECD 发表了"现代生物技术食品的安全性评价：概念和原则"的报告，提出了"实质等同性"的概念，在转基因生物的安全性评价中广泛采用。2000年 3 月 OECD 在爱丁堡召开了转基因食品科学和健康会议，建立了一个国际性的咨询专家小组来解决转基因食品相关的争议，并对转基因食品的安全进行评估。

OECD 在转基因生物技术方面的工作主要包括了以下几个方面的内容。

（1）生物学特性共识文件：OECD 先后出版了 28 种作物的生物学特性共识文件，重点介绍了作物的起源中心和多样性。此外，还对大西洋鲑鱼的生物学特性进行了讨论，并制定了生物学共识文件编制指南。

（2）新资源食品和饲料的营养成分共识文件：OECD 先后出版了 18 种作物的营养成分共识文件，包括甜菜、土豆、玉米、小麦、水稻、棉花、大麦、苜蓿、蘑菇、向日葵、番茄、木薯、高粱、甘薯、木瓜、甘蔗、油菜籽、大豆等。主要介绍了各类农作物作为食品和饲料需要检测的主要营养成分及抗营养因子、天然毒素、次级代谢产物及过敏原等，为转基因食品及饲料的安全检测提供科学依据（包琪等，2014）。

（3）转基因微生物环境安全共识文件：OECD 共出版了 4 种转基因微生物环境应用的共识文件，包括假单胞菌属（*Pseudomonas*）、杆状病毒属（*Baculovirus*）、嗜酸硫杆菌属（*Acidithiobacillus*）和不动杆菌属（*Acinetobacter*）。并出版了 4 个转基因微生物环境安全相关的评价指导文件，内容涉及微生物分类学、检测方法、基因水平转移、致病因素评估等。

（4）转基因作物安全性的共识文件：OECD 共出版了 5 个转基因作物的安全性共识文件，包括转外壳蛋白抗病毒作物、抗除草剂作物、转 *Bt* 基因作物的安全性，以及耐草甘膦和草铵膦的基因和酶的安全性。此外，OECD 还发布了 1 个转基因饲料的安全评估指南。

（5）转基因作物唯一性标识系统、环境安全、分子特征等指南。OECD 建立了转基因作物全球唯一性标识系统（http://www2.oecd.org/biotech/default.aspx），并制定了转基因植物分子特征共识文件，于 2013 年提出了低水平混杂作物的环境安全性评估的方案。

除此之外，OECD 针对化学品毒理学试验制定的《良好实验室操作指南（GLP）》体系及急性毒性和亚慢性毒性试验等毒理学试验方法，被借用到转基因生物的食用安全性评价中。

（四）EuropaBio 转基因生物试验指南

欧洲生物产业协会于 1996 年创建，是代表欧洲生物技术产业利益的一个行业协会。目前拥有 55 个团体会员、15 个准成员和地区成员、17 个国家生物技术协会，代表 1800 多名在欧洲中小型生物技术公司。EuropaBio 参与生物技术产品和工艺的研究、开发、测试、制造和商业化活动，如人类和动物健康保健、诊断、生物信息学、化学、作物保护、农业、食品、环保产品和服务等。

EuropaBio 的技术咨询小组（Technical Advisory Group，TAG）依据欧盟对转基因生物环境释放的要求（Council Directive 90/220/EEC 和 Directive 2001/18/EC）及安全性评价的要求[Regulation（EC）No.258/97]，为成员公司制定了一系列的转基因生物安全评价试验指南，成为该地区的行业标准，主要包括营养成分等同性分析（玉米、油菜、甜菜、大豆）、转基因生物检测与鉴定方法、转基因作物的环境监测方法（Bt 抗虫作物与耐除草剂作物）、分子特征、基因表达、蛋白安全性评价、复合性状转基因作物安全评价、动物喂养试验等。这些指南是对法规的解读和细化，虽然没有设置具体的参数和操作方法，但是对于生物技术公司在进行相关的试验时具有很强的指导性和参考价值。例如，进行营养等同性分析时各类作物需要考虑哪些指标，在进行动物喂养试验时建议选用何种动物、如何考虑对照的设置等。既有明确的技术指标要求，又留有一定的自由发挥的空间。

（五）其他国家和地区农业转基因生物安全标准化工作

许多国家和地区致力于研究和制定适合本国国情的农业转基因生物安全标准。转基因生物分子检测方面，欧洲标准化组织食品分析技术委员会于 1997 年成立工作组开展转基因生物和食品检测标准制定工作。欧盟标准参考实验室（European Community Reference Laboratory, CRL）和欧盟转基因产品检测网络实验室（European Network of GMO Laboratory, ENGL）主要负责标准验证等方面的工作。欧盟的转基因生物检测技术标准制定工作开展较早，标准制定程序相对成熟，建立了成熟的转基因产品检测标准化体系，制定了一整套转基因生物和食品检测技术标准。根据 ISO 和欧洲标准委员会（Comité Européen de Normalisation, CEN）在 1991 年签订的"维也纳协议"，ISO 不重复 CEN 的工作，并统一采用 CEN 所取得的成果。日本也制定了转基因生物检测技术标准，其标准体系和 ISO 标准体系类似（柏振忠和王红玲，2011）。沙特、新加坡等国家大都采用 ISO 标准体系制定检测标准。在化学成分检测标准方面，国际上主要依据的是 AOAC 确认的方法；在毒理学检测标准方面，主要参考的是 OECD 的化学品毒理学试验方法（韩梅，2009）。此外，在转基因生物安全评价申请书的准备方面，美国由农业部动植物检验检疫局生物技术管理处发布了一个《向生物技术管理服务处（BRS）提交申请的文件准备指南》（宋俊华，2004）。

第三节　生物技术食品分子检测标准

DNA 亲子鉴定是基于医学、生物学和遗传学理论的一种现代分子分析鉴定技术，可以通过父代与子代间 DNA 序列相似性，判断亲属关系。转基因产品的分子鉴定理论基础也是生物学和遗传学，PCR 技术是转基因产品外源基因鉴定的主要手段，其次还有外源蛋白的免疫学鉴定方法。随转基因的产业化发展，其配套的分子检测技术不断向前迈进，目前国内外已经形成了较为成熟的分子检测技术标准体系。

一、分子检测技术标准内容

生物技术食品分子检测技术标准是生物技术食品标准体系的重要组成部分，其目的是对农产品（包括动植物和微生物及农产品加工产品）是否为生物技术类产品进行定性或定量分析，包括通用检测标准、核酸检测标准和蛋白质检测标准。

生物技术食品分子检测的核心内容是针对外源基因或者其表达产物进行鉴定，因此其检测方法主要是基于核酸和蛋白质的检测（黄昆仑，2005）。针对目的 DNA 的检测技术主要有 3 种：分子杂交技术，即 Southern blot 方法；PCR 检测方法；基因芯片技术。其中，PCR 检测方法是目前应用最广泛、最准确的确定外源基因的分子检测技术，可用于单重、多重、筛选检测或品系鉴定，也是目前大多数转基因目标高通量检测中目的扩增方法之一（王荣谈等，2010）。PCR 方法按照性质可分为定性和定量 PCR 两种，主要有定性 PCR 检测、复合定性 PCR 检测、巢式 PCR、竞争性定量 PCR 检测、PCR-ELISA、荧光定量 PCR 检测等类型（宋君等，2009）。

生物技术食品中表达的目的蛋白可被一些特异的单克隆或多克隆抗体识别，利用这个原理可以进行生物技术产品的快速检测，目前这种方法在生物技术食品的检测中得到一定范围的应用。免疫学检测外源蛋白的前提是获取其特异性抗体，成本较高、难度也大，因此也是制约其发展的重要因素。酶联免疫印记（ELISA）、Western blot 和侧向流动免疫测定（LFD）是应用较多的免疫学检测方法。免疫学方法不适用于检测经过深加工处理或成分复杂的生物技术食品，这些产品中目标蛋白往往发生性质改变，与其抗体结合能力下降（刘信等，2007）。

二、国际生物技术食品分子检测标准发展现状和发展趋势

随着全球化不断发展，很多国家和地区逐渐意识到需要对生物技术产品的检测方法标准化，防止因为检测方法的差异性导致检测结果偏差而造成产品贸易纠纷。目前国际标准化组织先后颁布了 6 个标准（表 13-5）规定了转基因生物及其产品检测过程中的术语定义和注意事项，有关转基因植物及其产品分子检测标准体系如图 13-4 所示。另外欧盟在转基因产品检测方法验证和标准化方面开展了大量工作，积极推进转基因定量检测技术标准化，欧盟标准参考实验室组织了大量的转基因产品检测方法的协同验证，制定了一系列的检测方法标准，特别是定量 PCR 检测技术标准（孙建萍等，2008；桂国春等，2014）。

表 13-5　转基因生物安全国际标准

序号	标准名称	标准号	标准类型	管理机构
5	转基因食品检测方法——通用要求和原则	ISO 24276：2006	国际标准	ISO
6	转基因食品检测方法——核酸提取方法 附件 A. DNA 提取方法 A1. 酚氯仿核酸提取方法	ISO 21571：2005	国际标准	ISO

序号	标准名称	标准号	标准类型	管理机构
6	A2. 聚乙烯吡咯烷酮核酸提取方法 A3. CTAB 核酸提取方法 A4. 硅土核酸提取方法 A5. 胍盐-氯仿核酸提取方法 附件 B：提取 DNA 定量方法 B1. 紫外分光光度计法 B2. 琼脂糖凝胶电泳和溴化乙啶染色法 B3. 实时荧光 PCR 定量法	ISO 21571：2005	国际标准	ISO
7	转基因食品检测方法——定性核酸检测方法 附件 A. 物种特异性检测方法 A1. 大豆成分特异性检测方法 A2. 植物叶绿体多拷贝 DNA 序列特异性检测方法 A3. 番茄及 Zeneca 转基因番茄中番茄 DNA 特异性检测方法 A4. 玉米成分特异性检测方法 A5. 水稻 DNA 特异性检测方法 A6. 番茄成分特异性检测方法 附件 B. 筛选检测方法 B1. 转基因植物 CaMV35S 启动子筛选检测方法一 B2. 转基因植物 CaMV35S 启动子筛选检测方法二 B3. 转基因植物 NOS 终止子筛选检测方法 B4. 转基因植物 nptII 标记基因筛选检测方法 B5. 转基因番茄 Zeneca F282 筛选检测方法 B6. 基于 Real-time PCR 的转基因植物 NOS 终止子筛选检测方法（根癌农杆菌 T-nos） B7. 转基因生物 FMV 35S 启动子筛选检测方法 B8. 基于 Real-time PCR 的吸水链霉菌 bar 基因筛选检测方法 B9. 食品中常用 DNA 序列花椰菜花叶病毒 P35S 和根癌农杆菌 T-nos 的筛选检测方法 附件 C. 构建特异性检测方法 C1. 转基因大豆 GTS 40-3-2 构建特异性检测方法 C2. 转基因番茄 Zeneca F282 构建特异性检测方法 C3. 转基因玉米 Bt11 构建特异性检测方法	ISO 21569：2005	国际标准	ISO

续表

序号	标准名称	标准号	标准类型	管理机构
7	C4. 转基因玉米 Bt176 构建特异性检测方法 C5. 转基因玉米 T25 构建特异性检测方法 C6. 转基因番木瓜 SunUp™, Rainbow™构建特异性检测方法 C7. 转基因水稻 TT51（Bt63）构建特异性检测方法 C8. 食品中 ctp2-cp4-epsps 序列构建特异性筛查方法 附件 D. 转化事件特异性检测方法 D1. 转基因玉米 MON810 转化事件特异性检测方法 D2 转基因油菜 RT73 转化事件特异性检测方法	ISO 21569：2005	国际标准	ISO
8	转基因食品检测方法——定量核酸检测方法 附件 A. 品种特异性检测方法 A1. 玉米 adh1 基因绝对定量实时荧光 PCR 检测方法 附件 B. 筛选检测方法 B1. 转基因大豆 CaMV35S 启动子相对定量实时荧光 PCR 检测方法 附件 C. 构建特异性检测方法 C1. 转基因大豆 GTS 40-3-2 构建特异性实时荧光 PCR 检测方法一 C2. 转基因大豆 GTS 40-3-2 构建特异性实时荧光 PCR 检测方法二 C3. 转基因玉米 Bt176 构建特异性实时荧光 PCR 检测方法一 C4. 转基因大豆 GTS 40-3-2 构建特异性实时荧光 PCR 检测方法三 C5. 转基因玉米 MON810 构建特异性实时荧光 PCR 检测方法 C6. 转基因玉米 Bt176 构建特异性实时荧光 PCR 检测方法二 C7. 转基因玉米 Bt11 构建特异性实时荧光 PCR 检测方法 C8. 转基因玉米 GA21 构建特异性实时荧光 PCR 检测方法 C9. 转基因玉米 T25 构建特异性实时荧光 PCR 检测方法 附件 D. 转化事件特异性检测方法 D1. 转基因玉米 Bt11 转化事件特异性实时荧光 PCR 检测方法 D2. 转基因玉米 MON810 转化事件特异性实时荧光 PCR 检测方法	ISO 21570：2006	国际标准	ISO

续表

序号	标准名称	标准号	标准类型	管理机构
9	转基因食品检测方法——蛋白质检测方法 附件 A：采用 ELISA 方法检测蛋白	ISO 21572： 2005	国际标准	ISO
10	转基因食品检测方法——ISO 21569, ISO 21570 和 ISO 21571 标准方法补充程序和信息 附件 A. ISO 21569 标准方法增补模板 附件 B. ISO 21570 标准方法增补模板 附件 C. ISO 21571 标准方法增补模板	ISO/TS 21098：2005	国际标准	ISO

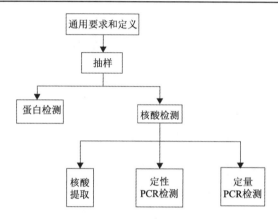

图 13-4　ISO 有关转基因植物及其产品分子检测标准体系

三、我国在食用安全检测标准方面的成果和发展趋势

　　我国对生物技术食品分子检测标准化工作十分重视，成立了全国农业转基因生物安全管理标准化技术委员会，在分子特征分析、产品成分检测、标准物质研制等方面开展了大量工作（黄昆仑和贺晓云，2011）。转基因产品检测方面建立了一系列的适合转基因产品检测的内标准基因、品系特异性检测方法，组织了数十次国内外协同验证，制定了 60 余项产品成分标准。我国生物技术产品成分检测标准见表 13-6。

表 13-6　我国生物技术产品成分检测标准

生物技术产品成分检测标准（共 97 项，发布 85 项，暂不发布 7 项，在研 1 项，拟制定 4 项）	
A　通用标准（共 7 项，发布 6 项，拟制定 1 项）	标准号/制定/计划年份
1　转基因生物产品成分检测通用要求	NY/T 672-2003

续表

2	转基因生物产品成分检测抽样	NY/T 673-2003（废除）/ 农业部 2031 号公告-19-2013
3	转基因生物产品成分检测 DNA 提取和纯化	农业部 2406 号公告-7-2016
4	转基因生物产品成分检测 制样	SN/T 1194—2014
5	转基因生物产品成分检测定量 PCR 检测通用方法	农业部 2259 号公告-5-2015
6	转基因生物产品成分检测蛋白样品制备	2016 年
7	转基因生物产品成分检测定性 PCR 检测通用方法	农业部 2259 号公告-4-2015
B	核酸检测标准	
	核酸定性检测标准	
a	物种特异性（共 9 项，发布 9 项）	
	转基因生物产品成分检测 物种特异性定性核酸检测方法	
1	附件 1 玉米内标准基因	1861 号公告-3-2012
2	附件 2 水稻内标准基因	1861 号公告-1-2012
3	附件 3 棉花内标准基因	1943 号公告-1-2013
4	附件 4 小麦内标准基因	农业部 2031 号公告-10-2013
5	附件 5 大豆内标准基因	NY/T 675-2003，农业部 2031 号公告-8-2013
6	附件 6 油菜内标准基因	农业部 2031 号公告-9-2013
7	附件 7 牛内标准基因	农业部 2031 号公告-14-2013
8	附件 8 猪内标准基因	农业部 2122 号公告-1-2014
9	附件 9 羊内标准基因	农业部 2122 号公告-2-2014
b	调控元件特异性（共 3 项，发布 3 项）	
	转基因生物产品成分检测 调控元件特异性定性核酸检测方法	
1	附件 1 调控元件 CaMV 35S 启动子、FMV 35S 启动子、NOS 启动子、NOS 终止子和 CaMV 35S 终止子	NY/T 675-2003，1782 号公告-3-2012
2	附件 2 标记基因 NPTII、HPT 和 PMI	1782 号公告-2-2012
3	附件 3 报告基因	农业部 2122 号公告-3-2014
c	基因特异性（共 7 项，发布 6 项，在研 1 项）	
	转基因生物产品成分检测 基因特异性定性核酸检测方法	
1	附件 1 Bt 基因	农业部 1943 号公告-4-2013
2	附件 2 CP4-EPSPS 基因	NY/T 675-2003，农业部 1861 号公告-5-2012
3	附件 3 bar 或 pat 基因	农业部 1782 号公告-6-2012
4	附件 4 CpTI 基因	农业部 1782 号公告-7-2012

5	附件 5　育性改变转 *Barnase* 基因	农业部 2031 号公告-12-2013
6	附件 6　育性改变转 *Barstar* 基因	农业部 2031 号公告-11-2013
7	附件 7　抗病转 *WYMV* 外壳蛋白基因	2011 年标准计划
d	构建特异性（共 6 项，发布 4 项，暂不发布 2 项）	
	转基因生物产品成分检测　构建特异性定性核酸检测方法	
1	附件 1　转植酸酶基因玉米 BVLA430101	农业部 1782 号公告-10-2012
2	附件 2　转 *Cry1A* 基因抗虫棉花	农业部 1943 号公告-2-2013
3	附件 3　抗虫水稻克螟稻	报批，暂不发布
4	附件 4　抗虫水稻科丰 6 号	报批，暂不发布
5	附件 5　抗虫水稻科丰 2 号	农业部 2031 号公告-7-2013
6	附件 6　转 *Cry1Ab/Ac* 基因抗虫棉花	农业部 1943 号公告-2-2013
e	转化体特异性（共 60 项，发布 56 项，暂不发布 4 项）	
	转基因生物产品成分检测　转化体特异性定性核酸检测方法	
1	附件 1　抗虫和耐除草剂玉米 Bt11	农业部 2122 号公告-14-2014
2	附件 2　抗除草剂杂交油菜 Ms1、Rf1	农业部 869 号公告-4-2007
3	附件 3　抗除草剂杂交油菜 Ms8、Rf3	农业部 869 号公告-5-2007
4	附件 4　抗除草剂杂交油菜 Ms1、Rf2	农业部 869 号公告-6-2007
5	附件 5　抗虫和耐除草剂玉米 TC1507	农业部 869 号公告-7-2007
6	附件 6　抗虫和耐除草剂玉米 Bt176	农业部 2122 号公告-15-2014
7	附件 7　抗虫玉米 MON810	农业部 2122 号公告-16-2014
8	附件 8　抗虫玉米 MON863	农业部 869 号公告-10-2007
9	附件 9　耐除草剂油菜 GT73	农业部 869 号公告-11-2007
10	附件 10　耐除草剂玉米 GA21	农业部 869 号公告-12-2007
11	附件 11　耐除草剂玉米 NK603	农业部 869 号公告-13-2007
12	附件 12　耐除草剂玉米 T25	农业部 869 号公告-14-2007
13	附件 13　抗虫玉米 Bt10	农业部 953 号公告-1-2007
14	附件 14　抗虫玉米 CBH351	农业部 953 号公告-2-2007
15	附件 15　耐除草剂油菜 T45	农业部 953 号公告-3-2007
16	附件 16　耐除草剂油菜 Oxy-235	农业部 953 号公告-4-2007
17	附件 17　促生长转 ScGH 基因鲤鱼	农业部 953 号公告-5-2007
18	附件 18　抗虫水稻 TT51-1	农业部 2122 号公告-8-2014

续表

19	附件 19	耐除草剂油菜 Topas19/2	农业部 1193 号公告-2-2009
20	附件 20	耐储藏番茄 D2	农业部 1193 号公告-3-2009
21	附件 21	抗除草剂棉花 1445	农业部 1485 号公告-1-2010
22	附件 22	猪伪狂犬 TK-/gE-/gI-毒株（SA215 株）	农业部 1485 号公告-2-2010
23	附件 23	耐除草剂甜菜 H7-1	农业部 1485 号公告-3-2010
24	附件 24	抗病水稻 M12	农业部 1485 号公告-5-2010
25	附件 25	耐除草剂大豆 MON89788	农业部 1485 号公告-6-2010
26	附件 26	耐除草剂大豆 A2704-12	农业部 1485 号公告-7-2010
27	附件 27	耐除草剂大豆 5547-127	农业部 1485 号公告-8-2010
28	附件 28	抗虫耐除草剂玉米 59122	农业部 1485 号公告-9-2010
29	附件 29	抗除草剂棉花 LLCOTTON25	农业部 1485 号公告-10-2010
30	附件 30	耐除草剂棉花 MON88913	农业部 1485 号公告-12-2010
31	附件 31	抗虫耐除草剂玉米 MON88017	农业部 1485 号公告-15-2010
32	附件 32	抗虫玉米 MIR604	农业部 1485 号公告-16-2010
33	附件 33	抗虫玉米 MON89034	农业部 1861 号公告-4-2012
34	附件 34	耐除草剂棉花 GHB614	农业部 1861 号公告-6-2012
35	附件 35	耐除草剂大豆 356043	农业部 1782 号公告-1-2012
36	附件 36	高油酸大豆 305423	农业部 1782 号公告-4-2012
37	附件 37	耐除草剂大豆 CV127	农业部 1782 号公告-5-2012
38	附件 38	转植酸酶基因玉米 BVLA430101	农业部 1782 号公告-11-2012
39	附件 39	耐除草剂大豆 GTS 40-3-2	农业部 1861 号公告-2-2012
40	附件 40	抗病毒番木瓜华农 1 号	报批，暂不发布
41	附件 41	抗虫水稻科丰 6 号	报批，暂不发布
42	附件 42	抗虫水稻克螟稻	报批，暂不发布
43	附件 43	抗虫水稻科丰 8 号	报批，暂不发布
44	附件 44	抗虫玉米 MIR162	农业部 2031 号公告-6-2013
45	附件 45	品质改良玉米 3272	农业部 2031 号公告-13-2013
46	附件 46	抗虫水稻科丰 2 号	农业部 2031 号公告-7-2013
47	附件 47	耐旱玉米 MON87460	农业部 2031 号公告-5-2013
50	附件 50	抗除草剂玉米 DAS-40278-9	农业部 2122 号公告-9-2014
51	附件 51	抗除草剂苜蓿 J163	农业部 2122 号公告-6-2014
52	附件 52	抗除草剂苜蓿 J101	农业部 2122 号公告-7-2014
53	附件 53	抗除草剂和品质改良大豆 MON87705	农业部 2122 号公告-4-2014

续表

54	附件 54　品质改良大豆 MON87769	农业部 2122 号公告-5-2014
55	附件 55　抗虫和耐除草剂玉米双抗 12-5 及其衍生品种	农业部 2259 号公告-12-2015
56	附件 56　抗虫耐除草剂水稻 G6H1	农业部 2259 号公告-11-2015
57	附件 57　耐除草剂大豆 MON87708	农业部 2259 号公告-6-2015
58	附件 58　抗虫大豆 MON87701	农业部 2259 号公告-7-2015
59	附件 59　耐除草剂大豆 FG72	农业部 2259 号公告-8-2015
60	附件 60　耐除草剂油菜 MON88302	农业部 2259 号公告-9-2015
61	附件 61　禽流感、新城疫重组二联活疫苗毒株（rL-H5 株）	兽药典使用指南生物制品卷-2010
62	附件 62　转人乳铁蛋白基因奶牛	农业部 2406 号公告-8-2016
f	定量核酸检测方法（共 4 项，暂不发布 1 项，拟制定 3 项）	
1	转基因生物产品成分检测　调控元件特异性定量核酸检测方法	2017 年
2	转基因生物产品成分检测　基因特异性定量核酸检测方法	2016 年
3	转基因生物产品成分检测　构建特异性定量核酸检测方法	2018 年
	转基因生物产品成分检测　转化体特异性定量核酸检测方法	
4	附件 1　抗虫水稻 TT51-1	报批，暂不发布
C	蛋白检测方法（共 1 项，发布 1 项）	
1	转基因生物产品成分检测　蛋白质检测方法	1943 号公告-4-2013（代替 1485 号公告-14-2010）；2008 年标准计划，2012 年 5 月未通过审定；2010 年标准计划，2012 年 5 月未通过审定

　　由于越来越多的转基因产品进入市场，转基因产品的检测分析工作面临很多挑战，如何快速了解并掌握准确的转基因生物背景信息如基因序列、检测方法、验证方法及有证参考物对于检测人员和研究人员非常重要。建立转基因生物相关数据库，是一种重要的解决途径。目前国际上和转基因产品检测相关的数据库有GMDD（GMO Detection Method Database）、GMO compass、Agbios 转基因作物数据库（Agbios GM Crop Database）、Living Modified Organism（LMO）Registry、Agbioforum 等。其中 GMDD 数据库中收录了 167 种商业化转基因作物的检测方法，并提供了转基因生物外源基因分子特征，包括外源插入基因序列及其旁临序列的信息、引物序列及其检测方法的协同验证信息，也包括内源参照基因检测方法、有证参考物质等，是目前最有效的转基因生物检测方法数据库（王鹏飞，2014）。其他数据库主要收集了转基因生物的商业化现状、风险评估、转基因生物及其产品的标识、管理等信息。

随着越来越多的转基因生物进入实际应用，对转基因生物安全管理提出了重大挑战。随着核酸、蛋白质分子检测新技术新方法的发展，一些新的技术方法——非 PCR 扩增检测将会受到广泛研究和应用，如核酸等温扩增技术、电化学传感器直接检测基因组 DNA、基于基因组 DNA 的杂交芯片检测、近红外投射光谱法、高效液相色谱法、核磁共振和质谱法等。此外，随着转基因生物大量商业化及转入目的基因的复杂化，高通量的转基因生物筛选、检测方法成为目前检测方法的发展重点。基于筛选方法和矩阵表格的组合应用来判断样品中是否存在转基因生物来源成分，已被很多实验室采用并进行了高通量转基因生物的筛选检测。尽管如此，由于不同国家和地区之间在管理法规、转基因生物类型、检测水平等方面存在差异，今后在全球范围内开展转基因生物标准化及国际合作和对话，维持正常国际贸易等将十分重要（江树勋等，2003）。

另外，随着粮食供给和人口增加矛盾的日益突出，很多国家和地区将不断加大转基因生物的研发投入，今后将有更多转基因生物进行环境释放、中间试验或者产业化生产，如何实现对这些转基因生物的有效安全监管，充分发挥生物技术在农业生产中的应用显得非常重要（李宁等，2010）。特别是近年来欧盟等国家和地区对于未经安全性批准而进入市场的转基因事件非常担忧，这些国家和地区成立了专门机构应对这些事件，并出台了严格的监管和贸易措施。同样，我国也需要建立这样的监管检测体系，这对于转基因生物安全管理、促进转基因生物发展、维持我国正常的农产品贸易、维护国家形象等具有长远而重要的意义。

【案例 13-1】欧盟严查中国出口大米转基因成分

案例内容：

2013 年，欧盟食品和饲料委员会通报了 25 起从中国进口的大米制品中含有转基因成分的事件。对此，欧盟紧急出台了《对中国出口大米制品中含有转基因成分采取紧急措施的决定》，并向中方通报。而早自 2006 年起，欧盟就已经针对来自中国的进口大米进行严格的审查，中国已然成为欧盟食品和饲料委员会的"重点照顾对象"。

欧盟对转基因标识采取定量方式，规定如下：如果食品或饲料中含有超过 0.9% 的转基因成分，必须添加转基因信息的相关标注。目前，欧盟还没有批准任何转基因水稻的合法种植及进口。事件发生后欧盟食品和饲料委员会要求中国进口的大米制品必须附带官方或授权的实验室出具的转基因成分检测报告，或者准入前的由进口国相关检测机构出具的分析报告，才能进入市场。

案例分析：

目前，世界范围内还没有转基因水稻产业化生产的事件，但是各国对转基因水稻的研究却十分广泛，例如，菲律宾的"黄金水稻"及中国的转 *Bt* 基因水稻等。

尽管各国在转基因生物管理制度层面非常严格，但是仍然存在严重的转基因非法扩散及种植问题，市面上流通的农产品也有被转基因产品混杂的问题。

尽管自转基因产品上市 20 年以来，还没有发生转基因食品引发的安全事件，但是转基因问题是一个复杂的社会问题，它不是单纯的"安不安全"的问题，还涉及政府监管、伦理、贸易壁垒、产权纷争、利益冲突等多种问题。虽然中国还没有批准任何转基因作物的种植，但是很多科研机构及生物种业公司都在进行转基因农作物的研究及环境释放工作，由于政府监管不到位及一些人或集体利益使然，抑或意外事件等，造成了转基因泄露事件。而转基因水稻的混杂就是很好的例子，这给政府监管敲响了警钟。我们在确保转基因生物安全的同时，一定要加强安全监管工作，这是法律层面的问题，影响到消费者利益，甚至我国进出口贸易安全问题。

第四节　能力建设

截至 2014 年，我国高速铁路建设总运营里程达到 1.6 万千米，约占世界高铁总量的 60%，超过了前辈日本、德国及法国，已经成为世界上高速铁路运营里程、在建规模最大的国家（http://www.nra.gov.cn/zggstlzt/zggstl1/zggstlfzlc1/）。铁路建设是保障和提升其运输能力的基础，其安全运营能力是综合了基础设施、协调管理、严格精确控制等铁路系统资源。相同地，生物技术食品安全也需要相应能力建设的保障，这种保障同样基于安全监督检测基础设施建设、科学严谨的监管能力建设、从业人员的自觉自律等。

生物技术食品的安全需要得到充分的保障才能允许上市，政府监管部门和安全评价及检测机构要对其协同监管。狭义的能力建设是指生物技术食品安全评价和监督检验标准化实验室的建设，包括健全和升级实验室基础设备，提高实验室工作人员素质，加强实验室规范化管理，全面保障和提升生物技术食品安全监督检测实验室的硬实力和软实力。广义的生物技术食品能力建设还包括相关立法能力、安全评价能力、标准制定和修订能力、科普宣传能力、科研机构开发生物技术新产品的能力、政府部门对生物技术食品产业的监管能力及安全应急处理能力建设等。

一、我国转基因植物食用安全检测的五大体系

在 CAC 制定的转基因植物食用安全性评价指导框架的基础上，各国政府均在风险和效益的综合考量下，依据自身情况制定了不同的转基因植物安全政策。以欧盟为代表的部分国家和地区为了规避转基因生物可能存在的风险，制定了比较

苛刻的转基因植物安全政策，但这种政策会阻碍转基因技术的发展和应用所带来的收益；而以美国为代表的一些国家则为了获得转基因生物的应用所带来的收益，制定了比较宽松的转基因植物安全政策，但这种政策的实施也有可能导致比较严重的转基因植物风险。我国在吸取各国际组织和各国政府的管理经验的基础上，制定了符合我国国情的详细的转基因植物安全管理体系，主要包括法规体系、安全检测体系、技术检测体系、技术标准体系及安全监测体系（黄昆仑和贺晓云，2011）。

（1）法规体系。2001年，国务院颁布了《农业转基因生物安全管理条例》（简称《条例》），该《条例》以国家法律法规的形势规定了国家对农业转基因生物安全的管理；2002年，农业部根据《条例》规定制定了《农业转基因生物安全检测管理办法》《农业转基因生物进口安全管理办法》和《农业转基因生物标识管理办法》，对《条例》内容进行了细化；2004年，国家质检总局颁布的《进出境转基因产品检验检疫管理办法》，是对转基因产品进出口贸易的检验检疫进行管理。

（2）安全评价体系。对农业转基因生物进行安全评价，是世界各国的普遍做法，也是国际《生物安全议定书》的要求。安全评价是利用现有的科学知识、技术手段、科学试验与经验，对转基因生物可能对生态环境和人类健康构成的潜在风险进行综合分析和评估，在风险与收益利弊平衡的基础上做出决策。我国对农业转基因生物实行分级管理安全评价制度。凡在中国境内从事农业转基因生物的研究、试验、生产、加工、经营和进出口活动，应依据《条例》进行安全检测。通过安全检测，采取相应的安全控制措施，将农业转基因生物可能带来的潜在风险降到最低程度，从而保障人类健康和动植物、微生物安全，保护生态环境（黄昆仑和贺晓云，2011）。同时，也向公众表明，农业转基因生物的研究和应用建立在安全检测的基础之上，符合科学、透明的原则。

（3）技术检测体系。技术检测体系由农业转基因生物安全技术检测机构组成，服务于安全检测与执法监督管理（沈平等，2010；黄昆仑和贺晓云，2011）。检测机构按照动物、植物、微生物三种生物类别，转基因产品成分检测、环境安全检测和食用安全检测三类任务要求设置，并根据综合性、区域性和专业性三个层次进行布局和建设。为此，2003年农业部确定了第一批农业转基因生物技术检测机构筹备单位，分别是中国农业大学、中国疾病预防控制中心营养与食品安全所、天津卫生防病中心承建的转基因生物及其产品食用安全检测中心。

（4）监测体系。监测体系以安全检测及检测为技术平台，由行政监管系统、技术检测系统、信息反馈系统和应急预警系统组成。按照《条例》的要求，开展对于从事农业转基因生物的研究、试验、生产、加工、经营和进口、出口活动的全程跟踪和长期的监测和监控工作，并为安全检测出具环境安全方面的技术监测报告（黄昆仑和贺晓云，2011）。

（5）标准体系。标准体系由全国农业转基因生物安全管理标准化技术委员会、标准研制机构和实施机构组成。为了保持农业转基因生物安全管理的规范化，农业部在 2004 年成立了全国农业转基因生物安全管理标准化技术委员会。它由 41 名委员组成，秘书处设在农业部科技发展中心。按照《中华人民共和国标准化法》的规定和《农业转基因生物安全管理条例》的要求，开展农业转基因生物安全管理、安全检测、技术检测的标准、规程和规范的研究、制订、修订和实施工作，为安全检测体系、监测体系和开展执法监督管理工作提供标准化技术支持。主要负责转基因植物、动物、微生物及其产品的研究、试验、生产、加工、经营、进出口及与安全管理方面相关的国家标准制修订工作，对口食品法典委员会的政府间特设生物技术食品工作组（CX-802）等技术组织，以及负责与农业转基因生物安全管理有关的标准制定工作（黄昆仑和贺晓云，2011；许文涛等，2011）。

二、我国能力建设取得的成果和不足

我国对转基因生物的安全评价和管理经过十余年的发展，在管理、评价、研究、检测、标准等方面取得了良好的基础：转基因生物安全研究列入了国家一系列重点科研计划之中，研究工作已全面开展；转基因生物安全相关法律法规体系建设已逐步完善，管理已纳入法律轨道并与国际接轨；技术支撑体系建设已初具规模，转基因生物安全正在步入科学化、规范化的管理轨道。但是，与国际发达国家相比，我国的转基因生物食用安全总体技术水平不高，反映在各体系在技术水平上与国际发达国家存在差距，技术标准不能与国际接轨，研究支持力度不足，总体管理水平滞后，检测机构能力建设缓慢等（王琴芳，2008）。

根据《条例》及其附属管理规定，要求对国内转基因作物及进口转基因产品进行全面的生物安全管理工作。必须由政府认证或委托的第三方检测机构提供全面的技术支撑，对农业转基因事件进行综合的环境安全评估、食用安全评价、分子特征鉴定等。要求对转基因研究实验室及试验基地进行安全隔离，设置规定的最小安全距离及安全隔离设施，确保对转基因生物的实时有效监控。目前，我国现有的对转基因生物及其产品的安全评价及检测机构还很不完善，而且相关检测设备及设施也没法达到国际水平。这已经成为制约我国转基因生物研究及其产业化发展的瓶颈，也没法进行严格的执法及履行国际约定（赵凯等，2007）。因此，在全国范围内建立设备齐全、功能完备的现代转基因生物安全监督检验测试中心尤为重要。

为了满足《条例》及其附属管理规定的要求，中华人民共和国农业部在 2004年制定了《国家农业转基因生物安全检测与监测体系建设规划》和《国家农业转基因生物安全检测与监测中心基建项目规划》，筹划在全国范围内建设 49 个农业转基因生物安全检测机构，包括 1 个国家级检测中心和 48 个省部级检测中心。目前，已经有 36 个检测中心通过了农业部和国家计量认证的审查和考核，初步形成了对农业转基因生物安全监督检测测试的体系（宋贵文等，2011）。

【案例 13-2】标准化实验室案例——农业部转基因生物食用安全监督检验测试中心（北京）

2009 年中国农业大学承接农业部转基因重大专项——转基因生物食用安全评价与检测中心能力建设（2009ZX08019-001B）。根据转基因生物食用安全评价能力的国际化需求，对实验室进行规划布局，目标建设五大功能区：动物试验功能区，具备开展急性毒性、亚慢性毒性、慢性毒性、免疫毒性等的试验条件；过敏检测试验功能区，具备开展模拟胃肠液消化稳定性试验、过敏性生物信息学分析、血清学试验等条件；营养安全分析功能区，具备开展各类营养成分、抗营养因子、营养利用率等试验和检测条件；转基因成分检测功能区，具备核酸定性定量检测、蛋白质定性定量检测等条件；公共试验功能区，具备分子生物学试验等条件。

建设主要任务是对已有实验室进行改建，使其符合开展转基因产品食用安全检测研究的需要；对试验动物房进行改扩建，以满足对转基因产品毒理和过敏检测的需要；设备选型上坚持"高水准，高性能/价格比、适用、实用""根据已有设备，以检测项目为基准，采用添平补齐"和瞄准国际先进检测仪器设备为原则，增添新的仪器设备，使仪器设备可以满足使用安全检测和转基因成分检测及开展研究的需要。建设任务重点是对检测仪器设备的提升，即对现有设备功能的升级，对现有仪器设备数量不足的添置，以及新购关键检测设备。

截至 2013 年年底，该项目已经成功建设了具有"双认证"的农业部转基因生物食用安全监督检验测试中心（北京）。本"中心"拥有包括 300 平方米动物试验功能区、80 平方米过敏检测试验功能区、160 平方米转基因成分检测功能区、200 平方米营养安全分析功能区及 130 平方米公共试验功能区。转基因生物食用安全评价检测研究必备的仪器设备已经购置完毕，主要包括流式细胞仪；食用安全动物试验所需相关仪器设备有电生理仪、动物尿液分析仪、离子分析仪、血凝仪、精子自动检测分析系统、动物行为监测仪等设备；氨基酸分析仪；原子吸收分光光度计；气相色谱；蛋白质测定仪；发酵罐；冷冻混合球磨仪；前处理系统；冻干机；样品粉碎机；PCR 仪；高速冷冻离心机；组织捣碎机；研磨机；荧光定量PCR 仪；蛋白质飞行质谱仪等。

该专项全面提升了"中心"在转基因产品食用安全检测与监测的能力，检测项目由以前的转基因植物食用安全检测，扩展到转基因动物、微生物的食用安全检测，可以完成我国对转基因生物食用安全的全项目检测。

三、生物技术新产品不断出现与安全监督检测能力不足所面临的挑战

生物技术作为 21 世纪的一种高新技术取得了快速发展，目前已经广泛地应用在农业生产、环境保护、医疗卫生、食品工业等领域，在提高人类健康及保护生态环境中起到了越来越重要的作用。尤其是基于基因工程技术的农业转基因技术的快速发展，不仅提高了农民收益，也为世界粮食安全提供了可靠保障。

转基因作物自 1996 年产业化以来，取得了快速发展，在给我们带来经济及环境收益的同时，也引起了国际范围内的广泛争议。目前，上市的转基因产品主要是转基因植物产品，可喜的是 2015 年年底 FDA 审批通过了世界上第一例食用转基因动物——大西洋鲑鱼（三文鱼）。开启了转基因动物产业化的新纪元。美国科学家成功培育了转基因奶牛，极大提高了鲜奶质量，目前正处于安全评价阶段，很可能成为下一次上市的转基因动物。此外，越来越多的新性状及复合性状转基因植物不断上市，以及转基因动植物作为生物反应器生产的药用及工业用产品进入市场。因此，如何针对新型转基因产品制定科学严谨的评价标准，如何规范地进行环境安全评价及食用安全评价给政府和科研工作者提出了新的严肃挑战。

在转基因植物的研发和产业化规模不断扩大的同时，由此引发的食用安全性问题已引起全世界的广泛关注。其中一个比较典型的案例就是美国的星联抗虫转基因玉米事件。"星联"玉米由美国阿凡迪斯公司于 1996 年开始生产，但由于其含有 Cry9C 抗虫蛋白，对人体存在潜在过敏可能性，美国农业部禁止该玉米用于食物生产。但在 2000 年，美国农业部发现有些玉米食品中混入了"星联"玉米，且有人声称对含有"星联"玉米的产品过敏，为此美国农业部采取了回收处理措施。与此同时，美国食品药品监管局搜集了声称对含有"星联"玉米产品过敏患者的血清，对"星联"玉米中的抗虫蛋白 Cry9C 进行检测，结果发现这些患者血清与 Cry9C 蛋白不能发生反应。对这部分患者进行了食物双盲实验，结果发现这些患者吃了含有高水平"星联"玉米的食物也没有发生过敏反应。因此，这些结果说明引起这些人发生过敏反应的并不是"星联"玉米中转入的 Cry9C 蛋白，而是食物中的其他成分。虽然整个事件的最终结果并没有证实"星联"玉米会对人体产生过敏反应，但是充分说明不同用途的转基因生物很可能发生混杂。此外，还发生过一些非审批通过的转基因生物进入食物链的情况，如 2006 年美国拜耳公司试验田种植的 Liberty Link 601（LL RICE 601）混入阿肯色州出口的普通水稻中；我国的转 Cry1Ac 基因水稻在 2006 年和 2007 年，被检测出混杂在出口欧盟的普通水稻中。这些未经批准的转基因生物由于管理不当而混杂到普通的食品原料中，虽然对国际贸易产生了不良影响，但没有对人体和动物造成实质性的伤害。而药用转基因植物发生混杂的情况也有发生，2002 年，在美国的普通大豆中发现了转动物疫苗的药用玉米，这是由于在同一块田地中先种了玉米后改种大豆造成的，

这个事件造成大约有 1.8×10^7 kg 大豆被没收（梅晓宏等，2013）。

【案例 13-3】湖北转基因水稻事件

案例内容：

2005 年，绿色和平组织经过 6 次深入调查，发现湖北省存在转基因水稻非法种植的事件，尽管湖北省调查发现是三家公司在承接转基因水稻生产性试验过程中散播了转基因水稻种子，但是问题的根源指向了华中农业大学张启发教授研究团队，因为被扩散的转基因水稻种子源于该科研队伍。农业部对该事件进行了严肃处理，但是也不认可绿色和平的检测报告。该事件引发了国内新一轮的对转基因安全性的争辩。

无独有偶，2014 年 7 月 26 日，央视新闻曝光了湖北省武汉市存在非法销售转基因水稻种子的事件。一经曝光，引发了全国范围内的广泛关注。各省纷纷对市场上大米进行分析检测，发现湖北、湖南、福建等省一带的大米均存在转基因混杂的问题。

案例分析：

华中农业大学张启发教授研究团队是国内转基因水稻研究的先驱，并成功研制出多种转 *Bt* 基因水稻，尽管做过了全面的环境安全评价及食用安全评价，但是迄今为止，中国政府还未批准任何转基因作物的商业化种植。自从 2009 年转基因水稻获得生产性试验安全证书以来，转基因水稻一直停留在试验阶段。

湖北省转基因水稻泄露事件严重影响了国内水稻种质资源，也许该事件正是中国对转基因生物安全监管漏洞的一个缩影。虽然我国已经制定了较为完善的转基因生物安全管理的法律法规，但是仍存在政府监管部门对研发机构和公司信息沟通不及时、监管不到位的问题，研发机构及公司政策执行打折扣的问题，以及跨区域间信息流通不畅等问题。这些问题严重制约我国对转基因生物的安全监管工作。因此，如何制定切实有效的安全监管措施，如何切实掌控转基因农作物种子销售、生产应用及市场销售等环节的监督监测是我国以农业部为首的监管部门的严重挑战。

参 考 文 献

柏振忠，王红玲. 2011. 转基因农业生物技术安全隐忧及其监管研究. 农业科技管理，30(4): 80-83

包琪，贺晓云，黄昆仑. 2014. 转基因食品安全性评价研究进展. 生物安全学报，23(4): 248-252

杜青林. 2006. 农业转基因生物加工审批办法. 中华人民共和国农业部公报，(11): 34-35

付仲文，连庆，李宁. 2009. 转基因植物食用安全性评价现状. 农业科技管理，28(6): 24-27

桂国春, 李克彬, 畅荣妮, 等. 2014. 出入境转基因产品及其分子检测现状与展望. 生物技术通讯, 25(2): 290-294

韩梅. 2007. 农业转基因生物安全管理现状及对策. 江苏农业科学, (6): 282-284

韩梅. 2009. 江苏农业转基因生物安全管理浅析. 江苏农村经济, (2): 64-65

黄昆仑, 贺晓云. 2011. 转基因食品发展现状及食用安全性. 科学, 63(5): 23-26

黄昆仑. 2005. 进入食品安全检测技术新时代. 中国科技成果, (3): 34-36

江树勋, 陈文炳, 邵碧英, 等. 2003. 转基因食品的贸易技术壁垒及对策探讨. 福建农业科技, (6): 34-35

李宁, 刘培磊, 连庆, 等. 2010. 农业转基因生物安全评价申请人应具备的素质要求. 农业科技管理, 29(6): 4-6

李尉民, 岳宁, 曹喆. 2000.《卡塔赫纳生物安全议定书》及其对转基因农产品国际贸易和生物技术发展的影响与对策. 生物技术通报, (5): 7-10

刘信, 宋贵文, 沈平, 等. 2007. 国外转基因植物检测技术及其标准化研究综述. 农业科技管理, 26(4): 3-7

梅晓宏, 许文涛, 贺晓云, 等. 2013. 新型转基因植物及其食用安全性评价对策研究进展. 食品科学, 34(5): 308-312

沈平. 2010. 国际转基因生物食用安全检测及其标准化. 北京: 中国物资出版社

沈平, 张明, 李允静. 2010. 我国转基因生物新品种培育安全管理的思考. 沈阳农业大学学报(社会科学版), 12(1): 43-45

盛耀, 贺晓云, 祁潇哲, 等. 2015. 转基因植物食用安全评价. 保鲜与加工, (4): 1-7

盛耀, 许文涛, 罗云波. 2013. 转基因生物产业化情况. 农业生物技术学报, 21(12): 1479-1487

宋贵文, 李飞武, 张明, 等. 2011. 我国农业转基因生物安全检测机构体系运行现状分析. 农业科技管理, 30(1): 40-43

宋君, 王东, 刘勇, 等. 2009. 转基因产品检测技术标准存在的问题及建议. 中国测试, 35(6): 88-90

宋俊华. 2004. 美国加强对转基因作物试验的规范化管理. 农药科学与管理, 25(4): 43

孙博. 2014. 国际非政府组织 ISO 与中国. 现代经济信息, (20): 138-139

孙建萍, 贾军伟, 潘爱虎. 2008. 水稻及其深加工产品转基因成分检测研究进展. 上海农业学报, 24(4): 112-114

唐晓纯. 2006. 我国转基因食品市场准入和召回研究. 食品科学, 27(10): 574-577

王广印, 韩世栋, 陈碧华, 等. 2008. 转基因食品的安全性与标识管理. 食品科学, 29(11): 667-673

王鹏飞. 2014. 转基因产品快速检测技术的研究. 沈阳: 沈阳师范大学硕士学位论文

王荣谈, 张建中, 刘冬儿, 等. 2010. 转基因产品检测方法研究进展. 上海农业学报, 26(1): 116-119

王琴芳. 2008. 转基因作物生物安全性评价与监管体系的分析与对策. 北京: 中国农业科学院博士学位论文

许文涛, 贺晓云, 黄昆仑, 等. 2011. 转基因植物的食品安全性问题及评价策略. 生命科学, (2): 179-185

杨崇良, 路兴波, 张君亭. 2005. 世界农业转基因生物、产品研发及其安全性监管——Ⅲ. 农业转基因生物及其产品安全评价与管理. 山东农业科学, (3): 67-70

余春燕. 2007. 转基因大豆及其制品检测技术的研究. 杭州: 浙江工商大学硕士学位论文

赵凯, 潘爱虎, 赵星海. 2007. 上海转基因生物安全管理技术支撑体系与能力建设浅析. 上海农业学报, 23(2): 102-104

邹世颖, 贺晓云, 梁志宏, 等. 2009. 转基因动物食用安全评价体系的发展与展望. 农业生物技术学报, 23(2): 262-266

第十四章　世界各国对生物技术食品的态度与监管

提　　要

- 国际组织对现代生物技术食品的态度。
- 积极促进生物技术商业化的国家，公众对生物技术产品的接受程度高。
- 对转基因技术的应用持谨慎态度的国家，公众对生物技术产品的接受程度低。
- 中立态度的国家允许进口转基因作物，不允许在本国种植转基因作物；发展中国家，大力支持转基因项目的开发，但商业化政策上趋于严谨和保守（笔者的观点）。
- 世界各国政策：促进型政策、认可型政策、谨慎型政策、禁止型政策。
- 国际组织管理机构。
- 世界各国的生物技术管理机构。
- 国际组织针对生物技术安全的监管体系与条例。
- 各个国家和地区转基因管理体系：美国、巴西、欧盟、日本、中国等。

第一节　世界各国对生物技术食品的态度

一、国际组织对现代生物技术食品的态度

世界卫生组织对现代生物技术食品的风险分析的指引，客观地分析了现代生物技术的风险性。2005年6月23日，世界卫生组织发布的"现代食品生物技术、人类健康和发展"的报告中总结道，转基因食品能够提高农作物的产量、食品质量及在一个特定地区生长的食物的多样性（刘姗姗，2006）。这种情况反过来能够增进健康和营养，获得更多的经济效益，有助于提高健康和生活标准。然而，用于生产转基因食品的一些基因以前从未出现在食品链中，因此，采用新基因可能改变农作物现有的遗传基因。从而，在新的转基因食品的生产和销售之前应就它们对人类健康的潜在影响进行评估。报告指出，在推销这些产品的地方，应对所有转基因产品进行销售前危险评估。在这方面，对转基因食品可能造成的健康和环境影响的审查应较一般食品更为彻底。迄今为止，转基因食品的消费尚未产生

任何已知的负面健康影响。

　　绿色和平组织是一个国际性的非政府组织，以环保工作为主。绿色和平组织宣称自己的使命是："保护地球、环境及其各种生物的安全及持续性发展，并以行动作出积极的改变"，该组织的行动以出奇的激进为特点。绿色和平组织以顽固反对转基因而著称，认为转基因技术本身就是一个反人类的罪行，其能够让农业做本来不能完成的事情，如含有不饱和脂肪酸的大豆的种植。该组织在全世界范围内极力阻止转基因技术的发展与应用，该组织在许多国家设有办事机构，为反对转基因技术的发展，甚至从事一些非法的活动。因此，一些生物技术发达的国家，将绿色和平组织视为非法组织，限制其在这些国家的活动。自 2000 年开始，该组织开始推动大型食品公司和零售商（超市等）承诺使用非转基因饲料。如 2005 年，该组织在香港的 13 个地块发现转基因番木瓜（与美国的基因相同），且组织了抗议活动，香港特区政府被迫委托绿色和平组织将香港地区所有的转基因番木瓜植株清除，事件才得以平息（李楠，2014）。

二、世界各国对现代生物技术食品的态度

　　随着科学技术的发展和社会进步，现代生物技术食品（转基因食品）发展迅速，且广泛应用在农业上。关于转基因食品安全性的争议从转基因技术诞生的那一刻起就没有停止过。这场涉及方方面面的争议实质是不同国家、不同集团利益冲突的反映，更广泛的则牵涉到国际政治、经济、贸易、文化、伦理等多领域复杂因素的碰撞与较量。

　　根据世界各国对转基因生物技术商业化的态度，可将目前发展转基因生物技术的态度按国家大致分为三类（熊昀青等，2005）：第一类是以美国、加拿大、巴西、阿根廷等积极促进转基因技术商业化的国家，在管理模式上实行以"实质等同原则"为基础的产品管理模式，公众对转基因产品的接受程度高；第二类是以欧盟各国为代表，对转基因技术的应用持谨慎态度的国家，公众对转基因产品的接受程度低；第三类是持折中态度的国家，例如，日本不允许本国种植转基因作物，但又允许进口转基因作物用于食品生产；又如，中国、印度等发展中国家，大力支持转基因项目的开发，但同时在转基因产品的商业化政策上趋于严谨和保守，遵循实质等同、个案分析和逐步完善的原则。

　　（一）积极促进转基因技术的国家

【案例 14-1】2013 年转基因作物种植面积居前 5 名的国家的情况（http://www.isaaa.org）

　　2014 年 2 月 13 日发布的报告称：2013 年，全球转基因作物的种植面积达到 1.75 亿公顷，其中美国仍是全球转基因作物的领先生产者，种植面积达到 7010

万公顷，占全球种植面积的 40%。转基因玉米、大豆、棉花和甜菜分别占全国玉米、大豆、棉花和甜菜种植总面积的 90%以上。巴西连续五年成为转基因作物第二大种植国。巴西转基因作物种植面积达到 4030 万公顷（比上年 3660 万公顷增长 10%），占全球转基因作物种植面积的 23%（高于上年的 21%），其增长率超过其他任何国家。阿根廷继续成为全球转基因作物第三大种植国，种植面积达 2440万公顷。印度取代加拿大，成为第四大种植国。印度的 Bt 棉花种植面积创历史新高，达到 1100 万公顷，采用率为 95%。加拿大的转基因作物种植面积为 1080 万公顷，为第五大种植国。虽然该国农民减少了油菜种植面积，但采用率保持 96%的高水平。

1. 美国

美国是转基因食品的发源地，转基因技术水平在世界上处于领先地位（杨柳，2011）。美国也是最早将转基因产品商业化及收益颇多的国家，现已成为转基因农产品最大的生产与出口国。在美国市场上转基因产品以接近 4000 种（包括婴儿食品在内），占市场流通农产品的 60%，年销售额超多 100 亿美元。美国的大豆 90%以上为转基因大豆，玉米、小麦等作物中超过 50%为转基因作物。可以说，转基因食品在美国早已大行其道，消费者对不断推出新食品也习以为常。

【案例 14-2】美国转基因发展历程（http://www.isaaa.org）

1973 年，美国科学家、生物化学家 Stanley N. Cohen 将蟾蜍基因植入细菌的 DNA 中，完成历史上首次转基因试验。1983 年，世界上第一例转基因植物抗病毒烟草在美国培育成功。1984 年，洛克菲勒基金会决定启动绘制水稻基因组图谱的综合性计划。1985 年，洛克菲勒基金会首先发起了对转基因植物的商业用途可能性的大规模研究。1986 年，抗病毒棉花成功研制，在美国进入田间试验。1987年，抗虫基因、耐除草剂基因和番茄成熟控制基因相继成功地转入作物。1992 年，老布什政府裁定，基因工程、转基因粮食或植物与普通作物和种子"实质上相同"，不需要进行任何特殊的政府监管，该原则被列入 WTO 规则。1993 年，美国授予第一个转基因作物专利。1996 年，转基因抗虫棉和耐除草剂大豆在美国大规模种植。2001 年 12 月，美国最高法院昭示：允许植物和其他生命形式获得专利，转基因植物品种可以授予专利。2003 年，美国总统布什抗议欧盟在批准转基因生物时存在事实上的暂停。

【案例 14-3】美国孟山都公司对转基因的研发及推广情况

1982 年，美国孟山都公司的科研人员第一次在人类历史上改变了植物细胞的基因。这意味着能在任何植物的细胞中添加修改过的基因。1994 年，孟山都研发的转基因番茄在美国获批上市，它是全球第一种允许上市的转基因蔬菜。但由于销量不佳最终下架。1994 年，孟山都研发的 Posilac 奶牛生长激素（rBGH）获准在美国商业销售。1995 年，孟山都开始生产抗农达大豆。1996 年，转基因抗虫棉和耐除草剂大豆在美国大规模种植。1997 年，孟山都推出保丰抗玉米螟玉米、抗农达蓖麻、抗农达棉花、保铃抗虫农达棉花。1998 年，孟山都推出抗农达玉米。1999 年 10 月，孟山都宣布同意暂停有争议的"终结者"种子遗传技术的商业化进程。"终结者"种子的设计目的是阻止种子发芽，以防将收获的谷物当作种子。2002 年，孟山都发现了能生产更多乙醇的杂交玉米。

自第二次世界大战后以来，美国政府高度重视科技，积极采取措施推动科技事业的发展。1983 年，"高技术：挑战和机会"是美国经济生活中最热门的话题。《商业周刊》评论：大家都相信，"美国正处于一次产业革命的经济转变之中。"高技术产业已是美国经济中最活跃的因素。所以，从文化传统和民众观念来看，美国人对新技术产品几乎采取积极态度。

基因技术和抗体技术等现代生物技术导致美国生物技术产业的起飞。20 世纪七八十年代，许多生物技术公司成立，如麻省理工学校教授、诺贝尔奖得主 Philip Allen Sharp 和哈佛大学诺贝尔奖得主 Walter Gilbert 于 1978 年成立 Biogen 公司。

美国极力支持转基因技术及其产品在世界上推广，是世界上转基因作物种植面积最广泛的国家，2013 年，全球转基因作物的种植面积达到 1.75 亿公顷，美国种植面积达到 7010 万公顷，占全球种植面积的 40%。而且美国是多个国家人民后裔的大融合，美国人在文化上最求开放、崇尚冒险、敢于创新，易于接受新事物。美国对转基因食品的基本理念是：转基因技术和转基因食品同传统的杂交技术和育种技术没有根本区别，它们是传统技术和食品的延伸，转基因食品和传统食品一样安全。

美国政府认为，转基因并未给农产品的天然品质带来根本的改变。转基因食品只要符合 1993 年经济合作与发展组织提出的转基因生物体安全性分析的"实质等同性"的原则，就应该是安全的（毛新志，2007）。"实质等同性"的基本含义是：如果某种新食品或食品成分同已经存在的某一食品或成分在实质上相同，那么在安全性方面，新食品和传统食品同样安全。美国认为，转基因食品及成分与目前市场上销售的传统食品具有实质等同性，与传统食品同样安全，因此也就没有理由把它们和自然的农产品与食品区别对待，附加许多限制规定。美国对转基因食品采取"无罪推定"的态度，即如果不能提出充分的科学证据证明转基因食品是不安全的，就假设转基因食品是安全的，没有必要对转基因食品的研究与商业化采取过多的限制。美国公众普遍认为风险是技术的构成部分，风险的高低是与效用的高低联系在一起的。美国公众和管理机构认为风险是当代科学技术的一个特征，是不可避免的，技术风险是技术的一个内在特征和维度，而主要不是一个外部特征，公众对技术风险可以接受。在美国的科学家和公众认为基因工程技术所带来的现实利益远远大于它的潜在风险，人们不应该因被夸大的风险而失去享受基因工程技术给人类带来福祉的机会。

美国企业对特有的产品损害赔偿巨额，加上美国人好诉的传统和发达的信用体制，足以促使食品制造商在开发转基因食品时尽到谨慎义务，只有在经过严格的科学实验和评估，确信转基因食品安全无害后才敢投放市场。所以，优良的法规评价及管理体系使得美国民众对已投放市场的现代生物技术食品持乐观态度。

美国主张"可靠科学原则"，强调科学是管制体制的基石，管制不能建立在无端的猜测和消费者担忧的基础上，而必须有可靠的科学证据证明存在风险并可能导致损害时，政府才能采取管制措施。且目前并没有科学证据证明现代生物技术食品是有害的，所以目前美国人对现代生物技术食品采取乐观态度（佘丽娜等，2011）。

2. 巴西

在科学界，巴西科学院支持转基因作物的种植，但也有一些知名的科学家反对，认为对于转基因作物的健康和环境影响缺乏长期的研究（孙刚，2012）。尽管这样，巴西转基因作物的种植还是在 2005 年获得法律批准。

【案例 14-4】巴西转基因发展历程（http://www.isaaa.org）

1998 年 9 月 24 日巴西国家生物安全技术委员会（the National Biosafety Technical Commission，CTNBio）批准孟山都公司申请的抗除草剂大豆 GTS-40-30-2，此时距美国商业种植该作物只有 2 年。

巴西消费者保护机构（Instituto Brasileiro de Defesa do Consumidor，IDEC）和绿色和平组织立即要求巴西法院停止转基因大豆的使用，直至 2004 年 6 月 29 日之前，在诉讼期间，巴西颁布的法律虽然明令禁止种植和销售转基因大豆，但是国内非法种植转基因大豆的势头仍迅猛增长。

2005 年，巴西废除了禁止种植转基因作物的法律。

巴西生物技术的发展成就也是令人瞩目的。巴西农业生物技术研究的重点长期集中在转基因植物研究上，且保持走在前列。1983 年，巴西将抗生素卡那霉素的基因植入烟草，取得了转基因技术研究的重大突破。1999 年，巴西大豆的抗除草剂基因成为成熟技术，受到世界的关注。目前，巴西国家生物安全委员会已批准了超过千种转基因农产物进行研究和开始种植试验。

总体来讲，巴西对于转基因食品既不能全盘接受，也不能全盘否认，应该以积极的态度进行大量研究和实验，对于无法确认其安全性的部分，则应长期审查，暂不允许其投入市场；对比较安全的部分大力推广，以获得更多效益。

3. 阿根廷

大多数阿根廷科学家和农民都对利用生物技术提高农作物产量和营养价值同

时降低农药的使用量的前景持积极乐观的态度。阿根廷是世界上第二个掀起大规模推进转基因农业革命的国家（Yankelevich and Mergen，2012）。20 世纪 90 年代，拉美债务危机暴发，阿根廷背负巨额外债，通过农产品出口还债，被认为是阿根廷农业转基因化的主要原因。

【案例 14-5】阿根廷转基因发展历程（http://www.isaaa.org）

1996 年，阿根廷总统允许孟山都在阿根廷全国独家销售转基因大豆种子。

2011 年 5 月 19 日，阿根廷政府批准先正达公司研发的转基因玉米 MIRl62 可以进行生产和商业化，该产品在欧洲尚未获批，这一举措代表着阿根廷向着欧盟的"镜子政策"的反方向迈出了一步。

2011 年孟山都公司为了找到一种承认知识产权的机制，制定了（在种子行业的支持下）与农民签署的私人协议。

从 1996 年到 2005 年，阿根廷已走过了 10 年的转基因之路，单从经济收益上看，农产品出口所得共计 200 亿美元，并增加了国内 100 万个就业机会。而据 2014 年 2 月的新数据，在 2013 年，阿根廷转基因品种的种植面积已达到 2440 万公顷；在 2005 年，阿根廷国内几乎所有的大豆种植面积都种植了转基因品种，玉米总播种面积的 86% 和棉花总播种面积的 99%，都为转基因品种。现在的阿根廷在全球的大豆和玉米市场上已是美国的主要竞争对手，与美国相同，阿根廷的转基因农业也是以出口为导向的。

在联合国环境规划署全球环境基金项目下，生物技术办公室在阿根廷的生产商和消费者中实施了一项调查，调查结果如下：

（1）生产商的态度（在两次最重要的本地农业展览会上实施的调查）：90% 的受访生产商认为（虽然一些人表现出困惑和犹豫不决），他们知道并且采用或者至少听说过生物技术。75% 的受访生产商表示生物技术食品的消费不会给人体健康造成任何危害。12% 的受访生产商表示他们知道阿根廷监管体系，他们中的半数人认为它是安全的。57% 的受访生产商认为如果阿根廷政府决定要将生物技术种子隔离，他们还会使用生物技术种子。82% 的受访生产商表示生物技术是一种用于解决其他技术无法解决的问题的工具。49% 的受访生产商认为生物技术不存在严重的道德问题。

（2）消费者的态度（在各大超市进行的调查）：80% 的受访消费者主要通过电视了解生物技术，55% 的消费者通过广播，50% 通过报纸。13% 的受访消费者在购买商品之前没有查看商品的标签。60% 的受访消费者相信他们所吃的食物没有危害。64% 的消费者表示（尽管存在一些疑虑和犹豫不决）他们听说过生物技术食品。43% 的消费者同时在农业中使用生物技术。40% 的消费者表示生物技术产品的消费会给人体健康造成一些危害。所有受访者（生产商和消费者）中 94% 的人认为政府应该提供更多有关生物技术产品的好处和危害的信息。

（二）采取谨慎态度的国家和地区

与美国政府对转基因食品的态度相比，欧盟对转基因产品采取谨慎的态度，认为现代生物技术具有潜在的危险性（邓心安和于卫华，2008）。但面对转基因产品的优势，欧盟已倾向鼓励种植转基因作物，已有部分欧盟国家种植了转基因作物，但欧盟国家之间还是有许多分歧。2003 年，欧盟农业部长理事会通过新的转基因产品条例，体现了欧盟对转基因产品政策的松动，为取消多年来对转基因产品"事实上的禁令"铺平了道路。

【案例 14-6】欧盟转基因发展历程（http://www.isaaa.org）

1998 年 10 月至 2003 年 7 月，欧盟对转基因食品实行全面禁令。后来囿于四大粮商和美国的强大压力，仅限制转基因物质含量在 0.9% 以上的食品必须清楚地标明"本产品为转基因产品"。2001 年，欧盟发表了《食品安全白皮书》，要求在欧盟境内销售的转基因食品，必须加贴专门的标签。以确保消费者的知悉权和选择权。2009 年 3 月 2 日，欧盟 12 年来第一次批准了转基因作物的种植，这是一种工业用途的非食用土豆。但仍遭到奥地利、意大利等国的反对。2009 年 7 月 13 日，欧盟将讨论修改目前欧盟转基因作物种植批准体系的建议。但是各成员国拥有是否允许在本国种植的最终决定权。

欧盟持谨慎态度的原因有几个方面：第一，欧盟在转基因技术水平上和转基因作物的商业化方面与美国存在差距。为了防止美国的转基因食品和种子出口到欧盟各国而垄断了欧盟的市场，欧盟各国通过"转基因食品不安全"这个挡箭牌禁止美国、加拿大将转基因食品与种子出口到欧盟来保护欧盟各国的利益，同时利用有限时间来发展自己的转基因技术与食品，缩小与美国的差距。第二，欧盟各国受基督教影响较深，认为转基因食品是干涉自然、戏弄上帝，是不自然的食品，受到排斥。欧盟农民对转基因食品的态度是坚决抵制，他们绝对不许美国在欧洲使用转基因种子。在欧洲，到处可见立着"非转基因作物"牌子的农田。第三，欧洲国家在转基因技术的基础研究方面并不比美国差，而且也从未放松过对转基因技术的基础研究，但在应用研究商业化方面远不如美国。第四，欧洲相对来说比较保守，他们不愿意带有一定风险性的新生事物冲击他们原来的传统。特别是 1996 年英国爆发疯牛病以来，欧盟区域内的食品安全问题不断，使得欧洲人在食品安全问题上谨慎了许多。现在，虽然欧盟取消了 1998 年颁布的含转基因成分食品销售的禁令，但是要求在所有含有转基因原料的食品上加注特殊标签，标明成分和产地。这一决定还是在许多欧盟国家内部激起强烈不满，不少欧洲民众也表示对此不能接受，这与乐于接受转基因产品的美国人形成了鲜明对比。欧洲各国政府迫于各方面的压力，对转基因技术与食品的安全性表示忧虑，态度非常谨慎。

【案例14-7】2013年转基因作物种植面积及批准种类在欧盟的情况（http://www.isaaa.org）

五个欧盟国家Bt玉米的种植面积达到创纪录的148 013公顷，比2012年增加18 942公顷，比2012年上升15%，西班牙在欧盟国家中Bt玉米的种植面积最大，达到创纪录的136 962公顷，比2012年增加了18%。

批准转基因作物事件的国家和地区中，欧盟居第8位（71个，包括已到期或在重新审批过程中的事件）。

（三）持折中态度的国家和地区

1. 日本

与美国和欧盟的鲜明态度相比，日本则采取了一种较为折中的态度。一方面，由于转基因技术在提高单位面积产量方面优于传统技术，对于日本这个耕地面积相对于其人口数量严重不足的国家而言，这无疑是一个福音。但另一方面，作为一个农产品的进口大国，转基因食品的安全风险无疑又使得日本无法完全将其等同于非转基因食品，且在这种背景下，日本国民对转基因食品也存在质疑。基于这些因素，日本目前尚未展开转基因农作物商业种植，但允许进口转基因谷类，制造食用油、饲料等食品（刘旭霞等，2010）。

【案例14-8】日本转基因的发展历程（http://www.isaaa.org）

1996年4月，日本批准了第一个转基因产品进口，此后，包括玉米、大豆和油菜在内的20多种转基因产品通过了食品安全控制标准进入日本，而这些产品都没有贴标签。但由于消费者强烈要求加强管理，1999年11月，以进口大豆和玉米为主要原料的24种产品加标签管理，以确保转基因品种的混入率控制在5%以下。2000年4月规定：质量上处于所有组成成分中的前3名，而且不少于5%的食品须进行标识。2002年，允许44种转基因产品用于生产。2003年，需要进行标识的品种增加到30种。

2. 发展中国家

发展中国家对转基因食品的态度基本上处于摇摆不定的状态。转基因食品可以提高产量，改善营养，对于解决发展中国家的吃饭问题具有重要意义，但是有许多不确定因素和可能的潜在危险，发展中国家对其安全性问题表示忧虑。再加上发展中国家思想上的保守，接受新事物较慢，发展中国家的这种矛盾心理可以理解。

【案例 14-9】发展中国家转基因作物的种植面积连续两年超过了发达国家(http://www.isaaa.org)

2013 年拉丁美洲、亚洲和非洲的农民共计种植转基因作物 9400 万公顷，即全球 1.75 亿公顷转基因作物种植面积的 54%（2012 年这一比例为 52%），而发达国家 8100 万公顷的种植面积占 46%（2012 年发达国家的这一比例为 48%）。因此，从 2012 年到 2013 年，发展中国家与发达国家之间的种植面积差距从 700 万公顷增加到 1400 万公顷，而且这一趋势还将持续。1996 年转基因技术商业化之前，有人曾断言转基因作物只适用于发达国家，不会被发展中国家特别是资金薄弱而贫穷的农民接受和应用，2009 年 8 月，农业部批准了转基因抗虫水稻 '华恢 1 号' 和 'Bt 汕优 63' 的生产应用安全证书。

发展中国家，如中国、墨西哥和南非，这三个国家转基因技术研发居于世界前列，对于转基因的国内讨论也较多，它们在坚持贸易自由化的基础上大力支持生物技术研发，但对转基因作物的政策仍很谨慎。

【案例 14-10】中国转基因的发展历程（ http://www.isaaa.org ）

1992 年，中国商业化种植转基因烟草。1993 年 12 月，中国国家科委颁布《基因工程安全管理办法》，指导全国的基因工程研究和开发工作。2000 年，中国国家环保总局等 8 个部门共同制定《中国国家生物安全框架》。2009 年 10 月，中国农业部批准了两种转基因水稻和一种转基因玉米的安全证书。2009 年 1 月，中国中央一号文件明确提出 "加速实施转基因主粮产业化"。3 月，中国农业部表明，目前中国仍然没有任何转基因粮食作物的商业化种植。

在中国，2009 年是国内转基因话题引起公众争议的关键节点。起源是 2009 年 8 月，农业部批准了转基因抗虫水稻 '华恢 1 号' 和 'Bt 汕优 63' 的生产应用安全证书；同年 10 月，'华恢 1 号' 和 'Bt 汕优 63' 出现在中国生物安全网公布的《2009 年第二批农业转基因生物安全证书批准清单》中。从此，转基因从在科学范围内讨论的事情，变成了公众关注的社会话题。

在印度，棉花是唯一一种在获得商业化种植许可的转基因作物。印度基因工程审查委员会去年 10 月批准引进种植这种转基因茄子，认为这种转基因茄子符合生物安全标准，可以减少使用杀虫剂，增加收成，但许多科学家和人权组织都对转基因作物持抵抗态度，最终导致印度政府决定，在进一步研究结果问世前，暂停商业化种植一种有 "美国血统" 的转基因茄子。

但 2013 年孟加拉国首次批准种植转基因作物（Bt 茄子），而埃及的形势使政府暂停了对种植转基因作物的审核。另外两个发展中国家缅甸和印度尼西亚也批准在 2014 年商业化种植转基因作物。

虽然发展中国家对转基因食品的基本态度摇摆不定，但各国的政策也有差别。

造成这种现象的原因是多方面的。第一，发展中国家在转基因技术和转基因食品方面同一些发达国家有很大差距，禁止发达国家将转基因食品与种子出口到本国，维护本国的利益。第二，为了防止自己在技术上受制于人，不得不大力发展转基因技术，以求在转基因农作物的种植与推广方面有所突破。第三，由于技术水平有限，转基因技术及其食品的安全检测技术都比较落后，大部分发展中国家对转基因技术及食品的安全性表示忧虑，但也没有妥善的解决办法。因此，有些发展中国家首先只是硬着头皮发展本国的转基因技术及其产品，而把安全性问题放在次要地位。第四，发展中国家的思想保守，开放程度不高，接受新鲜事物有一个过程。第五，许多发展中国家要求对转基因食品实行标识，以尊重消费者的自主选择权。因为发展中国家有许多宗教信徒、素食主义者，有许多禁忌（管开明，2012）。

　　1996～2012年，发达国家获得的累计经济效益为590亿美元，发展中国家产生的经济效益为579亿美元。此外，2012年发展中国家的经济效益为86亿美元，占全球187亿美元的45.9%，而发达国家为101亿美元。

【案例14-11】2013年转基因作物种植面积及批准种类在发展中国家的情况(http://www.isaaa.org)

　　拉丁美洲、亚洲和非洲的发展中国家农民共计种植转基因作物9400万公顷，占全球转基因作物种植总面积的 54%（上年为 52%），而发达国家农民共计种植转基因作物8100万公顷，占全球转基因作物种植总面积的46%（上年为48%）。

【案例14-12】转基因作物在世界各国及地区的批准情况（ http://www.isaaa.org ）

　　从 1994 年起至今，共计 36 个国家和地区（35 个国家及欧盟 27 个成员国）得到监管机构批准转基因作物用于食物、饲料、环境释放或者种植。这 36 个国家和地区涉及 27 种转基因作物、336 个转基因事件的 2833 项监管审批已经获得主管当局签发的批文。其中 1321 项审批关于转基因作物用于食品（直接使用或进行加工处理），918 项审批关于转基因作物用于饲料（直接使用或进行加工处理），599 项审批关于转基因作物种植或释放到环境中。批准转基因作物事件的国家和地区中，日本位居第一（198 个转基因作物事件），其次为美国（165 个，不包括复合性状）、加拿大（146 个）、墨西哥（131 个）、韩国（103 个）、澳大利亚（93个）、新西兰（83 个）、欧盟（71 个，包括已到期或在重新审批过程中的事件）、菲律宾（68 个）、中国台湾地区（65 个）、哥伦比亚（59 个）、中国内地（55 个）和南非（52 个）。玉米是获批事件最多的作物（在 27 个国家中有 130 个事件），其次是棉花(在 22 个国家中有 49 个事件)、马铃薯(在 10 个国家中有 31 个事件)、油菜（在 12 个国家中有 30 个事件）及大豆（在 26 个国家中有 27 个事件）。2013年 27 个种植转基因作物的国家中，19 个为发展中国家，8 个为发达国家。

三、笔者观点

转基因技术其实已经得到广泛应用，并给人类带来了巨大益处。人工制造将外源基因导入生物，也是转基因生物，其诞生与重组 DNA 技术同样，因为重组 DNA 需要导入细菌以便大量生产目的产物。1978 年，基因泰克公司用此技术，通过转基因的大肠杆菌生产胰岛素，在医药方面，为治疗人类疾病、减轻人类痛苦，起到了其他技术无可替代的作用，其他如基因工程生产疫苗和单克隆抗体。

转基因农作物和医药方面转基因技术一样具有安全性。生产胰岛素的大肠杆菌等生物工程菌都是经过筛选，不能对人致病的微生物。转基因农作物的抗病虫害的基因，也是经过筛选对人体完全没有作用，如抗生素可以杀死细菌，但对人体细胞毫无作用，抗病虫害的基因产物的靶点只存在于农作物的致病害虫。

国际科学界对转基因农作物的判断是明确的，并非不确定的。包括世界卫生组织、联合国粮食及农业组织、国际食品法典委员会、欧洲食品安全委员会、美国医学会、美国国家科学院、英国皇家学会等在内的国际科学与医学组织，都支持转基因食物的开发与应用。美国科学促进会理事会明确反对标识转基因食品，因为"科学非常清楚：现代分子生物技术改善的农作物是安全的"，欧洲共同体投资三亿欧元研究转基因生物的生物安全性，其 500 多个独立研究组，历经 25 年，做了 130 个课题，得出的主要结论是生物技术，特别是转基因生物，本身不比常规育种方法更危险。"为在美国获得批准，每一新的转基因农作物必须经过严格的分析测试。如果含有蛋白质，必须被显示无毒性、无过敏性。与公众错觉不同，转基因农作物是我们食物中检验最多的农作物"。

具体到转基因食品安全性的风险交流问题上应该强调，判断一种食品是否安全的方法在逻辑上称为不完全归纳法，不完全归纳法永远无法提供某种食品绝对安全的证明，包括祖祖辈辈吃到现在的食物。从逻辑上表述，就是对于某种具体的转基因食品，如果没有明显证据证明其有害，就可以认为其安全。所以，证明转基因食品的安全，只需要证明其与传统非转基因食品相比的相对安全性，以及其收益是否超过风险。对于科学家来说，是不可能完全证明任何食品是完全安全的。

在实质等同原则下证实了安全性的转基因食品，就可以放心食用了。如果一定还要质疑万一怎么办，那就是在纠缠小概率事件中不可自拔了。方兴未艾的外源基因清除技术，可以像电脑卸载软件一样，利用器官特异或诱导型启动子、重组酶、融合识别位点构建基因表达元件，能将转基因植物中的全部外源基因在完成其功能作用后，自动地从花粉、种子和果实中彻底清除，希望这种新技术能消除转基因安全焦虑者的心头之患。

转基因食品，今天选择不吃，将来也可能要吃到，这是不可避免的，只是时间问题。应该尊重每一个人保留这样的权利，就是科学家说转基因木瓜安全美味，你还是愿意吃西瓜，这是你的选择自由，我吃，你也可以不吃，这和安全没关系，这是尊重的态度。终归，国家对转基因发展的决策，不是单纯的科学决策，更是在多方权衡后，建立在科学基础上的社会公共决策。

第二节　世界各国对生物技术食品的监管

世界各国对生物技术的政策类型主要取决于五个领域所实施的制度，分别是公共研究投资领域、生物安全管理领域、食品安全领域、国际贸易领域和知识产权领域。在此基础上，政策类型可分为四种。第一种类型为促进型政策，在公共研究投资领域有很明确的优先发展战略和规划，且投入大量的财政资金，在生物安全管理领域则仅参照别国的情况，象征性的评价或管理，对于食品安全领域不要求转基因食品在上市时标示特别标签。在国际贸易政策上，则主张转基因产品的进出口贸易不应受到额外的检测制度的限制，对于知识产权，则实行专利保护和新品种保护的双重保护体系。第二种类型为认可型政策，同促进型政策相似，但财政资金主要投入于已有的转基因技术在本国的应用。在生物安全管理领域采用以产品为基础的科学的个案分析，实行不太严格的加标签制度和上市时的隔离制度及不太严格的检测标准。在知识产权领域，只实行新品种保护。第三类为谨慎型政策，在公共研究投资领域并没有制定优先的战略和规划，资金投入主要来自国外的援助而不是国内的财政资金。在生物安全管理领域，认为转基因技术本身具有潜在的危险性，采用以技术为基础的严格的生物安全管理审批程序。在食品安全领域，实行严格的强制加标签制度及市场销售的隔离政策，国际贸易政策领域也实行严格的检测标准并限制转基因产品的进口。在知识产权领域，实行新品种保护。第四类为禁止型政策，与谨慎型政策相似，禁止型政策也没有制定优先的战略和规划，不同的是没有资金投入。在生物安全管理领域，禁止型政策实行最为严格的生物安全审批程序，有的甚至禁止任何从事有关的基因工程工作。在食品安全领域，给转基因食品贴上警示性标签或者直接禁止转基因食品上市。禁止进口任何含有转基因成分的转基因产品。没有制定法规来保护生物技术知识产权，即使制定了一些法规，其执法的力度也相当有限（张银定和王琴芳，2001）。

一、生物技术管理机构

随着生物技术的发展，转基因生物所取得的显著经济效益和广阔前景，世界各国对生物技术都倾注了极大的兴趣，同时也给予了高度的希望，但对基因工程工作机器产品的安全性也同样采取十分谨慎的态度。主要是对基因改性产品的安全性具有相对的不确定性而涉及人体健康、环境保护、伦理、宗教等影响；生物技术产品跨越政治界限的生态影响和地理范围；在一国或地区表现安全的基因产品在另一地区是否安全，既不能一概肯定，也不能一概否定，需要经过评价，实施规范管理。无论是国际组织还是各国政府对转基因食品都十分重视，对待生物技术都拥有各自的态度，各国本着相同的目的建立起相应的监管机构。

（一）国际标准化组织

在对待生物技术特别是转基因生物（GMO）问题的态度上，往往表现为国际组织的无奈和非政府组织的理性、清醒认识和积极活跃行动。由于各国在法律体系和管理规范方面存在很大的差异，特别是许多发展中国家尚未建立相应的法律法规，因此一些国际组织，如经济合作与发展组织、联合国工业发展组织（United Nations Industrial Development Organization, UNIDO）、联合国粮食及农业组织、世界卫生组织等近年来组织多次国际会议，积极组织各个国家进行交流协调，试图建立多数国家（特别是发展中国家）能够接受的生物技术产业同一管理的标准和程序，以利于有效防范生物安全的风险，但由于争议很大，尚未形成统一条文。

自转基因问世以来，联合国粮食及农业组织和世界卫生组织一直关注转基因食品营养与安全性的争论，并不断地推动这方面的研究和建立体系的工作，主要工作是由联合国粮食及农业组织/世界卫生组织转基因食品联合专家咨询会议承担，到目前为止，有四次是关于生物技术或转基因食品安全性评价的会议。随后FAO/WHO 与 OECD 国际经济合作组织提出了关于转基因生物安全评价的实质等同性原则。食品法典委员会是由联合国粮食及农业组织和世界卫生组织于 1963年共同创立的，其作为农产食品政府间国际标准化组织，其标准是为 WTO 认可的国际贸易仲裁依据。随后 CAC 建立了第三类附属机构，称为《食品法典》政府间特设工作组（王锐和杨晓光，2007）。

（二）积极促进转基因技术商业化的国家

积极促进转基因技术商业化的国家主要有美国、加拿大、巴西、阿根廷等。美国有三家管理机构监控运用生物技术的植物产品，这三家机构为美国农业部，主要管理转基因植物及相关的环境影响；环境保护局主要负责转基因植物活性成分（如 Bt 蛋白质）的登记，对活性／惰性成分的耐性免除，除草剂的登记等；食品与药品管理局，FDA 的食物安全与应用营养中心是管理绝大多数食物的法定权力机构，主要管理食品与饲料的安全性及健康性。其中 FDA 在转基因食品安全管理的问题上起了至关重要的作用。加拿大主要由两家管理机构负责对转基因植物产品进行监督：加拿大食品检验局（Canadian Food Inspection Agency, CFIA），主要负责环境排放、田间测试、环境安全性测试、种子法案、饲料法案、品种登记等；加拿大健康组织（Health Canada，HC）主要负责新型食品的安全性评估。巴西转基因生物安全管理机构由国家生物安全理事会（The National Biosafety Council，CNBS）、国家生物安全技术委员会和政府相关部门组成，CNBS制定和实施国家生物安全政策（The National Biosafety Policy，PNB），主要对转基因生物及产品进行经济政治利益的评估，不涉及技术细节，CTNBio或CNBS经过安全评价做出批准决定后，政府相关部门负责其职责范围内的管理工作；阿根廷是美国和巴西之后的世界第三大转基因作物种植国，农畜渔食秘书处（Secretaría de Agricultura，Ganadería，Pescay Alimentación，SAGPYA）是该国生物技术及其产品的主管部门，也是转基因作物产业化的最终决策机构（祁潇哲等，2003；王锐和杨晓光，2007）。

（三）对转基因技术的应用持谨慎态度的国家

欧盟各国及日本等国家对待转基因技术的应用持有谨慎态度。欧盟对转基因食品的管理向来保持谨慎的态度，通过一系列法规和指令进行管理，并贯穿了"从农田到餐桌"的食品安全管理理念。欧盟国家对生物技术食品评估做出了严格的法律规定，建立转基因食品溯源管理体系，主要基于两个方面考虑：一是生物技术的应用可能引起的风险；二是最终产物及其安全性。2000年以后欧盟全面修改法规，成立了欧洲食品安全局（European Food Safety Authority，EFSA），统一负责转基因生物环境安全和食用安全风险评估；日本有文部科学省、通产省、健康劳务和福利部和农林水产省4个部门进行转基因食品安全的管理。文部科学省负责审批实验室生物技术研究与开发阶段的工作。通产省，也称经济产业省，负责推动生物技术在化学药品、化学产品和化肥生产方面的应用。厚生劳动省，也称健康与福利部，负责药品、食品和食品添加剂的审批，同时也负责转基因食品安全问题。农林水产省负责审批重组生物向环境中的释放（陈俊红和程国强，2001；毛新志和周锋，2005；孙彩霞等，2009）。

（四）发展中国家

以中国和印度为代表的发展中国家，正逐渐加快转基因生物技术发展的步伐。中国政府一直坚持以"科学规划、积极研究、稳步推进、加强管理"为原则发展转基因生物技术。中国是一个人口大国，生产农艺性状良好、优质高产的转基因作物是解决不断增加的人口对粮食需求的重要途径之一。我国政府鼓励基因工程技术及转基因产品的研究开发工作，同时也重视转基因食品的安全管理。虽然我国的转基因食品安全性评价起步较晚，但正在逐步建立一个完整的安全性评价的框架体系。对于生物技术安全管理，印度政府建立了三层机制：生物安全制度委员会、基因操作审查委员会和基因工程审批委员会。印度政府最初成立了国家生物技术理事会（National Biotechnology Training Board，NBTB），由科技部的科技局（Department of Science and Technology，DST）为其提供服务和支持。随后 NBTB 转制成为科技部的一个正式建制，即生物技术局（Department of Biotechnology，DBT），是印度政府主管生物技术领域的部门，负责与生物技术研发相关的各项事宜。另外，印度还有一些包括科技部在内的其他部门和机构来协助发展生物技术（刘恺等，2006；戈松雪，2010）。

二、国际组织针对生物技术安全的监管体系与条例

世界上众多的非转基因组织中大多很关注转基因生物体的安全性问题，尤其是国际学术组织和国际环保组织，更是明确地对转基因生物体的安全性持有严肃谨慎态度，并积极呼吁对转基因生物要保持高度警惕，要防止其对生物多样性和生态环境可能产生的潜在威胁和难以预料的风险，提出要建立严格的监管体制和行动机制，用体制和机制来防治风险，不少国际性非政府组织倡议让公众参与对转基因作物的监管，要提供足够的有关信息来判别和选择转基因作物。转基因作物的有关信息不完全或不对称，可能使公众在市场上对转基因作物产生"逆向选择"。众多的国际组织积极活动，大力推动制定一项国际性生物安全协议，以有利于有效地把基因工程技术和转基因作物至于国际社会的监管之下（彭于发和贾士荣，2001；杨芳，2012）。

转基因植物产品是用一种在自然进化中不可能的、以前从未有过的方法实现生物体遗传的产品，它对生态系统的干预比其他措施更复杂、影响面更大，国际上对包括转基因在内的生物技术问题都十分关注。农业转基因生物的广泛应用解决了人类面临的事物、资源、环境等重大社会、经济问题和推动社会进步的同时，也存在潜在的风险。总之，针对生物技术要实施规范管理，监管的整体目标是制定相应的政策法规和法律规定，确立相关的技术标准，建立健全管理机构并完善监测和监督机制，积极发展生物技术的研究与开发，切实增强生物安全的科学技术研究，有效地将生物技术可能产生的风险降低到最小，且最大限度保护人类健康和环境安全，促进国家经济发展和社会进步。

生物技术安全管理的法规体系建设主要包括（张金良和宋兆杰，2006；刘旭霞等，2008）：

（1）建立健全生物安全管理体制的法规体系，明确规定将生物技术的实验研究、中间试验、环境释放、商品化生产、销售、使用等方面的管理体制纳入法制轨道。

（2）建立健全生物技术的安全性评价、检测、监测的技术体系，制定能够准确评价的科学技术手段。

（3）建立、完善和促进生物技术健康发展的政策体系和管理机制，保证在确

保国家安全的同时，大力发展生物技术，进一步发挥生物技术创新在促进经济发展，改善人类生活水平和保护生态环境等方面的积极作用。

（4）建立生物技术产品进出口管理机制，管理国内外基因工程产品的越境转移，有效地防止国外生物技术产品越境转移给国内人体健康和生态环境带来的危害。

（5）提高生物技术产品的国家管理能力，建立生物安全管理机制和机构设置，加强生物安全的监测设施建设，构建生物安全管理信息系统，增强生物安全的监督实力，培训生物安全科学技术的人力资源。

（一）食品法典委员会——CAC

CAC是由联合国粮食及农业组织和世界卫生组织于1963年共同创立的。CAC并非常设机构，其活动主要是通过会议的形式来进行，CAC大会每年召开一次，轮流在意大利罗马和瑞士日内瓦举行，主要审议并通过国际食品标准和其他有关事项。CAC的日常事务有设在罗马FAO/WHO联合食品标准计划处理完成。CAC下设的执行委员会是法典委员会的执行机构，它提出基本工作方针，就需要经过下届大会通过的议题向委员会提出决策意见。CAC的标准制定工作主要由其分委员会来进行。这种分委员会有四种：一是横向委员会，或称水平委员会、一般问题分委员会，主要负责适用于各种食品一般标准和项目，涉及食品添加剂、标签、农药残留物、兽药、食品检验和出证、分析和采样等方面。二是纵向委员会，或称垂直委员会，即食品与食品类别的商品委员会，主要负责制定某一特定类别食品的标准。三是临时委员会，又称"政府间特别工作组"，这些临时委员会有着明确的认识和时限，主要负责制定特定的新标准。CAC曾经设立了包括生物技术产品、动物饲养和水果与蔬菜汁特别工作组在内的3个临时委员会。四是地区性合作委员会。根据CAC决议，如果在相关工作已经结束的情况下，食品委员会可以休会或解散，因此，目前尚在运作的分委员会共有27个，其中包括9个一般问题分委员会、11个垂直委员会、1个政府间特别工作组和6个地区性合作委员会。CAC的标准制订工作有普通程序和特殊程序两种。普通程序分为八个阶段，具体包括发起阶段、草案建议稿的起草、草案建议稿征求意见、草案建议稿的修改、草案建议稿被采纳为标准草案、标准草案送交讨论、附属机构修改标准草案以及大会讨论修改。

2000年3月14～17日，在日本千叶（Chiba）召开了食品法典委员会关于转基因食品的第一次专门会议。这次会议在各国国际组织的工作基础上，重点讨论了转基因产品的风险分析和风险管理。制定了一套通用原则进行转基因食品的风险分析，同时针对转基因风险评估提出了特别指导方针；特别工作组的第二次专门会议于2001年3月25～29日于日本举行，本次会议的主要成果在于为第24

届食品法典委员会提出了《现代生物技术食品风险分析原则草案》及《来源于重组 DNA 植物的生物技术食品的实用安全性检测指导方针草案》两项修改草案，这次会议对转基因食品食用安全性检测工作具有重要意义；生物技术食品特别工作组的第三次会议于 2002 年 3 月召开，会议主要提出了供 25 届食品法典委员会和法典执行委员会考虑的内容，最终确定了《现代生物技术食品风险分析原则草案》与《来源于重组 DNA 植物的生物技术食品的实用安全性检测指导方针草案》正式生效。并对以后的转基因微生物源食品与致敏性、产品科追溯性等争议性问题进行了进一步讨论；特别工作组的第四次会议于 2003 年 7 月 1 日在罗马召开，会议正式通过了《来源于重组 DNA 微生物食品的实用安全性检测指导原则》，并对产品的可追溯性进行了公开讨论，并就以后的转基因食品安全工作方向交换了意见。同时通过了三项有关转基因食品安全问题的标准性文件：现代生物技术食品的安全风险评估原则、重组 DNA 植物及其食品安全性检测指南、重组 DNA 微生物及其食品安全性检测指南。该标准涵盖了目前转基因生物政策方面的争议性问题，包括现代生物技术食品风险评估及重组 DNA 食品的安全评估实施细则。三项转基因生物标准的出台对于寻求转基因安全立法和建立追溯体系的国家是非常有利的；由于生物技术食品特别工作组的出色工作，食品法典委员会已于 2003 年正式宣布了三项转基因食品食用安全性检测的标准，第二轮的修改工作已经开始，从总体来看，CAC 生物技术食品特别工作组在转基因生物食用安全国际标准的制定中，占据着十分重要的地位。2011 年，来自 145 个成员国和一个成员组织的 625 名代表，以及 34 家国际政府间和非政府组织参加了食品法典委员会第 34 届会议（沈平和黄昆仑，2010）。

（二）联合国粮食及农业组织与世界卫生组织——FAO/WHO

FAO 是联合国粮食及农业组织的英文缩写，成立于 1945 年 10 月 16 日，是联合国专门机构之一。WHO 是世界卫生组织的英文缩写，是联合国下属的一个专门机构，成立于 1948 年 4 月 7 日。

1990 年 FAO 和 WHO 研究建立了有关生物技术食物安全评估程序，以确保其安全性。会议主要内容主要为生物技术是一个整体，包含传统的杂交技术和现代的 DNA 重组技术，同时会议就现代生物技术生产的食品安全性的含义达成一致，认为现代生物技术生产的食品安全性从本质上而言，不低于传统生物技术的生产的食品；在 1996 年的会议上，正式提出了转基因产品的安全性检测要遵循"实质等同性"原则，这是一项"新型食品相对于传统食品的动态分析比较"，同时提出生物技术食物安全性问题国际统一的具体操作规程，由国际生物技术研究所等机构发展了一种评估转基因食物过敏性的"树型判定法"的策略；1999 年，联合国食品法典委员会 23 届会议提出，1998 年至 2002 年中期计划研究发展转基因食物的标准，成立有关转基因食物的国际组织，以实施该计划；2000 年 5 月 29 日至 6 月 2 日 FAO 与 WHO 在日内瓦召开专家联合咨询会议，评价对于 1996 年推行实质等同性原则后的实施情况。会议认可了实质等同性原则作为转基因食品安全检测的具有使用价值的检测原则，并且认为目前还没有可替代方案；FAO/WHO2001 专家联合咨询会议于 2001 年 1 月 22～25 日在罗马召开。会议重点讨论了转基因食品致敏性的问题，确定了转基因作物生产的食品的致敏性评价程序并进行了修订；2004 年 6 月 1 日，联合国粮食及农业组织公布了由 FAO 国际植物保护协议管理委员会制定的新的《植物生物风险风范纲要》，用于判定活体转基因生物是含有对植物有害的物质。目前约有 130 个国家已经采纳了这个转基因生物风险评估标准，对于发展中国家而言具有更加重要的意义（沈平和黄昆仑，2010）。

（三）经济合作与发展组织——OECD

经济合作与发展组织很早就开始关注生物安全性的问题。1982 年发表 "生物技术：国际趋势与展望"（Biotechnology：International Trend and Perspectives）的报告，重点讨论了现代生物技术产品的安全性问题，同时报告的内容也涉及了生物技术的广泛领域，从那时起，OECD 及其各成员一直致力于现代生物技术产品安全性检测为基础的技术手段的探索工作。其中生物技术安全性国家专家组（Group of National Experts on Safety in Biotechnology，GEN）及其食品安全与生物技术工作小组（Working Group on Food Safety and Biotechnology）在转基因食品安全性研究方面进行了开拓性工作，于 1993 年发表了现代生物技术生产的食品的安全性监测——概念与原则（Safety Evaluation of Food Derived by Modern Biotechnology——Concepts and Principles）的报告（又称绿皮书）。提出 "实质等同性"（substantial equivalence）是检测食品安全性最有效的途径。目前这一概念在转基因作物的安全性研究领域受到广泛关注。

1999 年 6 月在科隆召开的 8 国政府首脑会议，授权的生物技术规章监督协调工作组（Working Group on the Harmonization of Regulatory Oversight in Biotechnology）和新食品及饲料安全性特别行动工作组（Task Force for the Safety of Novel Foods and Feeds）研究和检测生物所涉及的问题及其他与食品安全性有关的问题。这两个组织就 "生物技术与食品安全的新问题" 向 2007 年 7 月在大阪召开的 8 国首脑高峰会议提交了 2 份报告。另外，新近成立了食品安全性特别小组（Ad Hoc Group on Food Safety）研究特别行动工作组合协调工作组研究范围不涉及的问题，包括食品安全性总体检测及食品安全管理的问题。作为对 8 国首脑高峰会议响应，OECD 于 2000 年 2 月 28 日至 3 月 1 日在爱丁堡召开了有关转基因食品科学与健康问题、题为 "转基因食品安全性检测" 的爱丁堡会议。2001 年 2 月 5～7 日，特别工作组在加拿大卫生部协办下，召开了 "新型食品和饲料营养检测"

研讨会，重点讨论了与新奇食品和饲料营养检测有关问题。在食品与饲料安全领域，工作组制定了一系列的关于转基因作物中需要检测的主要营养因子、抗营养因子、天然毒素及次级代谢产物等文件，为转基因食品及饲料的安全检测提供了科学依据（沈平和黄昆仑，2010）。

（四）其他国际组织

ILSI 成立于 1979 年，是一个国际学术团体，总部设在美国华盛顿。ILSI 以正确、一致的科学决策作为其发展的源动力，通过组织学术会议、组织支持科学研究、科学出版物三类主要活动，在营养、食品安全和环境卫生方面做出了为世人瞩目的贡献。ILSI 于 1996 年提出关于新型食品安全性检测文件，提供了所有来自转基因生物的食品与饲料的背景资料，并提出了同 OECD 相似的实质等同性原则。ILSI 分部于 2003 年公布作物成分数据库，包含进行成分分析时的质控数据，是对 OECD 各种作物成分文献的有力支持。ILSI 还对用动物进行转基因作为检测研究制定了执行指导。

联合国工业发函组织（UNIDO）成立于 1966 年，在 1985 年成为联合国的一个专门机构。该组织帮助发展中国建和经济转型期国家在当今全球化世界与边缘化作战。UNIDO 建立了生物安全信息网络与咨询服务网站（Biosafety Information Network and Advisory Service，BINAS）。BINAS 主要介绍全球生物技术规章制定的发展动态，并在生物技术协调方面与 OECD 共享信息资源，通过共同的联合网面 BIOBIN 把 OECD 生物追踪在线（OECD's BioTrack Online）网站与 UNIDO 的 BINAS 网站相互联结。还通过定期出版 *BINAS NEWS*，免费提供生物技术安全检测的理论、方法及各国生物技术研究动态，介绍各国有关生物技术管理的法规和政策的信息。

生物多样性公约（Convention on Biological Diversity，CBD）是于 1992 年 6 月 3～14 日在巴西的里约热内卢举行联合国环境与发展大会上签署的，是唯一的最重要的保护世界生物多样性的国际公约。1995 年 11 月在印度尼西亚雅加达召开了"《生物多样性公约》缔约国大会第二次会议"（COP2），确定制定《生物安全议定书》，并特别关注由现代生物技术产生的改性活体动物的越境转移。经过 7 年漫长的努力，在若干次讨论和艰苦的政府间谈判后，《卡塔赫纳生物安全议定书》终于在 2000 年 1 月 29 日得以通过。《卡塔赫纳生物安全议定书》是一部有关转基因产品管理的国际法规，它除重申"里约宣言"中所订立的预选防范原则外，也指出了公众关切的生物技术对生物多样性和人类健康构成风险的可能性。

联合国环境规划署（United Nations Environment Programme，UNEP）成立于 1973 年，总部设在肯尼亚首都内罗华，是全球仅有的两个将总部设在发展中国家的联合国机构之一。在生物安全方面，UNEP 组织了一系列的国际会议，旨在世界范围内推动生物技术安全使用准则的制定工作。UNEP 在讨论 21 世纪议程的同时，为了公正客观的实施生物安全议书，根据旨在推动国际生物安全工作的 18/36B 决议，于 1995 年制定了 UNEP 生物安全性国际技术准则。技术准则从 5 个方面分别就转基因生物安全性的一般原则、风险的检测与管理、国家及地区安全管理机构和能力建设等方面提出了具体的行动指南。准则的制定，为各国政府国家间组织私人团体及其他国际组织在建立和实施生物技术安全性检测国家能力，推动合作和信交换等方面提供了参照依据。

八国首脑会议（G8 Summit）由西方八国首脑会议演变而来，其成员由美国、英国、法国、德国、意大利、加拿大、日本和俄罗斯组成，又称八国集团。其第一次会议 1975 年 11 月 15～17 日在法国举行。此后每年轮流在各成员国举行一次会议。由于转基因食品受到公众的广泛关注，1999 年在德国科隆召开的八国首脑会议，邀请生物技术规章监督协调工作组合新型食品和饲料工作组承担生物技术的影响和食品安全的其他问题的研究课题。2000 年 7 月在日本大阪召开的八国首脑会议上认为，由于公众对转基因食品安全性的不断关注，必须通过科学研究和法律手段，建立有效的国家食品安全体系。会议也建议自主 CAC 的法规委员会研究在科学数据缺乏或者矛盾的情况下，如何进行食品的安全性检测，以及达到全球协同认可的可能性（沈平和黄昆仑，2010）。

三、美国针对生物技术安全的监管体系与条例

美国是转基因技术的发祥地，也是转基因技术最为先进、应用最广泛的国家，也是世界最主要的农产品输出国，因此对转基因食品及其国际贸易采取积极推动政策。美国转基因食品监管的主体主要涉及三个：农业部、环境保护局和食品药品管理局。

（一）管理法规及制度

美国 FDA 对转基因技术持支持乐观的态度。1992 年，美国 FDA 颁布了食品安全和管理指南，以保证和加强 FDA 对那些通过生物技术所生产的事物和事物成分进行管理的权利。指南中要求利用转基因生物技术生产食品的生产商除了考虑转基因食品可能发生的预料之中及预料之外的改变，还要检查受体、DNA 供体、被转入或被修改的 DNA 及其产物的特性。FDA 认为绝对安全的食品是不存在的，因此生产商必须保证不能将有毒物质转入受体，食物产生的毒性物质及抗营养因子不能超过无法接受的水平。至今，大多数被转入的物质均来源于非食物，但是在本质上这些物质被人为与那些已知食物总的物质相似。因此 FDA 不要求做市场前评价，除非它引起新的安全问题。但是 FDA 要求各生产开发商参照"工业指南"里的有关条例和方法进行自我评估。1997 年，FDA 重申并公布了此类食品咨询程

序指南，要求开发商在其商品上市前做好下面的准备：一是向 FDA 提交基于实验数据的安全性及营养性评估的简要报告；二是与有关顾问科学家们讨论支持评估的实验数据及信息，并组织企业及 FDA 的专家们就此开讨论会，以便对该产品深入了解。

2001 年 1 月，美国 FDA 出台了转基因食品管理草案。该草案规定，来源于植物且被用于人类或动物的转基因食物在进入市场之前至少 120 天，生产开发商必须向 FDA 提出申请并提供此类食品的相关资料，以确认此类食品与相应的传统产品相比具有同等的安全性。FDA 还准备增加这些食品的审批透明度，并发布草案指导如何对转基因食物进行标识。FDA 将在标签中使用"来源于生物工程的""生物工程改造过的"等字样，而不用"GMO""非 GMO""GF"等字样。

2001 年 7 月，美国政府对转基因玉米的种植颁布了新的限令，以防止害虫对转基因玉米中的毒素形成抗药性。美国环境保护局限令美国大部分玉米产区的农场主应至少种植 20% 的传统玉米，在同时种植玉米和棉花的地区，传统玉米要达到 50%。

FDA 明确宣布：管制来源于转基因作物的食品与管制来源于传统作物食品的方法完全相同。无论是食品通过何种技术和方法开发制作而成，都是根据食品的客观特征和用途加以管制的。开发制造食品的方法本身虽然有时可以帮助理解食品的安全性和营养特征，但检查食品安全的关键因素仍然是食品的特征，而不是使用的新方法。因此现有管制食品安全的法律规定完全适用于转基因食品。

因此，FDA 管制转基因食品的唯一法律依据就是美国《食品、药品和化妆品法》第 402 条（a）（1）款和第 409 条。第 402 条（a）（1）款规定，如果在食品中加入了有毒或有害的物质，导致食品有害于健康，或加入了通常是有害的自然物质，食品就被认为是"掺假的"，则 FDA 可以追究销售掺假食品者的法律责任。第 409 条规定：在食品中使用化学添加剂之前，食品制造商必须向 FDA 证明化学添加剂的安全性。但是，这两条规定并不意味着使用新的食品成分或化学添加剂的食品在上市前都必须向 FDA 申请批准。相反，该法规同时规定："一般被认为是安全"（Generally Recognized As Safe，GRAS）的新成分和添加剂可以不经过FDA 的检测和审查而直接上市销售，正式根据 GRAS 条款，许多源于自然物质的食品成分，如盐、胡椒、醋、蔬菜油等几千种调味品和自然香料，以及许多化学调味品，如甜味剂、防腐剂、人工香料等，都可以不经过 FDA 的检测及审查而直接销售。FDA 认为并不需要为了保护公众健康而对每一个食品添加剂都进行上市前的审查，否则会给 FDA 和食品工业造成难以承受的负担。而每一种食品成分或添加剂是否具有 GRAS 的地位、是否需要经过 FDA 的审查则由食品制造商自行判定。这意味着如果食品制造商认定自己开发的新型食品是安全的，就可以直接上市销售。只有在其对新型食品的安全性感到难以把握时，才会在食品上市前咨询 FDA，由 FDA 对食品进行检测和分析。如果食品制造商自认为食品属于 GRAS，但实际上却产生了安全问题，则需要负法律责任。而 FDA 也可以依自己的职权对新型食品进行监管。

农业部负责管理整合转基因植物，而环保局只负责检测转基因植物中抗病虫物质的安全性，不针对植物本身。农业部对转基因植物的管理有两个层次，即环境释放（或称田间试验）和解除监控状态。批准田间试验的依据是转基因植物不会带来任何危险，不会引起植物病虫害问题。农业部还规定，田间试验要在一定的隔离范围内进行，实验一旦结束，所有的实验材料必须从试验地清除掉，并进行安全性处理。批准解除监控状态的依据是田间实验的资料和文献上收集的资料能证明新的转基因植物不存在任何引起植物病虫害发生的风险（沈平和黄昆仑，2010）。

（二）食品标识管理

最初美国在可靠科学原则的影响下，对转基因食品的标识管理奉行实质等同原则，将其与传统食品等同对待，并未针对转基因食品专门立法，而是直接将其纳入现有食品法律体系之内予以监管，不过后来还是呈现出日趋严格的趋势。一直以来，美国都对转基因食品实行自愿标识制度。自愿标识是指法律并未规定必须对转基因食品进行标识，对于实质等同于同类传统食品的转基因食品，美国食品药品管理局坚持实行自愿标识制度。但如果转基因食品中含有过敏性成分，或者食品组成成分和食品营养成分等产生的变化与安全性有关，就必须明确地标注出来，以便于消费者能够充分了解食品信息，从而做出正确选择。另外，美国还允许在标签上注明产品是否为转基因产品或是否含有转基因成分等选择性披露信息。目前只有杜邦公司的高油酸大豆、卡尔琴公司的高脂肪酸油菜两种产品由于成分与常规品种存在重大差别而需要标识，并重新命名，以防与常规产品相混淆，但不要求该产品标注为转基因产品。

为充分保障消费者的知情权和选择权，美国食品药品管理局 2002 年向国会提交了《转基因食品知情权法案》（HR4814），对转基因食品自愿标识形成了强有力的冲击。该法案的内容主要是：生产者对所有含转基因成分的食品，以及由转基因物质制作而成的食品都要标注"本品含转基因成分或本产品由含转基因成分的产品育成"等内容；食品药品管理局负责对转基因食品定期进行检测；对非转基因食品标识采取自愿标识的原则。另外，该法案还对转基因食品证明制度进行了规定，即在生产转基因食品的全过程（从种子公司到农民，从制造商到零售商），只要是对转基因食品生产起到一定作用和影响的行为主体都应该以保证书的形式证实该种食品的成分。虽然该方案最终并没有获得通过，但还是表明美国的管理当局已经逐步意识到一般性的食品管理法规无法满足转基因食品市场发展的需要，对其市场的监管力度正朝着越来越严格的方向发展。

美国已有十多年管理生物工程食品的经验,大约有 50 种转基因作物通过了美国政府的管理程序,目前有数千种含有转基因作物成分的食品上市。从科学家试图开发一种具有市场潜力的转基因植物产品开始,到产品最终上市需要五个管理程序:提交资料前的研讨、大田试验许可、向 USDA 申请撤销管制、EPA 对作物抗有害生物性状的管理及 FDA 审查食品和饲料的安全性。总的来说,作为转基因食品的发源地,美国转基因技术水平在世界上处于领先地位。美国对转基因食品的管理较为宽松,主张只要在科学上无法证明它有危险性,就不该对转基因食品在生产、流通中加以限制,反对在国际贸易中对转基因食品施加贸易壁垒(沈平和黄昆仑,2010)。

四、巴西针对生物技术安全的监管体系与条例

巴西历届政府一直重视生物技术的发展。2005 年 3 月,巴西总统签署了新的生物安全法,该法规对转基因生物安全管理机构的构成、职责、任务和运转机制做出了明确的规定。

(一)管理法规及制度

生物安全法实施条例主要涵盖以下 4 项内容:①国家生物安全技术委员会(CTNBio)的职责:a. 监测和评定各项产品的风险指标;b. 对从事转基因产品的化验室、机构和企业进行认证;c. 执行转基因产品销售的审批权,但需经委员会27 人中的 2/3 成员同意;上述 a、b 两项涉及的评定审批权力只需经简单多数通过。②最高权力机构:国家生物安全理事会为最终决策机构,成员由 11 个与转基因问题有关的部长组成。③人体胚胎细胞的研究:复制人体细胞只能用于医疗研究,不能做受孕用;人体胚胎干细胞必须冷冻 3 年后(从 2005 年 3 月生物安全法生效算起 1 年)才可使用。④处罚措施:对未经允许进行的转基因和克隆人的活动将处以 2000~1 500 000 雷亚尔罚款。该法令还基于科学的标准和分析方法重新设置了巴西转基因作物的审批程序。转基因生物和产品的审批应在 120 天内完成,在特殊情况下,最多可延长至 180 天。在注册和审批过程中,应与 CTNBio/FONT相关技术观点保持一致,禁止逾越与生物安全相关的技术要求。当 CTNBio/FONT对某种转基因作物及其产品的商业化生产的技术观点存在分歧时,注册和监管机构应在 30d 内请示国家生物安全理事会(祁潇哲等,2013)。

巴西转基因生物安全管理机构包括国家生物安全理事会、国家生物安全技术委员会及其他政府相关部门。新的安全法规定任何使用基因工程技术的机构以及开展转基因生物及产品研究的单位,都应建立生物安全委员会(The Biosafety Commission,CIBio)同时指派一个主管技术员,负责每一专门项目的安全管理工作。此外,国家还建立了生物安全信息系统(The Biosafety Information System,

SIB），系统发布与转基因生物技术及其产品相关的分析、批准、注册、监控、调查活动的信息。在新的生物安全法中，对于违法行为，政府将进行严厉的行政或刑事处罚（李宁等，2006）。

国家生物安全理事会隶属于共和国总统办公室，作为共和国总统的高级辅助机构，制定和实施国家生物安全政策（The National Biosafety Policy，PNB）。主要职责有三方面：在国家层面上制定法规和指南，为联邦转基因生物安全行政部门提供工作依据；应国家转基因生物安全委员会的要求，分析转基因生物基产品商品应用的社会经济效益、机遇和国家利益；在尽可能参考国家转基因生物安全委员会意见基础上，征得联邦转基因生物安全行政管理部门支持，并在其能力许可范围之内，负责决定是否能够批准转基因生物及产品商品化应用。

国家生物安全技术委员会为咨询审议综合性团体，隶属于科技部，主要为联邦政府制定和实施国家转基因生物安全政策提供技术支持，在检测转基因生物及其产品对动植物及人类健康、环境风险的基础上，建立关于批准转基因生物和产品研究和商业化应用的安全技术准则。其负有以下职责：为开展 GMO 及其产品的研究制定准则；为 GMO 及其产品相关的活动及项目制定准则；在其能力许可范围内，进行风险分析，制定监控标准；对 GMO 及其产品相关活动及项目进行个案风险评估研究；决定生物安全内部委员会的运行机制；决定批准实验室、研究所或企业开展与 GMO 及其产品相关活动所必需的生物安全条件；与国内、国际 GMO 及其产品相关的生物安全机构保持联系；按法律规定，批准、注册、监控使用 GMO 及其产品的研究性活动；批准进口 GMO 及其产品用于科学研究活动；为 CNBS 制定 GMO 及其产品相关活动颁发生物安全书；发布 GMO 及其产品研究及商品化生产的生物安全的技术观点个案分析；确定 GMO 及其使用的生物安全等级，相关的安全操作和方法；根据危害程度对 GMO 的危害进行分类，遵守本法规规定；追踪 GMO 及其产品的科技发展及生物安全进程；在其能力许可范围内发布标准化决议；为相关机构事故、疾病预防、调查研究过程提供技术支持，监督 DNA/RNA 重组技术工程活动的过程；当开展 GMO 及其产品相关的活动时，为注册及检验机构提供技术支持；在政府公报中发行前期研究，以后的会议纪要，其下属各分会的观点等；确定适用可在环境中降解或对人的健康构成危害的 GMO 及其产品的活动及来源的产品；以 GMO 及其产品相关的实施及科学新的认识为依据，根据注册及监控机构实体及其成员的需要重新制定技术观念；提出科学的 GMO 及其产品的生物安全研究建议（沈平和黄昆仑，2010）。

（二）食品标识管理

1998 年，巴西绿色和平组织成功争取法院禁令，在标签制度实施以前，任何转基因的大豆不得进口。1999 年 8 月，巴西利亚法院的联邦法官引用此禁令，支持绿色和平组织禁止种植转基因大豆。2000 年 6 月，巴西利亚法院的联邦法再次确认标签制度的需要。

　　2003 年 4 月 26 日起，巴西政府颁布新的转基因产品的标识法规，新法规规定：转基因含量超过 1%时，就必须在产品上予以标注，不在执行过去的"只有产品内的转基因含量超过 4%时才进行标识"的规定；标识法规适合于所有包装的、散装的和冷冻的食品（旧法规仅限包装食品）；标识法规还适合于以转基因产品作为饲料的动物源性食品，旧法规没有这方面的规定；对 113 号临时措施提到的"可以销售到 2004 年 1 月 31 日的转基因大豆"规定其不管转基因含量多少，都要加以标识注明（沈平和黄昆仑，2010）。

五、欧盟针对生物技术安全的监管体系与条例

　　欧盟法律明确向世界宣布它对转基因产品是不欢迎的。同时，欧盟在国际上极力主张对转基因产品采取"预先预防态度"。欧盟食品工业要经政府主管部门审批，管理严格，在没有得到官方授权的情况下，转基因产品不能投放到欧盟市场。

（一）管理法规及制度

　　欧盟对有关 GMO 和 GMF 评估和审批的法规是十分清晰的，但是，各成员国和欧盟的职责却是相互分离的。为了改进这种相互分离的状况，欧盟提议了对 GMO、GMF 和饲料进行科学评估和审批，来代替"一个国门一把钥匙"的审批程序。对所有进入市场的申请而言，这种程序将是改进的、统一的和透明的欧共体程序，而不管申请是否涉及 GMO 自身或食品和饲料是否来源于 GMO。这意味着从事相关经营的人，在使用 GMO 以及将其使用在饲料或食品上不需要分别进行审批，但是对此 GMO 及其可能的有关使用要进行一个风险评估和一次审批。这种审批将确保 GMO 的安全使用，因为 GMO 很可能利用在食品上，而饲料只能在批准能够利用在食品和饲料两种用途上之后才能被使用（王锐和杨晓光，2007）。

　　欧盟在 20 世纪 80 年代开始对转基因生物安全管理立法，90 年代初已形成比较完善的法规体系。2000 年以后欧盟全面修改法规，成立了欧洲食品安全局，统一负责转基因生物环境安全和食用安全风险评估。目前，欧盟转基因产品管理法规主要涉及 2 个综合性法规和 3 个专门性法规（连庆等，2010）。

　　综合性法规：一个是欧洲议会和欧盟理事会 178/2002 号法规《关于食品法的基本原则和要求、欧洲食品安全局及有关食品安全程序》，是欧盟制定食品和饲料安全的基本指导原则；另一个是 882/2004 号法规《关于确保符合饲料和食品法、动物健康及动物福利规则的官方控制》，用于执行有关饲料、食品和动物健康福利的监控措施。

专门性法规:欧洲议会和欧盟理事会 2001/18/EC《转基因生物有意环境释放》,管理将要环境释放和投放市场的转基因生物, 2002 年 10 月实施; 1829/2003 号法规《转基因食品和饲料》,规定了欧盟委员会对转基因食品和饲料进行授权和监控的程序,制定了转基因食品和饲料的标识规定, 1830/2003 号法规《转基因生物的可追溯性和标识及由转基因生物制成的食品和饲料产品的可追溯性》,规定了转基因生物和由转基因生物制成的食品和饲料的可追溯体系。

欧盟生物安全管理程序主要是针对转基因产品的市场投放。研发公司拟在某成员国市场投放转基因产品,应向该国主管部门递交申请书。申请书中应明确申请范围、监控计划、标识计划,以及新转基因食品或饲料的检测方法。国家主管部门在 14 天内发出书面受理通知书并抄送 EFSA, EFSA 可以获得该申请书全部资料。EFSA 通常在 6 个月对申请作出风险评估,在公开接受公众评论后提出书面评估意见,欧盟委员会将据此起草批复决议初稿。由各成员国代表组成的食品和动物健康专门委员会投票表决,若有效多数票赞成表示通过;若反对,则决议初稿将提交到欧盟部长级会议进行表决,有效多数票赞成表示通过。如果 3 个月内,部长级会议未作出决定,欧盟委员会可以通过该决议。获得授权的转基因产品要在转基因食品和饲料的公共档案中心登记,授权 10 年内有效,同时附上市场监控计划, 10 年到期后重新申请。

欧盟生物安全管理制度有标识制度和溯源制度。欧盟 178/2002 号法规第 18 条,明确了"食品、饲料、用于食品生产的动物,以及其他用于或者即将用于食品和饲料生产的任何物质应当在生产、加工和销售的任何阶段建立可追溯系统",通过 1830/2003 号文件建立了转基因食品可追溯的管理框架。可追溯制度适用于欧盟立法下投放市场的转基因生物及产品,包括以下情况:①由转基因组成或含有转基因生物的产品;②由转基因生物制成的食品;③由转基因生物制成的饲料。法规要求经营者必须在产品投放市场后的每一个阶段传递和保留有关含有转基因生物或由转基因生物制成的产品的资料。经营者需要建立适当的系统和程序,保证自交易发生起 5 年都能够说明涉及产品从何而来,又转给哪个经营者(孙彩霞等, 2009)。

(二)食品标识管理

欧盟欧洲议会于 1997 年 5 月 15 日通过的《新食品规程》决议,规定欧盟成员国对上市的转基因产品必须要有 GMO 的标签,这包括所有转基因食品或含有转基因成分的食品。标签内容应包括:①GMO(转基因生物)的来源;②过敏性;③伦理学考虑;④不同于传统食品(成分、营养价值、效果等)。1998 年 9 月 1 日欧盟增补了标签指南,规定来自于转基因豆类和玉米的食品(目前不包括食品添加剂如大豆卵磷脂)必须标签。如果食品的原料及在加工过程中没有添加转基因的成分，则可标示非转基因食品的标签。

2002 年 1 月 28 日，欧盟《新食品法》（Regulation No. 178，2002）正式生效，并在 2003 年做出修订。该法规规定，如果经基因工程修饰使得新食品或食品成分不再等同于已经上市的食品，则应对该基因工程食品加贴特殊标签。所有含有可以检测到的 GM 成分（DNA 或蛋白）的食品都必须加贴标签；如果转基因食物不符合实质等同原则，即使检测不到最终产品中含有的 GM 成分，也必须对该产品加贴标签。

2003 年 10 月 18 日，欧盟颁布了两项有关转基因食品标识的法规，即《转基因食品及饲料条例》（欧盟议会及欧盟理事会法规第 1829/2003 号）。转基因食品标识适用于欧盟范围内提供给最终消费者或大众餐饮业的食品中，有以下情况之一的均应标识：①含有转基因生物或由转基因生物组成；②由转基因生物制成或含有转基因生物制成的成分。例如，由转基因大豆加工的大豆油、用转基因玉米制成的饼干，都需要进行标识。标识应清楚地标明"本产品包含转基因生物"或"由转基因（生物）制成"。如果混合成分食品中某一成分或单一成分食品中含有转基因生物或由转基因生物组成或制成的物质，但比例低于 0.9%，并且转基因生物的出现是由于偶然或技术上不可避免的因素造成的，则不用标识。转基因饲料标识适用于以下情况：①饲料用途的转基因生物；②含有转基因生物或由转基因生物组成的饲料；③由转基因生物制成的饲料。例如，含转基因大豆的复合饲料，由转基因玉米制成的玉米麸饲料都需要标识。如果混合饲料中某一成分或单一成分饲料中含有转基因生物或由转基因生物组成或制成的物质，但比例低于 0.9%，并且转基因生物的出现是由于偶然或技术上不可避免的因素造成的，则不用标识。由转基因饲料喂养的动物产品，如肉类、蛋类和奶类不需要标识（王锐和杨晓光，2007；连庆等，2010）。

六、日本针对生物技术安全的监管体系与条例

日本持较为中立的态度，一方面对转基因食品有进口需求，另一方面对转基因食品的安全性有所顾忌，规定采用转基因技术获得的农作物及食品不能作为绿色食品。基于其对转基因食品的态度，日本的转基因食品政策有着自身的特点。其转基因食品安全法律制度也就呈现出与其他国家不同的特点。

（一）管理法规及制度

日本是较早对转基因食品安全作出法律规定的国家之一。日本有文部科学省、通产省、农林水产省和后生劳动省 4 个部门进行转基因食品安全管理。早在 1979 年 8 月 27 日，日本政府就颁布了《重组 DNA 生物实验指南》，随后多次修订。农林水产省（The Ministry of Agriculture, Forestry and Fisheries, MAFF）在 1989

年发布了《农业转基因生物环境安全评价指南》，该指南指导从事 GMO 工作的申请人对 GMO 进行潜在环境风险评估。如果农林水产省认同其评价结果，将批准申请人进行田间试验。1991 年 5 月 7 日，日本厚生省制定了转基因食品和食品添加剂安全性审查准则，根据安全性准则来确认转基因食品的安全性，并于 1996年 1 月 31 日进行部分修订，追加了直接食用转基因种子植物的安全性审查。日本政府为确保上市流通的转基因食品的安全，依据其《食品安全性评价制度》对转基因食品安全性进行了认证，并于 1998 年 8 月提出对含有转基因成分的食品进行标识的初步计划。到 1999 年年底，农林水产省仅批准了大豆、玉米、马铃薯、油菜籽、棉籽、西红柿和甜菜 7 种转基因农产品可以作为食品或食品原料。日本的转基因食品由日本科学技术厅、农林水产省和厚生省共同管理（陈俊红，2004）。

在日本第一例通过环境安全评价的是转基因抗病毒番茄，十多年来，已经有60 例转基因植物通过农林水产省的环境安全评价，这些转基因植物是由日本公司、研究机构及国外公司研究和开发的。到 2001 年 8 月，有 35 种转基因作物通过转基因食品安全评价，有 29 种转基因作物通过转基因饲料安全评价，以上这些转基因作物都来源于外国公司。一种转基因产品如果既通过了环境安全评价又通过了食品安全评价，或者既通过了环境安全评价又通过了饲料安全评价，则允许该转基因产品在日本进行商品化应用。目前，日本只批准了转基因康乃馨的商品化种植。

（二）食品标识管理

1996 年 4 月，日本健康劳务和福利部（The Ministry of Health，Labor and Welfare of Japan，MHWL）的食品卫生调查委员会批准了第一个转基因产品进口，此后，包括玉米、大豆和油菜在内的 20 多种转基因产品通过了 MHWL 的食品安全控制标准进入日本，而这些产品都没有加贴标签。但是由于消费者强烈要求加强管理，于 1999 年 11 月，农林水产省（MAFF）公布了对以进口大豆和玉米为主要原料的 24 种产品加标签的规范标准，并要求对转基因生物和非转基因生物原料实施分别运输的管理系统，以确保转基因品种的混入率控制在 5%以下。

1999 年 7 月，为与新《农业基本法》配套，日本政府修改了《关于农林物资的规格化以及确定质量标识的法律》（JAS 法，即 1999 年 108 号法案）。该方案规定从 2001 年开始，食品生产厂家应该对其产品是否使用了转基因原料做出明确的表述，以大豆和玉米为主要原料生产的食品中有 24 种被列为标示对象，以后还会随着新的转基因作物品种登场而作相应的调整，每年进行一次基准标识的重新审定。为了提供有关使用基因修饰生物技术的信息及维护消费者选择转基因产品的权利。2000 年 4 月实施的《日本农业标准修订法》规定，对被政府测评为安全的转基因作物制成的食物和食物配料和主要由转基因作物制成的食品，重量上处在所有组成成分中的前 3 名，而且不少于 5%的食品进行标识。

　　针对越来越多的消费者对转基因食品的安全性的忧虑，农林水产省在加大了对生物技术的宣传的同时，于 2001 年 4 月起对某些转基因食品实施强制性标识制度。2001 年 4 月 1 日，日本农林水产省正式颁布实施《转基因食品标识法》，该法规采用的是有限度地加工食品的全面标识制度，对已经通过安全性认证的大豆、玉米、马铃薯、油菜籽、棉籽 5 种转基因农产品及以这些农产品为主要原料、加工后仍然残留重组 DNA 或由其编码的蛋白质的食品，如果在食品原料构成比例中排前三位并且质量占食品总质量的 5%以上，这种食品就必须进行标识。

　　实施强制性标识有两种情形：以实行了区别性生产流通管理的转基因农产品为主要原料的食品，应标识为"转基因食品"；以没有实行区别性生产流通管理的指定农产品为主要原料的食品，应标识为"食品原料没有与转基因产品隔离"。食品上标识"不含转基因"是一种自愿性标识，必须同时满足以下两个条件：食品转基因成分不足 5%；证明该种食品在生产和销售的每一阶段按照身份保持制度相关规定，进行了周密的区别性生产流通管理。由此可见，日本是采用强制标识和自愿标识相结合的方式来对转基因食品标识问题进行监管的，这一方法比较符合转基因食品标识制度的目的和要求。

　　MHWL 从 2001 年 4 月 1 日起，允许 37 种转基因产品用于生产，2002 年增加到 44 种；从国外进口不在此列的转基因产品为非法行为；采取的措施为 MHWL 对进口产品在报关时未经批准的转基因进行检测。MAFF 在 2001 年 4 月 1 日出台 GMO 标识规定，规定如果 24 种大豆、玉米产品转基因含量超过 5%，进行强制性标识，2003 年 1 月增加到 30 种；如果转基因含量低于 5%产品或者证明产品在生产和销售的每一阶段都是基于"身份保持"基础之上的，要标识为"不含转基因"（王锐和杨晓光，2007；葛立群和吕杰，2008）。

七、中国针对生物技术安全的监管体系与条例

　　转基因作物商品化的历史还比较短，它的食品安全性和环境安全性问题长期以来一直受到各方面的关注。其安全性评价是一个系统、复杂的过程，转基因食品进入市场需经过详细、科学的论证，并将存在一定的风险。随着转基因技术的发展，必然会出现更多的法律、规范的需求，食品企业应该时刻关注相关政策法规的制定，以便及时做出生产调整，避免产生不必要的损失。

　　自 20 世纪 80 年代以来，生物技术在中国政府的密切关注和优先资助下得到迅猛的发展，并被认为是解决粮食问题的一个主要方法和高新技术革命的一项主要内容。中国对转基因技术的态度是大力发展生物技术的研究，加快转基因技术的产业化发展，采取有效措施保障转基因生物及其产品的安全管理，推动转基因技术的可持续发展。相对而言，转基因食品在中国所占的比例很少。

因此，中国对转基因产品的管理主要是针对农业转基因生物的管理（张金良和宋兆杰，2006）。

（一）管理法规及制度

中国对转基因生物及其产品安全管理实行六个原则：研究开发与安全防范并重原则、贯彻预防为主原则、部门协同合作原则、公正科学原则、公众参与原则和个案处理和逐步完善原则。转基因生物安全管理牵涉众多部委，为了防止出现管理上的缺位、越位等现象，必须建立一个协调机构，为此，中国建立了转基因生物安全管理的统一性和高效性。部级联席会议成员单位包括农业部、国家发展和改革委员会、科学技术部、卫生部、商务部、国家质量监督检验检疫总局、国家环境保护总局等。它的主要职责是协调农业转基因生物安全管理工作中的重大问题，以及审定主要转基因作物准许商品化生产的政策。

同时针对转基因生物安全管理还有严格的立法过程。1993 年 12 月 24 日，国家科委发布《基因工程安全管理办法》。办法按照潜在的危险程度将基因工程分为 4 个安全等级，分别为 I 级、II 级、III 级、IV 级，分别表示对人类健康和生态环境尚不存在危险、具有低度危险、具有中度危险、具有高度危险，规定从事基因工程实验研究的同时，还应当进行安全性评价。其重点是目的基因、载体、宿主和遗传工程体的致病性、致癌性、抗药性、转移性和生态环境效应及确定生物控制和物理控制等级。

1996 年 7 月 10 日，农业部发布农业生物基因工程安全管理实施办法。该实施办法就农业生物基因工程的安全等级和安全性评价、申报和审批、安全控制措施以及法律责任都作了较为详细的描述和规定。

2001 年 5 月 23 日，国务院公布了《农业转基因生物安全管理条例》（简称《条例》），其目的是为了加强农业转基因生物安全管理，保障人体健康和动植物、微生物安全，保护生态环境，促进农业转基因生物技术研究。条例规定对国家对农业转基因生物安全实行分级管理评价制度，将农业转基因生物按照其对人类、动植物、微生物和生态环境的危险程度，分为 I 级、II 级、III 级、IV 级四个等级；并决定建立农业转基因生物安全评价制度和对标识制度。《条例》还详细指定了罚则。

2002 年 1 月 5 日，农业部根据《条例》的有关规定公布了《农业转基因生物安全评价管理办法》《农业转基因生物标识管理办法》和《农业转基因生物进口安全管理办法》。第一批列入目录的农业转基因生物是大豆种子、大豆、大豆粉、大豆油、豆粕、玉米种子、玉米、玉米油、玉米粉、油菜种子、油菜籽、油菜籽油、油菜籽粕、棉花种子、番茄种子、鲜番茄、番茄酱等。

《农业转基因生物安全评价管理办法》评价的是农业转基因生物对人类、动植物、微生物和生态环境构成的危险或者潜在的风险。安全评价工作按照植物、动物、微生物三个类别，以科学为依据，以个案审查为原则，实行分级分阶段管理。该办法具体规定了转基因植物、动物、微生物的安全性评价的项目、试验方案和各阶段安全性评价的申报要求。《农业转基因生物标识管理办法》规定，不得销售或进口未标识和不按规定标识的农业转基因生物，其标识应当标明产品中含有转基因成分的主要原料名称，有特殊销售范围要求的，还应当明确标注，并在指定范围内销售。进口农业转基因生物不按规定标识的。重新标识后方可入境。《农业转基因生物进口安全管理办法》规定，对于进口的农业转基因生物，按照用于研究和试验的、用于生产的及用作加工原料的三种用途实行管理。进口农业转基因生物，没有国务院农业行政主管部门颁发的农业转基因生物安全证书和相关批准文件的，或者与证书、批准文件不符的，作退货或者销毁处理。

2002 年 4 月 8 日，卫生部根据《中华人民共和国食品卫生法》和《农业转基因生物安全管理条例》，制定并公布了《转基因食品卫生管理办法》。其目的是为了加强对转基因食品的监督管理，保障消费者的健康权和知情权。该办法将转基因食品作为一类新资源食品，要求其食用安全性和营养质量不得低于对应的原有食品。卫生部建立转基因食品食用安全性和营养质量评价制度，制定并颁布转基因食品食用安全性和营养质量评价规程及有关标准，评价采用危险性评价、实质等同、个案处理等原则。食品产品中（包括原料及其加工的食品）含有基因修饰有机体或/和表达产物的，要标注"转基因××食品"或"以转基因××食品为原料"（沈平和黄昆仑，2010）。

（二）食品标识管理

中国对农业转基因生物实施标识管理。根据《农业转基因生物安全评价管理办法》和《农业转基因生物标识管理办法》的规定，中国对农业转基因生物实行标识制度。凡在中华人民共和国境内销售列入农业转基因生物标识目录的农业转基因生物，应当进行标识；未标识和不按规定标识的，不得进口或销售。对列入农业转基因生物标识目录的农业转基因生物，由生产、分装单位和个人负责标识；经营单位和个人拆开原包装进行销售的，应当重新标识。

标识管理办法规定，农业部负责全国农业转基因生物标识的监督管理工作。县级以上地方人民政府农业行政主管部门负责本行政区域内的农业转基因生物标识的监督管理工作。国家质检总局负责进口农业转基因生物在口岸的标识检查验证工作。境外公司向中国境内出口实施标识管理的农业转基因生物，应当向农业部提出标识审查认可申请；国内或个人生产、销售实施标识管理的农业转基因生物，应向所在地县级以上农业行政主管部门提出标识审查认可申请，经批准后方可使用。

生物标识目录由农业部会同国务院有关部门制定、调整并公布。根据规定，转基因生物标识的标注方法有三种：①转基因动植物（含种子、种畜禽、水产苗种）和微生物，转基因动植物、微生物产品，含有转基因动植物、微生物或者其产品成分的种子、种畜禽、水产苗种、农药、兽药、肥料和添加剂等产品，直接标注"转基因××"；②转基因产品的直接加工品，标注为"转基因××加工品（制成品）"或者"加工原料为转基因××"；③用农业转基因生物或用含有农业转基因生物成分的产品，但最终销售产品中已不再含有或检测不出转基因成分的产品，标注为"本产品为转基因××加工制成，但本产品中已不再含有转基因成分"或者标注"本产品加工原料中有转基因××，但本产品中已不再含有转基因成分"。

　　第一批实施标识管理的农业转基因生物包括以下5类17种产品：①大豆种子、大豆、大豆粉、大豆油、豆粕；②玉米种子、玉米、玉米油、玉米粉（含税号为11022000、11031300、11042300的玉米粉）；③油菜种子、油菜籽、油菜籽油、油菜籽粕；④棉花种子；⑤番茄种子、鲜番茄、番茄酱。出于对食品安全的考虑，中国政府对转基因食品上市的态度十分慎重。为了加强对转基因食品的监督管理，保障消费者的健康权和知情同意权，依据《中华人民共和国食品卫生法》的相关规定，2002年实施了由卫生部颁发的《转基因食品卫生管理办法》（简称《办法》）。这个《办法》规定，从2002年7月1日后，对"以转基因动植物、微生物或者其直接加工品为原料生产的食品和食品添加剂"必须进行标识。在这部包括6个章节26条的法规中，清楚地写道：食品产品中（包括原料及其加工的食品），含有基因修饰有机体或/和表达产物的，要标注"转基因××食品"或"以转基因××食品为原料"。转基因食品来自潜在致敏食物的，还要标注"本品转××食物基因，对××食物过敏者请注意"。这是保护消费者知情权的一项重大措施（黄昆仑和许文涛，2009）。

　　必须指出，我国目前标识管理法规有矛盾和模糊之处。例如，公众熟悉的木瓜，依照国务院十二年前的《农业转基因生物安全管理条例》，其中第28条规定，"列入农业转基因生物目录的农业转基因生物，由生产、分装单位和个人负责标识"，但十二年前的转基因木瓜尚未成气候，目录之中没有一锥之地。现如今的转基因木瓜已有相当面积的种植，占木瓜栽培面积的大部分，但《条例》尚未与时俱进地对目录进行增补，加之众多作为初级农产品销售的木瓜，都不是预包装食品，在农贸市场散卖，不标识更在情理之中了。

　　如果拿出国家质检总局2009年的《食品标识管理规定》，转基因木瓜自是"属于转基因食品或含法定转基因原料的"，必须明确标识。但是由于当下仅有的这两部转基因标识管理法规之间的矛盾和模糊，导致我们在市面上几乎看不到明确标注的转基因木瓜。

　　至于转基因大豆，目前只有转基因大豆油明确标注了，哪怕很不醒目地隐蔽标注，终究还是标注了。但是转基因大豆可成油，也可成豆腐，成豆浆，成豆豉，成素肠，以及成若干食品的辅料，目前将转基因大豆做成大豆油以外的加工食品，并不在法规许可范围之内，那么标识就更无从谈起了。

我国现有两部转基因标识管理的立法层级低，在科学原则和预防原则间犹豫不决，内容陈旧，下游产品标识监管依旧是盲区。新《食品安全法》虽说明确了转基因食品要明确标识，但也只是指导性框架，亟须实施细则尽快出台。然而，从长远来看，标识管理办法选择还需从长计议，是否仍需要标识或是像欧盟等国那样，为标识设定阈值则应当从更广泛的因素与维度及得失利弊来考虑。

（三）管理体系

中国农业转基因生物安全管理体系主要包括法规体系、安全评价体系、技术检测体系、技术标准体系及监测体系（黄昆仑和许文涛，2009）。

（1）法规体系。2001年，国务院颁布的《农业转基因生物安全管理条例》（简称《条例》)，该法规以国家法律法规的形式规定了国家对农业转基因生物安全的管理；2002年，农业部颁布的《农业转基因生物安全评价管理办法》《农业转基因生物进口安全管理办法》和《农业转基因生物标识管理办法》，这三个办法是与《条例》配套的规章，是对《条例》的细化；2004年，国家质检总局颁布的《进出境转基因产品检验检疫管理办法》，是对转基因进出口贸易的检验检疫进行管理。

（2）安全评价体系。对农业转基因生物进行安全评价，是世界各国的普遍做法，也是国际《生物安全议定书》的要求。安全评价是利用现有的科学知识、技术手段、科学实验与经验，对转基因生物可能对生态环境对人类健康构成的潜在风险进行综合分析和评估，在风险与利益平衡的基础上做出决策。我国对农业转基因生物实行分级管理安全评价制度。凡在中国境内从事农业转基因生物的研究、试验、生产、加工、经营和进口、出口活动，应依据《条例》进行安全评价。通过安全评价，采取相应的安全控制措施，将农业转基因可能带来的潜在风险降到最低程度，从而保障人类健康和动植物、微生物安全，保护生态环境。同时，也向公众表明，农业转基因生物的研究和应用建立在安全评价之上，符合科学、透明的原则。根据《条例》的规定，由农业部设立国家农业转基因生物安全委员会负责农业转基因生物的安全评价工作。国家农业转基因生物安全委员会是安全评价体系的核心力量。

（3）技术检测体系。技术检测体系由农业转基因生物安全技术检测机构组成，服务于安全评价与执法监督管理。检测机构按照动物、植物、微生物三种生物类别，转基因产品成分检测、环境安全检测和食用安全检测三类任务要求设置，并根据综合性、区域性和专业性三个层次进行布局和建设。在通过农业部质量管理办公室组织的计量认证和审查认证后，由农业部授权开展对转基因植物、动物、植物用微生物、动物用微生物、水生生物的环境安全、食品安全与产品成分的检测、鉴定、监测、监控与复核验证等工作。其中，食用安全、环境安全技术检测机构主要为国家开展农业转基因生物安全评价和监督管理服务；产品成分技术检测机构主要为中央和地方农业行政主管部门开展农业转基因生物产品标识和安全监管服务。

（4）监测体系。检测体系以安全评价及检测技术平台，由行政监管系统、技术检测系统、信息反馈系统和应急预警系统组成。按照《条例》的要求，开展对于从事农业转基因生物的研究、试验、生产、加工、经营和进口、出口活动的全程跟踪和长期的监测和监控工作，并为安全评价出具环境安全方面的技术监测报告。目前，根据中国农业转基因生物研究开发、进口与监管需要，农业转基因生物安全管理办公室组织编制了《国家农业转基因生物安全检测体系建设规划》。

（5）技术标准体系。标准体系由全国农业转基因生物安全管理标准化技术委员会、标准研制机构和实施机构组成。按照《中华人民共和国标准化法》的规定和《农业转基因生物安全管理条例》的要求，开展农业转基因生物安全管理、安全评价、技术检测的标准、流程和规范的研究、制定、修订和实施工作，为安全评价体系、检测体系、监测体系和开展执法监督管理工作提供标准化技术支持。

（四）建议对策

中国是一个人口大国，生产性状良好、优质高产的转基因作物能够有效解决人口与粮食需求的问题。但是转基因作物商品化的历史还比较短，它的食用及环境安全性等问题一直受到各方面的关注。其安全性评价是一个系统、复杂的过程，转基因食品进入市场需经过详细、科学的论证。中国转基因食品安全性评价起步较晚，目前还没有建立起一个完整的评价体系。在转基因的管理方面，虽然已经出台了几部法规，但是需要强大的技术支持法规的执行，而且没有严格的实施标准和技术监督措施。各地区技术力量发展也不平衡，在各项检测技术上都存在着欠缺，所以真正实现法律规定的落实是一个长期过程。随着转基因技术的发展，必然会出现更多的法律、规范的需求。基于以上情况，在借鉴国际经验的基础上，加快速度建立起中国的转基因食品安全性评价的框架体系，在现有的条件下严格执行各种评价制度，对转基因食品标识严格管理，完善我国的管理制度，是我们现阶段应该去关注的事情（潘建伟和曹靖，2002；王锐和杨晓光，2007；周晓唯和张璐，2008）。

（1）加强转基因立法。加强和转基因立法，尽快制定与国际接轨的相关规则和标准，用法律的形式将转基因产品标准化管理措施规范化、制度化，建立健全中国转基因产品法律法规体系，是中国转基因产品质量立法的一项重要任务。在政府对经济的各种干预中，经济管制更多地倾向于在市场体制之内解决问题，因此，中国的转基因产品立法应该符合市场经济的要求，同时按照国际惯例和国际条约的有关指标和数据严格规定转基因产品的标准，从而保证转基因产品的质量安全，防止国际市场上以转基因产品的不安全性为由而抑制正常的国际贸易往来。

（2）建立国际和主要国家标准研制实时跟踪机制。转基因技术作为一项新兴的高新技术，随着技术的发展，转基因生物的种类、特性日益增多，世界各国也在对新出现的转基因生物如何进行安全检测进行研究。国际组织也正在对新出现的转基因生物积极进行检测内容的讨论。在世界经济一体化的时代，要求中国应该在保障生物安全的基础上，发展健康的农业生物技术产业。因此，中国应该建立对国际上和主要国家标准研制的实时跟踪机制。一方面，可以给中国的检测技术标准制定提供有益的信息和技术方法；另一方面，可以及早采取相应措施，防止由于技术壁垒对中国转基因农产品国际贸易带来的不利影响，继而进一步给中国生物技术产业发展带来负面影响。

（3）建立和完善动态的标准体系框架。在充分对国际转基因生物安全检测技术标准的调研基础上，结合中国农业转基因生物安全管理的特点和中国农业生物技术产业发展的特点与趋势，围绕安全管理，通过科学规划和合理布局，规划既符合我国国情，又与国际接轨的技术标准体系。由于农业转基因生物具有发展快的特点，在发展中会出现许多以前人类未遇到的潜在安全问题，这就要求建立的标准体系应该具有一定的动态性，跟踪转基因技术和产品的发展和使用安全性评价技术的发展，即时建立或更新使用安全检测标准，这样才能满足我国对转基因生物安全管理的要求。

（4）积极参与国际标准的制定。当前，转基因生物及其产品的安全性检测技术标准有国际化的趋势，国际组织 CAC 和 OECD 已经成为国际上认可的国际标准制定权威机构，CAC 和 OECD 每年召开的会议，已经成为世界各国为谋取本国最大利益进行交锋的场所，我国应积极参与 CAC 和 OECD 等权威机构召开的国际标准制定会议和国际标准制定工作，结合我国转基因产业发展的趋势、转基因农产品贸易等众多因素，在科学的基础上，提出符合我国利益的建议，增强我国在国际标准制定中的地位。同时，我国有必要继续加强对 WTO 争端解决基础的研究，密切关注相关案例进展和争端解决机制的改进。在转基因产品的问题上，为本国谋取相应的利益。在谈判中，一方面要保障中国消费者的安全和利益，防止外国转基因产品的大量涌入，危及农业安全；另一方面要为中国的转基因产品创造良好的国际贸易环境，防止出现针对转基因产品的贸易壁垒，促进优势产品的出口。

（5）加大标准研究的投入力度，做好技术储备。总体来说，中国农业转基因生物安全性研究起步较晚，资金投入不足，一些重要转基因作物安全检测的检测技术标准研究还是空白。需要设立专项资金，加强重点技术支撑研究，并在国家科技中，设立转基因生物食用安全检测技术研究专项经费。

（6）适当时候考虑非转基因体系身份认证的标准体系建设。也就是为防止在食品、饲料生产中潜在的转基因成分的污染，从非转基因作物种子及其田间种植到产品收获、运输（出口）、加工及进入市场的整个生产供应链中进行严格的控制、转基因检测、可追溯信息建立等控制措施，确保非转基因产品的纯粹性，并能提高产品价值的生产和质量保证体系。目前国内农产品和食品出口企业仍有较大比例使用"非转基因"原料，受到国外政策的影响，这些企业的出口贸易迅速发展，对 IP 认证有着较大的市场需求，急需通过 IP 认证，获得通往欧盟、日本等地区和国家市场的通行证。目前我国国内尚没有建立统一的 IP 认证制度。制定 IP 认证实施规则、技术规范，将有助于规范 IP 认证的认证管理，推动 IP 认证的实施，为认证机构和申请认证的组织提供认证实施的依据和准则。也让消费者获得更大的选择自由。也是转基因自信的一种体现。

（7）培养和建立一支技术队伍。以食用安全检测机构和从事食用安全检测研究的相关科研院校为依托，以食用安全监测和相关技术标准研究定向委托为手段，加强标准化工作的培训，培养和建立一支技术过硬、学术水平较高、创新性强、相对固定的技术检测研究和标准研制专业队伍。

参 考 文 献

陈俊红. 2004. 日本转基因食品安全管理体系. 中国食物与营养, (1): 20-22

陈俊红, 程国强. 2001. 辨别身份的恐惧——日本转基因食品标识制度及其影响. 国际贸易, (6): 35-38

邓心安, 于卫华. 2008. 转基因食品安全性分析及其政策完善环节. 中国科技论坛, (6): 104-108

戈松雪. 2010. 印度生物技术发展综述. 全球科技经济瞭望, 25(2): 66-72

葛立群, 吕杰. 2008. 欧盟, 日本有关转基因食品的管理和法律规范对我国的启示. 沈阳农业大学学报（社会科学版）, 9(6): 858-860

管开明. 2012. 社会学视野下转基因食品社会评价的影响因素分析. 湖北社会科学, (4): 36-38

黄昆仑, 许文涛. 2009. 转基因食品安全评价与检测技术. 北京: 科学出版社

李楠. 2014. 麦当劳在欧不再禁转基因鸡饲料. 广西质量监督导报, 3(8): 21

李宁, 魏启文, 刘培磊, 等. 2006. 巴西转基因生物及其产品安全管理考察报告. 农业科技管理, 24(6): 52-54

连庆, 付仲文, 李华锋. 2010. 欧盟转基因生物安全管理及对中国的启示. 世界农业, (3): I0001

刘恺, 张占吉, 牛树启. 2006. 转基因食品安全性评价综述. 保定师范专科学校学报, 19(4): 18-20

刘姗姗. 2006. 转基因产品国际贸易中预警原则的应用. 厦门: 厦门大学硕士学位论文

刘旭霞, 李洁瑜, 朱鹏. 2010. 美欧日转基因食品监管法律制度分析及启示. 华中农业大学学报（社会科学版）, (2): 23-28

刘旭霞, 田庚, 陈晶. 2008. 我国转基因生物环境安全监管法律制度研究综述. 中南论坛: 综合版, 3(4): 50-54

毛新志. 2007. 中美转基因食品政策的差异. 科技管理研究, 27(6): 54-55

毛新志, 周锋. 2005. 美国, 欧盟有关转基因食品的管理, 法律法规对我国的启示. 科技管理研究, 25(2): 38-40

潘建伟, 曹靖. 2002. 转基因产品对中国农产品国际贸易的影响. 内蒙古社会科学, 23(6): 113-115

彭于发, 贾士荣. 2001. 转基因植物安全管理的现状分析与对策建议. 中国农业科学, 34(Z1): 70-73

祁潇哲, 贺晓云, 黄昆仑. 2013. 中国和巴西转基因生物安全管理比较. 农业生物技术学报, 21(12): 1498-1503

佘丽娜, 李志明, 潘荣翠. 2011. 美国与欧盟的转基因食品安全性政策演变比对. 生物技术通报, (10): 1-6

沈平, 黄昆仑. 2010. 国际转基因生物食用安全检测及其标准化. 北京: 中国物资出版社

孙彩霞, 刘信, 徐俊锋, 等. 2009. 欧盟转基因食品溯源管理体系. 浙江农业学报, 21(6): 645-648

孙刚. 2012. 转基因列国志（下）: 发展中国家篇. 安徽科技, 8: 53-54

王锐, 杨晓光. 2007. 国际组织和世界各国对转基因食品的管理. 卫生研究, 36(2): 245-248

熊昀青, 钱华, 杨泽生. 2005. 转基因食品的安全性评估与管理. 环境与职业医学, 1(3): 80-82

杨芳. 2012. 欧盟转基因食品安全监管研究. 武汉: 华中农业大学硕士学位论文

杨柳. 2011. 转基因生物损害赔偿制度研究. 大连: 大连海事大学硕士学位论文

张金良, 宋兆杰. 2006. 生物技术研究及其安全性评价. 现代化农业, (2): 4-7

张银定, 王琴芳. 2001. 全球现代农业生物技术的政策取向分析和对我国的借鉴. 中国农业科技导报, 3(6): 56-60

周晓唯, 张璐. 2008. 转基因产品进出口管理的政策选择. 长安大学学报（社会科学版）, 10(4): 46-51

Yankelevich A, Mergen D. 2012. 阿根廷农业生物技术年报（2011）. 生物技术进展, (4): 297-303

索　引

A

安全评价 38, 73, 85, 194, 222, 333, 346

B

标准 85, 198, 321, 387

C

侧翼序列 155, 249

测序 250

常规 PCR 242

超级杂草 110, 134

除草剂 110, 261

D

大型禽畜 73

等温扩增 233

动物实验 49

毒理学评价 52, 225

F

发展趋势 78, 332

法律法规体系 325, 387

非期望效应 60, 152, 227

非期望效应分析 60, 227

分子特征 146, 249

分子特征鉴定技术 157

风险 16, 189

风险分析 16, 189

风险管理 16, 189

风险交流 29, 189

风险控制 165

G

高通量 PCR 247

公众舆论 172

管理系统 139, 300, 381

J

基因漂移 106, 124

基因组分析工具 214

基因组数据库 214, 268

技术标准体系 107, 211, 322, 386

局限性 78

K

可持续发展 136

S

生物多样性 119

生物技术 1, 38, 146, 172, 189, 214, 282, 321, 354

生物技术食品 1, 38, 146, 172, 189, 214, 282, 321, 354

生物信息 214

食品安全 20, 74, 201, 222, 326

食品安全风险 23, 193

食品安全风险管理 27

食品安全风险评估 20

食品工业 1

数据库 64, 203, 216

溯源 203, 297

X

小型啮齿类 73

Y

要素分析 194

营养学评价 38, 103

阈值 282

Z

制度 273, 286, 373

致敏性评价 46, 222

中国传统文化 184

转基因非期望效应 265

转基因标识 274

转基因生物技术 184

转基因食品 74, 210, 279

转基因食品安全 74, 210

转基因植物 66, 85, 119, 136, 346

彩　图

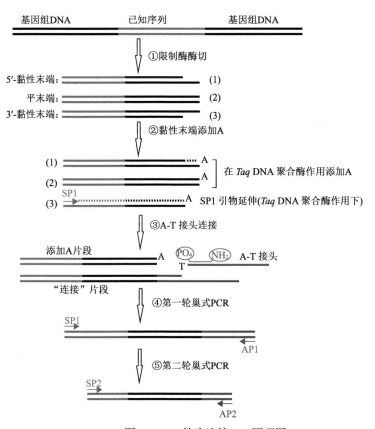

图7-7　A-T接头连接PCR原理图

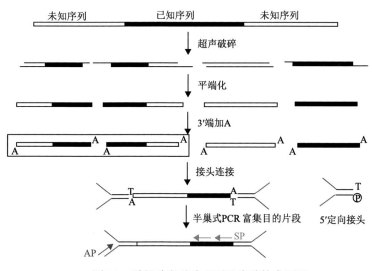

图7-9　随机片段破碎基因组步移技术原理

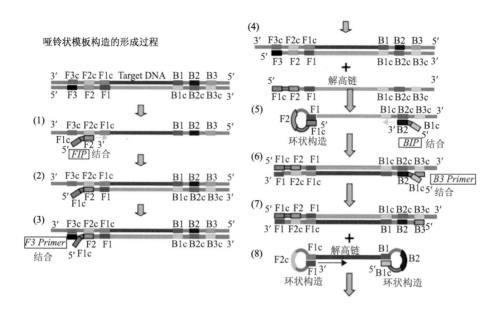

图11-1(a)

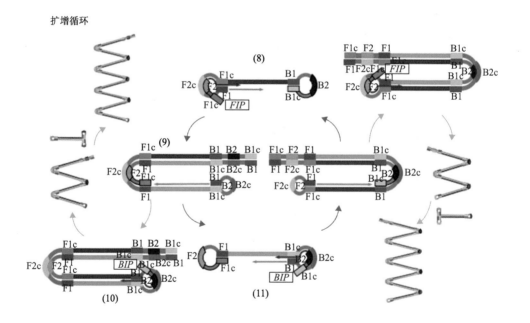

图11-1(b)

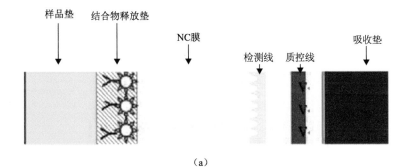

（a）

外源基因（+）

外源基因（-）

（b）

图11-3　(a)蛋白胶体金免疫层析试纸；(b)试纸显色原理图

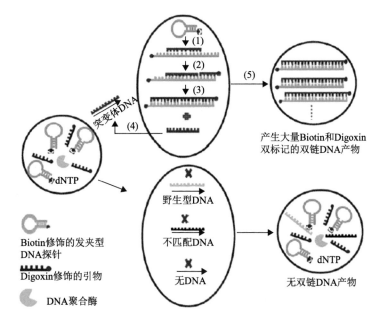

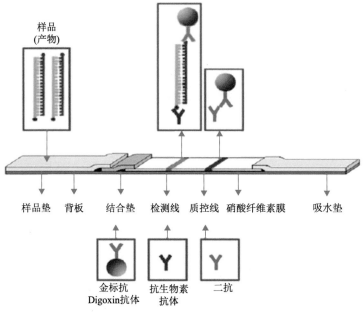

样品
(产物)

样品垫　背板　结合垫　检测线　质控线　硝酸纤维素膜　吸水垫

金标抗
Digoxin抗体　　抗生物素
抗体　　二抗

图11-4　链置换核酸检测试纸原理图

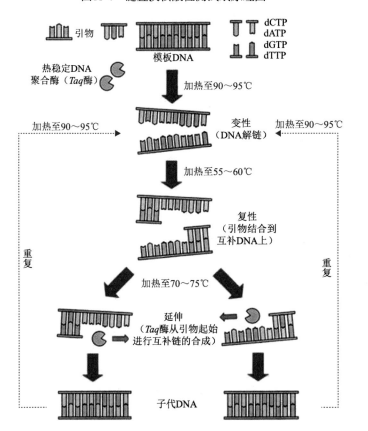

引物　　　　　模板DNA　　　dCTP
dATP
dGTP
dTTP

热稳定DNA
聚合酶（Taq酶）

加热至90～95℃

加热至90～95℃　　　　变性　　　加热至90～95℃
（DNA解链）

加热至55～60℃

复性
（引物结合到
互补DNA上）

重
复　　　　　　　　　　　　　　　　　　　　　　　重
复

加热至70～75℃

延伸
（Taq酶从引物起始
进行互补链的合成）

子代DNA

图11-7　PCR扩增原理图

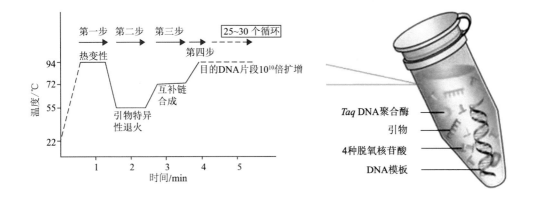

图11-8　PCR操作流程图及体系组成图

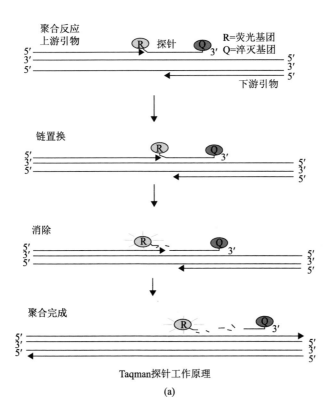

Taqman探针工作原理

(a)

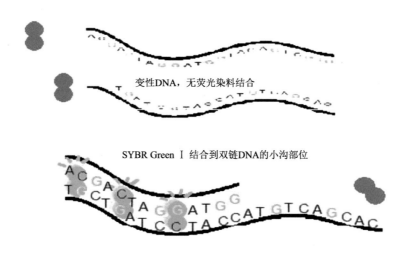

变性DNA，无荧光染料结合

SYBR Green Ⅰ 结合到双链DNA的小沟部位

SYBR Green I 工作原理

(b)

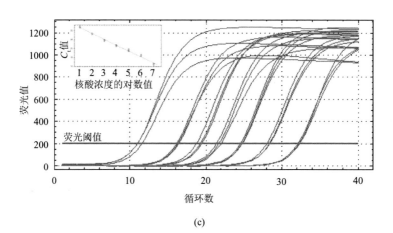

(c)

图11-11　定量PCR原理、扩增曲线与标准曲线示意图

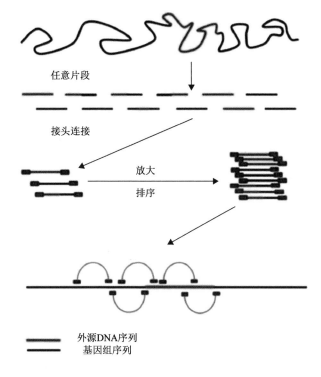

任意片段

接头连接

放大
排序

外源DNA序列
基因组序列

图11-15　第二代测序检测技术示意图

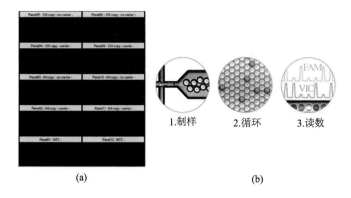

1.制样　　2.循环　　3.读数

(a)　　　　　　　　　　　(b)

图11-16　数字PCR反应原理

(a)芯片数字PCR(cdPCR)；(b)微滴数字PCR(ddPCR)

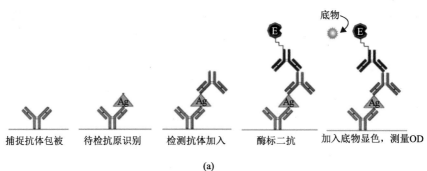

捕捉抗体包被　　待检抗原识别　　检测抗体加入　　酶标二抗　　加入底物显色，测量OD

(a)

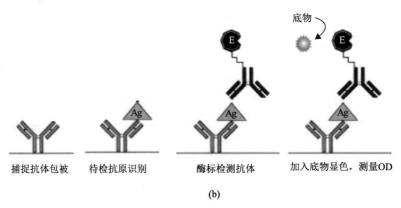

捕捉抗体包被　　待检抗原识别　　酶标检测抗体　　加入底物显色，测量OD

(b)

图11-17　间接夹心法（a）与直接夹心法（b）ELISA原理示意图

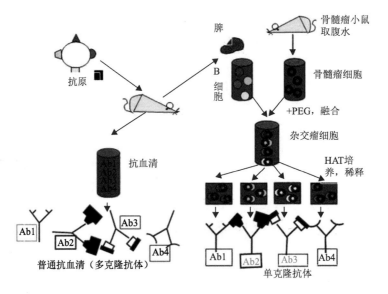

图11-21　单多克隆抗体制备流程图